BASTEI
LÜBBE
TASCHENBUCH

Michael Blastland
David Spiegelhalter

Wirst du nicht vom Blitz erschlagen, lebst du noch in tausend Jahren

Was wirklich gefährlich ist

Übersetzung aus dem Englischen
von Jürgen Neubauer

BASTEI
LÜBBE
TASCHENBUCH

BASTEI LÜBBE TASCHENBUCH
Band 60830

Dieser Titel ist auch als E-Book erschienen

Vollständige Taschenbuchausgabe

Deutsche Erstausgabe

Für die Originalausgabe:
Copyright © 2013 by Michael Blastland and David Spiegelhalter
Titel der Originalausgabe: »The Norm Chronicles«
Published by arrangement with PROFILE BOOKS LTD

Für die deutschsprachige Ausgabe:
Copyright © 2015 by Bastei Lübbe AG, Köln
Textredaktion: Dr. Kirsten Reimers, Hamburg
Titelillustration: © shutterstock.com/Marish; shutterstock.com/ Rashad Ashurov
Umschlaggestaltung: FAVORITBUERO, München
Satz: Helmut Schaffer, Hofheim a. Ts.
Gesetzt aus der Minion Pro
Druck und Verarbeitung: CPI books GmbH, Leck – Germany
Printed in Germany
ISBN 978-3-404-60830-0

2 4 5 3 1

Sie finden uns im Internet unter
www.luebbe.de
Bitte beachten Sie auch: www.lesejury.de

Inhalt

Einleitung 7
1. Am Anfang 21
2. Kindheit 31
3. Gewalt 43
4. Nichts 54
5. Unfälle 68
6. Impfung 82
7. Glücksfälle 94
8. Sex 106
9. Drogen 121
10. Große Risiken 137
11. Entbindung 153
12. Glücksspiel 164
13. Durchschnittliche Risiken 176
14. Zufälle 184
15. Verkehr 199
16. Extremsport 221
17. Lifestyle 231
18. Unfallschutz 246
19. Strahlenschäden 259
20. Tod aus dem All 270

21. Arbeitslosigkeit 286
22. Verbrechen 298
23. Operationen 314
24. Vorsorge 330
25. Geld 340
26. Ende 349
27. Das Jüngste Gericht 360

Anmerkungen 371
Dank 407
Register 409

Einleitung

WAS IST GEFAHR?
Drei Menschen, Norm, Prudence und Kelvin, sehen bei ihren Fahrten in der Londoner U-Bahn zufällig eine herrenlose Tasche.

Im Fall von Norm ist es eine hellblaue Sporttasche, die schräg vor ihm auf dem Boden steht. Zunächst denkt sich Norm nichts weiter dabei. Dann sieht er wieder hin und blickt den Gang hinunter. Der Zug ist so gut wie leer.

»Ganz ruhig, Norm«, sagt er sich und bückt sich, um seine grünen Thermosocken hochzuziehen und wie beiläufig zu schauen, ob Kabel aus der Tasche ragen. Er setzt sich auf und zwingt sich, die Wahrscheinlichkeiten abzuwägen, kratzt sich an der Nase, kommt mehrmals zu dem Schluss, dass einfach irgendjemand seine Tasche vergessen hat, steht schließlich auf, schlendert den Gang entlang zur Tür, steigt an der nächsten Station aus und genießt den unverhofften Spaziergang.

Als Prudence von *Shades of Grey* aufblickt und auf dem Sitz gegenüber einen einsamen Rucksack sieht, wird ihr plötzlich schlecht. Wenn er einen Adressanhänger hat, dann gehört er vermutlich irgendjemandem. Aber wenn nicht …

Er hat keinen. Sie denkt an ihre Kinder, die als arme weinende Waisen ihr Dasein fristen müssen, und spürt keine Kraft, auch nur einen Finger zu rühren. Vor ihrem geistigen Auge sieht sie, wie sie von der Explosion zerrissen und ihre Frisur ruiniert wird.

Sie zählt die letzten Sekunden ihres Lebens. Mit letzter Kraft hebt sie den Arm, wie ein Geist zeigt sie auf den Sitz und haucht einem jungen Mann zu, der neben ihr steht: »Ein … Rucksack.«

»Ach ja!«, sagt der Mann und nimmt ihn an sich. »Danke!«

Und Kelvin? Als er beim Einsteigen die schwarze Aktentasche sieht, macht er sie einfach auf. Was sonst? Er hebt sie auf, setzt sich hin, klappt den Deckel auf, nimmt eine gefaltete Zeitung heraus, steckt sie in seine Lederjacke, schiebt ein paar Papiere beiseite, entdeckt ein Alupäckchen, faltet es auf, hebt es an die Nase, schnüffelt – wobei er zu der jungen Frau schräg gegenüber schielt, die sich die Wimpern tuscht –, wirft das Päckchen zurück in den Koffer, klappt ihn zu, stellt ihn auf den Boden und lehnt sich zurück.

Drei Menschen, drei Einstellungen zur Gefahr. Es wären noch viele andere vorstellbar. Was ist Ihre? Aus eigener Erfahrung und Millionen von Geschichten wissen wir: Gefahr ist reine Nervensache.

Aber nicht nur. Es gibt auch noch ein paar Zahlen.

Nehmen wir nur zwei. Die erste: Am 7. Juli 2005 wurden bei Bombenanschlägen in U-Bahn-Zügen und einem Bus in der Londoner Innenstadt 52 Menschen getötet. Und die zweite: Im Jahr 2011 wurden in Londoner Bahnen und Bussen rund 30 000 herrenlose Gepäckstücke gefunden.

Ist eine einsame Tasche in der U-Bahn also eine Gefahr oder nicht? Wie passen diese Zahlen und Geschichten zusammen? Die Geschichten der 52 Opfer und die Geschichten von Norm, Kelvin und Prudence?

Lassen Sie diese Zahlen ein wenig auf sich wirken, während wir Ihnen eine andere Geschichte erzählen, diesmal eine wahre.

Eines Tages ging Anna mit ihren Freunden zum Skifahren. Anna war eine gute Skifahrerin, und überhaupt ist die Wahrscheinlichkeit ziemlich gering, beim Skifahren ums Leben zu kommen. Plötzlich verlor sie die Kontrolle über ihre Skier. Auf einem zugefrorenen Bach in der Nähe eines Wasserfalls stürzte sie und fiel auf den Rücken. Das Eis brach, eisiges Wasser lief in ihre Kleider und zog sie Kopf voran in die Tiefe.

Sie wäre in kürzester Zeit tot gewesen, hätte sie nicht unter dem Eis eine Luftblase gefunden. Dort konnte sie zumindest einige Zeit lang atmen. Währenddessen versuchten erst ihre Freunde, sie herauszuziehen, dann kam eine Rettungsmannschaft – vergebens. Sie versuchten, das Eis aufzuhacken, doch es war zu hart.

Anna blieb 40 Minuten lang bei Bewusstsein. Dann verlangsamte sich ihre Atmung und setzte schließlich aus. Genau wie ihr Puls. Es dauerte noch 40 Minuten, bis sie geborgen werden konnte.

Unsere normale Körpertemperatur beträgt circa 37 Grad Celsius. Unterkühlung beginnt bei 35 Grad. Als Anna im Krankenhaus ankam, hatte sie Temperatur von 13,7 Grad. Eine Unterkühlung wie diese hatte noch niemand überlebt.

Doch die Ärzte gaben nicht auf. Langsam und geduldig wärmten sie Annas Blut außerhalb des Körpers und pumpten es zurück in ihre Adern. Mehr als drei Stunden nach dem Atemstillstand, mehr als zwei Stunden nach ihrer Ankunft im Krankenhaus begann Annas Herz wieder zu schlagen.

Doch als sie zehn Tage später wieder zu Bewusstsein kam, stellte sie fest, dass sie vom Hals abwärts gelähmt war. Sie war wütend, dass sie wiederbelebt worden war, um im Rollstuhl zu sitzen. Doch nach und nach erholte sie sich nahezu vollständig. Wenige Jahre später arbeitete sie als Radiologin in dem Krankenhaus, in dem sie gerettet worden war. Sie fährt immer noch Ski.[*]

Anna wird heute als medizinisches Wunder gefeiert. Aber uns geht es hier nicht um die menschliche Überlebensfähigkeit oder darum, zu verstehen, wie sich extreme Kälte auf den menschlichen Körper auswirkt. Uns geht es lediglich darum, dass Anna die irrwitzigste aller Achterbahnfahrten des Glücks überlebt hat. Es ist fast so, als hätte sie an jeder Wende dieser verrückten Geschichte einen Sechser im Lotto gehabt. Sie hatte astronomisches Glück.[†]

[*] Die Geschichte von Anna Bagenholm stammt aus mehreren Quellen, unter anderem aus einem Artikel in der Fachzeitschrift *Lancet*[1] und Atul Gawandes Buch *Über Leben und Tod*[2].

[†] Später hieß es oft, Anna habe entgegen aller Wahrscheinlichkeit überlebt, doch das ist natürlich Unfug. Die Wahrscheinlichkeit besagt nur, wie viele Menschen sich

Selbst noch so gute Skifahrer können einmal stürzen. Doch das Wie und Wo von Annas Sturz – das Zusammentreffen von Wasser, Loch und hartem Eis – war extrem unwahrscheinlich. Genau wie die Tatsache, dass sie ein Luftloch fand, das so lange ein Gottesgeschenk zu sein schien, bis ihre Retter feststellten, dass sie das Eis an dieser Stelle nicht aufbrechen konnten. Dass sie erfroren ins Krankenhaus eingeliefert wurde und trotzdem überlebte, schien gleich vollkommen unmöglich. Und dass sie querschnittsgelähmt aus dem Koma erwachte und am Ende trotzdem fast keine Schäden zurückblieben, setzte dem Ganzen die Krone auf. Aber vielleicht das Verrückteste von allem war, dass sie ausgerechnet durch ihren Nahtod gerettet wurde, denn die extreme Kälte verlangsamte ihren Stoffwechsel fast bis zum Stillstand und bewahrte ihr ein Fünkchen von Leben, als ihr Atem aussetzte. Das Leben geht manchmal schon sehr unwahrscheinliche Wege.

Diese Geschichten und die Zahlen verraten uns vor allem, dass Gefahren immer zwei Seiten haben: Die eine Seite sind die kalten Wahrscheinlichkeiten, zum Beispiel wenn in der Zeitung steht, dass der Verzehr von Würstchen das Krebsrisiko um 20 Prozent erhöht, oder wenn wir wissen, dass nur ein winziger Bruchteil aller herrenlosen Taschen in London spontan in die Luft fliegen, oder wenn wir hören, wie unwahrscheinlich es ist, dass wir überleben, wenn unser Körper gefriert, unser Atem aussetzt und unser Herz zu schlagen aufhört. Und die andere Seite sind die Menschen mit ihren Geschichten, zum Beispiel Anna oder die 52 Anschlagsopfer.

Zahlen und Wahrscheinlichkeiten sind so etwas wie die Abschlussbilanz. Sie sind das auf alle Menschen hochgerechnete Gesamtrisiko und die Wahrscheinlichkeit für die Bevölkerung als ganze. In diesen Zahlen verbergen sich oft faszinierende Muster und eine Fülle von Informationen. Doch sie sind gefühllos. Zahlen interessieren sich nicht für Menschen und deren Schicksale. Leben

auf der einen oder der anderen Seite der Gleichung befinden. Wenn Sie bei einer Wahrscheinlichkeit von 1 zu 1 000 000 überleben, dann überleben Sie nicht entgegen aller Wahrscheinlichkeit: Das *ist* die Wahrscheinlichkeit, mit der Sie überlebt haben.

und Tod sind nichts als Prozentanteile, die keine Angst vor Gefahr haben: Ihnen ist es egal, ob wir überleben oder nicht, sie verraten lediglich, was im Durchschnitt gefährlich ist und was nicht oder in welchem Maß. Sie erklären uns nicht, was das alles bedeutet und ob es besser wäre, sich vor Würstchen und Skihängen in Acht zu nehmen oder nicht.

Aber wir sind keine Durchschnittswerte. Wir sind Menschen, und uns interessiert das alles sehr wohl. Wir streiten uns über Würstchen, Terror und Skifahren. Wir haben Ahnungen, Gefühle, Hoffnungen, Ängste und Fragen. Unser Gefühl widerspricht vielleicht den Statistiken, und wir sagen: »Ich pfeif drauf! Ich mache, was ich will!« Oder wir sehen die Gefahr und springen trotzdem mit dem Wingsuit von der Klippe, weil wir den Kitzel lieben (siehe Kapitel 16, Extremsport), und laufen gleichzeitig schreiend vor Spinnen davon (zu Phobien siehe Kapitel 25). Wir fragen, »Passiert mir auch nichts? Passiert meinen Kindern nichts?«, aber auch: »Habe ich das alles noch im Griff?« (Kapitel 15, Verkehr). »Macht mich das glücklich?«, »Brauche ich diesen Kick?«, »Weiß ich, was ich da tue?« (siehe Kapitel 9 zu Drogen). »Soll ich's riskieren?« Und schließlich: »Wie fühlt es sich an, und ist es das wert?« (siehe Kapitel 11: Entbindung).

Anna ist ein extremes Beispiel für den möglichen Unterschied zwischen den Wahrscheinlichkeiten und dem wirklichen Leben. In der Statistik ist sie ein Häkchen, kein Kreuz, das ist aber auch schon alles.

Gefahr ist ein Hai im flachen Wasser, ein Tablettenröhrchen im Nachttischkästchen oder ein Klavier, das auf dem Fensterbrett schaukelt, während unten Kinder spielen. Gefahr ist eine Ernährung mit zu vielen Sahnehäubchen, ein Fallschirmsprung, Alkohol, eine Begegnung zwischen einem Fußgänger und einem Bus, der Fuß auf dem Gaspedal oder ein plötzlicher Wetterumschwung. Gefahr, das ist Höhepunkt und Absturz. Die Gefahr lauert immer und überall. Und immer hat sie diese beiden Seiten: die eine leidenschaftslos, kühl, berechnend, die andere besetzt mit menschlichen Hoffnungen und Ängsten.

In diesem Buch wollen wir uns beide Seiten gleichzeitig ansehen. Wir wollen die Zahlen *und* die Menschen mit ihren Geschichten zeigen. Ursprünglich wollten wir nur sehen, wie sich die beiden zueinander verhalten, aber irgendwann standen wir vor einer unangenehmen Frage: Haben die beiden überhaupt etwas miteinander zu tun? Hat unsere subjektive Einschätzung von Risiken etwas mit den Zahlen zu tun und umgekehrt?

Um das Ergebnis vorwegzunehmen: Nein, sie haben nichts miteinander zu tun. Wir Menschen leben nicht nach Wahrscheinlichkeiten.

Das ist eine erstaunliche Behauptung von zwei Autoren, die gern mit Regenschirm und Regenjacke aus dem Haus gehen. Doch den Beweis dafür finden Sie auf den folgenden Seiten, und dort erfahren Sie auch, was das bedeutet.

Dort stellen wir Ihnen einerseits die Zahlen und Wahrscheinlichkeiten vor. Wir führen Ihnen eine ganze Reihe von möglichen Gefahren und Risiken vor Augen, denen wir im Alltag ausgesetzt sind: Wie gefährlich ist das Leben für unsere Kinder? Mit welcher Wahrscheinlichkeit werden wir ein Opfer von Gewalt, Unfällen und Diebstählen? Wie gefährlich sind Sex, Drogen, Reisen, Diäten und Lebensweisen? Mit welcher Wahrscheinlichkeit werden wir Opfer von Naturkatastrophen? Und vieles mehr. Wir erklären Ihnen, woher die Zahlen stammen und wie sie sich verändert haben, und wir erläutern sie Ihnen, so gut wir können. Dazu verwenden wir unter anderem eine hübsche Erfindung namens MikroMort, und eine neue Erfindung namens MikroLeben, zwei Einheiten, mit denen sich Risiken berechnen lassen und die Ihnen die Augen öffnen werden. Sie werden diese Einheiten in Kürze kennenlernen. In dieser Hinsicht ist dieses Buch ein völlig neuer Leitfaden zu den Gefahren des Lebens.

Doch über den Zahlen werden wir auch den Faktor Mensch nicht vergessen. Wir Menschen halten uns nicht immer an die Zahlen. Oft fühlen wir uns sicher, wenn wir in Gefahr sind, und bedroht, wenn wir in Sicherheit sind. Die Zahlen sind uns weniger wichtig als unser Gefühl von Macht und Ohnmacht, Freiheit und Unfreiheit, unsere Werte, unsere Vorlieben und Abneigungen und unsere Emotionen.

Man könnte uns Menschen natürlich vorwerfen, wir seien irrational, und behaupten, wenn wir nur auf die Experten hörten, würden wir länger leben und ruhiger schlafen. Andererseits könnte man den Experten vorhalten, dass sie im Durchschnitt vielleicht recht haben, dass sie aber offensichtlich keine Kinder haben, nie mit einem unerklärlichen Ziehen in der Brust aufgewacht sind und nie zu schnell in die Kurve fahren.

So oder so lässt sich der Faktor Mensch nicht ignorieren. Um ihn einzubeziehen, verwenden wir einen Kniff, der, nun ja, ein bisschen riskant ist. Wir vermischen nämlich Fakt und Fiktion, Zahlen und Geschichten. Warum sollte jemand ein Buch schreiben, das teils aus Zahlen und teils aus Geschichten besteht? Weil wir Menschen Risiken genau so wahrnehmen: durch Geschichten und durch Zahlen.

Beides hat seine Vor- und Nachteile. Die Zahlen verraten uns, wie wahrscheinlich oder unwahrscheinlich ein Ereignis ist. Und mit den Geschichten vermitteln wir die Gefühle und Werte, die den Zahlen fehlen, die jedoch oft unsere Einschätzung des Risikos verzerren. Geschichten schaffen Sinn, wenn auch oft einen künstlichen Sinn, sie haben einen Anfang, einen Höhepunkt und ein Ende und stellen stimmige (oft allzu stimmige) Zusammenhänge von Ursache und Wirkung her. Zahlen verraten uns nur die Wahrscheinlichkeiten, doch sie verraten uns nichts über Ursache und Wirkung oder darüber, wie eins zum anderen führt, sondern sie sagen uns nur, was das alles unterm Strich für Leben und Tod bedeutet. Warum sollten wir diese beiden Sichtweisen nicht nebeneinanderstellen, um sie besser zu verstehen? Warum sollten wir sie nicht beide zu Wort kommen lassen, um jede von beiden zu hören?[*]

[*] Was ist eine Geschichte? David Herman, Herausgeber der *Routledge Encyclopedia of Narrative Theory*, schreibt: »Eine Geschichte ist die Darstellung der einmaligen Erlebnisse einmaliger Personen beziehungsweise die Sicht dieser Personen auf diese Erlebnisse.« Das soll uns genügen. Uns kommt es hier auf die »einmaligen Personen« an, und das kann sowohl Fakt als auch Fiktion bedeuten. Näher wollen wir

Steven Pinker schrieb in *Das unbeschriebene Blatt*:

FIKTIVE ERZÄHLUNGEN bieten uns einen Katalog vertrackter Zwick-
mühlen, mit denen wir uns vielleicht eines Tages konfrontiert sehen,
und von Strategien, mit denen wir sie lösen könnten. Was kann ich
tun, wenn ich irgendwann den Verdacht hegen sollte, dass mein
Onkel meinen Vater ermordet, sich auf seinen Thron gesetzt und
meine Mutter geheiratet hat? Unter welchen Umständen könnte
mein glückloser und von der Familie verstoßener älterer Bruder auf
den Gedanken kommen, mich zu hintergehen? ... Was könnte mir
im schlimmsten Fall passieren, wenn ich mein langweiliges Leben
als Frau eines Landarztes ein wenig aufpeppe und mir eine Affäre
leiste? ... Die Antworten finden Sie in jedem Buchladen und Video-
verleih.

Also haben wir für dieses Buch ein paar Figuren erfunden. Allen
voran Norm, der die Sporttasche in der U-Bahn sieht und versucht,
mit den Mitteln der Vernunft eine angemessene Reaktion zu finden.
Norm ist unser Held. Er ist ein durchschnittlicher Kerl (daher sein
Name), der nichts anderes will, als sicher durchs Leben zu kommen. Er ist so durchschnittlich, dass selbst sein Versuch, sich aus
der Masse abzuheben, durchschnittlich ist. Doch das Leben hat andere Dinge mit Norm vor, es lauert ihm in Form von Autounfällen,
Vogelgrippeviren, Straßenräubern, Meteoriten, Reaktorunfällen
und seinem eigenen, immer breiteren Schatten auf. Irgendwo war-
tet ein Killer auf ihn.

Norm lässt sich jedoch nicht beirren. Das Risiko sei kalkulier-
bar, meint er, und mit ein bisschen Vernunft und einem Gefühl für
Verhältnismäßigkeit käme man gut durchs Leben. Er hat normale
Gewohnheiten, er trinkt gern eine Tasse Tee (aber nicht zu viel),
trägt Hosen von der Stange, hält seine Leidenschaften im Zaum und

nicht auf die Erzähltheorie eingehen, wir werden nur hin und wieder über die Form
von Geschichten sprechen – zum Beispiel in Kapitel 23, in dem es unter anderem um
Wundergeschichten aus der Medizin geht.

geht in der Freizeit lieber auf Nummer sicher. Aber irgendetwas oder irgendjemand ist hinter ihm her. Norm befindet sich dauernd in Todesgefahr – im Grunde genau wie wir alle.

Prudence, die in der U-Bahn in Panik ausbricht, unternimmt nichts Unüberlegtes und schaut immer ängstlich über die Schulter. Das Geräusch eines Schritts könnte von einem Unbekannten stammen, der sie verfolgt. Die Zahlen sind ihr egal, eine Horrorgeschichte reicht, und ihre Fantasie geht mit ihr durch.[*]

Und dann sind da noch die Kevlin-Brüder, Kelvin, Kevin und Kieran, leichtsinnige Glücksspieler, die sich allein auf ihr Bauchgefühl verlassen und Ihnen ungefragt sagen würden, wohin Sie sich Ihre Vernunft und Ihre Wahrscheinlichkeiten stecken können.

Nebeneinander, Kapitel für Kapitel, Zahlen und Geschichten. Eigentlich wollten wir die beiden Perspektiven einfach kommentarlos nebeneinanderstellen. Doch wir haben uns entschieden, auf die Unterschiede einzugehen. Im Faktenteil gehen wir daher auch der Psychologie der Risikoeinschätzung nach. Hier finden Zahlen und Geschichten zusammen, auch wenn sie einander oft widersprechen.

Zahlen und Geschichten stehen auch für zwei grundverschiedene Sichtweisen. Was passiert, wenn sie in Konflikt geraten? Es kommt zum Streit, in dem die eine Fraktion der anderen Unvernunft vorwirft und die andere dieser Kälte und Gefühllosigkeit.

Diese Konflikte gehen tief. Hinter unseren Risikoeinschätzungen stecken oft die größten Spannungen des Lebens. Wo stehen Sie? Kunst oder Wissenschaft? Gefühl oder Verstand? Worte oder Zahlen? Subjektivität oder Objektivität? Geschichten oder Statistiken? Instinkt oder Analyse? Konkret oder abstrakt? Romantik oder Klassik? Turnschuhe oder Filzpantoffeln? Kurz, es ist der ewige Streit zwischen unvereinbaren Auffassungen von Wahrheit und Erfahrung. Es ist einfach, sich auf einer der beiden Seiten einzurichten und die andere nie zu sehen.

---

[*] Frauen sind tendenziell risikoscheuer als Männer, aber nur im Durchschnitt. Uns ist bewusst, dass wir verschiedentlich mit Stereotypen spielen.

Vielleicht glauben Sie, dass Sie nicht für eine der beiden Seiten Partei ergreifen, und schon gar nicht so plump. Aber in Momenten der Gefahr ist das vermutlich anders. Gefahr berührt unsere Lebenseinstellung in ihrem Innersten, sie definiert uns. Bei den großen Entscheidungen des Lebens fühlen wir uns oft zwischen den objektiven Tatsachen einerseits und den Geschichten mit ihren Emotionen andererseits hin und her gerissen. Neben so gewichtigen Fragen vergessen wir gern, dass uns die Gefahr auch ganz beiläufig mit einer Rolloschnur erdrosseln, mit Salmonellen vergiften oder in die Luft sprengen kann.

Ein Beispiel.

Es ist ein Sommertag. Sie gehen eine Einkaufsstraße entlang und schlecken ein Vanilleeis, als plötzlich ein Bus der Linie 42 über den Gehsteig donnert, Ihnen Ihr Eis aus der Hand schlägt und direkt neben Ihnen in das Fenster des Supermarkts rast, während Sie erschrocken, aber unverletzt zusehen. Wie wahrscheinlich ist so etwas?

Die Einzelheiten eines Unfalls lassen sich nie genau vorhersagen. Wenn wir beim Streichen auf einer Leiter stehen und uns weit strecken, um auch noch in die Ecke zu kommen, dann legen wir es natürlich geradezu darauf an. Wenn wir dann am Boden liegen, können wir uns vorwerfen, dass uns das doch eigentlich hätte klar sein müssen. Aber stimmt das? Hätten wir es wirklich vorhersehen können? Natürlich nicht. Manchmal passiert es, und manchmal eben nicht. Es ist immer auch Zufall im Spiel.

Wenn vor Ihrer Nase ein Bus über den Gehsteig rast, dann kann die Ursache genauso ein technisches Versagen sein wie ein Fehler des Fahrers. Der Fahrplan kann genauso eine Rolle spielen wie der Straßenbelag, der Verkehr, das Wetter und natürlich Sie, die Länge der Schlange vor der Eisdiele oder die Leute in der Schlange. Es kann auch von all diesen Faktoren zusammen abhängen, oder von einer anderen, unendlich komplexen und unwahrscheinlichen Verkettung von Ursachen, Wirkungen und Menschen. Sie, die Sie in diesem Moment und an diesem Ort diesen Satz in diesem Buch lesen, sind durch eine absurde Abfolge von Ereignissen hierhergekommen, die im Grunde bis zum Urknall zurückreicht. Oder anders ausgedrückt: Niemand kann die Zukunft vorhersagen. Das Leben ist einfach zu komplex.

Aber vielleicht wundern Sie sich ja gar nicht, dass ein Unfall wie dieser passiert – wenn nicht Ihnen, dann vielleicht jemand anderem. Wir wissen schließlich, dass dauernd unzähligen Menschen unzählige Dinge passieren, von denen einige wahrscheinlicher sind als andere. Wir wissen auch, dass sie oft in sonderbaren und vorhersehbaren Mustern passieren. Tödliche Unfälle mit Leitern sind geradezu unheimlich konstant: In den Jahren zwischen 2006 und 2010 stürzten von 21 Millionen erwachsenen Männern in England und Wales 42, 54, 56, 53 und 47 ab.* Sosehr sich diese 21 Millionen Lebensläufe in ihren zufälligen Einzelheiten unterscheiden mögen, sind diese Zahlen erstaunlich stabil (anders als die Leitern).[3] Man kann sich lebhaft vorstellen, wie ein berechnender Gott, der das Schicksal in Zahlen in die Wolken schreibt, vom Himmel herunterruft: »Hey ihr Maler, diesen Monat fehlt uns noch einer!«

Wir wissen, dass sich Unfälle ereignen, und wir wissen oft sogar, welche Unfälle und wie viele, weshalb wir recht genau vorhersagen können, wie viele Menschen am 28. Juli des kommenden Jahres in London ermordet werden (das können Sie in Kapitel 22 nachlesen, in dem es um Verbrechen geht). Aus der Froschperspektive wirkt das Leben chaotisch. Jeder Mord ist einmalig und unvorhersehbar, jeder Sturz von der Leiter das Ergebnis einer endlosen Verkettung von Zufällen. Aber aus der Vogelperspektive ergeben sich oft unheimliche Muster.

Das ist auch das große Rätsel der Gefahr. Millionen Geschichten beschreiben sie, Millionen Gefühle reagieren auf sie, Millionen von Zufällen wirken zusammen – und trotzdem bleibt sie relativ konstant. Jeder Tumor beginnt mit der zufälligen Mutation einer Zelle,

---

* Für Deutschland liegen die Zahlen ähnlich nah beieinander: Zwischen 1990 und 1995 stürzten von rund 36,5 Millionen Männern unter 70 Jahren 84, 69, 85, 81, 71, 82 von Leitern (www.gbe.bund.de) (Anm. d. Red.).

und trotzdem erkrankt recht konstant ein Drittel der Bevölkerung an Krebs.[*] Es gehört zu den merkwürdigeren Tatsachen des Lebens, dass jeder seinen alltäglichen Verrichtungen nachzugehen scheint, und dass sich inmitten dieses Chaos trotzdem spontan Ordnung und vorhersehbare Muster abzeichnen.

Aus der Vogelperspektive ist der Lauf des Schicksals also oft besser zu erkennen. Für uns auf der Erde bleibt das Leben dagegen ein Labyrinth von Geschichten. Es ist, als wären gleichzeitig zwei Kräfte am Werk: eine im großen Maßstab, die in Richtung Gewissheit drängt, und eine andere im kleinen Maßstab, die uns im Ungewissen lässt. Es gibt ein Wort, das dieses Gleichgewicht von Mustern in der Gesamtbevölkerung einerseits und dem Tasten und Stolpern des Einzelnen andererseits beschreibt – ein Wort, das erst ein paar Jahrhunderte alt ist: Wahrscheinlichkeit.

Eine Spielart der Wahrscheinlichkeit beginnt damit, Ereignisse der Vergangenheit zu zählen, zum Beispiel »Bei den Männern, die in den vergangenen Jahren gestorben sind, war die Todesursache in etwa 20 Prozent der Fälle eine Herzkrankheit«. Und aus dieser Erkenntnis lässt sich ein Muster ableiten: »In Zukunft wird die Todesursache in 20 Prozent der Fälle eine Herzkrankheit sein.« Aber es geht noch weiter. Aus dieser allgemeinen Aussage lassen sich Aussagen darüber treffen, was mit einem ganz bestimmten Menschen passiert. »Die Wahrscheinlichkeit, an einer Herzkrankheit zu sterben, liegt bei einem durchschnittlichen Mann bei 20 Prozent und bei einer durchschnittlichen Frau bei 14 Prozent.« So lässt sich die Aussage von der Vergangenheit auf die Zukunft und von der Masse auf den Einzelnen übertragen.

Wahrscheinlichkeit ist reine Magie. Sie bringt unsere beiden Sichtweisen und die beiden Seiten der Gefahr unter einen Hut:

[*] Anders als im Falle der Leitern können sich einige Zahlen jedoch ganz dramatisch verändern, wenn ein wichtiger Zufallsfaktor verändert wird. Ein Beispiel ist der Rückgang der Herzerkrankungen vor allem durch die Verringerung des Tabakkonsums. Bei Männern ging die Zahl der Toten durch Herzerkrankungen von 147 pro 100 000 im Jahr 2005 auf 108 pro 100 000 im Jahr 2010 zurück, und bei Frauen von 69 auf 48 pro 100 000. Das sind gewaltige Veränderungen.

die geordnete Vogelperspektive der Zahlen und der gesamten Bevölkerung einerseits, und die oft einsame Froschperspektive aus dem Labyrinth der Geschichten andererseits. In ihren Datenbergen erfasst sie jeden von uns. Heute berechnen Menschen Wahrscheinlichkeiten, um Entscheidungen über ihr Geld oder die Gefahr eines Einbruchs zu treffen und um die Risiken von Mobiltelefonen, Würstchen und Tsunamis abzuschätzen. Auf Schritt und Tritt berührt die Wahrscheinlichkeit unsere Ängste und Hoffnungen. Es ist kein Wunder, dass die Nachrichten voll davon sind: Sie scheint unsere Zukunft berechenbar zu machen. Umso bedauerlicher, dass es sie gar nicht gibt.

In diesem Buch ordnen wir die Risiken und Gefahren des Lebens entlang von Norms Lebenslauf und stellen fest, dass die Zahlen von Anfang bis Ende eine brauchbare Orientierung bieten. Dabei haben wir vor allem Dinge gewählt, die für das persönliche Leben relevant und interessant sind. Über Risikomanagement in Unternehmen werden Sie daher nichts finden – darüber wurde schon mehr als genug gesagt.

Zum Schluss einige Gefahrenhinweise. Erstens lernen wir ständig mehr über Risiken und Gefahren, weshalb die hier genannten Zahlen nicht bis in alle Ewigkeit Bestand haben werden. Das ist nicht nur eine lästige Begleiterscheinung, sondern eine ganz zentrale Frage: Wie soll man sich auf Zahlen verlassen, wenn sie sich dauernd verändern?

Zweitens ist dieses Buch eine Art Mini-Enzyklopädie der Gefahren des Lebens. Auf den kommenden Seiten werden Sie eine Menge Zahlen finden, und es macht vielleicht mehr Spaß, darin herumzustöbern, statt sie auf einen Rutsch von vorn bis hinten durchzulesen. Trotzdem hätten wir endlos Statistiken anführen können, und wir freuen uns über die Kommentare der Leser zu all den Zahlen, die wir noch hätten aufnehmen können. Aber irgendwo mussten wir leider aufhören.

Damit ist die Bühne frei. Geschichten treten neben Zahlen auf, die Vernunft ringt mit dem Gefühl, der Glaube streitet mit Beweisen. Wir haben uns die Daten genau angesehen und auf ein fiktives Leben losgelassen, das oft nicht von Vernunft beherrscht ist, sosehr sich Norm auch müht. Kurzum, wir haben so viele verschiedene Positionen zur Gefahr vereint, wie in einem Buch Platz fanden, und hoffen, Sie damit zum Nachdenken über diese gewaltige Kollision von Weltanschauungen zu bewegen. Und ganz nebenbei zieht ein Asteroid seine stille Bahn durch die Seiten und bereitet das Ende der Welt vor.

Worauf das Ganze unserer Ansicht nach hinausläuft, haben wir Ihnen schon verraten. Aber ob Sie sich unserer Schlussfolgerung anschließen, ob Sie sich von unserem Argument überzeugen lassen, und ob Sie meinen, dass sich die beiden Positionen unter einen Hut bringen lassen oder nicht, das werden Sie selbst herausfinden, wenn Sie sich jetzt ansehen, wie Sie selbst zur Gefahr stehen. Trauen Sie sich!

Kapitel 1

Am Anfang

Wᴇɴɴ ᴇʀ ᴅᴇɴ Gɪɴ ɴɪᴄʜᴛ instinktiv nach dem ersten Schluck ins Aquarium gekippt hätte (er konnte Gin nämlich nicht ausstehen), dann wäre es nie dazu gekommen.

Und wenn die Fische es überlebt hätten, dann wäre vermutlich auch nichts passiert. Oder wenn er sich nicht so schuldig gefühlt hätte, weil er ohne Einladung in die Party geplatzt war, von einem Mädchen erkannt wurde und Angst hatte, dass sie ihn verpetzen würde. Nur deshalb stand er am nächsten Tag vor der Tür, um sich zu entschuldigen.

»Äh, die Fische …«, stammelte er.

»Ja, die Fische!«, antwortete sie.

»Tot?«

»Ja.«

»Mh. Hab ich mir schon gedacht. Das war ich.«

»Soso.«

»Mh. Ja, wie viel kostet denn so ein Fisch?«

»Ein Fisch? Ein Abendessen!«

»Was? … Abendessen? Ah, klar! Abendessen! Aber … doch nicht für jeden Fisch?«

»Willst du kneifen, Fischkiller?«

»Schon gut …«

»Um ehrlich zu sein, es waren gar nicht meine Fische. Aber entweder lädst du mich zum Essen ein, oder ich sage meinem Bruder,

dass du seine Fische umgebracht hast, und der ist ein durchgeknall-
ter Axtmörder. Was meinst du?«

»Klar doch. Und ... wie viele Fische waren es denn?«

»42.«

»42?«

Und wenn sie nicht eine gemeinsame Vorliebe für Sudoku, Segeln
und eine Originalaufnahme von Alfred Lord Tennysons Gedicht
»The Charge of the Light Brigade« entdeckt hätten und wenn er sich
nicht in ihr Lächeln verliebt hätte und wenn sie nicht eine seltsame
Faszination für seine Hände und das Muttermal auf seinem rechten
Ohr entwickelt hätte, wer weiß.

»Unglaublich«, seufzten sie später oft.

»Wie unwahrscheinlich, jemanden so kennenzulernen!«

»Aber 42! Das war doch glatt gelogen!«

»Genau!«

Aber so kam es, dass sie sich durch eine Verkettung von zufälligen Ereignissen, die so leicht auch ganz anders hätten verlaufen
können, wiedertrafen, sich unterhielten, ineinander verliebten und
schließlich ein Kind bekamen – aber nur, weil er beim Camping-
wochenende die Kondome vergessen hatte und sich sagte: »Es wird
schon nichts passieren.« Die Wahrscheinlichkeit, dass sich diese
Geschichte so abspielte, muss eins zu einer Fantastillion gewesen
sein.

Aber wenn man es genau nimmt, ist jeder von uns unwahrscheinlich, und die Geschichte jedes Menschen eine Verkettung von
unendlichen Zufällen. Es gibt zahllose Gründe, warum Sie oder
wir nicht da sein könnten. Zumindest ist jeder spezifische Mensch
extrem unwahrscheinlich. Natürlich gibt es Menschen – aber warum ausgerechnet Sie?

Ach ja, und da er sich für die toten Fische entschuldigte, war er
rein zufällig auch nicht da, als in seiner WG ein Feuer ausbrach und
die Wohnung mit tödlichem Rauch füllte.

Während sie also nach einer Anästhesie brüllte und schwor,
dass sie ihn dafür den Fischen zum Fraß vorwerfen würde, saß

er draußen und dachte über die Zukunft des Kindes nach, über die glücklichen und unglücklichen Wendungen des Lebens, die Risiken und Zufälle, und fragte sich, ob sich dieses Chaos nicht wenigstens zum Teil vorhersehen ließ. Wie groß ist die Wahrscheinlichkeit wirklich?

Und in dem Moment, in dem das Kind zur Welt kam, erhellte weit weg ein Feuerball den Nachthimmel, eine gleißende Explosion, die durch den Eintritt eines nur wenige Meter großen und 80 Tonnen schweren Asteroiden in die Erdatmosphäre ausgelöst wurde. Der Brocken, der mit einer Geschwindigkeit von 12 Kilometern pro Sekunde durch den eisigen Raum raste, wurde mit der Kraft von Tausenden Tonnen Dynamit zerrissen, leuchtete hell wie der Vollmond und zerfiel in kleine Meteoriten, die auf die Nubische Wüste herabregneten.[1] Der Asteroid hieß Almahata Sitta. Das Baby wog genau 3400 Gramm.[*] Sie nannten ihn Norm.

*

KÖNNEN ZAHLEN dem kleinen Norm helfen, den Fallstricken des Lebens zu entgehen? In diesem Buch begleiten wir ihn mit den besten verfügbaren Daten und werden unser Bestes geben, diese Zahlen so klar wie möglich darzustellen.

Diese Klarheit ist entscheidend. Risikostatistiken sind natürlich voller Lügen, aber sie enthalten auch eine Menge wertvolle Informationen. Die Schwierigkeit besteht darin, zu dieser Information vorzudringen und sie richtig zu verstehen.

Nehmen wir an, Norms Vater brutzelt Würstchen für den Jungen, als er plötzlich aufhorcht, weil im Fernsehen eine Stimme sagt, dass jedes zusätzliche Würstchen – oder war es jedes zusätzliche Würstchen pro Tag? Irgendwas mit Wurst war es jedenfalls – das

---

[*] Nach den aktuellen Daten ist dies das mittlere Geburtsgewicht aller in England geborenen Kinder. In Deutschland wiegen Jungen bei der Geburt durchschnittlich 3600 Gramm und Mädchen 3450 Gramm.[2]

Krebsrisiko um 20 Prozent erhöhe. Er hält inne. Norm krakeelt. Die Würstchen zischen in der Pfanne.*

Aber was bedeuten diese 20 Prozent? 20 Prozent riskanter als was? Später hört Norms Vater im Radio etwas von Wahrscheinlichkeit (ist das dasselbe wie ein Prozentsatz?), und in der Zeitung stößt er auf die Begriffe »absolutes« und »relatives Risiko«. Jetzt ist er vollends verwirrt. Aber wer wäre das nicht? Später schnappt er noch den Begriff »Quotenverhältnis« auf, das klingt alles sehr mathematisch. Einige fragen sich jetzt: »Heißt das, dass 20 Prozent der Bevölkerung an Würstchen sterben?« Und andere: »Verstehe ich das richtig, mehr Würstchen sind für 20 Prozent aller Krebsfälle verantwortlich?« Oder: »Das heißt, 20 Prozent der Bevölkerung bekommen mit einer Wahrscheinlichkeit von 100 Prozent Krebs, wenn sie, äh, 20 Prozent mehr Würstchen essen?« Würstchenliebhaber wettern, dass Statistiken sowieso nur lügen, aber einige rufen: »Mein Gott, ein Würstchen! In Deckung!« Und sie können es kaum glauben, aber vielleicht sollten sie es lieber doch glauben. Andere sagen ihnen, sie sollen sich doch bitte nicht dumm stellen, aber sie haben gar nicht das Gefühl, dumm zu sein, sie sind einfach nur genervt, und sie verstehen immer noch nicht, was das alles soll, und am Ende sagen sie dann: »Ist doch sowieso alles Wurst, ich nehm noch eine, mit viel Senf.«

Vergessen Sie das alles. Das können wir besser. In seinem Leben wird Norm auf Schritt und Tritt solchen Ängsten begegnen, und sie werden oft nicht weniger vage sein. Werden wir sein genaues Schicksal jemals vorausberechnen können? Natürlich nicht. Niemand kann die Zukunft vorhersehen. Aber während Norm heranwächst, kann er sich über die jüngste Vergangenheit informieren, zum Beispiel über die Zahl der Opfer von Herzkrankheiten, und daraus das durchschnittliche Risiko auf die Zukunft hochrechnen und sein eigenes Leben daran ausrichten. So kompliziert das klingt, es ist nicht unvernünftig. In der Praxis ist die Einschätzung eines

---

* Was es bedeutet, dass sich das Risiko von etwas um 20 Prozent erhöht, und wie man das überhaupt berechnet, erklären wir Ihnen in Kapitel 4.

Risikos oft ein Kuddelmuddel. Doch die grundlegenden Zahlen zu ermitteln und zu fragen, was sie für unser Leben bedeuten, ist gar nicht so schwierig. Das hoffen wir zumindest für dieses Buch und natürlich auch für Norm. Obwohl Risiko nicht unbedingt etwas sein muss, das wir fürchten und meiden – vielleicht schmecken die Würstchen ja sogar besser, wenn sie ein Hauch der Gefahr umweht. Aber egal ob Sie das Risiko suchen oder scheuen, wir werden versuchen, die Zahlen verständlich zu machen.

Dazu benutzen wir ein raffiniertes Instrument, das jemand[3] mit einer gehörigen Portion schwarzem Humor als »MikroMort« bezeichnet hat. Ein MikroMort bezeichnet eine Wahrscheinlichkeit von eins zu einer Million, ums Leben zu kommen. Diese freundliche kleine Einheit wird uns helfen, verschiedene Gefahren auf den Alltag herunterzubrechen und sie miteinander zu vergleichen. Und genau damit wollen wir beginnen: mit einem ganz normalen Tag im Leben eines ganz normalen Menschen wie Norm.

Wie gefährlich ist es für Norm (oder für Sie), morgens aufzustehen, seinen alltäglichen Verrichtungen nachzugehen, nichts sonderlich Gefährliches zu tun – kein Basejumping und kein Frontdienst in Afghanistan, sondern ganz normaler Alltag – und dann abends nach Hause zu kommen und sich schlafen zu legen? Sie haben es vermutlich geahnt: Es ist nicht besonders gefährlich.

Natürlich kann es passieren, dass nicht nur Ihr Eis unter den Bus gerät, sondern Sie gleich mit; Sie könnten im Bad ausrutschen und mit dem Kopf auf der Wanne aufschlagen oder irrtümlich bei einer Mafia-Vendetta mit einem Bohrhammer ermordet werden. Aber sehr wahrscheinlich ist das alles nicht: Das sind Mikrorisiken, und die können wir ermitteln, indem wir ganz einfach die Opfer zählen. An einem normalen Tag kommen in England und Wales etwa 50 Menschen durch äußere Einwirkungen ums Leben.[4]* Da

---

* Nach Angaben des Office for National Statistics, der Nationalen Statistikbehörde, kamen im Jahr 2010 in England und Wales rund 18 000 Menschen durch »Fremdeinwirkungen« ums Leben – Unfälle, Morde, Selbstmorde und so weiter. Bei einer Einwohnerzahl von 54 Millionen entspricht dies 18 000/54 = 333 MikroMorts pro Einwohner und Jahr oder knapp einem MikroMort pro Tag. Das ist eine ungefähre

in England und Wales zusammengenommen rund 54 Millionen Menschen leben, bedeutet dies, dass es etwa jeden Millionsten auf diese Weise erwischt, und zwar jeden Tag. Nicht sonderlich viel, wie gesagt. Aber auch wenn Sie nicht wissen, ob Sie heute zu den 50 gehören, die durch äußere Einwirkungen ums Leben kommen, raubt Ihnen das vermutlich nicht den Schlaf.[*]

Diese tägliche Gefahr beträgt also 1 MikroMort. Das heißt, mit einer Wahrscheinlichkeit von eins zu einer Million stößt Ihnen oder mir an einem ganz normalen Tag während der Erledigung unseres ganz normalen Alltagskrams etwas Furchtbares, Schreckliches und Dramatisches zu. Ein MikroMort ist also das Risiko eines ganz normalen Lebens. Sie haben sich dieser Gefahr oft ausgesetzt, mehr noch, Sie haben sie überlebt. Herzlichen Glückwunsch! Also, ein MikroMort heute, morgen, übermorgen, Tag für Tag.

Natürlich ist das nur ein Durchschnittswert, aber wer außer Norm ist schon ein Durchschnittsmensch? Manche Menschen sind zu ängstlich, um aus dem Haus zu gehen, während ihre Nachbarn mit dem Motorrad zum Basejumping rasen. Ihr persönliches Risiko zu ermitteln, ist ein bisschen kniffliger, aber dazu kommen wir später noch. Für den Moment stellen Sie sich einfach vor, Sie seien guter Durchschnitt.

Außerdem müssen wir annehmen, dass die Daten der vergangenen Jahre einen guten Eindruck vermitteln, wie sich die Zukunft entwickelt. Mit anderen Worten werden wir nahtlos zwischen historischen Daten – wie viele Menschen von jeder Million sind letztes Jahr ums Leben gekommen? – und künftigen durchschnittlichen Risiken – wie viele MikroMorts bedeutet das pro Person? – hin-

---

Zahl, zumal nicht ganz klar ist, ob man bei Selbstmorden wirklich von »Fremdeinwirkung« sprechen kann. Doch diese Zahl vermittelt einen recht guten Eindruck von der Gefahr des Alltags und ermöglicht Vergleiche mit anderen Faktoren.

[*] Die Todesursachenstatistik des Statistischen Bundesamtes weist für das Jahr 2012 insgesamt rund 33 000 Todesfälle in Deutschland durch »äußere Ursachen« auf. Das sind ungefähr 90 Todesfälle pro Tag. Bei einer Einwohnerzahl von 80,5 Millionen entspricht dies 410 MikroMorts pro Einwohner und Jahr, also etwas mehr als einem MikroMort pro Tag (Anm. d. Red.).

und herschalten. Mit »Zukunft« meinen wir die kommenden Jahre, denn wer weiß schon, wie die Welt danach aussieht?

Dank der MikroMorts wissen wir, wovon wir sprechen. Wie wollen Sie Ihren täglichen MikroMort investieren? Wenn Sie 40 Kilometer Rad fahren, entspricht das ungefähr einer Tagesration. Alternativ könnten Sie 475 Kilometer mit dem Auto fahren (das ist jedoch nur ein Durchschnittswert – auf der Autobahn kommen Sie mit einem MikroMort weiter). Aber Sie können natürlich noch eine Schippe drauflegen und Ihre tägliche Ration an MikroMorts steigern.

Das Schöne an den MikroMorts – wenn man von »schön« sprechen will – ist die Tatsache, dass sie Risiken vergleichbar machen. Und es gibt eine ganze Menge Risiken. Wurden Sie schon mal geboren? Oder haben Sie ein Kind zur Welt gebracht? Fahren Sie mit dem Auto, oder fliegen Sie mit dem Flugzeug? Nehmen Sie Drogen, Alkohol oder Schmerzmittel? Reiten oder radeln Sie? Klettern Sie auf den Mount Everest? Arbeiten Sie in einem Bergwerk? Steigen Sie auf Leitern? Verbringen Sie Nächte im Krankenhaus? Sind Sie geimpft? Was ist mit Ihren Kindern? Stecken Ihre Kinder kleine Plastikgegenstände in den Mund, obwohl auf der Packung in großen Lettern davor gewarnt wird? Wie groß ist die Wahrscheinlichkeit, dass in diesem Moment ein Asteroid auf Sie zurast?

All dies und jede andere akute Gefahr lässt sich in MikroMorts messen. Beispielsweise beträgt die Wahrscheinlichkeit, bei einer Routineoperation nicht aus der Narkose zu erwachen, in Großbritannien 1 zu 100 000[5], das heißt, bei jeder hunderttausendsten Operation stirbt der Patient an den Folgen der Betäubung. Dieses Risiko ist nicht ganz so einfach einzuschätzen, doch das ist nichts anderes als 10 MikroMorts oder das Zehnfache des Risikos, an einem ganz normalen Tag durch Fremdeinwirkung ums Leben zu kommen, und entspricht etwa 110 Kilometern auf dem Motorrad. Wir könnten Ihnen beispielsweise vorrechnen, dass zwei normale Arbeitstage eines Bergarbeiters bis vor Kurzem genauso riskant waren wie ein Fallschirmsprung: etwa 10 MikroMorts. Ein Tag auf der Skipiste bedeutet dagegen nur einen MikroMort, so viel wie ein ganz normaler Tag. Anna wird sich sicher freuen, wenn sie das hört.

Auf der anderen Seite ist ein MikroMort auch das Risiko, das Soldaten in Afghanistan an einem schlechten Tag in einer halben Stunde eingehen – 48 Mal so viel wie im normalen Alltag. Oder das Risiko, das die britischen Bomberpiloten des Zweiten Weltkriegs während eines Einsatzflugs über Deutschland in einer einzigen Sekunde auf sich nahmen.*

Grafik 1: **Einige MikroMorts**

Durchschnittliche MikroMorts – Wahrscheinlichkeit von 1 zu 1 000 000, bei einer der folgenden Aktivitäten zu Tode zu kommen:

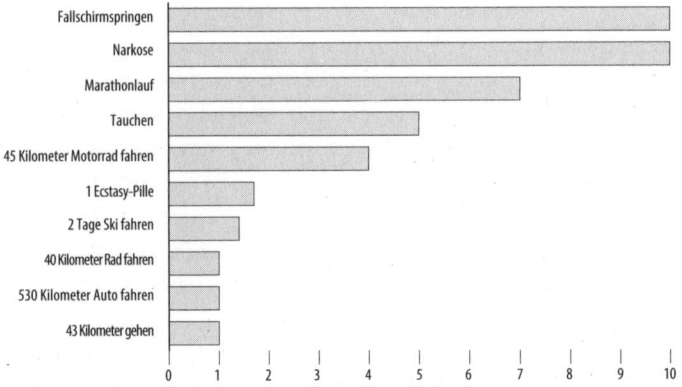

In Grafik 36 in Kapitel 27 finden Sie zahlreiche weitere Angaben sowie Informationen darüber, woher diese Zahlen stammen und wie sie ermittelt wurden.

* Zwischen Mai und Oktober 2009 wurden von den 9000 in Afghanistan stationierten britischen Soldaten 60 getötet.[6] Das entspricht einem ungefähren Durchschnitt von 47 MikroMorts pro Tag oder 2 MikroMorts pro Stunde. Zwischen 1939 und 1945 wurden bei 364 000 Einsatzflügen 55 000 Flugzeugbesatzungen getötet. Bei einer durchschnittlichen Besatzung von sechs Fliegern bedeutet dies einen Durchschnitt von 25 000 MikroMorts pro Einsatz oder 1 MikroMort pro Sekunde.

Ein MikroMort lässt sich auch mit einem fiktiven russischen Roulette vergleichen, bei dem zwanzig Münzen in die Luft geworfen werden. Wenn alle Kopf zeigen, werden Sie erschossen.* Das Risiko, dass Sie bei diesem Spiel draufgehen, liegt ungefähr bei eins zu einer Million und ist damit etwa genauso groß wie Ihre durchschnittliche Tagesdosis.

Wo wir schon dabei sind, stellen Sie sich doch spaßeshalber die Frage, ob Sie bereit wären, dieses Spiel zu spielen, wenn wir Ihnen für jeden Versuch 2 Euro zahlen würden. Sie sind nicht interessiert? 2 Euro sind Ihnen nicht genug? Wie viel Geld hätten Sie denn gern, um Ihr Leben bei einem Risiko von eins zu einer Million aufs Spiel zu setzen? Mit anderen Worten, wie viel ist Ihr Leben eigentlich wert, und was kostet eine Bedrohung von eins zu einer Million?

Der »Wert eines Menschenlebens« vermittelt Ihnen einen ungefähren Eindruck, wie viel Ihre Regierung auszugeben bereit ist, um Ihr Risiko um einen MikroMort zu senken. Mithilfe dieser Größe (in der Wirtschaft auch »Wert eines statistischen Lebens« genannt) entscheiden die Behörden zum Beispiel, welche Straßen sie ausbessern sollen und welche nicht. Wenn der Bau einer neuen Kreuzung ein Menschenleben retten kann, dann sind die Behörden in Großbritannien bereit, 1,3 Millionen Euro dafür auszugeben.[7] Das heißt, der Staat beziffert einen MikroMort mit einem Millionstel dieses Betrags, also etwa 1,30 Euro. Wären Sie jetzt bereit, russisches Roulette zu spielen, wenn Sie pro Versuch 2 Euro bekommen? Immer noch nicht? Der britische Staat meint, Sie überschätzen Ihren Wert.

In diesem Buch werden wir Risiken auf verschiedene Weise darstellen, doch auf die MikroMorts kommen wir immer wieder zurück. Die MikroMorts beschreiben akute Risiken – solche, die Ihnen mit einem »Tschüs und Danke für den Fisch« eins über den Schädel hauen. Später werden wir eine weitere Einheit kennenlernen, das MikroLeben, mit dem wir über langfristige Gefahren

---

* Die Wahrscheinlichkeit, dass alle Münzen Kopf zeigen, beträgt ½ (Kopf oder Zahl) mal ½, das Ganze zwanzigmal, oder 1 zu 2²⁰, was ungefähr 1 zu 1 Million entspricht.

sprechen können: die Art von Risiken, die Ihnen schleichend ins Blut übergehen und sich heimlich über ein ganzes Leben hinweg aufbauen, zum Beispiel Zigaretten, Fett oder Alkohol.

Beide Einheiten nehmen hin und wieder ein paar Ungenauigkeiten in Kauf, dafür erleichtern sie den Vergleich der Alltagsgefahren: Statt mit einem Durcheinander von Prozentangaben hantieren zu müssen, haben wir nur eine einzige Zahl, die leicht anderen Zahlen gegenübergestellt werden kann. Manchmal zeigen wir Ihnen, wie diese Zahlen ermittelt werden, aber die meisten Berechnungen verstecken wir in den Fußnoten, für alle, die sie lieber überspringen.

Gerade diese Vergleichbarkeit der MikroMorts und MikroLeben macht Norm Hoffnung, dass er mithilfe der Zahlen das erfolgreiche und glückliche Leben führen kann, das er sich erträumt. So weit, so vernünftig – falls die Vernunft tatsächlich eine Rolle spielt. Wir werden sehen. Aber zunächst wollen wir Ihnen eine junge Frau näher vorstellen.

Kapitel 2

Kindheit

NACHDEM PRUDENCE AUF DIE WELT gekommen war, gab es keinen Moment, an dem ihre Mutter keine Angst gehabt hätte.*
Sie wurde Beschützerin, sicherer Hafen und wütende Löwin, die überall Gefahr witterte. Andere Kinder waren verlaust, verrotzt, verzogen, sonst was. Fußpilz und rostige Nägel auf zwei Beinen.

Gerade hockt sie über der Toilette, mit stählernen Oberschenkeln, den Rock unter die Achseln geklemmt. Sehen Sie nur, wie energisch sie sich die Hände wäscht. Währenddessen sitzt Prudence in ihrem Kinderwagen und streckt in kindlicher Neugierde die Hand aus, um ...

»Nein, nein, nein! Bäh! Prudence! Fass das nicht an!«

»Mama.«

»Hände!«

»Bah.«

»Du hast nicht? Natürlich. Okay. Beine hoch. Windel. Nicht berühren! Huch?! Wo sind die feuchten Tücher?«

Feuchte Tücher. Was würde sie nur ohne sie tun. Die wichtigste Waffe im Kampf gegen den Schmutz. Von klein auf lernte Prudence,

---

* »Nachdem sie auf der Welt war, gab es keinen Moment, an dem ich keine Angst gehabt hätte. Angst vor Schwimmbecken, Hochspannungsleitungen, Lauge unter der Spüle, Aspirin in der Hausapotheke. Angst vor Klapperschlangen, Springfluten, Erdrutschen, Fremden an der Tür, unerklärlichem Fieber, Aufzügen ohne Liftboy und leeren Hotelfluren. Der Grund war klar: Ich hatte Angst, sie könnte Schaden nehmen.« Joan Didion, *Blaue Stunden*.[1]

nie, *niemals* Erdnussbutter-Sandwiches mit in die Schule zu nehmen und *niemals* das Messer für das rohe Hähnchen zu den anderen zu legen. Wie viele Menschen hatten nicht die geringste Ahnung von diesen Gefahren und Risiken! Als Prudence' Mutter für einen Buchclub angeworben werden sollte, entdeckte sie sofort die Gefahr, die alle anderen übersahen: Wenn sie nachts im Bett las, könnte ihr Mann denken, sie hätte noch Energie für Sex.

Wenn sie morgens in der Tageszeitung die Überschrift »20 Signale, dass Sie todkrank sind« las, dann mussten die Haferflocken von Prudence eben warten, bis sie den Artikel zweimal gelesen und eine Diagnose gestellt hatte. War das ein neuer Leberfleck auf dem Bein von Prudence? Nein, nur Dreck. Wo sind die feuchten Tücher?

Folgen wir Mutter und Tochter, die jetzt vom Klo ins Café zurückkommen und sich wieder zu der Freundin an den Tisch setzen. Die Freundin niest. Sehen Sie nur, wie sich die Mutter zurücklehnt, die Lippen zusammenpresst und atmet, als würde ihr die Luft Schmerzen verursachen, und wie sie vertuschen will, dass sie Prudence jetzt mit einem feuchten Tuch über Mund und Nase wischt.

»Du übertreibst«, sagte ihr einmal ein Freund und wollte ihr etwas von Wahrscheinlichkeiten erzählen.

»Danke«, antwortete sie. »Aber es geht nicht um Zahlen.«

In der Welt passieren schreckliche Dinge. Die Frage »Was wäre wenn?« ließ vor ihrem geistigen Auge Horrorszenarien aufsteigen, vor dem Zahlen verblassten.

»Was wäre, wenn ich dir bewiese, dass das Risiko eins zu einer Million ist?«

»Das ist mir völlig egal.«

»Warum?«

»Das Problem ist die eins.«

»Eins zu einer Million ist nicht schlecht.«

»Aber nicht für die eine, die es erwischt.«

Vor allem dann nicht, wenn diese eine Prudence wäre. War ihr Zuhause kinderfreundlich? Ja, das war es. Und was ist mit dem Gartenteich? Zugeschüttet. Wusste ihre Mutter, was sie in einem

Notfall zu tun hatte? Sie lernte es. Hatte sie kindersichere Spielsachen und Möbel? Natürlich. Das Kind aß sicher und gesund, verbrachte sichere Ferien, schlief sicher, badete sicher, saß sicher auf Sofas und Sesseln, geschützt vor Stößen und Brüchen, Verbrennung und Verbrühung, Ersticken und Ertrinken. Elternzeitschriften schärften ihre Wachsamkeit. »Vernachlässigung« war eines der schlimmsten Wörter in ihrem Wortschatz.

Der Mutter war natürlich klar, dass Prudence immer noch Opfer eines schrecklichen Schicksalsschlags, zum Beispiel einer bislang unbekannten Krankheit, werden konnte. Aber abgesehen davon würde sie alles tun, damit Prudence gesund aufwuchs und all die Leichtsinnigen überlebte, die zu schnell fuhren, sich schlecht ernährten, sich nie mit Cholesterin und Acrylamid auseinandergesetzt hatten, immer fetter wurden, nie von Hormonen im Trinkwasser gehört hatten, das eingeschaltete Handy neben das Kopfkissen legten und ihre Kinder impfen ließen. Oder ließen sie sie nicht impfen? Was war denn da der letzte Stand? Der Impftermin stand gerade wieder an. Manchmal schien die Gefahr von beiden Seiten gleichzeitig zu kommen.

Winter bedeutete Rutschgefahr, Sommer Wespen und Sonnenbrand, nicht zu vergessen die Quallen am Strand und die Tsunamis am Horizont, weshalb die Mutter Prudence selbst bei einer Tasse Tee nie aus dem Auge lassen und vor allem nicht zulassen durfte, dass sie sich von den Sonnenschirmen entfernte. Die Warnung auf dem Werbeplakat »Riskieren Sie keinen schlechten Atem« nahm sie genauso ernst wie die Terrorwarnung: »Behalten Sie Ihre Gepäckstücke stets bei sich. Wenn Sie eine verdächtige Tasche sehen …«

In dieser Welt sollte Prudence leben – in einer Welt der Gefahren, Bedrohungen, Risiken und Symptome, in der nicht Zahlen, sondern Horrorgeschichten regierten. Einer Welt, in der Liebe mit Angst bezahlt wurde und in der jedes von Prudence' Wehwehchen der Mutter grenzenloses Leid und Schuld bereitete – wie jetzt wieder auf der Fahrt nach Hause, als sie unabsichtlich den Kopf des Mädchens an die Autotür stieß.

＊

PRUDENCE' MUTTER hat natürlich nicht ganz Unrecht: Säuglinge leben gefährlich, zumindest relativ. Das erste zarte Lebensjahr ist ungefähr so gefährlich wie 47 000 Kilometer auf dem Motorrad – eine Fahrt um die ganze Welt.* Stellen Sie sich Ihr Baby auf einer Harley vor – halten Sie das für sicher?

Wer diese Zeit übersteht, sieht sich erst mit Mitte 50 wieder ähnlichen Risiken ausgesetzt. Das erste Lebensjahr ist also vergleichsweise gefährlich.

Aber das brauchen wir Ihnen vermutlich nicht zu sagen. Kleinkinder sind nun mal verwundbar – erst sind sie hilflos, dann eine gefährliche Mischung aus Neugierde und Unbekümmertheit. Das kann ja nicht gut gehen, oder? Man könnte meinen, die gesamte Kindheit sei ein einziger Drahtseilakt.

Das stimmt jedoch so nicht, diese Sorge wäre völlig übertrieben. Das Risiko verringert sich in kürzester Zeit dramatisch. Im ersten Jahr lebt Prudence relativ gefährlich, doch der größte Teil dieses Risikos konzentriert sich auf die ersten Wochen. Und wenn sie, wie die allermeisten Kinder, bis zum ersten Geburtstag durchhält, geht das Risiko von 4300 MikroMorts im ersten Lebensjahr auf weniger als 100 MikroMorts im siebten Lebensjahr zurück – also ein Viertel MikroMort pro Tag, alle Ursachen eingeschlossen. Ob Sie es glauben oder nicht, das siebte Lebensjahr ist das sicherste von allen; in diesem Alter sind die Kinder weit sicherer als Papa und Mama.[2]

Das heißt, die Kindheit verwandelt sich in kürzester Zeit von der gefährlichsten zur sichersten Etappe des Lebens. Babys unternehmen zwar noch nicht viel, doch für kurze Zeit leben sie vergleichsweise gefährlich. Und wenn sie dann größer werden, hecken sie zwar alle möglichen Streiche aus, doch sie sind sicherer als jede andere Bevölkerungsgruppe.

Hier geht es allerdings nur um tödliche Risiken, die Kinder ha-

---

* Auf europäischen Straßen. Auf einer afghanischen Passstraße ist das Risiko vermutlich etwas größer.

ben immer noch genug Möglichkeiten, sich blaue Flecken zu holen. Trotzdem ist der Rückgang dramatisch. Ängstliche Eltern haben Grund, sich während des ersten Lebensjahrs Sorgen zu machen, und vor allem während der ersten Wochen, aber dann …

Doch schwindet die Angst mit dem Risiko? Oder machen sich Eltern unbeirrt weiter Sorgen, wie die Mutter von Prudence? Wenn ja, dann könnte es doch gerade ihre Wachsamkeit sein, die die Kinder vor dem Schlimmsten bewahrt, oder? Sie ist jedenfalls überzeugt davon. Gefahr erkannt, Gefahr gebannt, wie es so schön heißt. Aber vielleicht können manche Eltern einfach nicht mehr aufhören, sich Sorgen zu machen, wenn sie einmal damit angefangen haben – zur Paranoia ist es nur ein kleiner Schritt.

Doch die Sorge der Mutter hat noch eine andere Ursache: nicht nur die Liebe, sondern auch die Angst vor Vorwürfen. Die Gefahr kann größer erscheinen, wenn wir denken, dass jemand die Schuld trägt, wenn etwas schiefgeht. Dann gibt es ein unschuldiges Opfer, und ein Unfall ist nicht einfach nur Pech, sondern eine Anklage. Wenn Sie auf jemanden aufpassen müssen und wenn Sie nicht nur aus Liebe handeln, sondern auch, weil Sie sich keine Vorwürfe machen lassen wollen, dann ist die Gefahr dunkler, und die Schuldgefühle werden größer. »Wo war denn die Mutter?«, wird später jemand fragen.

Wie würde sich die Mutter fühlen, wenn Prudence etwas zustoßen würde? Ob das stimmt oder nicht, sie hätte das Gefühl, dass sie nicht da war. Man könnte ihr noch so oft sagen, dass es einfach Pech und ein Unfall war, sie würde es nicht hören. Wahrscheinlichkeiten kennen kein menschliches Leid.

Aber die Kälte der Zahlen hat auch ihre Vorteile: Zahlen suchen nicht nach Schuldigen. Die Gefühle der Geschichten sind nicht automatisch richtig. Wahrscheinlichkeiten können gnädiger sein als Geschichten, sie verzeihen eher, haben kein Interesse daran, wer was getan hat, und sind eher bereit zuzugeben, dass sie nicht wissen, wie sich ein Unfall genau zugetragen hat.

Auch das ist Wahrscheinlichkeit: Ursachen und Wirkungen bleiben im Dunkeln, es müssen keine Schuldigen benannt werden. Die Gefühlskälte der Zahlen hat ihre Vorteile.

Die Zahlen verraten also, dass die gefährlichste Zeit kurz nach der Geburt schnell überwunden wird und dass das Risiko insgesamt geringer geworden ist. Die Säuglingssterblichkeit ist ein guter Indikator für den Wandel der sozialen Verhältnisse; sie wird vor allem durch Hunger und Krankheit beeinflusst. Dahinter verbirgt sich eine atemberaubende Erfolgsgeschichte.

Bis zum ausgehenden Mittelalter starben rund 30 bis 40 Prozent aller Kinder vor dem ersten Geburtstag; diesen Anteil könnte man als eine Art »natürliche Säuglingssterblichkeit« bezeichnen. Im England des Jahres 1600 hatte sich diese Zahl etwa halbiert, und bis Mitte des 19. Jahrhunderts blieb sie bei etwa 15 Prozent.[3] Wenn der Anteil bis heute derselbe geblieben wäre, dann würden in Großbritannien pro Jahr rund 100 000 Kinder während des ersten Lebensjahrs sterben.

Glücklicherweise sank er weiter, und zwar dramatisch. Bis 1921 war der Anteil erneut um 50 Prozent gesunken, und nur eine Generation später, kurz nach dem Zweiten Weltkrieg, war er ein weiteres Mal um 50 Prozent zurückgegangen. Bis zum Jahr 1983 halbierte er sich zweimal, und bis 2012 ein weiteres Mal. Heute sterben von 1000 Neugeborenen nur noch vier während des ersten Lebensjahrs.* Das ist ein ganz erstaunlicher Rückgang, Schritt für Schritt wurde der Tod weiter zurückgedrängt. In vielen Teilen der Welt wurde die Säuglingssterblichkeit so weit reduziert, dass das, was früher normal war, heute zur Ausnahme geworden ist. Wurde in der Geschichte der Menschheit jemals eine Gefahr so radikal beseitigt wie die der Säuglingssterblichkeit in den Industrienationen?

Wie fühlen Sie sich, wenn Sie diese Zahlen sehen? Privilegiert und erleichtert? Oder immer noch besorgt?

Denn das Risiko wurde zwar massiv abgebaut, doch ganz ver-

---

* Trotz des dramatischen Rückgangs starben 1921 noch 82 von 1000 Neugeborenen während des ersten Lebensjahrs. Im Jahr 1945 waren es 46, bis 1983 war die Zahl auf 10 zurückgegangen.

schwunden ist es noch immer nicht. Im Jahr 2000 kamen in England und Wales 723 165 Kinder lebend zur Welt. Das sind mehr als ein Kind pro Minute oder knapp 2000 pro Tag und genug, um täglich ein großes Kino zu füllen.* Prudence ist eines dieser Kinder. So weit, so gut. Doch auf dem Weg musste sie ein paar schwierige Hürden meistern.

Die erste kam noch vor dem ersten Atemzug. Wenn Sie sich im Kino umschauen, sind zehn der 2000 Plätze leer. Das sind die Totgeburten, die sich seit Anfang der 1980er Jahre hartnäckig bei 0,5 Prozent halten. In anderen Ländern ist dieser Anteil weiter gesunken, in Großbritannien ist er konstant geblieben.† Diese Zahl ist so unerklärlich wie beunruhigend.

Dann kommen die Risiken für die Lebenden. Von den 2000 Babys, die pro Tag lebend zur Welt kommen, sterben fünf noch in der ersten Woche, ein weiteres vor Ende des Monats und noch einmal drei vor Ende des ersten Jahres.[5] Während des ersten Lebensjahrs beträgt das Gesamtrisiko wie gesagt 4300 MikroMorts. So kommen wir auf den Vergleich mit den 47 000 Motorradkilometern: Wenn 1 MikroMort 11 Motorradkilometer entspricht, dann sind 4300 MikroMorts mal 11 Kilometer gleich 47 300 Kilometer.

Sehen wir uns die Gefahren, die Prudence drohen, im Einzelnen an. Die größte Kategorie sind Erbkrankheiten und Frühgeburten. Sehr kleine Babys haben zu kämpfen. Von den 4000 Neugeborenen, die 2010 in England und Wales mit einem Geburtsgewicht von weniger als einem Kilogramm (so viel wie eine Packung Zucker) zur Welt kamen, starben 1200 oder 30 Prozent während des ersten Lebensjahrs.‡

Da Prudence jedoch weder zu früh noch mit einer Erbkrankheit geboren wurde, verringerte sich das Risiko von 47 000 Motorradkilometern auf 26 000 oder von 4300 MikroMorts auf 2300.

* Das Empire am Londoner Leicester Square hat 2000 Plätze.
† In Deutschland liegt der Anteil bei 0,24 Prozent[4] (Anm. d. Red.).
‡ Im Jahr 2010 kamen in Deutschland insgesamt 677 947 Kinder zur Welt, 3476 von ihnen wogen weniger als ein Kilogramm. 847 – und damit 24,4 Prozent – dieser Kinder starben während des ersten Lebensjahrs (Anm. d. Red.).

Doch dann kommt schon die nächste Hürde. 202 Kinder, vier pro Woche, starben, weil bei der Geburt etwas schiefging. Bis heute wird darüber diskutiert, ob es sicherer ist, ein Kind im Krankenhaus zur Welt zu bringen oder zu Hause. Wer sich heute für eine Hausgeburt entscheidet, ist in der Regel finanziell besser gestellt, und das steht in Zusammenhang mit besseren Überlebenschancen. Es ist auch meist nicht das erste Kind und damit sicherer. Trotz allem ist in England und Wales die Säuglingssterblichkeit bei Hausgeburten ungefähr dieselbe wie bei Geburten im Krankenhaus.

Grafik 2: **Ursachen der Säuglingssterblichkeit in England und Wales (2010)[6]**

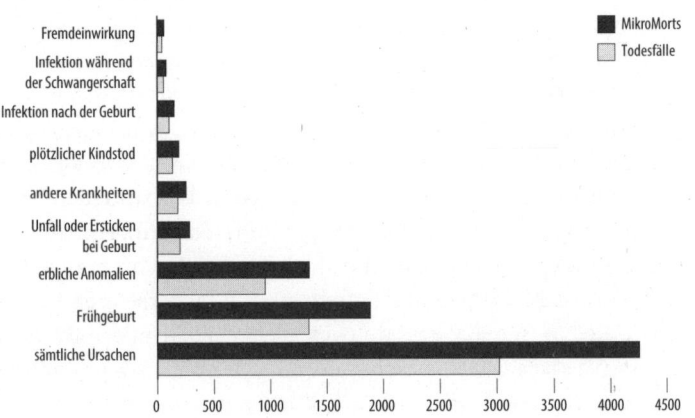

Eine Untersuchung von 65 000 »risikoarmen« Geburten zeigte, dass Frauen, die ihr Kind mit einer Hebamme zur Welt brachten, genauso sicher waren wie in einem normalen Krankenhaus, dass sie jedoch weniger Kaiserschnitte und mehr »natürliche Geburten« hatten. Wenn es nicht gerade das erste Kind ist, dann ist eine Hausgeburt genauso sicher wie eine Geburt im Krankenhaus, doch bei der ersten Geburt ist das Risiko einer Komplikation doppelt so hoch, und fast die Hälfte der Frauen musste schließlich in ein Krankenhaus eingewiesen werden.[7]

Eine letzte Klippe für Prudence und alle anderen Säuglinge sind die 136 Fälle von plötzlichem Kindstod (192 MikroMorts) sowie die »unerklärten« Todesfälle. Seit eine Kampagne im Jahr 1991 britischen Eltern beibrachte, ihr Kind nicht mehr auf dem Bauch schlafen zu legen, ist diese Zahl um 70 Prozent zurückgegangen. Trotzdem waren in dieser Rubrik im Jahr 2009 in England und Wales immer noch 279 Todesfälle zu verzeichnen[*] (400 MikroMorts im ersten Lebensjahr), und damit etwa eins der 2000 täglich geborenen Kinder.[8]

Diese mysteriösen Todesfälle treffen etwa 50 Prozent mehr Jungen, sie treten eher im Winter ein und sind bei Müttern unter 20 (1230 MikroMorts im ersten Lebensjahr) etwa fünf Mal so häufig wie bei Müttern über 30 (250 MikroMorts). Als Mädchen, das keine Frühgeburt und dessen Mutter über 30 Jahre alt war, gehörte Prudence damit zu den am wenigsten gefährdeten Kindern. Nicht, dass ihre Mutter das im Geringsten beruhigt hätte.

Das sind die Zahlen für eine Industrienation. Was wäre, wenn Prudence in einem anderen Teil der Welt geboren worden wäre? Internationale Vergleiche der Säuglingssterblichkeit sind nicht ganz einfach. Einige Staaten nehmen die gefährdeten Frühgeburten aus ihren Statistiken heraus. Weil die offiziellen Zahlen oft mangelhaft sind, müssen die Zahlen aus Befragungen hochgerechnet werden.

Die UNICEF schätzt, dass weltweit 40 von 1000 Kindern während des ersten Lebensjahrs sterben – etwa so viel wie in England und Wales im Jahr 1947.[9] Aber wie so oft verbergen sich hinter diesen Durchschnittszahlen gewaltige regionale Unterschiede. Am unteren Ende der Rangliste stehen Sierra Leone und der Kongo mit 119 beziehungsweise 112 Todesfällen pro 1000 Geburten – so viel wie in England und Wales im Jahr 1919. In Äthiopien sind es 52 (so viele wie in England 1938), in Indien 47 (wie in England 1945), in Vietnam 17 (England 1973), in den Vereinigten Staaten 6 (England 1997). In Kuba sind es mit 5 pro 1000 kaum mehr als in England, und in Finn-

---

[*] In Deutschland starben im Jahr 2010 251 Kinder am plötzlichen Kindstod sowie an ungeklärten Todesursachen. Von ihnen waren 159 Jungen (rund 63 Prozent) und 92 Mädchen (gerundet: 37 Prozent) (Anm. d. Red.).

land und Singapur mit 2 pro 1000 etwa halb so viele wie im König-reich.[10] In Deutschland starben im Jahr 2009 von je 1000 Säuglingen 3,5 im ersten Lebensjahr.

Grafik 3 zeigt den dramatischen Rückgang der Säuglingssterb-lichkeit in Großbritannien seit 1921. An der Kurve können Sie auch den heutigen Stand ausgewählter Länder ablesen. Kamerun befand sich beispielsweise im Jahr 2010 auf dem Stand von Großbritannien Anfang der 1920er Jahre.

Grafik 3: **Säuglingssterblichkeit pro 1000 Geburten, historischer Trend in Großbritannien sowie heutiger Stand in ausgewählten Ländern**[11]

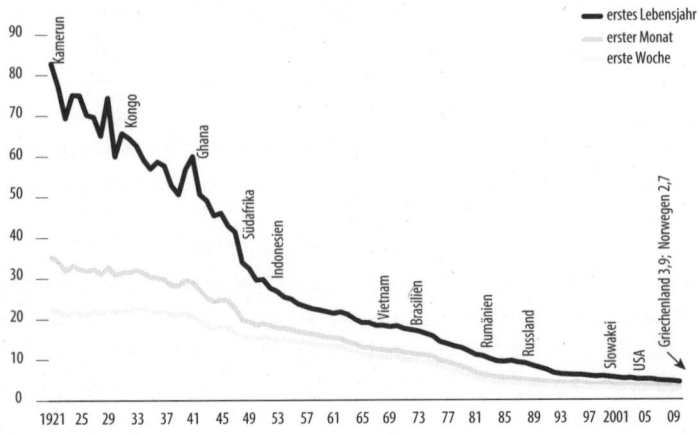

Im Jahr 2000 stellten die Vereinten Nationen ihre Millenniumsziele auf, und als viertes Ziel nannten sie, die Kindersterblichkeit zwi-schen 1990 und 2015 um zwei Drittel zu senken beziehungsweise von 61 auf 20 pro 1000 Lebendgeburten. Wenn diese Zahl heute bei 40 liegt, dann ist das ein großer Fortschritt, doch das Ziel wird ver-mutlich nicht mehr erreicht werden. Und das, obwohl einige Länder gewaltige Fortschritte erzielt haben: Malawi konnte die Zahl von 131 auf 58 pro 1000 senken und Madagaskar von 97 auf 43, was in beiden Fällen einen Rückgang von 56 Prozent in 20 Jahren bedeutet.[12] Wenn Sie meinen, dass der Lebensstandard in den Entwicklungsländern stagniert, dann sollten Sie diese Meinung korrigieren. Die Zahl der Kinder, die das erste Lebensjahr nicht erreichen, ist von 8,4 Millionen im Jahr 1990 auf 5,4 Millionen im Jahr 2010 gesunken – ein gewaltiger Sprung, auch wenn immer noch 15 000 Kinder pro Tag, 600 pro Stunde oder zehn pro Minute sterben – das ist ein Kind alle sechs Sekunden.

An dieser Stelle mal eine Frage, die Ihnen merkwürdig vorkommen könnte. Ist der Tod eines Kindes eine natürliche Sache, wie die Mutter von Prudence fürchtet, oder eine unnatürliche? Das ist ein entscheidender Unterschied. Viele Menschen empfinden nämlich unnatürliche Risiken – Risiken, die mit dem modernen Leben einhergehen, zum Beispiel Reisen, Technik oder Übergewicht – als schlimmer. Sie gehen auf die Kappe von Menschen, weil diese nicht auf ihre Autos, ihren Atomstrom oder ihren Kuchen verzichten wollten. Wenn unsere Schöpfungen der Natur ins Handwerk pfuschen, dann bekommen wir früher oder später die Quittung dafür, wie manche meinen. Besser vom Blitz getroffen werden als von einem herunterhängenden Stromkabel, wie es in einem Forschungsaufsatz stand.[13] Vielleicht fühlen sich diese unnatürlichen Risiken schlimmer an, weil wir in unserer Arroganz für sie verantwortlich sind oder weil sie uns von anderen aufgezwungen wurden. Im Gegensatz dazu könnten wir den Tod eines Kleinkindes als großes Pech oder als einen Akt Gottes oder der Natur bezeichnen, vor allem wenn die Ursache eine Krankheit ist.

Viele Menschen sind eher bereit, »natürliche« Risiken hinzunehmen. Das ist jedoch eine sonderbare Einstellung. Kann es denn etwas Schrecklicheres geben als den Tod des eigenen Kindes? Das ist ein derart beunruhigendes Ereignis, dass selbst das Fernsehen kaum davon berichtet, obwohl es den Tod von Erwachsenen am Fließband zeigt.

Krankheiten sind natürlich und raffen Menschen zu Millionen dahin. Aber sollten wir sie einfach hinnehmen, nur weil es sie schon immer gab? Die Kritik »unnatürlich« bleibt ein Todschlagargument, auch wenn wir mit unnatürlichen Mitteln wie Kernseife und einer Theorie über Bakterien einen dramatischen Rückgang der Säuglingssterblichkeit bewirkt haben. Kaum jemand würde so weit gehen zu behaupten, wir hätten der Natur nicht ins Handwerk pfuschen sollen.

Was andererseits nicht heißen soll, dass die Technik immer recht hat, nicht einmal wenn es um die Gesundheit unserer Kinder geht. Keine der beiden Seiten gewinnt immer. Die Diskussion um »natürlich« und »unnatürlich« flammt auch bei der Debatte um Hausgeburten und Impfungen immer wieder auf (siehe Kapitel 6).

Ist diese merkwürdige Vorliebe für natürliche Risiken irrational, zumal natürliche Risiken oft die schlimmsten von allen sind? Vielleicht nicht. »Unnatürlich« kann bedeuten, dass wir ein Risiko aus bestimmten Gründen ablehnen. Vielleicht meinen wir damit die Machenschaften von Menschen und Konzernen und wollen damit ausdrücken, dass jemand zu viel Geld oder Macht hat. Vielleicht handelt es sich bei der Unterscheidung zwischen »natürlich« und »unnatürlich« eher um ein ethisches und moralisches Urteil über das Verhalten der gesamten Gesellschaft als um eine Aussage über die Natur. Damit sind diese Gefühle nicht irrational, wohl aber kompliziert. So ist das oft mit unserer Einschätzung von Risiken: Vordergründig geht es um Gefahren, aber in Wirklichkeit stecken dahinter eine ganze Menge Einstellungen über eine ganze Menge Dinge.

Wenn wir uns vorstellen, was es bedeutet, unser eigenes Kind zu verlieren, und wenn wir uns dann vorstellen, dass jedes Jahr mehr als 5 Millionen Kinder sterben und mehr als 3 Millionen dank der wirtschaftlichen Entwicklung, des technischen Fortschritts und der medizinischen Entwicklung gerettet werden, dann scheint da wenig Platz für unsere Empfindlichkeiten. Trotzdem halten sie sich hartnäckig. Was sagt uns das über uns?

Dass das Risiko bei unseren Entscheidungen über das Richtige und Wünschenswerte nur eines von vielen Kriterien ist und dass politische und moralische Überlegungen genauso eine Rolle spielen wie unsere persönliche Eitelkeit.

Kapitel 3

Gewalt

HABICHT HARRY KREISTE hoch am Himmel. Im Namen des Rattenbekämpfungsprogramms der Stadtverwaltung behielt er das Gewirr der Straßen mit scharfem Blick im Auge.

Tief unter ihm gingen die Menschen ihrem Alltag nach. Autos standen und fuhren, Bäume rauschten im Wind, Kinder waren in Gefahr.

Einer davon war Phil, der in Schuluniform am Park entlangging, vorbei an der Ecke, an der immer die älteren Jungs herumstanden. Plötzlich blieb er stehen und starrte in eine Pfütze. Die Pfütze brodelte. Unter einem zerbrochenen Eisendeckel mit der Aufschrift »Elektrizitätswerke« blubberte und zischte es bedrohlich.

»Idioten«, schimpfte Phil ein bisschen zu laut und ging um die Pfütze herum. »Die haben den Gehsteig unter Strom gesetzt!« Harry sah, wie die älteren Jungs auf Phil zugingen. Jemand schrie, jemand schubste, ein Messer wurde gezückt. Phil fiel hin, und es platschte.

Auf der anderen Straßenseite sah Harry Habicht Mikey, der sich an ein Geländer lehnte. Mikey stand schon seit einer Viertelstunde da und hatte mit seinem Handy die Pfütze gemeldet, während eine fremde Hand seinen Rucksack samt Laptop, Schulbüchern und Notizen mitnahm, den er an einen Laternenpfahl gelehnt hatte.

»Warum zappelt der Junge in der Pfütze?«, fragte der dreijährige Norm und blieb neben Mikey stehen. Der kniete inzwischen auf dem Boden, tippte wütend in sein Handy, ignorierte Norm und sagte ein Wort, das Norm nicht gefiel.

»Versteckst du dich?«, fragte Norm.

Er hatte ein bisschen Angst, denn sein Papa hatte ihm gesagt, er würde gleich wiederkommen und er solle auf gar keinen Fall weggehen, aber er war nicht wiedergekommen, und Norm wusste nicht mehr, wo er war. Es war kalt. Und der Mann mit dem Telefon sah ihn komisch an. Norm fragte sich, ob er in Gefahr war.

Ein paar Häuser weiter steckte Mrs. Assabian ihren geliebten Chihuahua Artemis in ein Fleecejäckchen und schnallte ihm sorgfältig den Gürtel unter dem Bäuchlein zu. »Wir wollen ja nicht, dass er sich verkühlt!« Dann legte sie ihm die Leine an. »Und jetzt mach, dass du loskommst, sonst kannst du was erleben«, keifte sie ihre neunjährige Tochter Jemima an, deren Auge von der letzten Tracht Prügel noch angeschwollen war. Sie drückte ihr die Leine in die Hand, stieß sie die Treppe hinunter und ging wieder nach drinnen.

Harry beobachtete die Bewegung der beiden kleinen Wesen, eines senkrecht, das andere waagerecht. Das Waagerechte hatte vier Beine. Das war das Entscheidende. Es huschte im Zickzack über den Gehweg und rannte plötzlich ein Stück nach vorn, ein Muster, dass Harry nur zu gut kannte. Er schoss vom Himmel.

Das ist aber ein großer Nager, dachte Harry, als er seine Krallen in das rote Mäntelchen stieß und das Vieh in die Luft hob. Doch plötzlich gab es einen Ruck, das Tier ließ sich nicht weiter heben. Harry flatterte.

Während sie in das Schaufenster des Schuhgeschäft sah, hatte Jemima plötzlich gespürt, wie ihr Arm in die Luft gerissen wurde. Als sie sich umdrehte, sah sie, wie Artemis mit baumelnden Pfötchen über ihr schwebte und darüber ein riesiger Vogel mit den Flügeln schlug.

»Nein!«, schrie sie. »Lass los, lass los!«

Sie zog und schrie und kämpfte. Auch Harry schrie und schlug mit den Flügeln. Ein Passant sah die einmalige Chance, an einem

Tauziehen um einen fliegenden Chihuahua teilzunehmen, griff nach der Leine und schrie ebenfalls.

Andere Passanten drehten sich um und schrien. Artemis jaulte so laut, wie es ein anderthalb Kilo schwerer Hund eben kann. Plötzlich fiel er zu Boden, und Harry flatterte in Richtung Fluss davon.

Dort sitzt die vierjährige Prudence im Auto hinter ihrer Mutter, die von einem Ausflug ins Stadtzentrum nach Hause fährt. Um sie herum brodelt der Verkehr. Mami hupt. Irgendwo hinter ihnen hupt auch jemand, viel zu lang.

»Was ist los, Mami?«

»Dummer Mann.«

Hinter ihnen jault der Motor eines Bullys auf. Wie angestochen rast der Transporter quer über die Fahrbahnen und hält direkt vor ihnen abrupt an. Prudence' Mutter steigt auf die Bremse, kommt wenige Zentimeter vor dem Bully zum Stehen, hupt wieder.

Ohne Rücksicht auf den Verkehr reißt der Bullyfahrer seine Tür auf und springt heraus. Sie will vorbeiziehen, doch sie würgt den Motor ab. Mit eingezogenem Kopf dreht sie den Schlüssel, lenkt scharf nach links, der Wagen macht einen Satz, geht wieder aus, zündet wieder. Der Motor jault auf.

Zu spät. Der Bullyfahrer ist schon um den Wagen herum, zerrt an der Tür, klammert sich ans Autodach, die Füße wer weiß wo.

Mit herausgestreckter Zunge und weit aufgerissenen Augen presst der Mann sein Gesicht an die Scheibe der Fahrertür und schlägt mit der anderen Hand gegen das Fenster, die Tür, die Windschutzscheibe. Sie gibt Gas. Der Bullyfahrer klebt an der Tür wie eine Schnecke, ein Alien, eine schlagende Faust. Er muss doch endlich abspringen. Er muss doch. Aber er klammert sich weiter fest. Klammert sich immer noch fest und springt dann endlich zurück und stürzt auf die Straße.

Es hat nur Sekunden gedauert. Kein Wort, kein Schrei. Der Mann geht zurück zu seinem Transporter, steigt in die noch offene Fahrertür und fährt davon.

Prudence schweigt. Genau wie ihre Mutter, die nur auf die Straße starrt und sich an das Lenkrad klammert. Nichts sagen, nicht schauen, nicht klagen, nur weg, keine Fremden, nur Ärger, Unfall, Gefahr, Irrsinn, Hass, Tod.

Hoch über ihnen kreist Harry.

Sie fahren nach Hause. Auf dem Einschulungsbogen wird sie die Frage, ob ihre Tochter an Schulausflügen teilnehmen darf, mit Nein beantworten.

*

WENN NORMS ELTERN bereit gewesen wären, das Geld dafür hinzulegen, hätten sie mittels einer Agarose-Gelelektrophorese den genetischen Fingerabdruck ihres Sohns bestimmen lassen können. Wozu das gut sein soll? Für den Fall, dass er verloren geht. Und das kommt schon mal vor. So zumindest das vordergründige Motiv. Der Hintergedanke ist natürlich, dass sich mit diesem genetischen Fingerabdruck Verbrechen aufklären lassen – Entführungen oder Schlimmeres. »Je schneller die Polizei das DNA-Profil Ihres Kindes zur Verfügung hat, umso besser«, heißt es in einer Broschüre. Sie können auch einen Gebissabdruck Ihres Kindes anfertigen lassen – wann das nützlich wird, wollen wir lieber nicht erwähnen. Auch Fingerabdrücke, Identitätsarmbänder und neue Fotos werden ausdrücklich empfohlen.

Allein der Gedanke an eine Entführung ist ein Albtraum. Wird der durch das DNA-Profil besser? Ginge es Ihnen besser, wenn Sie wüssten, dass Sie den genetischen Fingerabdruck Ihres Kindes in der Schublade haben? Das ist das Problem mit der Angst, einem heimtückischen und grausamen Gefühl: Wenn wir sie lindern wollen, müssen wir daran denken.

Könnten wir sie nicht einfach ignorieren? Die Wahrscheinlichkeit, dass ein Fremder versucht, Norm oder ein anderes Kleinkind zu entführen, ist extrem gering, und die Wahrscheinlichkeit, dass er dabei Erfolg hat, ist noch einmal um 80 Prozent geringer. Die

Wahrscheinlichkeit, dass jemand Ihr Kind ermordet, ist noch kleiner, und dass es von einem Unbekannten umgebracht wird, ist wieder um 75 Prozent geringer. Wenn Sie Eltern sind, dann geht die größte Gefahr für Ihre Kinder von *Ihnen* aus.

Und selbst wenn man die Bedrohung durch die Eltern einrechnet, ist die Sterbewahrscheinlichkeit für Kleinkinder wie Norm so niedrig wie nie zuvor, und wie wir im vorigen Kapitel gesehen haben, sind Kinder ohnehin von allen Altersgruppen die ungefährlichste: Nach den neuesten Daten ist die Kindheit die sicherste Lebensphase und dies in einem der sichersten Momente der Menschheitsgeschichte.

»Na und?«, würde Prudence' Mutter jetzt sagen. »Das ändert nichts daran, dass immer noch schreckliche Dinge passieren!« Sie hat recht. Wir haben in unserer Geschichte bewusst eine absurde Mischung von schrecklichen Gefahren und Unfällen zusammengerührt. Doch die geschilderten Ereignisse basieren auf realen Begebenheiten. Der unter Strom gesetzte Gehsteig ist genauso aus der Wirklichkeit gegriffen wie die Attacke des Habichts auf einen Hund. Immer wieder sterben Kinder nach Angriffen durch Tiere, auch wenn die Täter meist Hunde sind, nicht Habichte. Gewalt im Straßenverkehr gehört inzwischen zum normalen Wahnsinn, und der Angriff des Bullyfahrers ist ebenfalls so ähnlich passiert. Vielleicht erinnern Sie sich an die Geschichte des elfjährigen Ryan Jones, der im Jahr 2007 auf dem Parkplatz einer Kneipe in Liverpool bei einer Auseinandersetzung zwischen Bandenmitgliedern zwischen die Fronten geriet und erschossen wurde. Oder »Baby B.«, ein Junge, der im Alter von 17 Monaten starb, nachdem er acht Monate lang von seiner Mutter, ihrem Freund und dessen Bruder misshandelt worden war, und bei der Obduktion mehr als 50 Verletzungen aufwies.

Diese Fälle machten Schlagzeilen. Unser Problem ist, dass schreckliche Fälle wie diese unsere Wahrnehmung verzerren. Sie erregen gerade deshalb unsere Aufmerksamkeit, weil sie so ungewöhnlich sind. Sie ragen hervor. Sie sind wie ein Licht, das gar nicht besonders hell sein muss, um vor einem dunklen Hintergrund aufzufallen. Das heißt, vor einem friedlichen Hintergrund sticht eine schockierende Geschichte viel stärker heraus als in einem Umfeld der allgemeinen Gewalt und Unsicherheit. Das ist ein beunruhigender Tausch: Der Preis dafür, dass wir Gefahren vermeiden, ist die dauernde Erinnerung an sie, und der Preis dafür, dass es so wenige davon gibt, ist unsere besondere Sensibilität für sie.

Sind Eltern also deshalb so besorgt um die Sicherheit ihrer Kinder, weil die Gefahren fast aus unserem Leben verschwunden sind?[*] Das wäre zumindest eine Erklärung dafür, dass wir einerseits in einer sicheren Gesellschaft leben und andererseits trotzdem große Angst haben. Je sicherer das Leben wird, umso erschreckender erscheinen uns die Ausnahmen.[†]

Das wirft die Frage auf, ob dieser Widerspruch zwischen der Wahrscheinlichkeit einer Katastrophe und unserer Angst ein Zeichen von Paranoia oder Unvernunft ist, ob die objektiven Tatsachen in unserer Wahrnehmung überhaupt keine Rolle spielen oder beides. Wenn Vernunftmenschen ausrufen: »Aber seht ihr denn nicht, wie unwahrscheinlich dieses Ereignis ist!?«, bekämen sie die paradoxe Antwort: »Ja, genau deshalb sind sie ja so bedrohlich!«

Hier einige Zahlen. Kinder unter 15 Jahren werden seltener ermordet als die Angehörigen jeder anderen Altersgruppe – das Risiko liegt bei 2 bis 5 MikroMorts pro Jahr. Damit ist diese Gefahr kleiner als das Risiko, dass Sie als Erwachsener innerhalb weniger

---

[*] Die zunehmende Sorge um die Sicherheit unserer Kinder geht auf die 1960er Jahre zurück, als das Thema der Kindesmisshandlung aufkam. Darauf folgten weggelaufene Kinder und Halloween-Sadismus Ende der 1960er, Kindesmissbrauch, Kinderpornografie und Kidnapping in den 1970ern sowie vermisste Kinder und satanische Rituale in den 1980ern.[1]

[†] Andererseits ist die Reduzierung auf die Kurzform »seltener ist schlimmer« problematisch, denn das bedeutet im Umkehrschluss oft »häufiger ist nicht so schlimm«. Das erinnert fatal an die Einstellung, dass ein Menschenleben in fernen Katastrophengebieten nichts wert ist: »Bei so vielen Toten machen ein paar Opfer mehr oder weniger doch auch nichts mehr aus.« Die Leser müssen selbst entscheiden, ob sich ein schreckliches Ereignis schlimmer anfühlt, nur weil es unwahrscheinlicher geworden ist.

Tage durch eine beliebige Form der Fremdeinwirkung ums Leben kommen.[2]

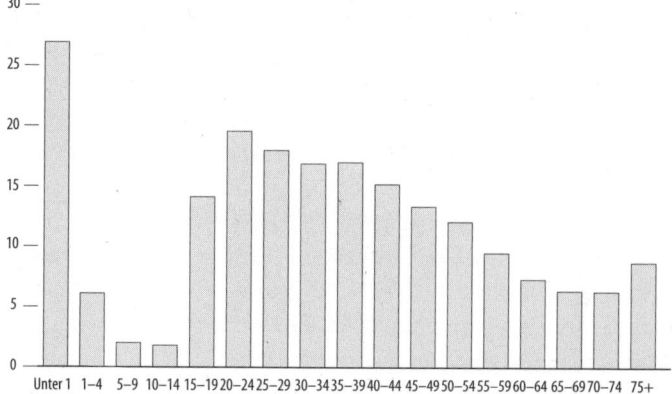

Grafik 4: **Die Wahrscheinlichkeit, innerhalb eines Jahres ermordet zu werden, in MikroMorts. Durchschnitt der Jahre 2008 bis 2011, England und Wales**

So weit die Kinder. Säuglinge befinden sich in einer etwas anderen Situation. Während des ersten Lebensjahrs laufen Babys eher Gefahr, ermordet zu werden, als zu jedem anderen Zeitpunkt ihres Lebens. Das Risiko ist allerdings immer noch gering, verglichen mit den alltäglichen Gefahren des normalen Lebens. Mit 26 MikroMorts pro Jahr oder 0,07 MikroMorts pro Tag beträgt es ein Fünfzehntel des Risikos von 1 MikroMort, mit dem Sie als Erwachsener an einem beliebigen Tag durch Fremdeinwirkung zu Tode kommen.*

* In Deutschland lag das Risiko, ermordet zu werden, im Jahr 2012 für alle Einwohner bei ungefähr 0,002 Prozent (insgesamt wurden 2126 Morde inklusive Totschläge in Deutschland verübt: Polizeiliche Kriminalstatistik, www.bka.de); in diesem Jahr wurden 36 Kinder unter 6 Jahren getötet, das Risiko für diese Altersgruppe lag damit bei rund 0,00004 Prozent; für Kinder im Alter zwischen 6 und 14 Jahren (38 Mordfälle) lag das Risiko bei circa 0,00005 Prozent; für Jugendliche zwischen 14 und 18 (27 Morde) bei 0,00003 Prozent (Todesursachenstatistik unter www.gbe-bund.de) (Anm. d. Red.).

Aber wie Prudence' Mutter sagen würde: Das ändert nichts daran, dass es trotzdem passiert. Von rund 10 Millionen Kindern unter 15 Jahren werden pro Jahr durchschnittlich 46 ermordet. Oder um es einfacher und bedrohlicher auszudrücken: In Großbritannien wird fast jede Woche ein Kind ermordet.

Aber wenn Sie ausschließen können, dass Sie Hand an Ihr eigenes Kind anlegen, dann sinkt dieses Risiko allerdings um drei Viertel, womit die Kinder aus Grafik 4 praktisch verschwunden wären. Selbst die Ermordungsgefahr für Säuglinge sinkt auf diese Weise von 26 auf 5 MikroMorts pro Jahr und ist damit niedriger als die sämtlicher Erwachsener. Aber bei null ist es trotzdem noch nicht.

Es ist nicht ganz einfach, Trends zu erkennen. Vergessen Sie, was Sie in den Nachrichten gehört haben[*] – die Zahl der Fälle ist derart gering und schwankt so stark, dass sich kaum erkennen lässt, ob die Ermordungen von Kindern in den letzten Jahren zu- oder abgenommen haben.[4]

Entführungen sind da schon wahrscheinlicher. Doch eine Untersuchung aus dem Jahr 2004 ergab, dass viele Kinder von ihren eigenen Eltern entführt werden (141 Fälle, davon 90 Prozent erfolgreich)[5] – in vielen Fällen ging es um das Sorgerecht.

Laut dieser Untersuchungen unternahmen Fremde zwar deutlich mehr Entführungsversuche, doch sie waren dabei weit seltener erfolgreich (364 Versuche, 67 davon erfolgreich). Die Motive der Fremden sind vermutlich oft sexueller Natur. Die Statistiken zeigen jedoch auch, dass »in allen Fällen, in denen Informationen

---

[*] Im Jahr 2010 wurde weithin berichtet, das Risiko für Kinder unter 15 Jahren sei in den letzten Jahren stark gesunken, und die BBC und andere Medien behaupteten gar, seit Anfang der 1970er Jahre sei es um 40 Prozent zurückgegangen.[3] Das ist allerdings unwahrscheinlich. Der vermeintliche Rückgang hängt vor allem damit zusammen, dass die Zahlen seit Ende der 1970er anders erhoben wurden. Dieses Problem betrifft die MikroMort-Statistiken für Ermordungen nicht, da sich deren Erhebung nicht verändert hat. Die von uns genannten Zahlen sind zwar nicht sehr präzise, doch für unsere Zwecke sind sie gut genug.

vorlagen, die entführten Kinder innerhalb von 24 Stunden gefunden wurden«.[*]

Mord und Entführung sind Horrorszenarien. Doch wenn wir auf den großen Unterschied zwischen der Realität und der Furcht der Eltern hinweisen würden, dann würden viele erwidern, dass es genau darum ja gar nicht gehe.

Die Zahlen geben nur die tatsächlichen Entführungen und offensichtlichen Versuche wieder, aber nicht die bösen Absichten oder die Verwundbarkeit der Kinder. Versuchen wir also, die potenzielle Gefahr zu erfassen. Dies ließe sich zum Beispiel mithilfe der Zahl der vermissten Kinder machen.

Und plötzlich explodieren die Zahlen regelrecht. Im Jahr 2009/2010 wurden nach Schätzungen von Kinderschutzorganisationen 230 000 Kinder und Jugendliche unter 18 Jahren in Großbritannien als vermisst gemeldet.[6†] Die meisten tauchten allerdings innerhalb von 24 bis 48 Stunden wieder auf, und in mehr als zwei Drittel der Fälle waren die Kinder von zu Hause weggelaufen; die Zahlen beinhalten außerdem Wiederholungsfälle.

Trotzdem heißt es in einem Bericht:

> Das Verschwinden eines Kindes ist ein ernst zu nehmender Hinweis darauf, dass im Leben dieses Kindes etwas nicht in Ordnung ist ... Missbrauch, Ausbeutung und Gefahr für Leib und Leben sind die besorgniserregendsten Gefahren für Kinder. Weitere Risiken sind Gewalt, Kriminalität und Beeinträchtigung der Lebenschancen durch Fehlzeiten in der Schule, wirtschaftliche Not, Obdachlosigkeit, Hunger, Durst, Angst und Einsamkeit.

---

[*] Für das Jahr 2011 vermerkt die Polizeiliche Kriminalstatistik des Bundeskriminalamtes (BKA) (zu finden auf www.bka.de) 413 Fälle in der Kategorie »Menschenraub, Entziehung Minderjähriger«, in denen Fremde die Täter waren, das entspricht einem Anteil von 20 Prozent (Anm. d. Red.).

† Die Polizeiliche Kriminalstatistik meldet 5733 vermisste Kinder im Jahr 2010 in Deutschland. Bis April 2013 konnten 5676 Fälle und somit 99 Prozent aufgeklärt werden (www.bka.de) (Anm. d. Red.).

Aber warum sollte man nur die vermissten Kinder zählen? So mancher würde alle Kinder zu den potenziellen Opfern rechnen.

Dabei richtet sich unsere Angst auf zwielichtige Zeitgenossen mit niederträchtigen Motiven. Wer dies sein könnte, wissen wir allerdings erst, wenn ein Verbrechen begangen wurde. Dann ermitteln die Behörden auch unter allen früheren Straftätern. Da einige über Jahre oder sogar ihr gesamtes Leben hinweg unter Beobachtung stehen, ist deren Zahl seit Beginn dieser Maßnahme immer weiter gestiegen. Das bedeutet nicht, dass die Bedrohung größer geworden ist, sondern nur, dass wir erst seit Kurzem zählen und sich die Zahlen summieren. Nicht alle ehemaligen Straftäter haben Verbrechen gegen Kinder begangen; diejenigen, die als Risiko gelten, sind in der Tabelle in dieser Fußnote[*] aufgeführt.

Im Jahr 2010 wurden in Großbritannien mehr als 50 000 ehemalige Straftäter polizeilich beobachtet. Diese Zahl klingt alarmierend. Darunter waren 93 gefährliche Sexualstraftäter (von denen viele Schlagzeilen gemacht hatten).

Beobachtung ist jedoch nicht gleichbedeutend mit Prävention. Mehr als 1000 beobachtete Straftäter jeder Couleur wurden verhaftet, weil sie eine Straftat begangen hatten oder um eine Sexualstraftat zu verhindern, und 134 wurden einer schweren Wiederholungstat angeklagt. Für viele Menschen ist die bloße Anwesenheit von Menschen, die früher ein Verbrechen an Kindern begangen haben, schon ausreichend, und sie empfinden die Bedrohung umso schlimmer, weil sie so vage ist und sie nicht wissen, um wen es sich handelt und was dieser Mensch vorhaben könnte.

Einige Eltern machen sich keine Gedanken. Andere sorgen sich nur in Menschenmengen. Einige können ihre Kinder nicht allein draußen spielen lassen. Und wieder andere machen sich lediglich

* Gefährlichkeit	bekannte Sexualstraftäter	Gewalt- verbrecher	andere gefährliche Straftäter	**gesamt**[7]
1	35 665	12 985	–	48 650
2	1467	744	438	2649
3	93	56	41	190
gesamt	37 225	13 785	479	51 489

dann Sorgen, wenn sie gerade in den Nachrichten von einem Verbrechen gehört haben.

Einige würden dies als »moralische Panik« abtun. Dieses Schlagwort brachte der Soziologe Stanley Cohen in den 1970er Jahren auf, als er die Bandenkriege der Mods und Rocker in den 1960er Jahren analysierte.[8] Seiner Ansicht nach neigen die Medien dazu, Verhaltensweisen zu überzeichnen, die aus dem gesellschaftlichen Rahmen fallen. Diese Überreaktion beherrscht jedoch die öffentliche Wahrnehmung und bietet anderen ein Modell, das sie nachahmen können. Diese Analyse überzeugt. Das Wort »Panik« suggeriert allerdings eine irrationale Verhaltensweise – so als wäre es vollkommen unvernünftig, Ihr Kind in Schutz nehmen zu wollen, wenn Sie erfahren, dass das Kind anderer Eltern ermordet wurde. Aber ist das wirklich unvernünftig? Oder können wir einfach nicht wissen, wann eine Reaktion angemessen und wann sie übertrieben ist? Der Schock angesichts der Ermordung eines Kindes lässt sich nicht messen, auch nicht in MikroMorts. Haben die Menschen in den Vereinigten Staaten irrational reagiert, nachdem sie erfahren hatten, dass ein Amokläufer an einer Grundschule von Newton im Bundesstaat Connecticut zwanzig Kinder erschossen hatte? Ändert sich etwas an dem Schrecken, wenn man weiß, dass in den Vereinigten Staaten jedes Jahr rund 15 000 Menschen ermordet werden?

Kapitel 4

Nichts

DER GROSSE HENKELTOPF auf dem Gasherd gab glucksende Geräusche von sich, unter dem Deckel stieg Dampf auf. Die Eier im Topf klackerten. Die blaue Flamme flackerte. Neugierig kam Prudence näher.

Normalerweise ließ ihre Mutter sie nicht einmal in die Nähe des Herdes und drehte die Topfgriffe so, dass Prudence sie nicht zu fassen bekam. Sobald Prudence etwas Unerlaubtes tun wollte, stand ihre Mutter schon neben ihr und erklärte ihr, wie gefährlich es war.

»Prudence? Wo steckst du?«

»Prudence, bleib schön hier!«

Heute wollte das Mädchen den Topf so anfassen, wie ihre Mami ihn packte. Vorsichtig ging sie auf die Gasflamme und das Blubbern zu, reckte sich nach dem Griff … Da kam auch schon Mami herein, hob sie hoch und stellte den Herd ab.

»Hier bist du also! Und die Eier sind auch schon fertig.«

Währenddessen schmollte der sechsjährige Norm.

»Ich finde es nicht!«

Sein Vater drehte sich im Fahrersitz um. Die Ampel sprang auf Grün. Der Fahrer hinter ihm hupte. Der Vater setzte sich auf, blickte ungehalten in den Rückspiegel und dachte schon daran, eine wütende Geste zum Fenster hinaus zu machen, wie es heute so Mode ist. Dann überlegte er es sich anders und fuhr los. Norm war sicher, dass er es vergessen hatte.

»Es ist nicht da!«

Sein Vater drehte sich halb nach hinten und wühlte mit einer Hand in dem Müll auf dem Rücksitz. Dann schaltete er, drehte sich wieder um, warf einen Blick auf den Rücksitz und gab Gas.

Den Fahrer des Lastwagens traf keine Schuld. Er hatte nicht die geringste Chance. Er hatte keine Möglichkeit zu bremsen, als Norms Vater direkt vor ihm einen Schlenker auf seine Fahrbahn machte. Einen schrecklichen Moment lang türmte sich der Kühlergrill des Lastwagens vor Norm auf und füllte die gesamte Windschutzscheibe, dann riss sein Vater das Steuer herum, fuhr zurück in seine Spur und hielt in einer Bushaltestelle, um in Ruhe nach Norms Comicheftchen zu suchen.

Kelvin zündete ein Streichholz an und warf es in den Aschenbecher auf der Spüle. Er sah zu, wie die Flamme die Serviette vertilgte, doch dann leckte sie plötzlich an der Küchenrolle hoch, die gleich danebenhing, und wenig später loderte auch das Geschirrtuch. Die Flammen schlugen hoch. Kelvin trat einen Schritt zurück. Das hatte er nicht gewollt. Was hatte er getan? Noch ehe seine Eltern im Wohnzimmer bemerkten, dass der Rauchgestank nicht von ihren Zigaretten stammte, hatte das Feuer die Gardine erfasst, und Kelvin stand vor einer brennenden Wand. Als sein Vater schließlich in die Küche gerannt kam, war so ziemlich alles Brennbare – es war nicht allzu viel – verkohlt und das Feuer von selbst erloschen.

Am Abend stand Prudence' Mutter in der Wohnzimmertür und sah zu ihrem Mann hinüber, der auf dem Sofa lag und Nachrichten sah. Was für ein nutzloser Kerl war er doch! Auf dem Wohnzimmertisch sah sie ihr bestes Küchenmesser – er hatte die Spitze abgebrochen, als er eine Sicherung ausgetauscht hatte, und alles nur, weil er zu faul war, einen Schraubenzieher aus der Garage zu holen. Schau ihn dir an, wie er da rumlümmelt! Nutzlos, überall im Weg, eine echte Dumpfbacke. Was hatte sie nur in ihm gesehen? Ein zehn Jahre lang aufgestauter Zorn kochte in ihr hoch. Sie starrte das Messer an und spürte, wie die Verzweiflung in ihr aufstieg. Mit schnellen Schritten ging sie hinüber, schnappte sich das Messer und spürte, wie sich ihr Arm in einem überwältigenden Gefühl der Vergeltung für all die vergeudeten Jahre fast von selbst hob. In seinen kleinen flehenden Augen blitzte die Angst auf, dann stieß sie zu, tief in seine Brust bohrte sie das Messer in einer dieser Fantasien, die sie manchmal hatte und die in Sekundenbruchteilen wieder verflogen. Sie lächelte ihn an und strich ihm über die Stirn.

»Wollen wir uns nicht schlafen legen, Schatz?«, fragte sie.

*

IN EINEM SKETCH DER KOMIKER David Mitchell und Robert Webb wird ein Filmemacher interviewt. Erst wird ein Ausschnitt aus seinem neuesten Film mit dem Titel *Manchmal verlöschen Feuer von selbst* gezeigt: Ein Paar sitzt vor einem Fernseher, während in der Küche ein kleines Feuer ausbricht und wieder ausgeht. Das war's.

Der Journalist liest Kritiken vor, die den Film als »schmerzhaft realistisch«, als »erschütternd wirklichkeitsgetreue Darstellung des Lebens« und als »trist, öde und stinklangweilig« beschreiben.

Dann kündigt er einen Ausschnitt aus einem weiteren Film des Regisseurs an, einem Kostümfilm mit dem Titel *Der Mann, der Husten hatte, aber es war nur ein Husten, ansonsten war er kerngesund.*

Ein Liebespaar trifft sich mehrmals zu einem Rendezvous auf einem Bahnsteig, Kleidung und Kulisse erinnern an das 19. Jahrhundert. Bei jeder Begegnung sieht der Mann bleicher und kränker aus. »Es ist nur ein Husten«, wiederholt er stoisch.

Und mehr ist es tatsächlich nicht. Nur ein Husten. In der letzten Szene ist er wieder kerngesund.

Es ist vermutlich der beste Sketch zum Thema Risiko und Wahrscheinlichkeit, der je gedreht wurde. Aber vermutlich ist er auch völlig konkurrenzlos. Wir haben in der Einleitung zu diesem Kapitel ein wenig bei den beiden Komikern abgekupfert.

Man sollte keine Witze erklären. Doch dieser hier ist ganz einfach: In Geschichten geht es um Dinge, die passieren, und nur selten um Dinge, die nicht passieren. Wenn nichts passiert, handelt es sich meist nicht um eine Geschichte, sondern um einen Witz. Und das ist komischerweise das Problem.

Autoren wählen sehr sorgfältig aus, worauf sie die Aufmerksamkeit ihrer Leser lenken wollen. Wenn sie etwas erzählen, dann haben sie einen Grund dafür, und oft wollen sie ihre Leser mit einem kleinen Detail auf eine bevorstehende Wende vorbereiten. Der russische Dramatiker Anton Tschechow sagte daher: »Wenn im ersten Akt ein Gewehr an der Wand hängt, dann wird es im letzten Akt abgefeuert.« Oder stellen Sie sich vor, in der ersten Szene einer Krankenhausserie sitzt eine Familie um den Frühstückstisch, als plötzlich der Großvater hustet …

Sie wissen, was passiert. Im Alltag ist ein Husten ein statistisch reichlich bedeutungsloses Ereignis. Aber handelt es sich um eine Fernsehserie, dann endet ein harmloser Husten in einer komplizierten Bypass-Operation.

Und Sie haben recht. In einem Roman kann die Kombination aus einem kleinen Mädchen und einem Topf mit kochendem Wasser nur eines bedeuten. Und haben Sie jemals eine Geschichte gelesen, in der ein Feuer von selbst ausgeht?

Mit Risiken ist es nicht anders. Wir schätzen sie fast immer aus der Sicht von real eingetretenen Ereignissen ein, nicht aus der Sicht von Nicht-Ereignissen. Sobald wir über das Risiko von Herzerkrankungen sprechen, denken wir an Menschen, die an einer Herzkrankheit sterben werden, nicht an die anderen, die nicht krank werden. Die ganze Diskussion um Risiken und Gefahren wird von Gedanken an die möglichen Katastrophen bestimmt. Wie Tschechow auch hätte sagen können: Jedes Gespräch über Risiken beginnt mit einem Gewehr an der Wand.

Das ist ja alles schön und gut, könnten Sie jetzt sagen – aber wie sollten wir denn sonst über Risiken sprechen? Was ist die Alternative? Die Alternative wäre, ein Thema aus der hier gewählten Sicht anzugehen: mit Blick auf das, was nicht passiert, die Nicht-Ereignisse – aus Sicht des Hustens, der nur ein Husten ist, und des Feuers, das von selbst verlischt.

Zugegeben, das ist ein etwas unkonventioneller Ansatz. In Ihrer Tageszeitung warten Sie vermutlich vergebens auf die Schlagzeile »Kein Kind auf dem Schulweg getötet«. Nicht-Ereignisse werden von Journalisten systematisch übersehen. Stellen Sie sich vor, in der Nachrichtensendung fragt ein Sprecher den anderen: »Ist irgendwas Interessantes heute nicht passiert?«

Aber wäre diese Frage wirklich so dumm? Wenn ein Ereignis mit einer Wahrscheinlichkeit von 30 Prozent eintritt, dann tritt es mit einer Wahrscheinlichkeit von 70 Prozent nicht ein. Das sind zwei Zahlen, nicht eine – die beiden Seiten der Wahrscheinlichkeit. Das erinnert uns daran, dass Risiken auf eine ganz bestimmte Weise dargestellt werden und dass es schwierig ist, diese Darstellung umzudrehen. Was ist das Gegenteil der Gefahr? Nicht unbedingt die Sicherheit – auch das ist nicht das Nicht-Ereignis, um das es uns hier geht. Lexika und Synonymwörterbücher helfen hier nicht weiter – wir haben keine Begriffe für das Ausbleiben von etwas. Aber das liegt nicht daran, dass es absurd wäre, sondern daran, dass wir diese Denkweise nicht gewohnt sind. Wie sollte eine Zeitung etwas beschreiben, das nicht passiert ist, wenn es denn je passieren sollte? Würden die Redakteure den Sinn erkennen?

Nehmen wir ein Beispiel aus dem wirklichen Leben. Anfang 2012 konnte man in der englischen Tageszeitung *Daily Express* lesen: »Das tägliche English Breakfast steigert das Krebsrisiko um 20 Prozent«[1] – gemeint war damit der Bauchspeicheldrüsenkrebs. Die Zeitung hängte das Krebs-Gewehr nicht nur an die Wand – wenn sie von Steigerungen sprach, spielte sie schon mit dem Abzug.

Auf diese »20 Prozent« kommt man jedoch nur, wenn man von Dingen ausgeht, die wirklich passieren. Die Zahl geht von den Menschen aus, die tatsächlich an Krebs erkranken, und lässt alle anderen außer Acht. Im Durchschnitt erkranken 5 von 400 Menschen an diesem sehr aggressiven Krebs. Aber was bedeutet eine Steigerung des Krebsrisikos um 20 Prozent? Wenn jeder dieser 400 Menschen jeden Tag sein English Breakfast mit Ei, Speck, Würstchen, weißen Bohnen und Grilltomaten verdrückt, dann steigt die Zahl der Erkrankungen von 5 auf 6. Das ist ein Anstieg der ursprünglichen Zahl der Opfer um 20 Prozent. So kommen wir von dem »relativen Risiko«, den 20 Prozent, zum »absoluten Risiko«, einem Anstieg von 5 auf 6 Opfer pro 400, oder um 0,25 Prozent. Das relative Risiko macht sich in Überschriften eben besser.

Vielleicht haben Sie bemerkt, dass wir die ganze Zeit die mehreren hundert Menschen in unserer Probe unterschlagen haben, die den Krebs ohne das English Breakfast nicht bekamen und die ihn mit dem fettigen Frühstück auch nicht bekommen – genau wie der Artikel des *Daily Express* und jeder andere Bericht über Krebsrisiken.

Drehen wir den Spieß einmal um. Sehen wir uns die Leute an, die nicht an diesem Krebs erkranken, für die das Gewehr an der Wand nie abgefeuert wird und deren Küche nie in Flammen steht. Mit einem Mal rücken die 395 von 400 Menschen in den Blick, die unter normalen Umständen keinen Bauchspeicheldrüsenkrebs bekommen. Wenn alle 400 für den Rest ihres Lebens jeden Tag eine Extraportion Würstchen, Speck und Ei zu sich nehmen, dann erkrankt nur ein einziger zusätzlich an Bauchspeicheldrüsenkrebs, den anderen macht das rein gar nichts aus.

Das klingt doch schon bedeutend weniger bedrohlich, oder? Aber die Zahlen werden noch eindrucksvoller, wenn wir uns klarmachen, dass die tägliche Bombe bei 399 von 400 Menschen keinerlei Schaden anrichtet: Erinnern Sie sich, dass nur ein einziger zusätzlich an Krebs erkrankt und die übrigen 399 entweder sowieso erkranken oder nicht. Wie dem auch sei, diese 399 sind Nicht-Ereignisse. Doch das ist nichts anderes als die 20 Prozent mehr Risiko, die wir sehen, wenn wir uns nur auf die Ereignisse konzentrieren und die Nicht-Ereignisse beiseitelassen.

Wenn wir von Risiko sprechen, dann immer unter pessimistischen Vorzeichen: Der Tod hat das Glas halb ausgetrunken, es ist nicht halb voll Leben. Mit dem Unterschied, dass das Glas in Wirklichkeit zu 399/400stel (oder schlimmstenfalls 394/400stel) voll ist, und die Zeitungen trotzdem nur auf die paar Tropfen starren, die fehlen.

Vielleicht wollen wir ja genau das, wenn wir uns über Risiko unterhalten. Wir wollen über diesen einen sprechen, nicht über die 399. Aber es ist eine Entscheidung, auch wenn uns nicht bewusst ist, dass wir sie treffen.

Genauso haben wir die Möglichkeit, über das Überleben zu sprechen. Wenn wir uns auf diejenigen konzentrieren, die nicht betroffen sind, wird die Bedrohung in diesem Fall rasant kleiner. Sie verschwindet fast ganz aus dem Blick, und wir sehen, dass sich unsere ausgezeichneten Überlebenschancen nur unwesentlich verschlechtert haben. Man könnte auch sagen, wer jeden Tag ein English Breakfast zu sich nimmt, trägt mit 99,75-prozentiger Wahrscheinlichkeit nicht den geringsten Schaden davon.

Sehen Sie sich Grafik 5 an. Woran lässt sich die Krebsgefahr besser ablesen: an den grauen Figuren, die erkranken, oder an den weißen Figuren, die nicht erkranken? Die durchgestrichene Figur entspricht der zusätzlichen Krebsgefahr, die entsteht, wenn diese 400 Personen jeden Tag ein fettiges Frühstück zu sich nehmen. Wie lässt sich diese Gefahr besser ausdrücken: als ein um 20 Prozent gestiegenes Krebsrisiko, als eine um 0,25 Prozent gesunkene Wahrscheinlichkeit, dem Krebs zu entgehen, oder als eine Wahrscheinlichkeit von 99,75 Prozent, gesund zu bleiben? Es ist alles eine Frage des Standpunkts.

Der Mann, der jeden Morgen seine Spiegeleier mit Speck verdrückt und nicht an Bauchspeicheldrüsenkrebs erkrankt, ist eine sehr viel realistischere Darstellung des wirklichen Lebens. Aber das ist natürlich »trist, öde und stinklangweilig«. In der Zeitung werden Sie diesem Mann jedenfalls nicht begegnen. Und auch Sie werden kaum über ihn sprechen. Doch allein der Gedanke des »Risikos« setzt eine negative Einstellung voraus. Wenn wir von Gefahren und Risiken sprechen, geht es darum, dass Dinge schiefgehen können, und nicht darum, dass das Leben so weitergeht wie eh und je.

Grafik 5: **Wenn 400 Menschen jeden Tag ein English Breakfast essen und dies eine 20-prozentige Steigerung des Krebsrisikos bedeutet, dann erkrankt eine weitere Person an Krebs**

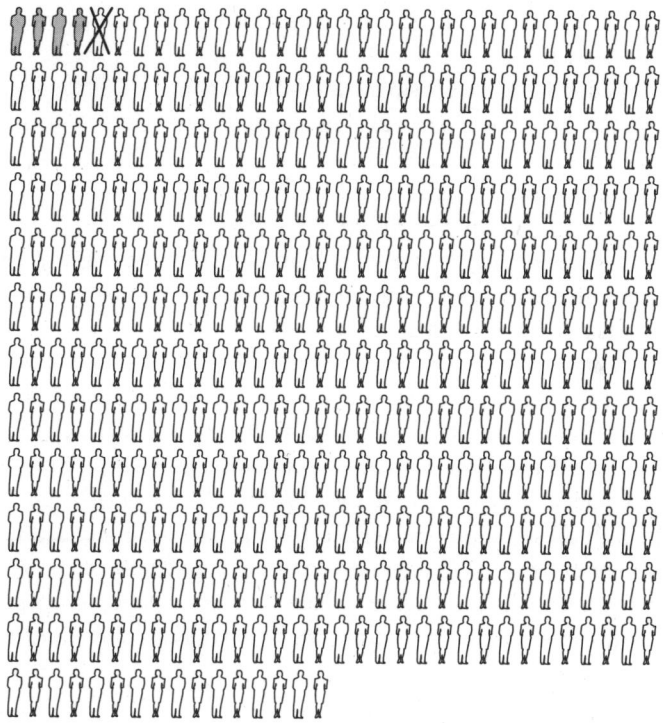

Implizit geht es natürlich sehr wohl darum, doch das bleibt immer im Hintergrund. Im Vordergrund steht der Tod. Ist es verwunderlich, dass wir uns eher für diese Perspektive interessieren? Wenn also im ersten Akt der Krebs an der Wand hängt, dann bestimmt dieser unsere Erwartungen. Und wenn wir darüber nachdenken, wodurch das Risiko größer wird, dann rückt er weiter in den Mittelpunkt. Lange vor dem letzten Akt haben wir uns innerlich schon fast darauf eingestellt, ihn selbst zu bekommen.

Vor dieser Sichtweise sind auch die MikroMorts nicht gefeit. Auch ihnen geht es darum, unerfreuliche Ereignisse miteinander zu vergleichen, und die Nicht-Ereignisse fallen unter den Tisch. Vielleicht benötigen auch sie eine Ergänzung oder eine Art Gegenperspektive. Vielleicht brauchen wir eine neue Einheit, eine Art Anti-MikroMort, um zu beschreiben, mit welcher Wahrscheinlichkeit uns nichts passiert. Wie wäre es mit einem MikroNichts, der Wahrscheinlichkeit von 1 zu 1 000 000, dass uns nichts Tödliches zustößt?

Wenn wir dann zur Verdeutlichung die durchschnittliche Tagesdosis Lebensgefahr von 1 MikroMort nehmen, können wir umschalten und zeigen, dass die Wahrscheinlichkeit eines Nicht-Ereignisses, also die Wahrscheinlichkeit, einen Tag zu überleben, bei 999 999 MikroNichts liegt.

Stellen wir uns weiter vor, dass wir etwas tun, mit dem sich unser tägliches Risiko von einem auf zwei MikroMorts verdoppelt. Damit steigt die Gefahr um satte 100 Prozent. Wenn wir das Risiko aber aus der Sicht unserer Nicht-Ereignisse betrachten, geht unsere MikroNichts-Dosis gerade einmal von 999 999 auf 999 998 zurück, das heißt, die Wahrscheinlichkeit, den Tag zu überleben, sinkt um 0,0001 Prozent. Einmal mehr ist alles eine Frage der Sichtweise.

Eine wahre Geschichte demonstriert, warum wir die Perspektive lieber in umgekehrter Richtung wechseln. Wissenschaftler entdeckten ein Gen, nennen wir es »X«, das bei 10 Prozent aller Menschen vorkommt und sie vor hohem Blutdruck schützt. Nachdem die Forscher ihren Artikel in einer führenden Fachzeitschrift veröffentlicht hatten, blieb die Reaktion aus. Bis ein pfiffiger Mitarbeiter der Zeitschrift die Pressemitteilung umschrieb, sodass es nun hieß, 90 Prozent aller Menschen *fehle* das Gen X, weshalb sie unter erhöhtem Blutdruckrisiko litten.[2] Diese Geschichte wurde begeistert von der Presse aufgegriffen, während die Geschichte über Menschen, die etwas nicht bekamen, keine Nachricht wert war.

Solange ein Risiko unter 100 Prozent bleibt, kann eine Geschichte immer gut oder schlecht ausgehen. Sonst wäre es ja kein Risiko, und die Zukunft wäre für alle in der einen oder anderen Weise vorgegeben. Meist wird das Risiko aus Sicht des Schlechten oder der Veränderungen zum Schlechteren dargestellt – selbst dann, wenn es kaum etwas Schlechtes gibt, das Gute mit extrem großer Wahrscheinlichkeit eintritt und sogar extreme Verhaltensänderungen kaum eine spürbare Verschlechterung bedeuten.

Ganz selten wird das Gute in den Vordergrund gerückt. Eine Zeit lang hingen in der Londoner U-Bahn Plakate, auf denen es hieß: »99 Prozent aller jungen Menschen in London begehen keine schweren Verbrechen.« Das klingt toll, oder? Aber vielleicht deuten wir das ja auch so, dass 1 Prozent aller jungen Menschen in London schwere Verbrechen begehen – bei einer Million junger Londoner würde das bedeuten, dass 10 000 Gauner durch die Straßen der Stadt pirschen. Das klingt schon nicht mehr so toll. Dieser Perspektivwechsel zwischen Ereignissen und Nicht-Ereignissen, zwischen Feuern, die ein Haus niederbrennen, und solchen, die von allein ausgehen, wirkt sich ganz erheblich auf unsere Entscheidungen aus. Wenn herausgefunden wird, dass Statine das Herzinfarktrisiko von über 50-Jährigen um 30 Prozent reduzieren, dann wollen wir diese Statine. Doch wir verlieren das Interesse, wenn wir erfahren, dass das Medikament bei 96 von 100 Menschen selbst nach zehn Jahren Einnahme keinerlei Auswirkungen hat (weil sie sowieso einen Herzinfarkt bekommen hätten oder eben nicht), dass sie aber sehr wohl unter den Nebenwirkungen leiden könnten. Das Risiko ist dasselbe geblieben, nur die Perspektive hat sich verändert, und das hat erhebliche Auswirkungen auf unsere Entscheidungen.

Sind wir deshalb irrational? Einige sehen dies als Beweis für unsere Sprunghaftigkeit. Warum treffen wir nicht in beiden Fällen dieselbe Entscheidung, wenn die Zahlen doch dieselben sind?

Aber das ist nicht fair. Ein Perspektivwechsel verändert den gesamten Zusammenhang. Natürlich fällt es uns schwer, ein Risiko abzuschätzen und dabei alle relevanten Faktoren einzubeziehen. Wenn in unserer Darstellung die Gefahr im Vordergrund steht, dann halten wir etwas für gefährlich. Aber wenn in unserer Darstellung nichts passiert, dann sagen wir: »Na, dann ist ja alles in Ordnung!« Aber wenn wir beide Seiten kennen, sind wir nicht mehr sprunghaft. Viele Experimente, die mithilfe von Perspektivwechseln beweisen wollen, wie irrational wir uns doch verhalten, erinnern eher an Taschenspielertricks als an Tests. Ändern wir unsere Meinung wieder, wenn wir zur ursprüngliche Perspektive zurückkehren, und ändern wir mit jedem Perspektivwechsel unsere Meinung? Natürlich nicht.

In Bezug auf Geschichten können Sie sich die Zahlen so denken: Stellen Sie sich vor, 5 von 400 Menschen machen eine schlechte Erfahrung. Diese Wahrscheinlichkeit besteht aus einem Zähler und einem Nenner: 5 ist der Zähler und 400 der Nenner. Geschichten schauen oft nur auf den Zähler. Wir erzählen Geschichten von Menschen, denen etwas zustößt – also den 5 –, und nicht von Menschen, die nichts tun und denen nichts passiert. Das ist schon fast eine Definition der Geschichte. Wenn Sie eine Geschichte hören wollen, fragen Sie: »Was passiert?« Dabei leiden wir unter »Nenner-Blindheit«, das heißt, wir übersehen die vielen Menschen, aus denen wir die fünf als Beispiel herausgegriffen haben.

Natürlich sind nicht alle Geschichten so einfach. Gute Geschichten spielen mit unseren Erwartungen und enttäuschen sie gern. Sie hängen ein Gewehr an die Wand und lassen es dort hängen. Sie können vieldeutig sein. Virginia Woolf unterschied ihre Romane von denen der Vergangenheit, als sie schrieb:

Wären Autoren frei und nicht Sklaven, könnten sie schreiben, was sie wollen, und nicht, was sie sollen, dann könnten sie ihre Arbeit in ihrem Gefühl gründen und nicht in den Gepflogenheiten, dann gäbe es keine Handlung, keine Komödie, keine Liebesgeschichte und keine Katastrophe im herkömmlichen Stil … Das Leben hangelt sich nicht an einer Kette symmetrisch angeordneter Bojen entlang.[3]

Doch Virginia Woolf übertreibt die Fesseln der Konvention. Wenn Hamlets Selbstzweifel Kritiker und Zuschauer schon seit vier Jahrhunderten beschäftigen, dann liegt das daran, dass sich der Prinz von Dänemark an keine Gepflogenheiten hält. Kein Gewehr hängt an der Wand, die Bojen versinken im Morast, und genau das macht das Stück so faszinierend. Seit Jahrhunderten spielen gute Geschichten mit Ursachen und Wirkungen und unserem begrenzten Wissen.

Leider sind die Geschichten, denen wir in den Medien begegnen oder die wir uns über uns selbst erzählen, deutlich weniger raffiniert. Das Leben ist mindestens genauso verwirrend wie die Fiktion. Aber verhalten wir uns nicht oft so, als würden wir in einem schlechten Roman leben? Versuchen wir unserem Leben nicht mehr Richtung und Ordnung aufzuzwingen, als dies die meisten Autoren wagen würden? Risiko sollte aber kein schlechter Roman sein. Wenn im wirklichen Leben ein Gewehr an der Wand hängt, dann verrostet es für gewöhnlich. Vielleicht sollten Nicht-Ereignisse öfter Schlagzeilen machen. Der Regisseur im Sketch von Mitchell und Webb ist ein seltenes Phänomen: ein Künstler des Nenners. Er hat einen Oscar verdient.

Das alles gehört zu einem verbreiteten Problem bei der Wahrnehmung von Risiken, das als Verfügbarkeitsfehler bezeichnet wird. Wobei »Fehler« ein gemeines Wort ist, denn es handelt sich ja oft nur um eine Frage der Perspektive. Unter Verfügbarkeitsfehler versteht man die Tatsache, dass uns manches schneller ein- oder auffällt als anderes: der Gewehr-an-der-Wand-Effekt. Natürlich ist es leichter, sich Ereignisse vorzustellen als Nicht-Ereignisse.

In den 1970er Jahren führten Psychologen wie Daniel Kahneman, Amos Tversky und Paul Slovic Experimente durch, um herauszufinden, wodurch unsere Risikoeinschätzung beeinflusst wird.[4] Dabei stellten sie zum Beispiel fest, dass nach einer Naturkatastrophe mehr Versicherungen verkauft wurden und die Verkäufe wenig später wieder abflauten. Der Grund ist natürlich nicht, dass das Risiko nach einer Katastrophe erst größer und dann wieder kleiner wird, sondern dass die Gefahr nach der Katastrophe eher ins Auge springt.

Slovic fand heraus, dass die meisten Menschen Tornados für gefährlicher hielten als Asthma, obwohl die Atemwegserkrankung zwanzig Mal mehr Menschen auf dem Gewissen hat als die Wirbelstürme. Wie wir im Kapitel über Verbrechen sehen werden, erinnern wir uns nicht nur besser an eindrucksvolle Ereignisse, sondern wir überschätzen auch ihre Häufigkeit. Vereinfacht gesagt fürchten wir uns nicht vor Dingen, weil sie wahrscheinlich sind, sondern weil sie eindrucksvolle Fernsehbilder abgeben.

Dieser Denkfehler kann sich zur Epidemie auswachsen, vor allem wenn die Perspektive stimmt. Dabei übernehmen die Medien eine ganz besondere Verantwortung. Kahneman spricht von einer »Verfügbarkeitsexplosion« und meint damit das plötzliche Interesse und die Panik, die ein schockierendes, aber seltenes Ereignis auslösen kann. Im Gegensatz dazu stoßen weit verbreitete Probleme kaum auf Interesse und machen keine Schlagzeilen. Noch ein Raucher, der an Lungenkrebs gestorben ist? Gähn. So kommt es, dass über Dinge, die tatsächlich eine Gefahr für Leib und Leben darstellen, nicht annähernd so oft berichtet wird wie über seltene Ereignisse. Das Außergewöhnliche ist eine Schlagzeile wert, und genau aus diesem Grund halten wir es für gewöhnlicher, als es ist.

Natürlich haben die Medien sofort eine Entschuldigung für diese Verzerrung parat: Ihr Publikum will über ungewöhnliche und neue Ereignisse informiert werden, nicht über olle Kamellen. Wenn sie Risiken nach der realen Bedrohung darstellen würden, die sie für den Einzelnen bedeuten, dann wären sie nicht mehr im Geschäft. Damit müssten für jeden Bericht über ein Opfer von Rinderwahn Tausende Artikel über Rauchertote geschrieben werden. Trotzdem bleibt es eine Verzerrung, die sich vermutlich auf unsere Risikoeinschätzung niederschlägt. Das Ausmaß der Verzerrung lässt sich grafisch darstellen, wie Sie in Grafik 6 sehen können.[5] Gemessen an der Zahl der Opfer werden die Creutzfeldt-Jakob-Krankheit (besser bekannt als Rinderwahn), Masern und Aids breit dargestellt, während Nikotin, Alkohol und Übergewicht verhältnismäßig wenig Aufmerksamkeit bekommen.

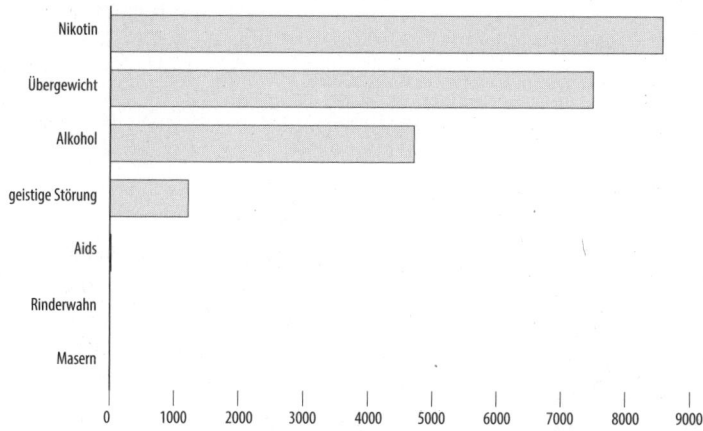

Grafik 6: **Zahl der Todesopfer pro Bericht in den BBC-Nachrichten (pro Jahr)**

Wenn unsere Risikowahrnehmung verzerrt ist, dann hat das also alle möglichen Gründe. Wir haben nur eine begrenzte Aufmerksamkeitsspanne, aber wir wissen auch nicht so genau, worauf es für uns ankommen wird: auf das, was passiert, oder auf das, was nicht passiert.

Kapitel 5

Unfälle

NORM UND KELVIN waren elf Jahre alt, als sie im Stausee schwimmen gingen. Es war warm, sie radelten um die Wette über die Wege, und als sie am See ankamen, sah das Wasser kalt aus. Sie warfen ihre Räder ins Gras, schlüpften aus den Schuhen, zogen sich bis auf die Unterhosen aus – Norms Höschen war blau und Kelvins weiß – und stapften durch das Gras ans Ufer. In der Nähe standen zwei Angler. Eigentlich war die Wette ein Kinderspiel, aber Norm hatte nicht mit Kelvin gerechnet.

»Ehrlich, kein Witz!« sagte Kelvin. »Sie sind so lang, und haben diese fiesen Zähne. Sie kommen von unten und GRRRRA!« Er ließ seinen Kiefer zuschnappen.

»Aber doch nicht mein Ding!«, antwortete Norm.

Kelvin macht Beißbewegungen und nagte mit den Zähnen an seiner Unterlippe, bis sich weiße Striemen zeigten.

»Nein!«, rief Norm und wandte sich ab.

»Fiese, lange, spitze Zähne.«

Kelvin schwieg. Norm spürte eine frische Brise.

»Die fressen dir den Schniedel ab.«

»Halt die Klappe!«

»Putputput, Hecht, Norm-Schniedel!«

»Halt endlich die Klappe!«

Einen Moment lang hörte man nur die leisen Wellen an der Betonmauer und den Wind in den Weiden.

»Alles klar?«, fragte Kelvin. »Ist dir kalt?«

»Nee. Dir?«

»Nee.«

Norm verschränkte die Arme vor der Brust.

»Haste Angst? Oder was?«

»Ich? Angst?«

»Dann geh doch rein!«

Das Wasser kräuselte sich im Wind, die Wellen plätscherten gegen das Ufer.

»Springen?«

»Klar, springen!«

»Dann spring du doch!«

Wenn man elf Jahre alt ist, dann ist Gefahr keine Wahl, sondern ein Spiel mit eigenen Regeln. Kelvin stand am Rand, legte die Hände zusammen und sah Norm an. Dann schwang er seine Arme zurück, ging in die Knie, die Arme schnellten nach vorn, und er sprang.

Kelvin tauchte ein, die Kälte packte ihn von allen Seiten, dann kam er wieder nach oben, zog sich die Unterhose hoch und blies einen Schwall Wasser in Richtung der Hügel hinter dem See. Norm zuckte, doch sein Körper weigerte sich, seine Zehen krallten sich in den Boden.

Norm hob seine Kleider auf und drückte sie sich vor die Brust. Er starrte auf den dunklen Kopf im Wasser, dachte an das wertvolle Stück in seiner Unterhose und stellte sich vor, wie der Kiefer des Hechts zuschnappte.

Kelvin schien furchtlos. Norm war wie erstarrt beim Gedanken an das Monster, das ihn mit seinen kalten Fischaugen anstarrte. Als Kelvin durch das dunkle Wasser in Richtung des Stegs auf der anderen Seite schwamm, hielt sich Norm schützend sein Kleiderbündel vor den Unterleib.

Das Wasser war eisig. Norm verstand nicht, warum Kelvin auf den Steg kletterte. Und was jetzt? Wieder zurück. Inzwischen war das Wasser noch kälter.

Norm sah, wie Kelvin langsamer wurde. Er blickte an sich hinunter, die Kleider vor den Unterleib gedrückt. Aus dem Augenwinkel sah er die Angler. Plötzlich hörte er einen Schrei und das Platschen von Gummistiefeln.

Norm sah auf. Er suchte nach Kelvin, doch der Kopf war verschwunden.

»Kelvin?«

Er blickte sich panisch um. Nur grünes Wasser, Wellen, der Steg, das Ufer, Kelvins Klamotten.

»Mist!«, rief er und starrte hinaus. »Kelvin!«

Nichts. Norm stellte sich wieder das Monster vor, mit seinen kalten Augen und scharfen Zähnen, und Blut. Dann sah er die Angler, die an ihm vorüber ins Wasser rannten.

Als sie ihn herauszogen, war er weiß wie ein Laken. Blut war keins zu sehen. Sein Ding schien auch noch dran zu sein. Es war das Wasser gewesen, vermutlich die Kälte. Es war nicht tief, und er war gar nicht mehr weit vom Ufer weg gewesen. Drei Züge noch, behauptete er später. Er hätte vielleicht noch rufen können, aber die Angler sagten, er sei einfach untergegangen wie ein Stein. Norm traf keine Schuld, sagten die Erwachsenen.

Später war Norm fast ein bisschen enttäuscht, dass nicht mehr passiert war und dass sein Freund nicht ertrunken war. Nicht mal ein Hirnschaden. Aber dann überkamen ihn Schuldgefühle, weil er enttäuscht war. Am Montag in der Schule war Kelvin der Held. Norm wäre auch gern ein Held gewesen, aber er musste immer noch an die Zähne und die kalten Augen denken.

*

Zur Bedrohung durch eine Hechtattacke könnte einem zweierlei einfallen. »Hör auf zu spinnen, welcher Hecht?« ist das eine. Und selbst wenn es Hechte gibt, haben die bestimmt wenig Appetit auf eines von Norms Körperteilen. Aber man könnte natürlich auch sagen, dass die Gefahr gigantisch ist – es geht schließlich um Norms

Zukunft als Familienvater! Muss man noch mehr sagen? Das Risiko ist unvorstellbar!

Zwei Einschätzungen desselben Risikos – eine geht von den Wahrscheinlichkeiten aus und die andere von den möglichen Folgen. Die erste beschreibt die Wahrscheinlichkeit, gebissen zu werden. Und die zweite ist die Antwort auf die Frage: »Was wäre wenn?« Ist eine Hechtattacke wahrscheinlich? Wer weiß? Vermutlich eher nicht. Aber *was wäre wenn?* Die Wahrscheinlichkeit ist dieselbe, nur die Sichtweise ist eine andere, und die Folge ist eine Woge der Emotion und Angst. Norm steht am Ufer und ringt mit der winzigen Wahrscheinlichkeit und der vorgestellten Pein. Was den Ausschlag gibt? Folgen Sie nur dem Kleiderbündel.

Das ist mit anderen tödlichen Unfällen kaum anders: Sie kommen selten vor, aber sie sind eine schreckliche Vorstellung. Es passiert selten, dass Kinder in Norms Alter ertrinken. In der Altersgruppe der 5- bis 14-Jährigen ertrinken in Großbritannien pro Million ein oder zwei, und bei den Jüngeren sind es drei oder vier. Dabei sind Jungen häufiger betroffen als Mädchen.[1*] Über die Opfer von Hechtangriffen schweigen sich die Statistiken aus.

Selbst im Straßenverkehr, wo die Unfallgefahr deutlich größer scheint (zumindest uns Eltern, die wir unsere Kinder fest an der Hand halten), kommen immer weniger Kinder ums Leben. Das ist natürlich kein Trost, wenn man nicht an die Wahrscheinlichkeiten denkt, sondern an die Folgen. Dem einen, den es trifft, kann es egal sein, ob die Wahrscheinlichkeit eins zu einer Million war, wie Prudence' Mutter in Kapitel 2 ganz richtig bemerkte.

Ein Beispiel ist die wahre Geschichte von Mark McCullough, Vater eines siebenjährigen Mädchens, das jeden Morgen allein die zwanzig Meter vom Elternhaus zur Haltestelle des Schulbusses ging. Wie der *Daily Telegraph* im September 2010 berichtete, meldete sich

---

* In Deutschland starben im Jahr 2012 von rund 3,4 Millionen Kindern unter 5 Jahren insgesamt 15 durch Ertrinken: 9 von ihnen waren Jungen, 6 Mädchen. Von den rund 7,3 Millionen Kindern im Alter von 5 bis 15 Jahren ertranken insgesamt 19: 12 Jungen, 7 Mädchen (www.gbe-bund.de) (Anm. d. Red.).

prompt der Kinderschutzbund und mahnte, die Eltern vernachlässigten ihre Aufsichtspflicht.[2]

Beim Gang zur Bushaltestelle müsse das Kind eine stark befahrene Straße überqueren (so die Kinderschützer). Vater McCullough erwiderte, es handele sich um ein ruhiges Landsträßchen. Die Kinderschützer taten vermutlich nur ihre Pflicht, doch McCullough war außer sich. »Das soll wohl ein schlechter Witz sein«, polterte er gegenüber der Zeitung. »Ich werde meine Kinder doch nicht in Watte einpacken!« Was sich an einem kühlen Morgen bestätigte, als das Mädchen ohne Jacke in den Bus stieg, wie ein schockierter Busfahrer zu Protokoll gab.

Genau wie Badeunfälle ist der vom Kinderschutzbund gefürchtete Unfall eine Seltenheit. Im Jahr 2008 lebten in England und Wales 1 471 100 Jungen und Mädchen im Alter zwischen 5 und 9 Jahren. Nach Angaben der Nationalen Statistikbehörde kamen davon insgesamt 137 ums Leben, und zwar aus allen erdenklichen Gründen. Sieben Kinder starben bei Verkehrsunfällen, eins davon war zu Fuß unterwegs.[*]

Das Risiko eines tödlichen Unfalls beträgt also rund 1 Mikro-Mort *pro Jahr*, und damit ein 365stel des Risikos, das ein durchschnittlicher Erwachsener Tag für Tag auf sich nimmt. Wie wir gleich noch sehen werden, sterben jedes Jahr mehr Kinder, weil sie sich zu Hause mit den Schnüren einer Jalousie erdrosseln.

Sehen wir einmal von der Debatte um elterliche Aufsichtspflicht oder kindliche Freiheit ab, schauen wir nur auf das Risiko und stellen uns eine unangenehme Frage: Was ist überzeugender? Die Ängste der Kinderschützer oder die Statistiken?

Vielleicht halten Sie es eher mit den Kinderschützern, weil Sie die sogenannte »Asymmetrie der Reue« spüren, besser bekannt als:

---

[*] Im Jahr 2010 gab es in dieser Kategorie überhaupt keine tödlichen Unfälle zu beklagen. In Deutschland lebten in dem Jahr 3,8 Millionen Kinder im Alter zwischen 5 und 10 Jahren. Von ihnen kamen 324 ums Leben, 27 dabei bei Autounfällen, 8 von ihnen waren Fußgänger (www.gbe-bund.de) (Anm. d. Red.).

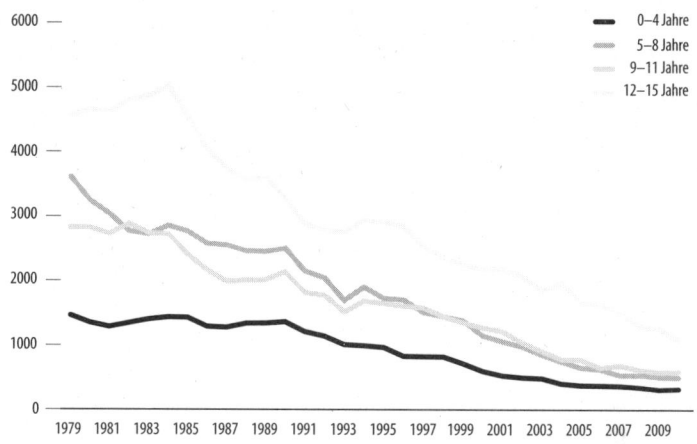

Grafik 7: **Zahl der im Straßenverkehr schwer verletzten oder getöteten Kinder in Großbritannien, 1979–2010**[3]

»Wie würden Sie sich fühlen, wenn ...?« Wie würden Sie sich fühlen, wenn Sie Ihr Kind jeden Morgen zur Bushaltestelle bringen, jeden Mittag wieder abholen und am Ende vielleicht nur bereuen könnten, dass Sie jeden Tag ein paar Minuten vergeudet haben, um einen Unfall zu verhindern, der vermutlich nie passiert wäre? Vielleicht nicht sonderlich zufrieden, aber im Großen und Ganzen hält sich Ihr Verlust in Grenzen. Aber wie würden Sie sich fühlen, wenn Sie nicht auf diese paar Minuten verzichtet hätten und plötzlich eines sonnigen Morgens beim Frühstück vor dem Fenster ein lautes Reifenquietschen hören müssten?

Dieser Versuch, bei unseren Lebensentscheidungen das zu minimieren, was wir am meisten bereuen könnten, wird von Entscheidungstheoretikern als »Minimax-Regel« bezeichnet.[4] Die meisten Entscheidungen treffen wir hier und jetzt. Wenn wir uns dabei vorstellen sollen, was wir in Zukunft bereuen könnten, wird die Entscheidung nicht einfacher. Dabei geht es um mehr als den Unterschied zwischen kurz- und langfristigen Interessen. Wir quälen uns zusätzlich mit möglicher künftiger Schuld und Selbstvorwürfen herum, stellen uns ein Ereignis quasi im Rückblick vor und machen dieses erwartete retrospektive Gefühl zu unserem Handlungsmotiv. Kommen Sie noch mit? Obwohl wir um einige Ecken denken müssen, treffen wir unsere Entscheidungen in Sekundenbruchteilen. Aber im schlimmsten Fall macht uns die Minimax-Regel zu Sklaven unserer größten Ängste. Die Vorahnung eines schrecklichen Endes rechtfertigt, dass wir den Kopf in den Sand stecken. Aber retten wir so auch Leben? Der englische Schriftsteller Thomas Hardy meinte, Angst sei die Mutter der Vorsicht. In der Fernsehserie *Die Simpsons* ist der Spruch »Denk an die Kinder« ein Witz, der die Minimax-Regel auf den Punkt bringt. Für einige Menschen wird sie zum Zwang.

Für diese Menschen wiegt das »Was wäre wenn?« schwerer als jede Wahrscheinlichkeit, und sie tun alles, um ihr Horrorszenario abzuwenden. Bei diesen Menschen kommt man mit Statistiken nicht weit, egal wie gering die Wahrscheinlichkeiten sein mögen, vor allem wenn es um ihre Kinder geht.

Erinnern wir uns trotzdem noch einmal daran, dass die Statistiken besser aussehen als je zuvor. Kinder werden heute seltener Opfer von tödlichen Unfällen als jede andere Altersgruppe, und zwar mit großem Abstand.[*]

Für Unfälle mit Todesfolge ist nicht die Kindheit die gefährlichste Zeit, sondern das Alter.[5] Die Unfallquote der über 85-Jährigen ist so hoch, dass sie Grafik 8 sprengen und den letzten Balken um das Zweieinhalbfache übersteigen würde. Wenn wir diesen Balken aufgenommen hätten, wären die anderen daneben fast verschwunden. Bei Frauen nimmt das Unfallrisiko linear mit dem Alter zu. Bei Männern ist der Verlauf nicht ganz so stringent, im frühen Erwachsenenalter steigt er etwas an, weil die Suche nach dem großen Kick das eine oder andere Opfer fordert.

[*] Wir beziehen uns auf zwei Statistiken der Nationalen Statistikbehörde: Eine definiert »vermeidbare« Todesfälle und geht aus einer langfristigen Statistik hervor, die alle Todesursachen beinhaltet. Grafik 8 verwendet die Zahlen zu vermeidbaren Todesfällen.

Grafik 8: **MikroMorts pro Jahr für Unfälle mit Verletzung, darunter Verkehrsunfälle, nach Alter. Zahlen für das Jahr 2010. England und Wales**

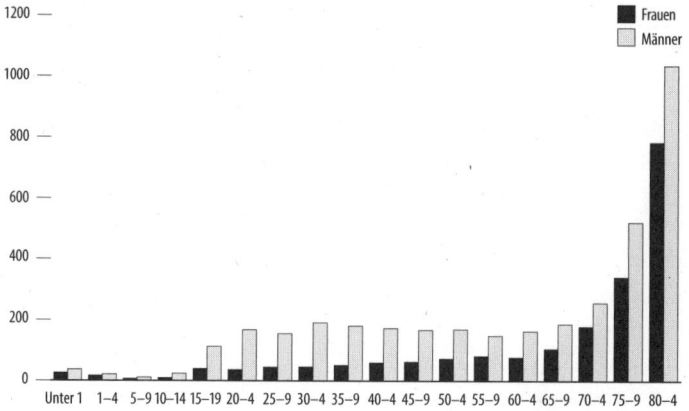

Wenn wir aus dieser Statistik die Verkehrsunfälle auswählen, sieht die Geschichte etwas anders aus. Die Senioren bleiben die verwundbarste Gruppe, doch plötzlich sind auch die 15- bis 19-Jährigen ganz oben dabei. Doch Kinder unter 15 Jahren sind wie zuvor die sicherste Gruppe.

In den vergangenen fünfzig Jahren ist die Welt für Kinder deutlich sicherer geworden. Sie kennen wahrscheinlich auch diese Langweiler, die von ihrer sorglosen Jugend schwärmen und bei jeder Gelegenheit zum Besten geben: »Ich bin damals den ganzen Tag durch die Stadt gezogen und habe allen möglichen Unsinn angestellt/nie Angst vor dem Verkehr gehabt/mich mit den übelsten Schlägern angelegt, aber es hat mir nicht geschadet.« Kindheitserinnerungen sind immer rosig, und zwei von zwei Autoren dieses Buchs sollen sich nicht zu schade sein, diese und ähnliche Anekdoten zum Besten zu geben. Aber verstehen Sie uns nicht falsch. Vieles hat sich eindeutig zum Besseren verändert, und dazu gehört auch die Unfallstatistik.

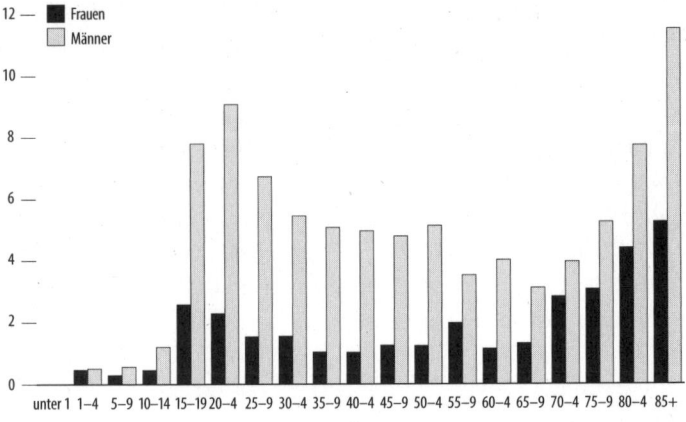

Beachten Sie die Änderung des Maßstabs gegenüber Grafik 8.

Als wir einen Film des Central Office of Information aus dem Jahr 1951 sahen, in dem Männer mit Hüten und Frauen mit breiten Schulterpolstern in ihren Mänteln herumliefen, wurde uns wieder einmal klar, wie sehr sich die Straßen seit damals verändert haben. Im Jahr 1951 waren in Großbritannien weniger als 4 Millionen Fahrzeuge angemeldet. Die Fahrer konnten fast nach Belieben über die Straßen kutschieren, ohne sich mit Ärgernissen wie Straßenmarkierungen, Geschwindigkeitsbegrenzungen, TÜV-Zertifikaten und fußgängerfreundlichen Stoßstangen herumschlagen zu müssen. Damals spielten die Kinder auf der Straße und gingen zu Fuß zur Schule. Das Ergebnis war, dass 1951 ganze 907 Kinder unter 15 Jahren bei Verkehrsunfällen ums Leben kamen, darunter 707 Fußgänger und 130 Radfahrer.[6] Und das war schon ein Rückgang gegenüber den 1400 Kindern, die vor dem Krieg unter die Räder kamen.[7]

Es wurde jedoch besser, bis zum Jahr 1995 sank die Zahl der im Straßenverkehr getöteten Kinder auf 533, im Jahr 2008 waren es 124, im Jahr 2009 nur noch 81 und im Jahr darauf sogar nur noch 55.

Jedes dieser Schicksale ist eine Tragödie, doch die Zahl dieser Tragödien ist innerhalb von sechs Jahrzehnten um erstaunliche 90 Prozent zurückgegangen. Im selben Zeitraum verachtfachte sich die Zahl der angemeldeten Fahrzeuge auf 34 Millionen.[8] Über den Daumen gepeilt wurden in diesen 60 Jahren 27 000 Menschenleben gerettet – diese Menschen wären heute nicht unter uns, wenn die Zahl der Unfalltoten seit 1951 konstant geblieben wäre.[*]

Natürlich hat auch die Notfallmedizin gewaltige Fortschritte gemacht, weshalb Kinder, die in der Vergangenheit nicht überlebt hätten, heute weiterleben und ein weiteres Mal vor ein Auto laufen können. Das zeigt sich zum Beispiel daran, dass die Zahl der Verletzungen nicht so schnell gesunken ist wie die der Todesfälle: Im Jahr 1951 erlitten in Großbritannien 5743 Kinder unter 15 bei einem Verkehrsunfall schwere Verletzungen, und im Jahr 2010 waren es immerhin noch 2502. Das wäre ein Rückgang um 56 Prozent, doch die Zahlen sind umstritten. Eine Zahl hat sich jedoch nicht verändert: Etwa zwei Drittel aller betroffenen Kinder sind Jungen.

Der Straßenverkehr ist allerdings nicht der einzige gefährliche Ort für unsere Kinder. Die Nationale Statistikbehörde berichtet, von den 9,5 Millionen unter 14-jährigen Kindern, die im Jahr 2010 in England und Wales lebten, seien 246 eines unnatürlichen Todes gestorben, davon 172 bei Unfällen. Darunter waren 21 Fußgänger, 12 Radfahrer, 17 Beifahrer, 22 Todesfälle durch Ertrinken, 27 durch unbeabsichtigte Strangulation und 10 durch Feuer. Summa summarum 18 MikroMorts pro Kind und Jahr.

Dabei ist bemerkenswert, dass mehr Kinder ertranken als überfahren wurden. Und die Gefahr, sich selbst zu erdrosseln, ist noch größer als die, zu ertrinken oder als Fußgänger überfahren zu werden: Inzwischen ist bekannt, dass Jalousieschnüre für zweijährige Kinder eine tödliche Falle sein können, weshalb IKEA im Jahre 2010

---

[*] Zum Vergleich: Im Jahr 1980 waren im Gebiet der damaligen Bundesrepublik etwas über 27 Millionen Kraftfahrzeuge gemeldet, im Jahre 2010 waren es im gesamten Bundesgebiet 50 Millionen. 1980 verunglückten 1073 Kinder, im Jahr 2010 waren es 95 (www.kba.de und www.gbe-bund.de) (Anm. d. Red.).

mehr als 3 Millionen Rollläden zurückrief.[10] Aber welche Gefahr würden Sie als Eltern mehr fürchten?

Dieser gewaltige Rückgang bei den Unfällen ist uneingeschränkt positiv. Wer wollte schon eine gefährlichere Umwelt für unsere Kinder? Aber womit dieser Rückgang zusammenhängt, ist nur schwer zu sagen. Vielleicht liegt es ganz einfach daran, dass Kinder nicht mehr zu Fuß zur Schule gehen und nicht mehr draußen spielen. Deshalb hat dieser Rückgang vielleicht auch seinen Preis. Wir können die Zahlen darstellen, aber wir können nicht erklären, wie sie zustande kommen und welche Folgen sie haben. Im Jahr 1971 gingen 80 Prozent aller sieben- und achtjährigen Kinder ohne Begleitung eines Erwachsenen zur Schule. Im Jahr 2006 waren es nur noch 12 Prozent, und die Hälfte aller Grundschüler wurde von ihren Eltern mit dem Auto zur Schule gebracht. Im Jahr 1971 durften Kinder im Durchschnitt mit sieben Jahren allein Freunde besuchen oder in Geschäfte gehen. Im Jahr 1990 mussten Kinder im Durchschnitt zehn Jahre alt werden, ehe sie in den Genuss dieser Freiheit kamen.

Diese Zahlen weisen auf eine immer größere Risikoscheu hin, wenn es um unsere Kinder geht. Autor Tim Gill[11] hat hierfür eine Reihe von Erklärungen: mehr Autos, weniger Freiräume, Computerspiele, berufstätige Eltern und ein größeres öffentliches Interesse an Unfällen und Gefahren. Schlagworte wie »staatliche Gängelung« und »Prozesswelle« kommen einem in den Sinn, doch die Frage ist ein bisschen komplizierter.

Nehmen wir die Sicherheit auf dem Spielplatz. In den 1950er Jahren konnte man beim Anblick so mancher Spielgeräte meinen, sie seien regelrecht konstruiert worden, um Kinder zu verletzen. Sogar die Kinder ahnten, dass sie auf der Schiffschaukel und dem Stehkarussell besser vorsichtig waren. In den 1970er Jahren startete die Fernsehsendung *That's Life* eine Kampagne zur Sicherung von Spielplätzen und verlangte geeignetere Spielgeräte. Diese teuren Umbauten führten allerdings nur dazu, dass sich die Spielmöglichkeiten verringerten und die Kinder die Straße vorzogen, weshalb die Zahl der Unfälle kaum zurückging. Dieses sonderbare Phänomen erklärt sich durch die sogenannte »Risikokompensation«. Wie das funktioniert, konnte David Spiegelhalter in der Grundschule seines Sohnes erleben, als ein riesiges, beliebtes, aber inzwischen morsches Holzspielgerät durch ein neues, glänzendes und langweiliges Klettergerüst ersetzt wurde. Gleich in der ersten Woche versuchte ein Mädchen, ein bisschen mehr Gefahr aus dem Gerät herauszukitzeln, indem es auf der obersten Stange einen Balanceakt vollführte. Das Mädchen fiel prompt herunter und brach sich den Arm.

Andere Länder machen weniger Gedöns um Spielplatzsicherheit, und heute werden die Sicherheitsanforderungen auch in Großbritannien wieder gelockert. Man sieht zwar sofort, was passiert, wenn man Kinder zu waghalsigeren Spielen ermuntert, doch den Nutzen von Sicherheitsmaßnahmen zu ermitteln ist schwierig bis unmöglich.

Gill meint, Gefahr sei sogar gut für Kinder: Sie haben ohnehin einen Hang dazu, nach Risiken zu suchen und sich auszuprobieren. Deshalb sei es besser, wenn sie lernten, mit riskanten Situationen umzugehen, sei es am Baggersee oder im Straßenverkehr. Dies fördere eine gesunde Entwicklung und helfe den Kindern beim Aufbau ihrer Persönlichkeit. Außerdem wecke es die Abenteuerlust, den Unternehmergeist, die Zähigkeit, die Eigenständigkeit und all die anderen lobenswerten Eigenschaften, mit denen die Briten einst ihr Weltreich erschufen.

Man hört oft von Leuten, die jedes halbwegs unterhaltsame Hobby einstellen, sobald sie Kinder bekommen, um sich keinen Ärger mit den staatlichen Unfallschützern einzuhandeln. Doch das geht selbst den Unfallschützern zu weit.

Wenn Sie das nicht erwartet hätten, dann haben Sie vermutlich nur deren Kritiker gehört. Einige der Broschüren des britischen Unfallschutzes könnte Tim Gill verfasst haben. Dort kann man zum Beispiel lesen: »Kinder können den Umgang mit Risiken nicht lernen, wenn sie in Watte gepackt werden« – der Satz könnte glatt von Papa McCullough stammen. Außerdem erklären Unfallschützer, sie erwarteten nicht, dass alle Risiken beseitigt oder zumindest kontinuierlich abgebaut werden müssten oder dass Spieleinrichtungen »im Sinne einer falsch verstandenen Sicherheit bis ins kleinste Detail reguliert werden müssen«.[12]

In Kapitel 18 gehen wir näher auf die Risiken für unsere körperliche Gesundheit ein. Hier geht es nur darum, dass der Rückgang bei Unfällen von Kindern durchaus auch ein Hinweis auf eine Überbehütung sein kann, für die unsere Kinder zahlen, wenn sie älter, aber nicht weiser geworden sind. Dem würden die Unfallschützer sicherlich zustimmen.

Judith Hackitt, Leiterin der britischen Arbeits- und Unfallschutzbehörde HSE, warnt daher: »Machen Sie die Gesetze nicht zum Sündenbock. Die schleichende Kultur der Risikoscheu und die Furcht vor Gerichtsverfahren gefährdet die Erziehung Ihrer Kinder und ihre Vorbereitung auf das Erwachsenenleben.«

Die Countryside Alliance, eine Vereinigung zur Förderung der ländlichen Regionen Großbritanniens, stellte fest, dass über einen Zeitraum von zehn Jahren nach Schulausflügen 364 Klagen erhoben wurden, davon 156 erfolgreich; im Durchschnitt zahlte jede der 138 regionalen Schulbehörden einen Schadenersatz von umgerechnet etwa 345 Euro pro Jahr.[13] Von einer Prozesswelle kann also keine Rede sein. Im Zeitraum von 2006 bis 2010 erhob die Unfallschutzbehörde insgesamt zweimal Anklage wegen Vorfällen bei Schulausflügen.[14]

Hin und wieder macht sich die negative Seite der übertriebenen Fürsorge bemerkbar. Die exorbitante Verwendung von Sonnenschutzcreme oder mangelnde Aktivität im Freien kann Vitamin-D-Mangel bewirken; die Folge ist, dass die Wachstumsstörung Rachitis, die in Großbritannien bereits als ausgestorben galt, wieder auf dem Vormarsch ist. Das Unternehmen Kelloggs schlug daher vor, seine Frühstücksflocken mit Vitamin D anzureichern, und verwies auf Forschungsberichte, nach denen die Zahl der unter 10-Jährigen, die mit Rachitis ins Krankenhaus eingewiesen wurden, zwischen 2001 und 2009 um 140 Prozent zugenommen hatte.[15]

Tim Gills fordert dagegen eine Abkehr von der Philosophie der Überbehütung, die nach jedem Unfall einen Schuldigen sucht, und eine Rückbesinnung auf eine Philosophie der Zähigkeit, die Kindern beibringt, in einer Welt zu leben, in der nicht alles gut endet. Er schreibt: »Zur Kindheit gehören ein paar einfach Zutaten: häufige, selbstbestimmte und nicht von Erwachsenen kontrollierte Begegnungen mit Menschen und Orten jenseits des geschützten Bereichs von Familie und Schule, und die Möglichkeit, aus den eigenen Fehlern zu lernen.«

In Großbritannien sind Kinder heute zwar besser vor Unfällen geschützt als je zuvor, doch auf den Rest der Welt trifft dies nicht unbedingt zu. Weltweit sind Verkehrsunfälle die zweithäufigste Todesursache in der Altersgruppe der 5- bis 14-Jährigen und die häufigste in der Gruppe der 15- bis 29-Jährigen. In Entwicklungsländern kommen pro Jahr schätzungsweise 240 000 Kinder im Straßenverkehr ums Leben. Auf Auslandsreisen erschauern selbst diejenigen, die zu Hause ihre Kinder allein zur Schule gehen lassen, wenn sie sehen müssen, wie kleine Kinder in ihren sauber gebügelten Uniformen an tosenden und nicht im geringsten gesicherten Straßen entlang zur Schule gehen.

Kapitel 6

Impfung

SIE SAH, WIE PRUDENCE sich im Dunkeln zu ihr umwandte. Über den Weg des Mädchens floss eine schleimige schwarze Schmiere, auf der ölige Schlieren schimmerten. Aus der Nacht leuchteten die Augen hungriger Bestien, und aus dem Dickicht am Wegesrand stiegen Wolken von blutsaugenden Insekten auf. Nesseln griffen nach ihren nackten Beinchen. Prudence hielt die Hände vors Gesicht und kämpfte sich weiter. Sie strauchelte zwischen giftigen Dornenranken, die ihr die Arme aufrissen, dann stürzte sie zu Boden, wo sofort krabbelnde Insekten über sie herfielen und sie mit ihren Beißzangen attackierten. Eine Weile lang sah ihre Mutter zu, wie sich das Mädchen unter den Bissen und Verbrennungen wand und jammerte, dann hob sie den Fuß und drückte ihn fest auf den Rücken des Kindes, damit es auch ja nicht aufstand.

Mit rasendem Puls setzte sich Prudence' Mutter im Bett auf. »Als Mutter macht man alles falsch«, dachte sie. Später las sie irgendwo, die Gefahren des Lebens seien grenzenlos, und eine der Gefahren sei die Sicherheit. Goethe sollte das gesagt haben. »Na, vielen Dank«, dachte sie.

»Es ist nur ein kleiner Piekser«, sagte sie nach dem Frühstück zu Prudence. »Die anderen Kinder bekommen das auch. Und danach machen wir ein Pflaster drauf.«

Denn wenn Sicherheit eine Gefahr sein konnte und gefährliche Dinge noch gefährlicher waren, was war dann wirklich sicher, und wie gefährlich war die Sicherheit? Egal. Goethe konnte sich seine Weisheiten sonst wohin stecken.

»Es ist zu deiner Sicherheit«, sagte sie, als Prudence auf ihrem Stühlchen vor Furcht hektische Flecken im Gesicht bekam.

Auf dem Küchentisch lag eine Aufklärungsbroschüre, die versprach, schonungslos die »wahren Risiken und Gefahren der Impfung«[1] offenzulegen. Dort stand zum Beispiel:

In England benutzten Hutmacher früher Quecksilber, um den Filz ihrer Hüte auszusteifen. Über die Fingerspitzen gelangte das Quecksilber in ihre Körper, und schließlich wurden sie »verrückt wie ein Hutmacher«. Heute spritzen wir unseren Kindern Quecksilber in die Adern und provozieren eine Epidemie vermeintlicher »Verrücktheit«: Aufmerksamkeitsdefizit, Hyperaktivität, Autismus, bipolare Störungen und so weiter sind nichts anderes als Impfschäden, die fälschlicherweise als psychische Krankheiten bezeichnet werden.

Und in einer Broschüre ihres Arztes hieß es:

Alle Arzneimittel, auch Impfstoffe, werden gründlich auf ihre Sicherheit und Wirksamkeit hin getestet. Auch nach der Zulassung bleiben Impfstoffe unter ständiger Beobachtung. Auf diese Weise lassen sich auch seltene Nebenwirkungen erkennen. Alle Medikamente können Nebenwirkungen haben, doch Impfstoffe zählen zu den sichersten überhaupt.[2]

Impfen ist schlecht, nicht impfen ist auch schlecht. Schlecht für Prudence, schlecht für andere. Die Mutter wurde von Horrorgeschichten von Kindern verfolgt, die starben oder litten, weil ihre Eltern sie nicht gegen eine verbreitete Krankheit hatten impfen lassen. »Hätten wir unser Kind nur impfen lassen«, jammerten sie. Hätten sie ihr Kind impfen lassen, dann hätte sich das Kind ihrer Freunde nicht vor seiner eigenen Impfung bei ihm angesteckt und wäre heute noch am Leben.

Auf ihrem iPad las sie die Geschichte einer anderen Mutter: Nach einer Hepatitis-Impfung hörte das Kind nicht mehr auf zu schreien, es schlief nicht mehr, es trank nicht mehr, erbrach sich, wurde in die Notaufnahme gebracht, überlebte mit »Epilepsie, Rindenblindheit, schweren Störungen des Magen-Darm-Trakts, einem erhöhten Risiko für Lungenentzündung, gravierenden Entwicklungsstörungen, Hypotonie und spastischen Lähmungen« und musste rund um die Uhr von zwei Personen betreut werden.[3]

Und erst am Vorabend hatte sie in den Nachrichten gehört, die Schulbehörde empfehle bei Schulausflügen ins Ausland dringend Masernimpfungen, da sich bei einer Infektion erhebliche Komplikationen ergeben könnten: Augen- und Ohrenentzündungen, Lungenentzündung, seltener auch Hirnhautentzündung und schließlich Tod.[4] Auf dem Küchentisch lag schon das Anmeldeformular, das die Mutter nur noch ausfüllen musste.

Schließlich brachte sie ihre Tochter zur Impfung, um sich selbst zu beruhigen und weil ihr vor lauter Schuldgefühlen nichts anderes übrig blieb. Doch drei Tage lang hatte sie Herzrasen, beobachtete die kleinste Regung ihrer Tochter und wartete.

*

Was wäre passiert, wenn Prudence die Impfung bekommen und wenig später Anzeichen von Autismus gezeigt hätte? Ist die Furcht der Mutter begründet? Die genauen Ursachen für Autismus sind nach wie vor unbekannt, und es schwirren eine Menge Theorien umher. Wenn B auf A folgt, dann ist es oft am einfachsten anzunehmen, dass A die Ursache von B war. Egal was passiert, Prudence' Mutter fürchtet, auf der Anklagebank zu landen. Nachher sind alle schlauer und werden sich gegen sie verschwören. Arme Mutter! Sie hat einfach keine Chance gegen das Risiko, weil die Geschichten immer erst im Nachhinein erzählt werden.

Aber auch armer Junge! In David Spiegelhalters Kindheit wurde noch nicht standardmäßig gegen Masern, Mumps und Windpocken geimpft. Wenn ein Kind in der Nachbarschaft erkrankte, dann gab es eine Mumpsparty, damit sich alle ansteckten. Die Impfung hat einfach ihre Vor- und Nachteile, denn heute weiß David, dass Masern ein Risiko von 200 MikroMorts bedeuten.* Aber damals hatte er keine andere Wahl, und, wie man so schön sagt, es hat ihm schließlich nicht geschadet.

In den 1950ern waren Masern verbreitet, die Auswirkungen waren bekannt, Komplikationen keine Seltenheit. Masern können Blindheit verursachen und sogar zum Tod führen. Wer sah, dass die Nachbarskinder Masern hatten, rief um Hilfe. Für die Eltern von damals waren sie eine sichtbare Gefahr, die sie so schnell wie möglich loswerden wollten. Heute sind Masern keine sichtbare Bedrohung mehr, weshalb manche Eltern gern die Impfungen vermeiden würden. Die Sichtbarkeit einer Gefahr spielt bei der Risikoeinschätzung eben eine wichtige Rolle.

Wenn Sie die Wahl hätten zwischen einem sichtbaren und einem unsichtbaren Risiko, welches würden Sie eher eingehen? Manche Menschen haben mehr Angst vor Gefahren, die sie sehen, und empfinden sie bedrohlicher als solche, die nicht hier und jetzt drohen. Andere fürchten sich eher vor unsichtbaren Gefahren, zum Beispiel der radioaktiven Strahlung, und gehen lieber ein Risiko ein, das sie sehen können. Eine dritte Gruppe versucht es mit kühlen Risikoberechnungen. Und wieder andere tun einfach, was der Onkel Doktor ihnen sagt.

Wenn wir von Risiko sprechen, geht es eigentlich um Risiken im Plural, und diese können ganz unterschiedliche Formen annehmen: Einige sind präsent, andere weit weg, einige sichtbar, wieder andere unsichtbar. Nach welchen Kriterien soll man beurteilen, welches Risiko man eingehen kann und welches man besser meidet – zumal man erst im Nachhinein am Ergebnis beurteilt wird und nicht danach, ob man die Entscheidung besten Wissens und Gewissens

---

* Zwischen 1958 und 1960 wurden in Großbritannien 957 000 Masernfälle gemeldet, von denen 178 tödlich verliefen.

getroffen hat? Prudence' Mutter sitzt am Küchentisch und grübelt über tragische Wendungen nach.

Wenn sie »Impfschutz« googelt, stößt sie im Internet auf die offiziellen Seiten von Behörden und Gesundheitsämtern, die ihr Mut machen. Und wenn sie mit ihrem iPad »Impfschäden« sucht, findet sie Horrorstorys über geschädigte Kinder und muss lesen, die Wissenschaft sei Blödsinn und den Wissenschaftlern könne man nicht trauen.

Impfung weckt latente Ängste und kann heftige Emotionen auslösen (siehe Kapitel 19 zur Strahlung). Die Kinder sind doch nicht einmal krank, wenn sie die Spritze bekommen. Ihrem Kind eine Nadel in den Arm zu jagen tut weh, und es nicht zu tun, tut nicht weh – zumindest nicht gleich.

Die Impfung ist außerdem eine Zwangsmaßnahme, sie wird den Eltern durch sozialen Druck oder durch Gesetze aufgezwungen. Wenn Sie beispielsweise Ihr Kind in Florida einschulen wollen, muss es gegen Diphterie, Tetanus, Keuchhusten, Hepatitis B, Masern, Mumps, Röteln, Kinderlähmung und Windpocken geimpft sein.[5] Diese Impfungen können Nebenwirkungen haben. Und am Ende verdienen internationale Pharmakonzerne eine Menge Geld mit der Massenimpfung.

Nicht umsonst regt sich Widerstand gegen die Impfungen. Behauptungen, Impfungen seien für schreckliche Störungen wie den Autismus verantwortlich, stoßen auf offene Ohren, vor allem in den Vereinigten Staaten (dafür machen sich die Amerikaner keine Gedanken um genmanipulierte Lebensmittel).

Immerhin müssen Kinder heute nicht mehr gegen Pocken geimpft werden, die zuletzt 1977 in Somalia auftraten und seither als ausgestorben gelten (allerdings starb 1978 noch ein Mitarbeiter eines britischen Labors an ihnen). In der Vergangenheit rafften die Pocken Massen von Menschen dahin, noch Anfang der 1950er Jahre waren es mehr als 2 Millionen pro Jahr. Die Pocken waren die Geheimwaffe der Europäer bei der Eroberung Amerikas, denn die Krankheit löschte die einheimische Bevölkerung weitgehend aus. Aber es war schon lange beobachtet worden, dass Menschen, die die Krankheit überlebt hatten, nicht mehr von ihr angesteckt wurden. Daher entwickelte man die Praxis der Inokulation, zu der man den Grind von Erkrankten auf die Haut von Gesunden aufbrachte, in der Hoffnung, auf diese Weise eine mild verlaufende Infektion zu provozieren.

Im Jahr 1796 entdeckte der englische Landarzt Edward Jenner eine bessere Methode. Er hatte beobachtet, dass die Milchmädchen, die sich beim Melken infizierter Kühe mit Kuhpocken angesteckt hatten, keine Pocken mehr bekamen. Es ist nicht sonderlich appetitlich, den Eiter aus den Pusteln eines Kranken in den Arm injiziert zu bekommen, weshalb Jenner sein erstes Experiment am Sohn seines Gärtners, einem achtjährigen Jungen namens James Phipps, durchführte. Ob der Junge über die Gefahren aufgeklärt wurde und eine Einwilligung unterschrieb, ist nicht überliefert.

In den Tagen vor der Erfindung des Kühlschranks war der Transport von Impfstoffen eine komplizierte Angelegenheit. Die bewährte Antwort: kleine Jungen. Im Jahr 1803 sollten Kuhpocken in die spanischen Kolonien auf dem amerikanischen Doppelkontinent gebracht werden, doch die Überfahrt dauerte so lang, dass eine infizierte Person bei der Ankunft längst genesen wäre. Also zwang man elf Paar Waisenknaben in den Dienst der Medizin und infizierte das erste Paar vor der Abreise. Nachdem die Krankheit voll ausgebrochen war, übertrug man den Erreger auf das zweite Paar, und so weiter, bis in Amerika putzmuntere Kuhpocken-Viren von Bord gingen. Die Impfung setzte sich nicht sofort durch, doch sie sollte noch Abermillionen von Leben retten.

Die Geschichte der Masern zeigt, wie riskant es ist, nicht zu impfen. Im Jahr 1940 wurden in England und Wales 409 000 Erkrankungen gemeldet, von denen 857 tödlich verliefen.[6] Das ist eine Sterberate von 0,2 Prozent oder ein Risiko von 2000 MikroMorts, eine Sterblichkeit, die auch von den Gesundheitsbehörden der Vereinigten Staaten bestätigt wurde.[7] In den 1960er Jahren begannen Reihenimpfungen, und bis zum Jahr 1990 war die Zahl der Erkrankungen auf 13 300 und die der Todesfälle auf einen gesunken. Seit 1992 sind in

Großbritannien keine Kinder mehr an Masern gestorben, und lediglich einige Erwachsene erlagen den Spätfolgen der Kinderkrankheit.[*]

Mit der Impfung lassen sich auch langfristige Schäden verhindern: Etwa jede sechste Krebserkrankung wird durch Infektionen ausgelöst[8], doch durch die lange Inkubationszeit ist der Zusammenhang nur schwer zu erkennen. Trotzdem wird heute für zwölfjährige Mädchen eine HPV-Impfung gegen das Papilomavirus angeboten, das später Gebärmutterhalskrebs auslösen könnte.

Impfungen scheinen also an sich eine gute Sache zu sein. Wenn Sie sich und Ihre Kinder impfen lassen, schützen Sie aber nicht nur sich selbst, sondern auch die Menschen in Ihrer Umgebung. Auf diese Weise tragen Sie nämlich zur Herdenimmunität bei, das heißt, dass genügend Menschen immun sind, um den Ausbruch einer Epidemie zu verhindern. Was »genügend« ist, hängt dabei vom Ansteckungsgrad der Krankheit ab. In einer sensiblen Gesellschaft wie zum Beispiel den Inkas konnte ein einziger Pockenkranker die Krankheit auf durchschnittlich fünf Personen übertragen.[†] Wenn jeder dieser fünf wieder fünf ansteckte, dann war in nur sechs Schritten eine Gemeinschaft von 50 000 Menschen infiziert.

Angesichts der Ansteckungsquote der Masern müssten 92 Prozent der Bevölkerung geimpft sein, um eine Epidemie zu verhindern.[‡] Mitte der 2000er Jahre lag sie in Großbritannien bei etwa

[*] Von 2008 bis 2011 sind die gemeldeten Fälle von Masern in Deutschland von 121 auf 348 gestiegen und im Jahr 2012 dann auf 56 Fälle abgesunken. Gestorben ist in der ganzen Zeit lediglich eine Person (www.gbe-bund.de) (Anm. d. Red.).

[†] Die durchschnittliche Ansteckungsrate wird als »Basisreproduktionszahl« bezeichnet und mit dem Symbol $R0$ (R-Null) abgekürzt. Für Pocken liegt sie bei durchschnittlich fünf und für Masern bei zwölf Personen.

[‡] Nehmen wir an, nach einer Impfkampagne sind vier von fünf Menschen (also 80 Prozent der Bevölkerung) immun. In diesem Fall könnte ein Pockenkranker durchschnittlich nur eine Person infizieren, und die Epidemie würde sich verlaufen. Eine Epidemie stirbt also aus, wenn auf $R0$ Personen jeweils $(R0-1)$ immunisierte Personen kommen. Der Anteil der immunisierten Personen an der Bevölkerung muss also $(R0-1)/R0$ betragen. Um eine Masernepidemie zu verhindern, muss der Anteil bei $(12-1)/12 = 11/12 = 92$ Prozent liegen. Der Virus, der im Jahr 2009 die Schweinegrippe auslöste, war vergleichsweise träge und hatte lediglich eine Ansteckungsrate $R0$ von 1,3, das heißt, nur $0,3/1,3 = 23$ Prozent der Bevölkerung mussten geimpft sein, um eine Epidemie zu unterbinden. Da Impfungen nicht zu

81 Prozent, bis 2011 war sie auf 89 Prozent gestiegen.* Grafik 10 können Sie entnehmen, wie sich die Zahl der Masernerkrankungen in den vergangenen Jahren entwickelte.

Grafik 10: **Zahl der gemeldeten Masernerkrankungen in England und Wales 1996–2011**

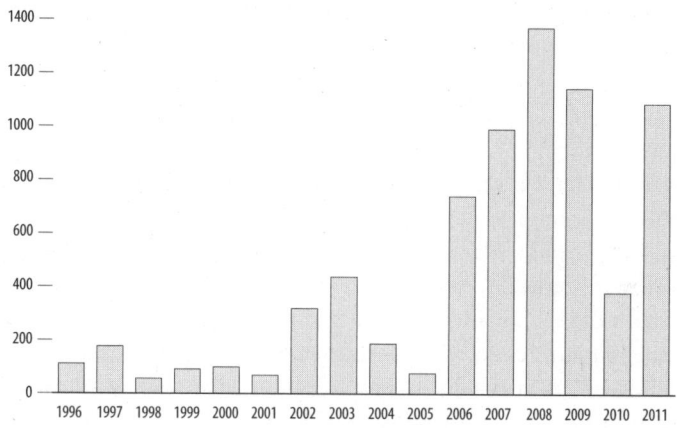

100 Prozent wirksam sind, versucht man in der Regel, mehr als den rechnerisch erforderlichen Bevölkerungsanteil zu impfen, im Falle der Masern etwa 95 Prozent. Man kann natürlich auch Trittbrett fahren, also sich nicht impfen lassen und darauf hoffen, dass die anderen mit ihren Impfungen die Epidemie schon aufhalten werden.

In England lag die Impfquote für Masern 2011 bei 89 Prozent[9], nachdem sie 2003 bis auf 83 Prozent zurückgegangen war; das ist noch unter den 92 Prozent, die 1995 erreicht waren, und noch deutlich unter den 95 Prozent, wie sie die Weltgesundheitsorganisation WHO empfiehlt. Nachdem 2012 in Liverpool eine Masernepidemie ausgebrochen war, veröffentlichten die Gesundheitsbehörden Zahlen, nach denen in der Region rund 7000 Kinder unter fünf Jahren nicht ausreichend gegen Masern geimpft waren. Masern gehören zur MMR-Impfung (Masern, Mumps, Röteln), deren Akzeptanz geschwunden war, nachdem 1998 in der Presse die Behauptung laut wurde, diese Impfung könne Autismus verursachen. Diese Behauptung wurde zwar längst widerlegt, doch in den Vereinigten Staaten hat sie nach wie vor zahlreiche Anhänger.

* In Deutschland stieg zwischen 2001 und 2011 die Impfquote der ersten Masernimpfung von 91,4 Prozent auf 96,6 Prozent, die der zweiten Impfung sprang im gleichen Zeitraum von 25,9 Prozent auf 92,1 Prozent (Auskunft des Robert Koch-Instituts, Berlin) (Anm. d. Red.).

Die Tatsache, dass einige von uns in den Genuss der Vorteile der Impfung kommen können, ohne selbst geimpft zu werden, ist als »Trittbrettfahrerproblem« bekannt: Sie können sich darauf verlassen, dass andere das Risiko schon niedrig halten werden – solange sie nicht genauso denken wie Sie.

Ist es also riskant, sich nicht impfen zu lassen? Ja und nein. Das Risiko könnte gleich null sein, und es könnte riesig sein. Das hängt nämlich nicht nur von Ihrem eigenen Verhalten ab, sondern auch von dem der anderen. Wenn sich alle außer Ihnen impfen lassen, dann kommen Sie vermutlich glimpflich davon. Aber wenn sich auch die anderen nicht mehr impfen lassen, dann könnten Sie ein Problem bekommen. Das Risiko ist dynamisch und hängt von zahlreichen Faktoren ab. Wir sind sowohl vom Risiko betroffen, das von anderen ausgeht, und wir sind selbst das Risiko, weil wir andere infizieren können.

Dasselbe Verhalten kann also ganz unterschiedlich riskant sein, je nachdem, wie sich die anderen verhalten. Daher ist das individuelle Risiko kaum zu berechnen. Für die Gesellschaft als ganze stellt es ein großes Risiko dar, wenn sich immer weniger Menschen impfen lassen und die Herdenimmunität zusammenbricht, aber was es hier und jetzt für Sie bedeutet, wenn Sie sich nicht impfen lassen, ist schwer abzuschätzen. Es muss Ihnen nichts passieren. Aber was ist, wenn Sie zum Verlust der Herdenimmunität beitragen? Dann könnten Sie sterben. Wie groß ist also das Risiko?

Niemand würde bestreiten, dass Impfungen Nebenwirkungen haben können. Die britische Zulassungsstelle für Arzneimittel (MHRA) veröffentlichte nach der Gabe von 4 Millionen HPV-Impfungen einen Bericht über die beobachteten Nebenwirkungen.[10] Ihr lagen 4445 Einzelberichte über 9673 Reaktionen vor, doch die Patienten konnten ihre Angaben freiwillig machen, und es wäre schon sehr blauäugig, davon auszugehen, dass nur jede tausendste Impfung Nebenwirkungen hatte. Die amerikanischen Gesundheitsbehörden gehen davon aus, dass jede zweite Impfung schwache bis mäßige Nebenwirkungen mit sich bringt.[11] Die meisten Fallgeschichten der MHRA berichten von minimalen Begleiterscheinungen wie Schmerzen oder Ausschlag; davon wurden rund 2000 als »psychogen« eingestuft, das heißt, sie wurden nicht durch den Wirkstoff selbst provoziert, sondern durch die Injektion, darunter Schwindel, Sehstörungen und Schweißausbrüche.

Das eigentliche Problem sind seltene, aber schwerwiegende Folgeschäden. Dabei ist umstritten, ob der Wirkstoff schuld ist oder ob diese Schäden auch ohne Impfung eingetreten wären. Die MHRA listet mehr als 1000 Reaktionen auf, die sie nicht als Nebenwirkungen der Impfung ansieht, darunter vier Fälle des chronischen Erschöpfungssyndroms. Die Zulassungsstelle geht davon aus, dass unter den zehn- bis zwölfjährigen Mädchen, die geimpft wurden, rein statistisch ungefähr 100 Fälle des chronischen Erschöpfungssyndroms auftreten müssten; umso bemerkenswerter ist die *geringe* Zahl der gemeldeten Fälle. Doch die betroffenen Familien sind möglicherweise überzeugt, dass die Impfung an der Krankheit schuld ist – das ist ein naheliegender Sündenbock.

Dabei fällt jede Reihenimpfung zeitlich mit irgendwelchen unglücklichen Ereignissen zusammen. Im September 2009 machte beispielsweise die *Daily Mail* mit der Schlagzeile auf: »Schülerin, 14, stirbt nach HPV-Impfung«.[12] Im Artikel berichtete die Direktorin der Schule: »Während der Impfung kam es zu einem unglücklichen Zwischenfall. Eines der Mädchen zeigte eine seltene, heftige Reaktion auf die Impfung.« Drei Tage später wurde bekannt, dass das Mädchen bereits an Krebs erkrankt war und ihr Tod zufällig mit der Impfung zusammenfiel.[13] Diese Meldung war der Zeitung natürlich keine Schlagzeile mehr wert, weshalb dieser tragische Tod im Internet bis heute als Beweis für die tödlichen Gefahren der HPV-Impfung herhalten muss.

Einige der Berichte sind jedoch echt. Ein klassisches Beispiel ist das Auftauchen einer neuen Variante der Schweinegrippe im Jahr 1976 in Fort Dix im amerikanischen Bundesstaat New Jersey. Aus Furcht vor einer Grippeepidemie wie der des Jahres 1918, die weltweit zig Millionen von Menschen tötete, ordneten die Behörden eine landesweite Reihenimpfung an, bei der 45 Millionen Menschen geimpft wurden.

Das Programm wurde jedoch nach weniger als einem Jahr abgebrochen. Erstens traten nach der Impfung etwa 50 Fälle des Guillain-Barré-Syndroms auf – einer allmählichen Lähmung, die vermutlich auch hinter Franklin D. Roosevelts Krankheit steckte.[14] Später stieg die Zahl auf geschätzte 500. Das heißt, unter einer Million Geimpften tauchte das Syndrom bei zusätzlichen zehn Patienten auf.[15] Insgesamt starben 25.

Und zweitens wurde das Programm beendet, weil sich die Schweinegrippe nie über Fort Dix hinaus ausbreitete. Niemand erkrankte, und die möglichen Schäden waren größer als der Nutzen. Später wurde der Leiter der Gesundheitsbehörde entlassen, doch er beharrte darauf, dass die Maßnahmen gerechtfertigt gewesen seien.[16]

Nicht alle Grippeimpfungen sind gleichermaßen riskant. Nach dem Ausbruch der Schweinegrippe im Jahr 2009 wurden in Großbritannien sechs Wochen nach der Impfung neun Fälle des Guillain-Barré-Syndroms diagnostiziert, doch die Behörden gingen davon aus, dass es sich dabei um ein zufälliges Zusammentreffen handelte.[17] In Finnland und Schweden wurde jedoch nach der Schweinegrippeimpfung bei Kindern Narkolepsie (plötzliche Lähmungen und Müdigkeit) beobachtet, und dieser Zusammenhang wird noch untersucht.

Wie der Mythos der MMR-Impfungen zeigt, ist es schwer, vermutete Zusammenhänge zu widerlegen. Zur Haltbarmachung der Impfstoffe wird unter anderem ein Konservierungsmittel namens Thimerosal verwendet, das Quecksilber enthält. Die Chemikalie steht schon länger im Verdacht, Schäden zu bewirken. Die Gesundheitsbehörden der Vereinigten Staaten erklären zwar, es gebe »keinen Hinweis auf Schädigungen«, doch im Jahr 1999 wurde trotzdem beschlossen, Thimerosal solle »vorsichtshalber aus Impfstoffen entfernt oder reduziert« werden.[18]

Die Behörden betonen immer wieder, dass der Nutzen der Impfung jedes mögliche Risiko aufwiegt. Dabei übersehen sie allerdings, dass die Menschen sichtbare Schäden im Hier und Jetzt, und seien sie auch noch so selten, ganz anders wahrnehmen als einen möglichen künftigen Nutzen, den sie nicht direkt beobachten können und der in Ländern, in denen die Ansteckungsgefahr verschwindend gering ist, immer umstrittener ist.

In weniger entwickelten Ländern liegt der Fall ganz anderes. Die Weltgesundheitsorganisation WHO berichtet, dass weltweit pro Jahr noch immer 140 000 Menschen an Masern sterben – also einer alle vier Minuten.[19] Und wie wir in England gesehen haben, sind diese Todesfälle unnötig. Mit der Impfung wurden gewaltige Fortschritte erzielt: Früher forderten die Masern bis zu 2,6 Millionen Menschenleben pro Jahr. Die Masern lassen sich genauso ausrotten wie die Pocken – zumal die Impfstoffe heute in Kühlschränken aufbewahrt werden, nicht mehr in kleinen Jungen.

Kapitel 7

Glücksfälle

NEBEL ÜBERALL. Nebel auf den Straßen wie ein schlafendes Reptil. Nebel, gespensterhaft verhüllend, wie aus einem Roman, dick, düster und geheimnisvoll. Nebel aus Spionagefilmen, Mordgeschichten, Krimis.

Der 18-jährige Norm geht die Straße entlang. Zögernd stapft er durch die Düsternis. Seine Gedanken schweifen ab zu seinem Vater, der just vor zwei Jahren mit seinem geliebten Segelboot *Bill* in Lymington in See stach, um nach Cowes zu segeln, in einer dieser Nebelwände verschwand und nie wieder gesehen ward. Sehnsüchtig erinnerte er sich an die Abende, an denen der alte Mann sein Seemannsgarn spann – wie gern würde er noch einmal seine Stimme hören! Der Nebel schien ihm die alten Geschichten vom rauen Leben auf hoher See zuzuraunen.

Während er gedankenverloren durch die grauen Schwaden glitt, spürte er mit einem Mal unter seinem Fuß etwas Weiches. Schon wollte er weitergehen, als er meinte, ein Stöhnen zu vernehmen. Er beugte sich hinab und erspähte im Nebel eine menschliche Gestalt, die halb über einer Parkbank und halb auf dem Gehweg lag. Er kniete sich nieder und sah einen älteren Mann. Wie staunte Norm, als er erkannte, dass der Mann, der keinen Laut mehr von sich gab, aber Gott sei Dank noch atmete, kein anderer war als … sein Vater.

Während sich die beiden in einem nahegelegenen Café an einer Tasse Kakao wärmten, erzählte der bärtige Alte seine unglaubliche

Geschichte – wie er sein Gedächtnis verlor, wie er nur in Shorts und Sandalen und ohne Papiere an einer unbekannten Küste angespült wurde, wie er monatelang durch das Land streifte, das sich als Frankreich entpuppte, wie er unterwegs immer wieder Gelegenheitsarbeit fand und sich vor den Behörden versteckte, aus Angst, sie könnten ihn zu einem undurchsichtigen Fall um vergiftete Fische verhören, wie er sich einer Bande von Taschendieben anschloss und durch Paris zog, wie er mit dieser Bande erst gestern nach Basingstoke gekommen war, um dort sein Glück zu versuchen, wie ihm dort dunkle Erinnerungen an seine einstige Heimat gekommen waren, und wie ihn die Halunken übers Ohr gehauen und ohnmächtig auf einer Parkbank zurückgelassen hatten.

Im Bus nach Hause suchte er nach dem Grund für den plötzlichen Gedächtnisverlust, der ihn zwei Jahre zuvor ereilt hatte. »Ich glaube, es war der Schrecken über unseren Sechser im Lotto. 100 000 Pfund hatten wir gewonnen. Und meine abergläubische Angst vor Banken. Ich wollte das Geld in einer Plastiktüte nach Hause bringen und habe die Tüte im Bus liegen gelassen. Nachdem ich so lange gespart hatte, um das Geld für mein altes Waisenhaus in Clacton aufzutreiben, das von einem Immobilienhai bedroht wurde, war dieser Verlust einfach zu viel für mich. Draußen auf dem Meer hat meine arme gequälte Seele beschlossen, einfach alles zu vergessen.«

»Man weiß nie«, sagte Norm. »Das Geld könnte doch wieder auftauchen! Wer weiß, vielleicht liegt es ja hier unter dem Sitz!«

Er lachte. Dann griff er zum Spaß unter den Sitz. Tatsächlich steckte zwischen Rahmen und Polster eine Tüte. Wurden die Busse heutzutage denn nicht mehr gereinigt? Er zog sie heraus und sah den üblichen Müll, den Fahrgäste heute schändlicherweise überallhin stecken, und entdeckte zu seinem Erstaunen darunter dicke Bündel mit 50-Pfund-Scheinen.

»Mein Gott!« rief Norms Vater aus. »Das ist es! Ich würde das Geld überall wiedererkennen!«

»Entschuldigen Sie, meine Herren«, unterbrach sie die Stimme einer alten Frau hinter ihnen. Sie drehten sich um und sahen eine kleine, gebrechliche Dame, die Norms Vater mit sonderbarem Blick anschaute.

»Ich konnte nicht anders, als das ungewöhnliche Muttermal an Ihrem rechten Ohr zu bemerken. Und als Sie das Waisenhaus von Clacton erwähnt haben, da habe ich einen Schrecken bekommen. Vergeben Sie einer alten Frau, aber ich habe so lange gesucht, dass mir mein Kopf manchmal Streiche spielt. Aber ich glaube … Nein, nur eine Frage noch, damit ich sicher sein kann: Haben Sie als Kind je eine silberne Halskette mit dem Anhänger einer kleinen Katze getragen?«

»Ah«, erwiderte Norms Vater. »Das tut mir leid. Ich weiß, was Sie denken, aber ich bin nicht der, den Sie suchen.«

Die alte Dame schien in sich zusammenzusinken. Ein weiterer Hoffnungsschimmer, vielleicht der hellste von allen, der sie betrogen hatte.

»Aber ich weiß, wen Sie suchen.«

Sie sah auf. Zögernd lächelte sie, und das Leuchten kehrte in ihre Augen zurück. Sie konnte das Pochen ihres altersschwachen Herzens kaum verbergen. Sollte es denn wahr sein?

»Es gibt jemanden, den wir gemeinsam finden müssen, meinen alten Freund Bill, meinen besten Freund, den ich im Waisenhaus kennengelernt habe. Was uns verband, war das identische Muttermal am rechten Ohr. Er trug immer eine silberne Halskette, wie Sie sie beschrieben haben. Bei der Erinnerung daran, wie er in seiner Kindheit verlassen wurde, erlitt er später einen Zusammenbruch und musste in eine psychiatrische Anstalt eingewiesen werden. Aber mein Gedächtnis lässt mich im Stich, und ich kann mich nicht mehr erinnern, wie die Anstalt hieß. Aus unerfindlichen Gründen verbinde ich sie mit einem Schild, auf dem ein Schiff im Hafen zu sehen ist.«

»Wie das da?«, fragte Norm und zeigte aus dem Fenster des Busses. Just in diesem Moment hatte sich der Nebel ein wenig gehoben, und auf der anderen Straßenseite tauchte ein idyllisches Anwesen auf.

»Mein Gott, genau das ist es!«, rief Norms Vater bereits zum zweiten Mal an diesem Tag.

Wenige Momente später wurden Norm und sein Vater Zeugen einer tränenreichen, aber glücklichen Wiederbegegnung. Beim Anblick seiner Mutter und seines alten Freundes genas Bill schlagartig. Und die alte Dame, die ihn noch über ihre Pensionierung hinaus aufopferungsvoll gepflegt hatte, weil sein sonderbares Muttermal am rechten Ohr sie an ihren eigenen Sohn erinnerte, den sie nach grausamen Schicksalsschlägen im Waisenhaus von Clacton hatte zurücklassen müssen, war keine andere als die Mutter von Norms Vater, Norms Großmutter. Die Arme hatte jedoch gerade die furchtbare Nachricht erhalten, dass das Waisenhaus nun endgültig seine Pforten schließen musste, weil 100 000 Pfund fehlten.

»Vielleicht können wir ja aushelfen, Oma«, strahlte Norm und reichte ihr die Plastiktüte.

»Das erinnert mich an eine Nacht, in der ich um das Kap gesegelt bin«, fing Norms Vater an. »Ein Sturm der Windstärke neun wühlte die See auf, der Kiel meines Boots schlug krachend auf die Wellen …«

*

Eines Tages auf einer Radtour durch die Pyrenäen machte Mick Preston vor einem Postamt halt, um seinem alten Freund Alan eine Postkarte zu schicken. Aber wen sah er just in diesem Moment die Straße herunterkommen? Seinen Kumpel Alan, der seinen Urlaub in dem Örtchen verbrachte. Also drückte Mick ihm die Postkarte gleich persönlich in die Hand und sagte: »Da spar ich mir doch glatt die Briefmarke.«[1]

Was für ein Glücksfall! Stellen Sie sich vor, Sie treffen genau den Menschen und so weiter und so fort. Aber wie erstaunlich ist das wirklich? Man kann dieses Zusammentreffen als komisch, unheimlich, verrückt oder sonst wie bezeichnen, aber ist es denn wirklich so unwahrscheinlich, dass irgendwer irgendwann irgendwo irgendwen trifft? Und ist es so verwunderlich, dass Mick, dem es passiert ist, allen Leuten davon erzählt? Menschen laufen sich andauernd irgendwo über den Weg, und wenn wir es bemerken, sprechen wir von einem »glücklichen Zusammentreffen«.

In seinem Buch *Die Kunst des Erzählens* schreibt der Autor und Kritiker David Lodge: »Glückliche Begegnungen, die uns im wirklichen Leben mit unerwarteten Mustern überraschen, gelten in Romanen meist als durchsichtiger Taschenspielertrick.«[2]

Wenn David Lodge recht haben sollte, dann sagt das eine ganze Menge über uns aus. Denn dieses Kapitel ist voller Glücksfälle, und kein einziger davon ist erfunden. Wenn wir sie im wirklichen Leben nicht erwarten, dann sollten wir schleunigst umdenken. Denn es gibt eine ganze Menge von ihnen. Vielleicht treten sie nicht ganz so geballt auf wie an diesem nebligen Tag in Basingstoke. Aber könnte es sein, dass wir Glücksfälle in Romanen oft als Taschenspielertrick wahrnehmen, weil wir im wirklichen Leben zu viel Aufhebens um sie machen? Werden Glücksfälle grundsätzlich überschätzt?

David Spiegelhalter bat seine Leser, ihm Geschichten über glückliche Fügungen zu schicken; einige davon hat er in dieses Kapitel eingebaut.[3] Er bekam Tausende Zuschriften, die alle auf ihre Weise unglaublich unwahrscheinlich waren. Aber wenn so unglaublich unwahrscheinliche Dinge so unglaublich oft passieren, wie können sie dann unwahrscheinlich sein?

Im Laufe der Evolution haben wir gelernt, nach Zusammenhängen von Ursache und Wirkung Ausschau zu halten, wie wir schon im Fall der Impfungen und ihrer möglichen Folgen gesehen haben. Deshalb können wir gar nicht anders, als nach Gründen und Hintergründen zu suchen. Der Satz »es gibt keinen Zufall« bringt das menschliche Denken auf den Punkt. Und wenn wir keinen Sinn erkennen können, dann erfinden wir eben einen. Ein Ereignis als sinnlos und willkürlich zu bezeichnen, ist eine Ohrfeige für unser Gehirn.

Menschen begegnen einander dauernd irgendwo, aber das muss rein gar nichts bedeuten. Die Möglichkeiten sind grenzenlos, warum machen wir also so viel Aufhebens um ein glückliches Zusammentreffen? Jeder von uns kennt so viele Menschen, dass selbst die scheinbar aberwitzigen Glücksfälle aus den Romanen von Charles Dickens glaubhaft sind. In der Literatur spricht man von dichterischer Freiheit. Aber muss man das überhaupt? Oder ergeben sich diese Glücksfälle nicht einfach automatisch, wenn viele Dinge gleichzeitig passieren?

Aber wir wollen dem Glücksfall nicht jeden Glanz nehmen. Bislang haben wir uns mit den Schattenseiten des Risikos befasst – Unfälle, Katastrophen, Todesfälle, Weltuntergang –, doch die Glücksfälle zeigen, dass das Roulette des Lebens auch Chips ausschütten kann. Der Gewinn ist das Gegenteil der Gefahr, und genau deshalb widmen wir ihm in diesem Buch ein ganzes Kapitel.

Was ist ein Glücksfall? Er wurde definiert als »überraschendes Zusammentreffen von Ereignissen, das als sinnvoll wahrgenommen wird, obwohl es keinen erkennbaren Kausalzusammenhang gibt«.[4] Bei diesem Zusammentreffen kann es sich einfach um zwei Dinge handeln, die gleichzeitig passieren: zum Beispiel wenn sich die Briefe von Vater und Tochter in der Post überkreuzen, nachdem diese 37 Jahre jeden Kontakt abgebrochen hatten.[5]

Vermutlich ist es Ihnen auch schon passiert, dass Sie an einem unerwarteten Ort einem Bekannten über den Weg gelaufen sind oder eine Verbindung entdeckt haben, wie zum Beispiel die beiden frischverlobten Partner, die feststellten, dass sie im selben Bett zur Welt gekommen sind.[6] In diesen Geschichten können auch Gegenstände eine Rolle spielen, zum Beispiel wenn Sie auf dem Flohmarkt ein Bild kaufen und im Rahmen einen dreißig Jahre alten Zeitungsausschnitt mit einem Kinderfoto von Ihnen entdecken.[7] Oder wenn Sie Ihren Urlaub in Portugal verbringen und dort einen Kleiderbügel finden, den Ihr Bruder vor vierzig Jahren im Hotel liegen gelassen hat.[8]

Warum passieren diese ungewöhnlichen Ereignisse? Zur Erklärung wurden gern sonderbare Kräfte bemüht. Paul Kammerer formulierte zum Beispiel ein Gesetz der Serie und schrieb: »Gleichzeitig mit der Kausalität ist im Universum ein akausales Prinzip wirksam. Dieses Prinzip wirkt selektiv auf Form und Funktion ein, um verwandte Konfigurationen in Raum und Zeit zusammenzufügen; und es hängt mit Verwandtschaft und Ähnlichkeit zusammen.«[9] Kammerer war Naturwissenschaftler, seiner Ansicht nach handelte es sich bei diesem Gesetz der Serie um ein Naturgesetz, weshalb er esoterische Vorstellungen, die einen Zusammenhang zwischen Träumen und künftigen Ereignissen herstellen, als Aberglauben ablehnte. Diese Berührungsängste kannte der Schweizer Psychiater C. G. Jung nicht: Er beschäftigte sich mit Gedankenübertragung und prägte den Begriff der »Synchronizität«, eine Art mystischer, »akausaler Zusammenhang«, der nicht nur das Zusammentreffen von Ereignissen umschließt, sondern auch Vorahnungen.

Man kann das Ganze aber auch einfacher erklären.[10] Erstens könnten zwei Ereignisse eine gemeinsame Ursache haben, die nicht zu erkennen ist – vielleicht haben in unserer Postkartengeschichte beide Männer gehört, dass die Pyrenäen ein wunderbares Urlaubsgebiet sind. Psychologische Untersuchungen haben gezeigt, dass unser Unbewusstes für eben gehörte Worte oder Sätze besonders empfänglich ist, weshalb wir sofort darauf anspringen, wenn wir an etwas denken und das dann wenig später in einem Lied im Radio hören. Und natürlich erzählen wir nur von unseren Begegnungen mit Bekannten, die tatsächlich stattgefunden haben. Es gibt wenige Menschen, die im Urlaub in den Pyrenäen keinen Bekannten getroffen haben und ihren Freunden zu Hause begeistert von diesem Nicht-Ereignis berichten.

Trotzdem staunen wir über glückliche Zusammentreffen und andere zufällige Konstellationen. Versuchen wir noch einmal, sie vom Sockel zu holen und das vermeintlich Ungewöhnliche gewöhnlich zu machen. Neulich tippte David Spiegelhalter beim Lotto die Zahlen 2, 12, 15, 25, 32 und 47 und verlor. Gezogen wurden stattdessen die Zahlen 4, 15, 19, 44, 45 und 49.

Welch ein ungewöhnliches Zusammentreffen!

»Aber was soll daran so ungewöhnlich sein?«, fragen Sie vielleicht. Er hat verloren, na und? Natürlich haben Sie recht. Aber wie groß ist die Wahrscheinlichkeit, dass ausgerechnet seine sechs Zahlen auf diese sechs Gewinnzahlen treffen? Dieses außergewöhnlich seltene Ereignis kommt mit einer Wahrscheinlichkeit von 1 zu 200 000 000 000 000 (1 zu 200 Billionen) vor – das ist so, als würden Sie 48 Mal hintereinander eine Münze werfen und jedes Mal Kopf bekommen. Sind Sie jetzt beeindruckt?

Natürlich nicht. Aber warum nicht? Weil die Lottogesellschaft nun mal jede Woche sechs Zahlen ziehen muss, antworten Sie, und weil David auch sechs Zahlen tippen muss – was soll denn schon Besonderes daran sein, dass sie nicht identisch sind? Aber darum geht es ja nicht. Die Wahrscheinlichkeit, dass ausgerechnet diese Kombination von zwei mal sechs Zahlen zustande kommt, ist verschwindend gering – genauso gering wie bei jeder anderen beliebigen Kombination. Trotzdem kam sie zustande, denn irgendeine Kombination müssen die Zahlen schließlich eingehen. Das Ergebnis ist erst nachher zum Gähnen, und auch nur deshalb, weil wir ihm einen Sinn gegeben haben. Doch den Zahlen ist es egal, welchen Sinn wir in ihnen entdecken. Sie gehen jedes Mal gleich unwahrscheinliche Kombinationen ein. Damit kommen wir wieder zu unserer Frage: Wenn alles gleichermaßen unwahrscheinlich ist …

Es ist also nur das Problem der Vorhersagbarkeit, das den Lottozahlen jede Woche ihren Sinn gibt. Die Wahrscheinlichkeit – oder besser Unwahrscheinlichkeit – bleibt für jede Kombination aus Ergebnis und Tippschein dieselbe.

Die Wahrscheinlichkeit, den Lotto-Jackpot zu knacken, liegt etwa bei 1 zu 14 Millionen. An dieser Wahrscheinlichkeit ist nichts zu rütteln, aber wenn Sie die Summe für sich allein haben wollen, können Sie Ihre Aussichten ein wenig verbessern, indem Sie Zahlen wählen, die außer Ihnen niemand tippt. Da viele Menschen ihr Geburtsdatum tippen, sollten Sie Zahlen unter 31 meiden (da niemand an einem 32. oder später geboren wird).

Mit anderen Glücksfällen verhält es sich ganz ähnlich. Exakt vorhersagen zu wollen, welcher Glücksfall eintritt, wäre völlig unmöglich. Aber im Nachhinein wissen wir, dass bestimmte Ereignisse zusammentreffen mussten. Das heißt? Irgendeine Kombination war einfach unvermeidlich. Dinge passieren nun mal. Vielleicht treffen Sie Ihren Freund nicht in den Pyrenäen, sondern in den Alpen; vielleicht ist es kein Freund, sondern eine Cousine; vielleicht wollten Sie ihr keine Postkarte schreiben, sondern haben beim Frühstück an sie gedacht; oder Sie haben ihr Lieblingslied gesummt; oder vielleicht haben Sie sich nicht auf der Straße getroffen, sondern in einer Kneipe; oder vielleicht keine Cousine, sondern eine Tante; oder vielleicht … Sie sehen, es gibt eine schier unendliche Vielzahl von möglichen Begegnungen und vermutlich auch von knapp verfehlten Begegnungen. Und diejenige der vielen Möglichkeiten, die zufällig eintritt und uns außerdem erinnernswert erscheint, über die sprechen wir dann.

Glücksfälle helfen uns, so zu tun, als hätten große Zahlen mit unendlich vielen Möglichkeiten in unserem kleinen, überschaubaren Alltag Sinn und Bedeutung. Das haben sie aber nicht. Sie fallen uns nur auf. Und das ist nichts als menschliche Eitelkeit.

Aber sagen Sie das mal dem Fahrgast, der vom irischen Limerick nach London fuhr, auf der Fahrt Umberto Ecos Roman *Der Name der Rose* las und das Buch bei der Ankunft in London halb gelesen im Bus vergaß, nur um dann auf der Rückfahrt drei Monate später in der Tasche im Vordersitz eine andere Ausgabe desselben Romans zu finden.

Der Zufall kann unseren gesunden Menschenverstand vor Rätsel stellen und mit überraschenden Begegnungen konfrontieren. Und zwar häufiger als wir denken, denn wahrhaft zufällige Ereignisse haben die Tendenz, geballt aufzutreten. Das ist so, als würden sie einen Sack voller Bälle in die Luft werfen – vermutlich verteilen sie sich nicht gleichmäßig im Raum, sondern ballen sich zu Gruppen zusammen. So kommt es eben, dass sich Menschen in Bewegung zu Haufen verklumpen und einander über den Weg laufen. Sind Sie jemals in einen U-Bahn-Waggon gestiegen, in dem alle Fahrgäste auf einer Seite sitzen?

Das kann unser Gehirn schon mal überfordern. Zum Beispiel reicht es, wenn in einer Gruppe 23 Personen zusammenkommen, damit mit einer Wahrscheinlichkeit von mehr als 50 Prozent mindestens zwei am gleichen Tag Geburtstag haben. Vielleicht finden Sie diese Behauptung spontan absurd, aber es gibt eine einfache Möglichkeit, das nachzuprüfen. Sehen wir uns nur an, wie viele Paare sich mit 23 Menschen bilden lassen. Stellen Sie sich vor, nach einem Fußballspiel schütteln alle 23 Personen auf dem Platz (zweimal elf Spieler und ein Schiedsrichter) einander die Hand. Das Ergebnis sind 253 Handschüttler und damit 253 mögliche Geburtstagspaare. 23 Leute lassen sich also zu einer ganzen Menge von Paaren kombinieren.

Das heißt, in mehr als der Hälfte aller Fußballspiele haben zwei Akteure auf dem Feld am selben Tag Geburtstag. Vielleicht sollten sie sich umarmen. Und das sind nur die Geburtstage. Wer weiß, was die Spieler und der Schiedsrichter sonst noch alles gemeinsam haben.

Angesichts der Vielzahl von Orten und Umständen, unter denen zwei Bekannte einander begegnen können, oder angesichts der zahllosen Gemeinsamkeiten, die zwei wildfremde Menschen entdecken können, könnte man zu dem Schluss kommen, dass auf jedem U-Bahn-Sitz, auf jeder Parkbank und in jeder weggeworfenen Plastiktüte mehr potenzielle Begegnungen stecken, als es Atome im Universum gibt. Einige finden vielleicht zusammen, ohne dass es jemand mitbekommt. Stellen Sie sich vor, Dickens wählt seine Geschichten aus einer unendlichen Vielzahl möglicher Lebensereignisse aus, und zwar im Nachhinein: Das ist der perfekte Realismus. Norm hat die Rolle als Hauptdarsteller in diesem Buch übrigens auch nur deshalb bekommen, weil er eine ausreichende Zahl von glücklichen Begegnungen erlebt hat. Wenn er dieses Kriterium nicht erfüllt hätte, hätten wir uns für jemand anderen entschieden.

Die eigentliche Erklärung für Glücksfälle und zufällige Begegnungen ist das sogenannte »Gesetz der großen Zahlen«. Dieses Gesetz besagt unter anderem, dass alles, was auch nur im Entferntesten möglich ist, früher oder später Wirklichkeit wird. Wir müssen nur lange genug warten. Wenn die Zahl der Möglichkeiten groß genug ist, treten deshalb auch ausgesprochen seltene Ereignisse ein. Nehmen wir eine Familie mit drei Kindern. Das erste wird am Tag X geboren. Die Wahrscheinlichkeit, dass das zweite am selben Tag zur Welt kommt, beträgt 1 zu 365. Und die Wahrscheinlichkeit, dass das dritte wieder am selben Datum geboren wird, beträgt 1 zu 365 x 365. Die Wahrscheinlichkeit, dass alle drei am selben Tag Geburtstag feiern, beträgt also 1 zu 133 225, und wenn die Eltern gut planen, wird die Wahrscheinlichkeit ein wenig größer. Das ist zwar selten, doch in Großbritannien leben eine Million Familien mit drei minderjährigen Kindern, das heißt, wir könnten davon ausgehen, dass in mindestens acht Familien drei Kinder am selben Tag Geburtstag haben und dass jedes Jahr neue Familien hinzukommen. Und so ist es auch: Am 29. Januar 2008[11], am 5. Februar 2010[12], und am 7. Oktober 2010[13] war es wieder so weit. Und das sind nur die Fälle, über die in der Zeitung berichtet wurde.

Es wäre schon ein komischer Zufall, wenn Sie im Laufe Ihres Lebens keine komischen Zufälle erleben würden. Aber an solche Zahlenspiele denken Sie natürlich nicht, wenn Sie zufällig an einer Telefonzelle vorbeigehen, das Telefon klingelt, Sie abheben und der Anruf für Sie ist.[14]

Stattdessen staunen wir über die Einzelheiten. »Eine Postkarte? Kaum zu glauben. Und ausgerechnet in den Pyrenäen.« Aber je mehr Einzelheiten, desto größer die möglichen Berührungspunkte. Denken Sie nur an all die Menschen, denen Sie im Laufe Ihres bisherigen Lebens begegnet sind – frühere Klassen- und Schulkameraden, Freunde von Freunden oder Kollegen und so weiter. Das können leicht Zehntausende sein. Vielleicht sollten wir uns nicht darüber wundern, wie sonderbar und selten diese glücklichen Zusammentreffen sind, sondern uns lieber fragen, wie viele wir vielleicht gar nicht mitbekommen. Wenn Sie jemand sind, der gern mit wildfremden Menschen Gespräche anfängt, dann finden Sie vermutlich dauernd Berührungspunkte. Wenn nicht, dann haben Sie vielleicht schon im Zug neben Ihrer verschollenen Zwillingsschwester gesessen und es nicht mitbekommen. Glücksfälle erinnern uns daran, dass das Leben unendlich viele Möglichkeiten bereithält. Das macht sie vielleicht weniger überraschend, aber nicht weniger wunderbar.[*]

Das ändert nichts an der Tatsache, dass wir in Romanen Glücksfälle als durchsichtige Taschenspielertricks wahrnehmen, aber vielleicht gehen wir nicht mehr so hart mit ihnen ins Gericht. Aber wenn wir weniger über Glücksfälle staunen, verlieren dann auch Geschichten ihren Zauber?

---

[*] Sie können ganz einfach ausrechnen, wie viele Menschen Sie zusammenbekommen müssen, um Paare zu finden, die in einer beliebigen Eigenschaft übereinstimmen.[15] Nehmen wir an, die Wahrscheinlichkeit, dass zwei Menschen in einer beliebigen Eigenschaft übereinstimmen, beträgt 1 zu C. Beim Geburtstag ist C = 365. Damit mit mehr als 50-prozentiger Wahrscheinlichkeit in einer Gruppe von N Personen zwei dieselben Eigenschaften haben, muss N etwa $1{,}2 \times \sqrt{C}$ sein. Im Falle der Geburtstage sind dies $1{,}2 \times \sqrt{365}$, also etwa 23 Personen. Damit die Wahrscheinlichkeit 95 Prozent beträgt, müssen es etwa doppelt so viele sein oder $2{,}5 \times \sqrt{C}$. Wenn also N = $2{,}5 \times \sqrt{365}$ = 48 Menschen in einem Raum zusammenkommen, ist die Wahrscheinlichkeit extrem hoch, dass zwei am selben Tag Geburtstag haben.

Daraus kann man übrigens schöne Wetten ableiten, die Sie spielend gewinnen. Nehmen Sie an, Sie haben eine Gruppe von 30 Personen. Wetten Sie, dass zwei davon an demselben oder an aufeinanderfolgenden Tagen Geburtstag haben. Wie groß ist die Wahrscheinlichkeit, dass Sie gewinnen? Sehen wir uns zunächst die Wahrscheinlichkeit an, dass zwei Menschen (zum Beispiel Sie und ich) an demselben oder an aufeinanderfolgenden Tagen Geburtstag haben. Wenn ich am 16. August zur Welt gekommen bin, dann können Sie am 15., 16. oder 17. August geboren sein. Damit beträgt die Wahrscheinlichkeit 3 zu 365 oder etwa 1 zu 122. Damit ist C = 122. Damit Ihre Gewinnwahrscheinlichkeit mindestens 50 Prozent beträgt, brauchen wir nur $1{,}2 \times \sqrt{122}$ = 13 Personen. Und wenn die Wahrscheinlichkeit bei 95 Prozent liegen soll, sind $2{,}5 \times \sqrt{122}$ = 28 Personen erforderlich. Bei einer Gruppe von 30 Personen haben Sie den Gewinn schon so gut wie in der Tasche. Wir würden uns freuen, wenn Sie an uns denken.

Kapitel 8

Sex

DIE TAGEBÜCHER DES KELVIN KEVLIN, 19 ¾
Aufgewacht. Brummschädel.

Kath im Bett, pennt.

Kath geweckt. Gefickt.

Zeitung gelesen. Irgendwie bekannt.

Zeitung von letzter Woche.

Vorhang aufgemacht. Sonne.

Vorhang zugemacht.

Halbe Büchse Heineken unterm Bett gefunden. Büchse leergetrunken. Gefickt.

Geschlafen.

Aufgewacht. Hunger.

15 Uhr. Socken gefunden. Zum Kiosk gegangen.

Essen für zwei gekauft: Dose Steak and Kidney Pie. Zwei Snickers. Büchse Heineken.

Snickers gegessen. Kaths Snickers gegessen. Heineken getrunken.

Daheim. Hi Kath.

Dose S&K-Pie in Ofen.

25 Minuten? Zu lang. Ofen hochgedreht.

Gefickt (Sofa).

Gepennt (Sofa).

Aufgestanden.

Komischer Geruch. Zähne geputzt.

Komischer Geruch.

An Dose gedacht.

Dose aus Ofen geholt.

Dose aufgebläht gewesen, schwarz und geglüht.

Gemerkt, dass Dose nicht wie auf Anleitung vorher angestochen.

Dose angestochen.

Pfeifen.

Dose rumgedüst.

Wirre Flugbahn.

Geduckt.

Dose an Schrank geknallt.

Kath nicht geduckt.

Kath von glühender Dose an Schulter getroffen.

Dose auf Boden gedreht, bis Pfeifen aufgehört.

Kath hingelegt, gestöhnt.

Höschen gesehen. Rot. Süß ausgesehen.

Fick vorgeschlagen.

Nix Fick.

Notaufnahme überfüllt gewesen.

22 Uhr. Daheim. Kath weg. Von Eltern abgeholt. Schlüsselbein gebrochen.

S&K-Pie gegessen. Lecker.

Emma angerufen.

*

MAL EHRLICH, WAS FINDEN SIE spannender: Die Zahl 5,6 pro 100 000 Einwohner oder eine Konservendose, die durch die Küche saust wie eine Rakete? Ersteres ist die Quote der Erstdiagnosen von Syphilis in Großbritannien im Jahr 2011.[*] Und die Dose Steak-and-Kidney-Pie ist ein Bild, nicht mehr, eine Metapher für leichtsinniges Verhalten. Doch das Bild bleibt haften.

---

[*] In Deutschland lag die Quote der Syphilis-Infektionen im Jahr 2011 bei 4,5 pro 100 000 Einwohner – die höchste Quote seit 2001 (www.rki.de) (Anm. d. Red.).

Wenn Bilder der Gefahr mehr Sexappeal haben als Zahlen, dann hat das seinen Grund: Sie treffen mit Klang, Farbe, Bewegung und Gewalt auf unsere Sinne. Nebenbei verändern sie unsere Wahrnehmung der Gefahr: Sie zeigen uns mögliche Konsequenzen auf und unterschlagen dabei oft die Wahrscheinlichkeiten.

Wie groß diese Kluft zwischen möglichen Konsequenzen und ihren realen Wahrscheinlichkeiten sein kann, haben wir auch schon im Kapitel über Unfälle gesehen, als Norm um seinen Schniedel fürchtete. So winzig die Gefahr in Wirklichkeit ist, für Norm geht es um alles. Alle Bilder der Gefahr sind ähnlich: Sie sind ein schockierendes »Was wäre wenn?«, das mit Wahrscheinlichkeiten rein gar nichts zu tun hat.* Wenn man nach den Zahlen ginge, wäre das perfekte Bild für die Gefahren des Skifahrens jemand, der sicher den Hang hinunterwedelt und Spaß dabei hat; aber meistens sehen wir Beine in Gips oder einen Ball aus Schnee und Skiern über einem Abgrund. Die Bilder zeigen uns keine Wahrscheinlichkeiten, sie zeigen uns Konsequenzen. Und zwar die schlimmstmöglichen Konsequenzen.

Das wissen Werbeagenturen und Politiker natürlich auch. Wenn sie unser Verhalten beeinflussen wollen, weil sie es für »riskant« halten, oder wenn sie uns dazu bringen wollen, ein Produkt zu kaufen, mit dem wir angeblich sicherer leben, führen sie uns das Worst-Case-Szenario vor Augen.

Eines der bekanntesten Bilder dieser Art war der Fernsehspot der britischen AIDS-Aufklärung aus dem Jahr 1987, der legendäre AIDS-Monolith. Ein Berggipfel fliegt in die Luft, und während noch die Brocken herunterregnen, sehen wir, wie eine Art Grabstein aus dem Fels gehauen wird. Dazu mahnt die schaurige Stimme des Schauspielers John Hurt:

---

* Eine Ausnahme sind neue Methoden zur grafischen Darstellung von Daten – die Visualisierungen von Daten sind beeindruckend. Siehe zum Beispiel David McCandless' *Das Bilder-Buch des nützlichen und unnützen Wissens* (München: Knaus, 2010).

Es gibt eine Gefahr, die uns alle bedroht.

Eine tödliche Krankheit, für die es keine Heilung gibt.

Der Virus kann beim Geschlechtsverkehr mit einem infizierten Menschen übertragen werden.

Jeder kann sie bekommen, Mann oder Frau.

Noch beschränkt sie sich auf kleine Gruppen, doch sie breitet sich aus …

Wenn Sie AIDS ignorieren, kann das Ihr Tod sein.

Ein anderer Fernsehspot aus der Zeit, als der Staat noch aufklären wollte, zeigt einen Pfirsich, der von einem Hammer zerschmettert wird, um vor den Gefahren des Straßenverkehrs zu warnen.

Es kann überall und jedem passieren.

Eine normale Straße.

Ein Moment der Unachtsamkeit.

Und »Klatsch!«, zermatscht der Hammer den Pfirsich.

In einem anderen Spot, der vor den Gefahren des Verbrechens warnen soll, streifen Hyänen um ein geparktes Auto. Das sind starke, eindringliche Bilder, die mögliche Konsequenzen zeigen sollen, aber nicht die Wahrscheinlichkeit, mit der sie eintreten.* Doch in welches Bild sollte man zum Beispiel die Wahrscheinlichkeit von 1 zu 1000 fassen? Einfach ist das nicht. Zahlen spritzen nicht wie ein Pfirsich und zerfleischen nicht wie eine Hyäne. Im Gegensatz dazu sind Bilder des schlimmsten anzunehmenden Unfalls leicht: Man zeigt ein mögliches Opfer und überträgt dessen Erfahrung dann einfach auf alle. Dieser Grabstein, dieser Autobesitzer, dieser zermatschte Pfirsich – das könnten Sie sein. Erinnern Sie sich an Norms Schreckstarre bei der Vorstellung der Zähne und kalten Augen des Hechts im Stausee. Auch er wurde von den Bildern des Worst-Case-Szenarios gelähmt.

* Die drei Videos können Sie auf der Website der National Archives sehen.[1]

Noch wirksamer als staatliche Aufklärungsspots mit ihren schockierenden Bildern sind private Informationen. »Aus persönlicher Erfahrung kann ich Ihnen sagen …« Wenn wir uns derart aufplustern, wirken wir glaubwürdiger als jeder Staat. Aber persönliche Erfahrung und Sex? Objektiv und unvoreingenommen? Wohl eher nicht.

Nehmen wir an, Sie haben ungeschützten Sex wie Kelvin und Kath. Wenn nichts passiert, fällt Ihnen ein Stein vom Herzen. Und vielleicht kommen Sie zu dem Schluss, dass das Risiko doch gar nicht so dramatisch war. Kontakt mit Gefahr hat oft diese Auswirkungen: Nachher fühlen wir uns stark. »Schau mal, nichts passiert!« Statistisch lässt sich das damit erklären, dass kleine Stichproben von seltenen Ereignissen oft nicht repräsentativ sind. Das heißt, wenn das dicke Ende eher selten ist und uns zum Beispiel in einem von zwanzig Fällen bestraft, dann kommen wir die ersten paar Mal vielleicht glimpflich davon, und wir gehen davon aus, dass uns auch in Zukunft nichts passieren wird. Die Wahrscheinlichkeit, dass wir davonkommen, beträgt immerhin 19 zu 20 oder 95 Prozent.

Bei der Einschätzung eines Risikos sollte man nie von einer einzigen Erfahrung ausgehen. Wir tun das dauernd. Ausgehend von unserer extrem selektiven früheren Erfahrung lernen wir, künftige Gefahren systematisch zu unterschätzen. »Gefickt. Nicht geschwängert«, wie Kelvin in seinem Tagebuch notieren würde. Das kann ein paar Mal gut gehen, und Kelvin könnte zu dem Schluss kommen, dass er das Risiko schon im Griff hat.

Wenn dagegen schon beim ersten Mal alles schiefgeht, neigen wir dazu, die Wahrscheinlichkeit zu überschätzen, dass auch in Zukunft alles schiefgeht. Nehmen wir an, die Wahrscheinlichkeit, sich bei ungeschütztem Sex mit einer Geschlechtskrankheit zu infizieren, beträgt 1 zu 50. Das stimmt zwar so nicht, aber nehmen wir es der Einfachheit halber an. Die meisten Menschen haben nicht die geringste Vorstellung, wie groß das Risiko ist. Nehmen wir also an, wenn hundert Menschen jeweils mit fünf verschiedenen Partnern schlafen, infizieren sich zehn mit einer Geschlechtskrankheit.

Diese zehn könnten dann sagen, »Na toll! Wir haben es nur fünfmal gemacht, und schau dir an, was passiert ist!« Diese zehn überschätzen die Gefahr. Und die übrigen neunzig kommen vermutlich zu dem Schluss, dass die Gefahr gleich null ist: »Mir ist noch nie was passiert!« In Labortests (in denen es nicht um Sex ging) wurden diese Denk- und Verhaltensmuster bestätigt.

Unsere subjektive Erfahrung kann uns also leicht auf den Holzweg führen. Wir brauchen mehr Daten als die Kerben in unseren Bettpfosten.

Wie so vieles, was Spaß macht, ist auch der Sex keine ganz gefahrlose Angelegenheit. Das beginnt bei ungewollten Schwangerschaften und geht über milde Ausschläge, potenziell gefährliche Geschlechtskrankheiten und verletzte Gefühle bis hin zu physischen Verletzungen (zum Beispiel wenn das Bett zusammenbricht) oder Herzinfarkt. Nicht zu vergessen die Gefahr von Peinlichkeiten und Verhaftungen, wenn man diesen Vergnügungen an öffentlichen Orten nachgeht.

Beginnen wir, wie die meisten von uns, mit ungeschütztem Geschlechtsverkehr zwischen einem Mann und einer Frau. Wie groß ist die Wahrscheinlichkeit, dass eine von Kelvins Romanzen in einer Schwangerschaft endet? Aus naheliegenden Gründen lässt sich das im Labor nicht ganz einfach ermitteln. Einer Untersuchung in Neuseeland, bei der Testpersonen nur einmal im Monat mit ihren Partnern schlafen durften, liefen unerklärlicherweise die Teilnehmer davon. Bessere Ergebnisse erbrachte eine europäische Studie mit 782 jungen Paaren, die keine Verhütungsmittel verwendeten und das Datum jedes Geschlechtsverkehrs aufzeichneten (es waren eine Menge Daten), bis sich insgesamt 487 Schwangerschaften eingestellt hatten.[2] Aus diesen Daten wurde der Zeitpunkt des Eisprungs für jeden Zyklus ermittelt.*

---

* Die Wahrscheinlichkeit einer Schwangerschaft ließ sich am ehesten ermitteln, wenn nur diejenigen Zyklen einbezogen wurden, in denen die Partner einmal miteinander geschlafen hatten. Drei Tage vor dem Eisprung war die Wahrscheinlichkeit am größten, hier führten 8 von 29 (29 Prozent) aller Versuche zur Schwangerschaft. Doch bei dieser Auswertung blieben zwei Drittel aller Zyklen, in denen es zum Geschlechtsverkehr kam, unberücksichtigt, weshalb zur Auswertung der übrigen Daten

Dabei stellten die Wissenschaftler fest, dass durchschnittlich jeder zwanzigste Koitus eines jungen Paares mit einer Schwangerschaft endet. Dabei gingen sie davon aus, dass sich die Gelegenheit dazu an einem beliebigen Tag ergibt, wie das bei jungen Menschen eben so ist.

Bevölkerungsforscher bezeichnen die Wahrscheinlichkeit, innerhalb eines Monatszyklus schwanger zu werden, als »Fekundabilität« oder einfach monatliche Fruchtbarkeit. Die kann von Paar zu Paar sehr unterschiedlich sein, aber in reichen Industrienationen liegt sie im Durchschnitt zwischen 15 und 30 Prozent.

Nehmen wir einfach die niedrigere der beiden Zahlen und rechnen durch, was das für ein Paar bedeutet, das ein Kind bekommen will. Die Wahrscheinlichkeit, in einem Monat nicht schwanger zu werden, liegt bei 85 Prozent. Wenn wir davon ausgehen, dass alle Monatszyklen identisch und unabhängig sind, liegt die Wahrscheinlichkeit, innerhalb von zwölf Monaten nicht schwanger zu werden, bei 0,85 x 0,85 x … x 0,85 (12 Mal), also bei 14 Prozent. Eine monatliche Fruchtbarkeit von 15 Prozent bedeutet also eine 100 − 14 = 86-prozentige Wahrscheinlichkeit, innerhalb eines Jahres schwanger zu werden. Man kann oft nachlesen, dass junge Paare, die kein Verhütungsmittel verwenden, mit 90-prozentiger Wahrscheinlichkeit innerhalb eines Jahres mit einer Schwangerschaft rechnen können; das entspräche einer monatlichen Fruchtbarkeit von 18 Prozent.

Die monatliche Fruchtbarkeit lässt sich aus großen Populationen ermitteln, die keinen Zugang zu Verhütungsmitteln haben. In Europa müssten wir dazu weit in die Vergangenheit zurückblicken. Aus den Melderegistern in Frankreich wurden 100 000 Geburten zwischen 1670 und 1830 ausgewertet, und dabei wurde eine durchschnittliche monatliche Furchtbarkeit von 23 Prozent ermittelt.[3]

Aber nehmen wir an, Sie wollen gar nicht schwanger werden. Um

ein komplexeres mathematisches Modell herangezogen wurde; das schätzte ähnlich wie frühere Berechnungen den Höhepunkt zwei Tage vor dem Eisprung mit einer Wahrscheinlichkeit von rund 25 Prozent. Davor und danach fällt die Wahrscheinlichkeit steil ab, der Durchschnitt über den gesamten Monatszyklus lag bei 5 Prozent.

wie viel wird die Fruchtbarkeit durch verschiedene Verhütungsmittel verringert? Das findet man heraus, indem man ermittelt, wie viele Frauen schwanger wurden, nachdem sie eine bestimmte Methode über ein Jahr hinweg verwendet haben; aber es hängt natürlich auch sehr davon ab, wie sorgfältig Sie damit umgehen.

Die Pille, die Spirale und die Dreimonatsspritze gelten als 99 Prozent sicher, das heißt, innerhalb eines Jahres sollte weniger als eine von 100 Anwenderinnen schwanger werden. Männliche Kondome sind zu 98 Prozent sicher, vorausgesetzt, sie werden korrekt verwendet, Diaphragmen und Portiokappen mit Spermiziden sollen zu 92 bis 96 Prozent wirkungsvoll sein, das heißt, von 100 Frauen, die sie benutzen, werden innerhalb eines Jahres 4 bis 8 schwanger.[4] Bei falscher (man sagt auch: bei normaler) Verwendung – zum Beispiel wenn Sie die Pille vergessen oder Freitagnacht in den Rinnstein kotzen oder wenn das Kondom herunterrutscht – wirken die Verhütungsmittel natürlich weniger gut.

Um die verschiedenen Verhütungsmittel miteinander zu vergleichen, kann man sich beispielsweise eine Frau vorstellen, die zwischen verschiedenen Methoden auswählen kann und die ewige Jugend hat. Wie lange dauert es, bis sie schwanger wird? Wenn sie sich sterilisieren ließe, würden 200 Jahre vergehen. Oder anders ausgedrückt, von 200 Frauen, die sich sterilisieren lassen, wird vermutlich pro Jahr eine schwanger. Bei Implantaten ist die Wahrscheinlichkeit so gering, dass sie sich kaum berechnen lässt: Nach einer Schätzung müsste eine Frau 2000 Jahre alt werden, um schwanger zu werden.

Wenn Frauen keinen Zugang zu Verhütungsmitteln haben, können sie eine Menge Kinder zur Welt bringen. Die Zahlen aus dem Frankreich des 18. Jahrhunderts belegen, dass Frauen, die zwischen dem 20. und dem 24. Lebensjahr heirateten, im Durchschnitt sieben Kinder bekamen – so viele wie Frauen in Niger und Uganda heute. Die Gesamtfruchtbarkeit ist die durchschnittliche Zahl der Kinder, die eine Frau bekommen kann, wenn ihre Fruchtbarkeit über ihr ganzes Leben hinweg konstant bleibt. In Großbritannien

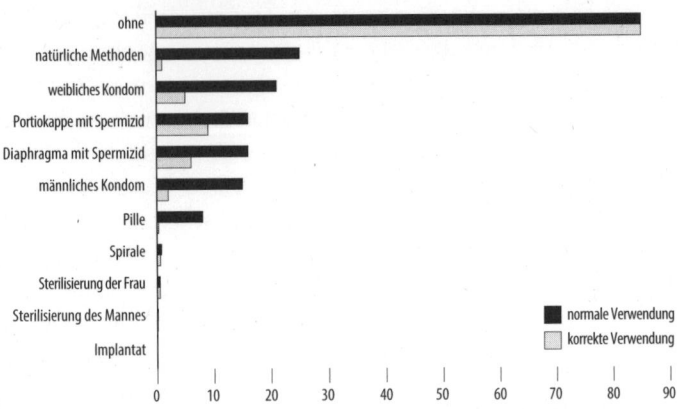

Grafik 11: **Prozentsatz der Frauen, die innerhalb eines Jahres mit einem bestimmten Verhütungsmittel schwanger werden[5]**

Die hier angezeigte Schwangerschaftsquote bei Verwendung der Portiokappe verdoppelt sich bei Frauen, die bereits ein Kind zur Welt gebracht haben. Das heißt, wenn Sie schon ein Kind hatten, ist die Kappe nur noch halb so wirksam. Bei natürlichen Verhütungsmethoden liegt das Schwangerschaftsrisiko je nach Methode zwischen 1 und 9 Prozent. Die Zahlen für Kondome beziehen sich auf Verwendung ohne Spermizide. Beim Implantat Implanon beziffert das National Institute for Clinical Excellence (NICE) die Zahl der Schwangerschaften auf 0,1 pro 100 Frauen über einen Zeitraum von fünf Jahren. Die Zahlen von NICE sind besser als die hier von uns verwendeten und machen das Implantat zur sichersten Verhütungsmethode; beachten Sie jedoch, dass mögliche Nebenwirkungen dabei nicht berücksichtigt sind.

vergingen mehr als zwei Jahrhunderte, um die Zahl der Geburten pro Frau von 5,4 im Jahr 1790 auf 1,9 im Jahr 2010 zu senken. Andere Länder haben für einen ähnlichen Rückgang nur eine Generation gebraucht: In Bangladesch sank die Zahl der Geburten pro Frau von 6,4 im Jahr 1980 auf 2,2 im Jahr 2010.[6] Einige Länder haben eine erstaunlich niedrige Fruchtbarkeitsquote, vor allem osteuropäische Staaten und wohlhabende Länder in Südostasien – in Tschechien liegt sie beispielsweise bei 1,5 und in Singapur sogar nur bei 1,1 – weit unter dem, was nötig wäre, um die Bevölkerung auf einem konstanten Niveau zu erhalten.[*]

Für minderjährige Mädchen ist eine Schwangerschaft oft keine gute Idee. Im Jahr 1998 wurden in England 41 000 junge Frauen zwi-

---

[*] In Deutschland lag die Geburtenrate im Jahr 2010 bei 1,4 (www.gbe-bund.de) (Anm. d. Red.).

schen 15 und 17 schwanger – also 47 von 1000, oder jede 21. Stellen Sie sich vor, was das für die Ausbildungschancen dieser Mädchen bedeutet. Die britische Regierung wollte diese Zahl deswegen bis zum Jahr 2010 halbieren, und im Jahr 2009 war die Zahl immerhin auf 38 von 1000 zurückgegangen. So beachtlich dieser Rückgang war, er blieb weit hinter dem ehrgeizigen Ziel zurück. Dabei gibt es gewaltige regionale Unterschiede: In reichen Städten wie Windsor und Maidenhead sind es 15 von 1000, in armen wie Manchester dagegen 69 von 1000, das heißt, dort wird jedes Jahr jede 15. junge Frau zwischen 15 und 17 schwanger. Dabei spielt das Bildungsniveau eine erhebliche Rolle. Auch in den wirtschaftlich abgehängten Seebadeorten sind die Zahlen seit jeher hoch: In Yarmouth wird pro Jahr jede 17. junge Frau zwischen 15 und 17 schwanger, in Blackpool ist es jede 16.[7]

Fast die Hälfte der jugendlichen Schwangerschaften wird abgebrochen, was umgekehrt bedeutet, dass die meisten Mädchen ihre Kinder zu Welt bringen. Nach einem Bericht des Jahres 2001 steht Großbritannien in Europa ganz an der Spitze mit 30 Geburten pro 1000 Frauen zwischen 15 und 19.[8] Deutschland liegt im unteren Bereich mit 13 Geburten pro 1000 Teenagern. Unter den wohlhabenden OECD-Staaten stehen nur die Vereinigten Staaten mit 52 Geburten auf 1000 junge Frauen schlechter als Großbritannien da. Das ist ein erstaunlicher Gegensatz zu Südkorea, Japan, der Schweiz, den Niederlanden oder Schweden, die auf weniger als 7 Geburten pro 1000 Jugendliche kommen.

Man kann das Schwangerschaftsrisiko natürlich auch aus der entgegengesetzten Sicht betrachten, nämlich als Segen für Menschen, die sich ein Kind wünschen. Man sollte nicht vergessen, dass eine Schwangerschaft schließlich nicht nur eine Gefahr ist, sondern in erster Linie ein freudiges Ereignis.

Was sich von Infektionen nicht behaupten lässt. Aids, Syphilis, Tripper, Chlamydiose, Hepatitis und andere sexuell übertragene Krankheiten – von denen einige lediglich unangenehm, andere jedoch tödlich sein können – sind einige der Gefahren des ungeschützten Geschlechtsverkehrs. Einige davon können auch trotz Schutz übertragen werden.

Grafik 12: **Zahl der in staatlichen Krankenhäusern diagnostizierten Syphilisfälle in England und Wales (linke Achse) und Schottland (rechte Achse) bei Männern und Frauen**

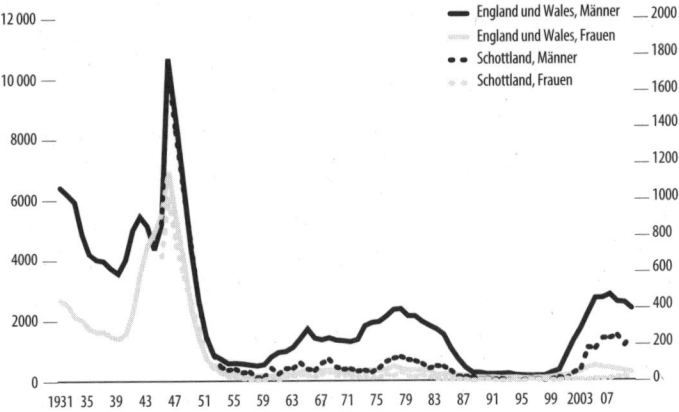

Junge Erwachsene, Homosexuelle und Drogensüchtige gehen größere Risiken ein, und auch Männer und Frauen aus Schwarz-afrika und der Karibik sind nach wie vor überproportional betroffen. Frauen sind zwischen dem 19. und 20. Lebensjahr am stärksten gefährdet, Männer etwas später.

In den vergangenen zehn Jahren hat die Zahl vieler Geschlechts-krankheiten wieder zugenommen. Das liegt unter anderem daran, dass viele Menschen ihre Verhaltensweisen geändert haben, aber auch daran, dass heute mehr Menschen getestet und zuverlässigere Tests verwendet werden.

Die langfristigen Zahlen sind hochinteressant. An Grafik 12 und Grafik 13 lässt sich deutlich ablesen, wie sich das Verhalten in Rela-tion zu Ereignissen der Geschichte – zum Beispiel Kriegen, gesell-schaftlichen Umbrüchen, Aids und medizinischen Entdeckungen –

veränderte. Das alles lässt sich an sexuellen Gefährdungen ablesen. Sehen Sie sich nur in Grafik 12 die Zahl der Syphilisinfektionen im Jahr 1946 an, und ziehen Sie Ihre eigenen Schlüsse (bedenken Sie dabei, dass wenig später das Penizillin auf den Markt kam).

Gesundheitsbehörden verraten ungern, wie wahrscheinlich es ist, sich beim einmaligen Geschlechtsverkehr mit einem infizierten Partner anzustecken. Diese Wahrscheinlichkeit hängt stark vom Hintergrund des Partners, der Krankheit und Ihren Vorlieben ab.

Grafik 13: **Zahl der in staatlichen Krankenhäusern diagnostizierten Gonorrhöfälle in England und Wales**

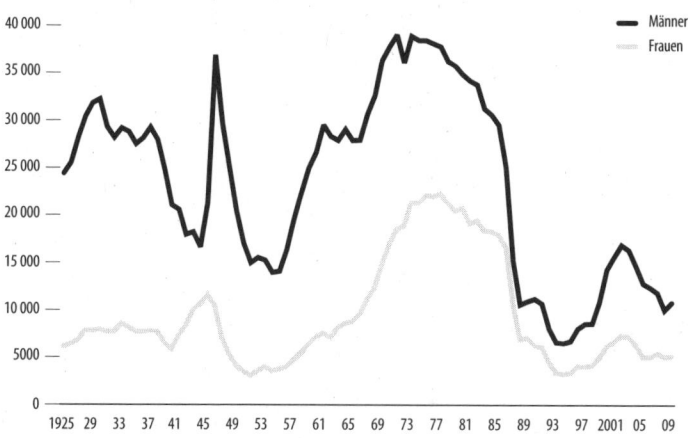

Quelle: Health Protection Agency, 2012

Grob gesagt liegt die Wahrscheinlichkeit, dass sich eine Frau beim Geschlechtsverkehr mit einem HIV-positiven Mann infiziert, bei 0,1 Prozent (das heißt, wenn sie mit 100 infizierten Männern schläft, steckt sie sich mit 10-prozentiger Wahrscheinlichkeit an). Für Männer, die mit HIV-positiven Frauen schlafen, beträgt das Risiko 0,05 Prozent oder 1 zu 2000. Doch beim Geschlechtsverkehr mit einem infizierten Mann steigt das Risiko auf 1,7 Prozent, je nachdem, ob Sie aktiv oder passiv sind. Es gibt allerdings genug Geschichten, die klarmachen, dass ein einziger Kontakt schon ausreichen kann.[9]

Dabei hängt das Risiko von verschiedenen Faktoren ab, zum Beispiel von der Stärke des Virus im Blut des infizierten Partners. Im Falle der Gonorrhö (siehe Grafik 13) stieg das Infektionsrisiko beim Geschlechtsverkehr mit einem infizierten heterosexuellen Partner zwischenzeitlich auf 50 Prozent.[10]

Und dann sollten Sie nicht vergessen, dass Sex eine recht sportliche Aktivität ist, die ihre ganz eigenen Gefahren birgt. Nach einer neueren Schätzung wird jeder 45. Herzinfarkt durch Geschlechtsverkehr verursacht.[11] Berühmtheiten wie Nelson Rockefeller, Errol Flynn, der französische Präsident Felix Faure und mindestens zwei Päpste sollen auf diese Weise das Zeitliche gesegnet haben. Masturbation wurde lange als Ursache für Blindheit und Kleinwüchsigkeit genannt, doch dafür gibt es keine Beweise. Vorsichtigen Menschen sei jedoch abgeraten, sich dabei Plastiktüten über den Kopf zu ziehen, denn diese Spielart hat verschiedentlich ihre Opfer gefordert, darunter David Carradine, Michael Hutchence und einen britischen Abgeordneten. Einer Untersuchung zufolge soll diese Praxis allein in zwei kanadischen Provinzen 117 Todesopfer gefordert haben.[12]

An dieser Stelle sollten wir jedoch den Optimismus nicht vergessen. Im Bett ist Kelvin nicht gerade ein übervorsichtiger Mensch (siehe die Metapher der düsenden Dose). Das ist nichts Neues. Einige Einstellungen können das Verhältnis von Sex und Gefahr erheblich komplizieren, und Kelvin bringt eine ganze Menge davon mit, allen voran sein geradezu heroischer Mangel an Selbstbeherrschung (siehe Kaths Snickers).

Die erste dieser Einstellungen ist das Wunschdenken: Wir verhalten uns so, als wäre das, was wir uns wünschen, schon wahr, zum Beispiel wenn wir sagen: »Mir wird schon nichts passieren.« Es amüsiert uns, wenn kleine Kinder sagen: »Darf ich mit dem Auto fahren, Papa? Ich baue auch bestimmt keinen Unfall.« Bei

Erwachsenen wirkt das weniger amüsant, was nicht heißt, dass es weniger weit verbreitet wäre. Das Komische ist nur, dass wir unser Wunschdenken zwar erkennen, dass wir aber trotzdem daran glauben. Deswegen singt Buddy DeSylva im Film *Das Ende einer Affäre* »Weil ich's mir wünsche, wird es so/wünsch dir was, und du wirst froh«. Akademiker sprechen etwas hochtrabend von einer »kognitiven Verzerrung«, weil wir Gefahren unterschätzen, nur weil wir das gern so hätten. »Du wirst bestimmt nicht schwanger. Es wird schon gut gehen.« Daher unterschätzen wir die Wahrscheinlichkeit, dass unsere Ehe in die Brüche geht oder wir unseren Job verlieren – wir wollen einfach nicht, dass es passiert.

Das könnten Sie jetzt positives Denken nennen. Aber vorher sollten Sie sich die folgenden Beispiele ansehen, weil sie Ihnen helfen, die Haltung »Es wird schon nichts passieren« besser einzuordnen. Das erste Beispiel ist der systematische Überoptimismus am Bau. Was kann bei einem Bauprojekt schon schiefgehen? Alles, wie wir alle wissen. Das wissen auch die öffentlichen Planer. Trotzdem unterschätzen sie das Risiko systematisch, weshalb das britische Finanzministerium sie inzwischen zwingt, ihren Überoptimismus gleich in ihre Planung einzubeziehen.[13] Selbst wenn sie meinen, sie hätten in ihrem Kostenvoranschlag schon jedes Risiko einkalkuliert, müssen sie bei öffentlichen Projekten automatisch 10 bis horrende 200 Prozent aufschlagen. Für die Bauzeit müssen sie zwischen 10 und 54 Prozent aufschlagen. Selbst bei gewöhnlichen Zweckbauten müssen auf den Kostenvoranschlag 24 Prozent aufgeschlagen werden, und bei unkonventionellen Bauprojekten sind es 44 Prozent.

Ein anderes Beispiel ist die Fehlplanung. Wie typisch die ist, wurde in einem Experiment mit 37 Studenten demonstriert, die vorhersagten, sie würden ihre Abschlussarbeit in durchschnittlich 33,9 Tagen fertigstellen, und wenn alle Stricke reißen, in 48,6 Tagen. In Wirklichkeit brauchten alle durch die Bank durchschnittlich noch einmal eine ganze Woche länger.

Es wurde behauptet, die Hoffnung sei in unser Gehirn eingebaut[14], da die Hoffnung auf eine bessere Zukunft uns motivieren könnte, auf sie hinzuarbeiten. Wenn das stimmt, dann bevorzugt die Evolution die Optimisten. Aber auch das ist vielleicht nur Wunschdenken. Es könnte zwar sein, dass Kelvin in seinem Überoptimismus seine Gene in alle Himmelsrichtungen verbreitet, aber das ist ja gar nicht seine Absicht. Sein Optimismus geht in die falsche Richtung.

Eine andere Erklärung für den Überoptimismus könnte sein, dass wir uns selbst besser kennen als andere. Wenn wir gefragt werden, wie wahrscheinlich es ist, dass jemand anders ungewollt schwanger wird, haben wir in Ermangelung genauerer Daten oft eine Karikatur im Kopf. Wer ist diese Schlampe, die sich normalerweise schwängern lässt? »Sie trinkt, hurt, ihr ist alles egal, sie will es ja gar nicht anders.« Mit anderen Worten, wenn wir an das Schwangerschaftsrisiko denken, dann haben wir keine Zahlen im Kopf, sondern Bilder von Extremfällen vor Augen. Und wenn wir uns mit diesen Zerrbildern vergleichen, dann denken wir: »Das passiert vielleicht dem oder der, aber mir kann so was nicht passieren.«

Und die Moral von der Geschicht? Wenn die Motivation groß genug ist – wie das beim Sex eben so ist –, dann verwechseln wir Risiko oft mit Moral, Hoffnung oder Annehmlichkeit. Vor allem in den Geschichten, die wir uns selbst erzählen.

Kapitel 9

Drogen

PRUDENCE STÜRZT IHREN COCKTAIL AUS Butanol, Isoamylalkohol, Hexanol, Phenylethanol, Tannin, Benzylalkohol, Koffein, Geraniol, Quercetin, Epicatechingallat und Epigallocateingallat hinunter.

Sie spürt, wie die dunkelbraune Flüssigkeit in ihren Mund schwappt, und schluckt sie dankbar und gierig hinunter. Das Gebräu durchströmt ihren Körper und verbreitet ein angenehmes Gefühl der Wärme und Betäubung. Sie kennt die Wirkung zu gut und ist längst von ihr abhängig. Sie schließt die Augen, lehnt sich zurück und stößt einen Seufzer aus, während ihre Hand die leere Tasse auf den Tisch zurückgleiten lässt.

»Noch eine Tasse Tee, Pru?«, fragt Norm.

Der Nachmittag ist grau. Auch Kelvin fühlt sich so grau und krank wie nie. Keine Farbe im Gesicht, keine Farbe in den Schaufenstern, an denen er vorbeischleicht. Sein Kopf dröhnt, als er sich nach dem Verkehr umsieht und die Straße überquert. Er fragt sich, ob auch sein Blut schon grau geworden ist.

Er fühlt nichts mehr außer Schmerz. Der Schmerz hatte vor Stunden zwischen den Schultern begonnen und war über die Rippen nach unten gewandert. Er hat das Gefühl, einen tonnenschweren Bleimantel zu schleppen. Er stöhnt, im Mund ein metallischer Geschmack; schlaflos-apathisch, übel, durstig, reizbar, nervös, weinerlich und unfähig, sich zu konzentrieren. Er braucht Abhilfe, er braucht seine Ration, jetzt, damit die Schmerzen aufhören, aber er hat nichts mehr. »Jetzt« ist alles, was er denken kann. Bitte, jetzt.

Seine ganze Jugend verbrachte Kelvin auf der Suche nach dem Kick. Bis er 18 war, hatte er schon so viel Pulver genommen, dass man eine Skipiste damit hätte präparieren können. Um 5 Uhr früh, nach einem Konzert, hatte er mal ein halbes Gramm weggezogen, danach war er angefixt, irre das Gefühl, hinsehen und erst nichts sehen, dann alles anders und komisch unter den Straßenlaternen. Geil. Jahrelang hatte er es genommen, bis sich irgendwann sein Herz komisch angefühlt hat, anders gepumpt hat, die Hände und Füße gezuckt haben, alles weh tat. Danach hat er kein reines MDMA mehr genommen, hat was gegen die Schmerzen geschluckt, die geblieben und immer schlimmer geworden sind, hat immer mehr genommen, und an dem Zeug ist er dann hängengeblieben.

Er wusste, wohin er zu gehen hatte, und kannte das Spiel schon auswendig. Sei kurz vor sechs da, mit dem Geld. Also war er da, schwitzend, in seinem Mantel aus Schmerz. Er huschte nach drinnen. Der Typ, den er nur als »der Typ« kannte, war da. Immer derselbe Typ, immer dieselbe Kutte, immer derselbe Ort, er in der Ecke. Sie nickten einander zu. Kelvin trat auf ihn zu. Der Typ gab es ihm, er gab dem Typ das Geld.

Dann sagte der Typ, was er immer sagte, dieselben höhnischen Worte, weil er wusste, dass Kelvin wiederkommen würde: »Soll ich Ihnen gleich ein neues Rezept mit in die Tüte legen, mein Herr?«

»Ja, bitte«, erwiderte Kelvin. Dann ging er zur Tür, fummelte schon auf dem Weg in der Tüte und knackte die Packung, um noch in der Apotheke ein Vicodin einzuwerfen.

»Und warum hast du es genommen?«, fragt Prudence irgendwann.

»Na ja, weißt du … Das Verhältnis von Wahrscheinlichkeit und Risikowahrnehmung …«

»O Gott«, stöhnt sie.

Kelvin hatte sich wieder einmal über Norm lustig gemacht und gefrotzelt, Norms Vorstellung von Gefahr und Abenteuer seien zwei Tassen Tee.

»Die Frage war, wie ich das Risiko erleben kann, ohne objektiv wirklich ein Risiko einzugehen«, erklärte Norm. Und nachdem er sich die Optionen genauer angesehen und überlegt hatte, wie er das meiste aus einem MikroMort herauskitzeln konnte, hatte er die Wahl zwischen Reiten oder Ecstasy.

»Das glaube ich jetzt nicht.«

»Natürlich können beide theoretisch tödlich enden, aber es geht doch darum, sich an objektive Zahlen zu halten.«

»Ach, wirklich?«

»Natürlich war es nicht ganz so einfach, eine Pille aufzutreiben. Also habe ich den Mann vor dem Big Lurrve gefragt. Der hat mich zwar komisch angeschaut, aber er hat mir weitergeholfen. Dann habe ich am Kiosk ein Gatorade und ein *Horse & Rider* mitgenommen und mir die Alternative angeschaut.«

»Und?«

»Hast du mal so ein Pferd gesehen? Alle 350 Kontakte ein Unfall! Da habe ich natürlich die Pille eingeworfen«, sagt Norm.

»Und deswegen musst du dann die Stereoanlage gleich so laut aufdrehen?«

＊

MENSCHEN NEHMEN STIMMUNGSVERÄNDERNDE DROGEN, seit sie Stimmungen haben. Schon in den steinzeitlichen Höhlen Europas wurden Überreste von Mohnkapseln gefunden. Die Ureinwohner Südamerikas kauen seit Langem Kokablätter als mildes Aufputsch- und Schmerzmittel. Fast alles, was irgendwie essbar ist, wurde zu Alkohol vergoren.

Es gibt unzählige Drogen, und zum Nutzen und Schaden jeder einzelner dieser Drogen gibt es unzählige Meinungen. Bei kaum einem anderen Thema gehen die Risikoeinschätzungen derart auseinander.* In diesem Kapitel stellen wir einige dieser Meinungen zusammen und sehen uns an, was sie mit den Zahlen zu tun haben.

Im Grunde sind die Argumente ein alter Hut. Im 18. und 19. Jahrhundert wurde das Opium wechselweise als Inspiration, als Medizin oder als Teufelszeug beschrieben. Einige Dichter feierten die Droge. Samuel Taylor Coleridge nahm Laudanum (vom Lateinischen *laudere*, preisen), eine 10-prozentige Opiumtinktur, ehe er sich hinsetzte, um sein Gedicht »Kubla Khan« (1797) zu dichten. Er befand sich »in einer Art Traumzustand, herbeigeführt durch zwei Opiumkrümel, die ich zur Linderung eines Durchfalls eingenommen hatte« – bis ihn ein Nachbar jäh aus seinen Träumen riss. Danach war die Inspiration dahin, und Coleridge schaffte es nie mehr, das Gedicht zu Ende zu schreiben.

Charles Dickens hatte eine ganz andere Meinung vom Opium. In seinem unvollendet gebliebenen Roman *Edwin Drood* (1870) lässt er John Jasper in einer schmutzigen Opiumhöhle erwachen, neben einem sabbernden Lascar, einer ausgemergelten Frau und einem Chinesen, der von Göttern oder Dämonen gefoltert wird. Jasper ist ein Chorleiter, doch im Opiumrausch zeigt uns Dickens seine dunkle Seite.[2] Und in seinem *Bildnis des Dorian Gray* (1890) schreibt Oscar Wilde: »Es gab Opiumhöhlen, in denen man Vergessenheit kaufen konnte, Höhlen des Grauens, wo das Gedächtnis alter Sünden durch den Wahnsinn neuer getilgt werden konnte.«

In der Politik und Wirtschaft wechselten die Moden, und nicht nur in Richtung Verurteilung und Verbot.† Die Produktion von Rauschmitteln begann in Handarbeit und wurde schließlich von der Industrie übernommen. Den Anfang macht Heinrich Merck, als er 1827 das Opiumextrakt Morphium auf den Markt brachte und damit den Grundstein für das Pharmaimperium Merck legte.

---

* Eine faszinierende Darstellung der unterschiedlichen Ansichten zu legalen und illegalen Drogen finden Sie bei David Nutt.[1]

† Ein Beispiel für die Legalisierung von Drogen ist der Licensing Act aus dem Jahr 2003, der die Öffnungszeiten von Gaststätten mit Alkoholausschank lockerte und ab 2005 für ausgewählte Gaststätten in England und Wales die Sperrstunde ganz abschaffte. (Schottland folgte ein Jahr später mit ähnlichen Lockerungen.)

Damals wie heute hatte Großbritannien ein Handelsbilanzdefizit im Handel mit China; während Großbritannien heute Whisky nach China exportiert, focht die Ostindiengesellschaft im 19. Jahrhundert zwei Kriege aus, um das Land mit Opium überschwemmen zu können.

Das Pharmaunternehmen Bayer entwickelte das Morphium zu Heroin weiter und vermarktete die Droge 1897 als nicht süchtig machendes Schmerz- und Hustenmittel. Aus Kokablättern wurde Kokain gewonnen. »Kokaintropfen gegen Zahnschmerzen – sofortige Wirkung garantiert!« war ein Mittel für Kinder. Sigmund Freud war einer von vielen begeisterten Kokainkonsumenten, genau wie Sherlock Holmes – sehr zum Verdruss seines Freundes Dr. Watson:

> »Was ist denn heute dran?«, fragte ich. »Morphium oder Kokain?« Träge hob er den Blick von dem alten Buch, das aufgeschlagen vor ihm lag. »Kokain«, erwiderte er. »Eine siebenprozentige Lösung. Wollen Sie's nicht mal probieren?«
> »Nein, wirklich nicht«, antwortete ich brüsk.[3]

Das moderne Gegenstück zu Sherlock Holmes, Dr. Gregory House aus der Fernsehserie *Dr. House*, greift wie Kelvin zu Vicodin, einem Schmerzmittel und Opiat, während die Politiker vom »Krieg gegen die Drogen« reden. Wenn es um Drogen geht, liegen Verklärung und Verdammung, die Sterne und die Gosse immer noch dicht nebeneinander.

Nehmen Sie die folgende Aussage eines anonymen Drogensüchtigen, dessen Tochter und Bruder den Drogen zum Opfer gefallen waren und dessen Leben fast von Beginn an ganz im Zeichen der Drogen stand:

> Mein Vater hat immer meine Mutter verprügelt, dass das Blut nur so spritzte. Mein Bruder und ich, wir haben uns unterm Bett versteckt. Deswegen bin ich da raus, sobald ich konnte. Mein Vater hat gesagt, aus dir wird nie was, und er hat mir seine ganzen Komplexe, seinen

ganzen Scheiß und seine negative Einstellung angehängt. Deswegen bin ich total paranoid geworden, und wenn mich irgendjemand runtergemacht hat, bin ich total ausgetickt. Ich habe gelernt, zuzuschlagen und abzuhauen und mich unter die Leute zu mischen. Mit acht war ich das erste Mal high. Den Nutten habe ich ihr Diconal geklaut. Mit zwanzig haben sie mich dann zu 13 Jahren verknackt, und ich habe nicht mehr gewusst, wer ich war. Also habe ich mich an Leute gehalten, die gewusst haben, wer sie waren. Ich habe mit Palästinensern und Muslimen abgehangen und mir einen Bart wachsen lassen. Den ganzen Zorn von anderen habe ich mir aufgeladen. Meine Mutter hat gesagt: »Gebt ihm was, damit er klar wird.« [Gelächter]

Oder der Journalist Hunter Thompson, Drogenfresser und Autor von *Angst und Schrecken in Las Vegas*, dessen Reportagen einmal als »Feldstudien unter intensivster Selbstbeteiligung« beschrieben wurden:

Am liebsten zieh ich mir das Zeug gleich auf der Straße rein und schau, was passiert, ich lass es drauf ankommen und steig einfach aufs Gas. Das ist so, wie wenn du dich auf ein Motorrad setzt, und plötzlich gehst du mit 180 Sachen inne Kurve, in der Kies rumliegt, und du denkst: »Scheiße, jetzt geht's ab!« Und du legst dich rein, dass die Fußrasten über den Asphalt scheuern und die Funken fliegen. Wenn du gut bist, holst du die Kiste raus, aber manchmal landest du halt auch im Krankenhaus, wo dir irgend so ein Arsch im weißen Kittel den Skalp wieder annäht.[4]

Wie gesagt, alles eine Frage der Perspektive – und die reicht diesmal von Tod bis Lebensbejahung. Auch die Vorstellung dessen, was auf dem Spiel steht, hat sich erheblich gewandelt: Heute geht es nicht mehr nur noch um die eigene Gesundheit, sondern auch um Beziehungen, Arbeitsplatz, Verbrechen oder Regenwälder, die den Koka-Plantagen weichen müssen – alles weit weg vom Drogenkonsumenten.

Für viele ist Drogenkonsum gleichbedeutend mit schmutzigen Nadeln und Dreck, wie man das eben so aus Filmen wie *Trainspotting* so kennt. Für andere tragen Drogen das Logo eines Pharmakonzerns. Viele süchtig machenden Drogen wie Codein sind in der Apotheke erhältlich. Andere, wie das Bier im Pub, gehören zum Alltag. Die Autorin Cathryn Kemp dachte immer: »Drogensüchtige, das sind doch die Leute in der Gosse. Leute mit irrem Blick und kahlrasiertem Schädel, die in irgendeinem Dreckloch hausen« – doch dann gehörte sie plötzlich selbst dazu.[5] Zunächst nahm sie das Schmerzmittel Fentanyl, weil sie es brauchte, dann nahm sie es abends, wie andere ein Glas Wein, um runterzukommen und abzuschalten, und irgendwann war sie abhängig, nahm das Zehnfache der empfohlenen Höchstdosis, dachte an nichts anderes als die nächste Tablette, lebte nur noch für ihre Drogen, überwarf sich mit ihrer Familie, bis ihr schließlich klar wurde, dass sie süchtig war, und der brutale Entzug folgte – und alles fein säuberlich verpackt und vom freundlichen Apotheker um die Ecke, genau wie bei Kelvin.

Im Jahr 2012 berichtete die *Times*, allein in Großbritannien säßen eine Million Menschen »in der Falle der Beruhigungsmittelsucht«. Den Krankenkassen warf die Zeitung vor, die Benzodiazepin-Süchtigen im Stich zu lassen, »obwohl ihre Zahl viel größer ist als die der Konsumenten illegaler Drogen«. Anders als im Falle von Heroin zeigt das Fernsehen keine schockierenden Spots, die über das Suchtpotenzial von Schmerzmitteln aufklären.

Aber sind Prudence, Norm und Kelvin Drogenkonsumenten? Das würden sie sicher abstreiten. Außerdem unterscheiden sie sich hinsichtlich der Schwere. Was ist schlimmer: Alkohol, Schmerzmittel oder Kokain? Lässt sich Prus Aufputschmittel (nicht fair gehandelter Tee, was das Getränk nach Ansicht vieler Menschen zu einem Risiko für den gesamten Planeten macht) überhaupt mit Norms Ecstasy-Experiment vergleichen? Oder ist Ecstasy für die vielen sogenannten Freizeitkonsumenten, die im Beruf erfolgreich sind und in einer funktionierenden Beziehung leben, auch nicht gefährlicher als eine Tasse Tee?

Unser Wissen über Drogen wächst ständig weiter, es gibt die unterschiedlichsten Überzeugungen und Einstellungen, und die harten Fakten spielen eher eine untergeordnete Rolle. Wie wir das Risiko einschätzen, hängt wie immer mit unseren persönlichen Erfahrungen, Anekdoten, Werten und Vorlieben zusammen, und natürlich mit gesellschaftlichen Normen, dem Freundeskreis, der sozialen Schicht und der Altersgruppe. Diese Werte und Normen werden manchmal frei gewählt und manchmal nicht, und sie können zu dem sozialen Zwang ausarten, Alkohol zu trinken und Runden auszugeben.

Die Konsumenten illegaler Drogen führen gern zu ihrer Verteidigung an, die Politik gegenüber dem Alkohol zeige doch, dass es gar nicht um die Gefährlichkeit einer Droge gehe und dass die ganze Diskussion sowieso völlig heuchlerisch sei. Obwohl die Regierung seit Jahrzehnten vor den Gefahren des Drogenkonsums warne, seien die beiden gefährlichsten Drogen mit dem größten Suchtpotenzial – Tabak und Alkohol – bis heute legal, und das, obwohl der Alkoholkonsum in den 1980er und Anfang der 1990er Jahre drastisch gestiegen sei. Daher hört man immer wieder: »Eine ganze Generation hat gelernt, sich über staatliche Hinweise zum Thema Drogen lustig zu machen und sie zu ignorieren.«[6] Andere sprechen, nicht immer mit ironischem Unterton, von der »seriösen Drogensucht« und meinen damit die Schmerz- und Schlafmittelabhängigkeit der Mittelschicht. Was könnte denn seriöser sein als der Wunsch, die Nacht durchzuschlafen? Doch die Abhängigkeit von Medikamenten wie Codein hat auch ihre hässlichen und gefährlichen Seiten.

Auch wenn wir vor allem Daten sprechen lassen wollen, möchten wir die verschiedenen Standpunkte keineswegs als falsch oder irrational abtun, auch wenn sie vielleicht nicht immer ganz ehrlich oder sonderlich bewusst sind. Das Risiko ist eben nur *ein* Aspekt einer hoffnungslos komplizierten Debatte. Aber wie beschreiben wir dieses Risiko, wenn es ein Teil dessen ist, was uns am Leben Spaß macht? Hier geht es darum, das Risiko für den Einzelnen, die gesamte Gesellschaft und einen Lebensstil abzuwägen – wobei dieser Lebensstil einerseits eng mit den Drogen verbunden sein kann, etwa wenn wir samstags im Pub ein paar Bierchen zischen, im Club Ecstasy einwerfen oder auf der Rennbahn eine Zigarre rauchen, und andererseits durch genau diese Drogen gefährlich werden kann, etwa wenn sie mit Verbrechen einhergehen. Und wenn man dann noch die heftige Diskussion dazunimmt, ob sich der Schaden eher durch Verbot, Legalisierung oder Drogenkrieg begrenzen lässt, dann ist die Verwirrung komplett.

Wertediskussionen bereiten selbst Philosophen Kopfzerbrechen. Risiko kann eben auch ein philosophisches Problem sein, weshalb die Frage der unterschiedlichen Werte und Traditionen mindestens genauso wichtig ist wie die Daten. Die Diskussion um illegale Drogen ist einfach zu aufgeladen, als dass sie sich einfach durch Statistiken beilegen ließe.

Der Lackmustest für die Relevanz der Daten in diesem Strudel aus Überzeugungen und Fakten ist vielleicht die Frage, was Sie von Norms Experiment halten. Was halten Sie davon, dass er die Wertefrage einfach beiseiteschiebt und sich mit der Wünschelrute der Statistik auf die Suche nach dem Kick macht? Ist er der einzig vernünftige Mensch auf diesem Planeten? Prudence würde das jedenfalls anders sehen. Ist Logik in diesem Fall vielleicht sogar eine Form von Wahnsinn?

Nach Ansicht der Anthropologin Mary Douglas ist die Warnung vor Gefahren – »lass die Finger davon, das ist gefährlich« – oft nichts anderes als eine subtile Form der gesellschaftlichen Kontrolle. Wenn uns ein Verhalten aufstößt, aus welchen Gründen auch immer, dann warnen wir vor seinen Risiken und stempeln dieses Verhalten als »gefährlich« ab. In ihren Feldstudien begegnete sie Frauen, die gelernt hatten, wenn sie ihren Männern untreu seien, dann riskierten sie eine Fehlgeburt; die Frauen waren von dieser Gefahr genauso überzeugt wie unsereiner von dem Satz »Messer, Gabel, Schere, Licht, sind für kleine Kinder nicht«. Das angebliche biologische Risiko war jedoch frei erfunden. Die Warnung vor der Untreue hatte einen ganz anderen, nämlich gesellschaftlichen

Zweck: Sie sollte das Verhalten der Frauen kontrollieren. Zu Beginn ihrer Forschungen meinte Douglas, dass nur primitive Stämme diesen Trick verwendeten und dass später die Wissenschaft an dessen Stelle trete. Heute weiß sie, dass die modernen Gesellschaften keinen Deut besser sind.

Aber wo auch immer jemand Kontrolle ausüben will, setzt sich ein anderer zur Wehr. Hunter S. Thompson konnte gar nicht genug illegale Drogen in sich hineinpumpen und schien umso entschlossener, je mehr ihn andere daran hindern wollten. Die Beschreibungen seiner Trips lesen sich wie ein Faustkampf mit den Feinden des Drogenkonsums. Nicht umsonst feiert er seine Reise nach Las Vegas als Erfüllung des Amerikanischen Traums. Wer's braucht …

Zugegeben, Thompson war kein Durchschnittsdraufgänger. Aber war es denn so abwegig, als er meinte, man widersetze sich der Kontrolle am besten, indem man selber Kontrolle ausübt, selbst wenn man dabei die Kontrolle verliert? Für viele geht es bei riskanten Verhaltensweisen vor allem darum, Grenzen zu überschreiten – das allein kann schon den Kitzel ausmachen.

Wenn wir Risiken statistisch angehen wollen, müssen wir daher das Vorzeichen flexibel handhaben – was für die einen positiv ist, kann für die anderen negativ sein, je nach jeweiligen Werten. Gleichzeitig müssen wir uns allerdings klarmachen, dass das Risiko nicht nur von unserer persönlichen Bewertung abhängt. Unser Verhalten hat nämlich auch Auswirkungen auf andere. Die Einschätzung des Risikos von Drogen ist also einerseits Privatsache und andererseits Gegenstand eines heftigen gesellschaftlichen Diskurses, in dem es um Vorstellungen und Werte genauso geht wie um Zahlen.

Doch nachdem wir uns die Argumente von Soziologen, Anthropologen, Psychologen und so weiter angehört haben, wollen wir trotzdem ein paar harte Fakten auf den Tisch legen – nicht nur, um Politik zu machen, sondern um uns selbst Klarheit zu verschaffen. Sehen wir sie uns also an.

Die Sorge um das Suchtpotenzial von Opiaten und Kokain führte Anfang des 20. Jahrhunderts zu deren Verbot. Die Kriminalisierung macht es schwer, den tatsächlichen Schaden dieser Drogen zu ermitteln, denn zunächst muss man einmal feststellen, wer sie überhaupt einnimmt. Wer wegen seines Drogenkonsums zum Verbrecher gemacht wird, der konsumiert vermutlich lieber heimlich.

Daher garantiert das British Crime Survey (BCS) bei seinen repräsentativen Befragungen zum Thema Drogenkonsum die Anonymität der Teilnehmer.[7] Die Antworten werden auf die erwachsene Bevölkerung von England und Wales hochgerechnet. Daraus ergibt sich, dass jeder Dritte mindestens einmal illegale Drogen zu sich genommen hat, davon 9 Prozent im Vorjahr.[*]

Etwa 3 Prozent der Befragten gaben an, harte Drogen wie Heroin, Morphium, Metamphetamine, Kokain, Crack, Ecstasy (MDMA) oder LSD genommen zu haben – das wären umgerechnet eine Million Menschen. Unter den 16- bis 24-jährigen hatten 20 Prozent in den zurückliegenden zwölf Monaten illegale Drogen eingenommen: 17 Prozent Cannabis, 4,4 Prozent Kokain und 3,8 Prozent Ecstasy; nur 0,1 Prozent gaben an, Heroin konsumiert zu haben, doch diese Zahl ist vermutlich viel zu niedrig, da die Betroffenen nicht bereitwillig Auskunft geben. In den 15 Jahren zwischen 1996 und 2012 war der Drogenkonsum insgesamt zurückgegangen, vor allem beim Cannabis; bei Kokain und Methadon war dagegen ein Anstieg zu verzeichnen. Unter den Konsumenten befinden sich etwa doppelt so viele Männer wie Frauen, und – oh Wunder! – es wurde ein Zusammenhang zwischen dem Drogenkonsum und dem Besuch von Pubs und Diskotheken festgestellt.

Aber was ist denn nun so schlimm an diesen Drogen? Wenn sie in die falschen Hände geraten, können sie tatsächlich eine Menge Schaden anrichten. Harold Shipman, ein Arzt aus Manchester, spritzte rund 200 Patientinnen eine tödliche Dosis Heroin und

---

[*] Laut des Epidemiologischen Suchtsurvey (ESA) 2009 hat in Deutschland jeder vierte Erwachsene (26,5 %) im Alter von 18 bis 64 Jahren schon einmal eine illegale Droge probiert. Dabei handelte es sich überwiegend um Cannabisprodukte. 7,4 % der Erwachsenen haben bereits andere illegale Substanzen wie Heroin, Kokain oder Amphetamine probiert (http://drogenbeauftragte.de/drogen-und-sucht/illegale-drogen/heroin-und-andere-drogen/situation-in-deutschland.html) (Anm. d. Red.).

wurde erst 1998 erwischt, weil er auf plumpe Weise das Testament eines Opfers gefälscht hatte. Daneben forderten Drogen zahlreiche prominente Opfer, von Janis Joplin bis zur »Singenden Nonne«.

Wobei sich gar nicht so einfach feststellen lässt, wie viele Menschen tatsächlich an ihrem Drogenkonsum sterben. Nur wenn Drogen tatsächlich als Todesursache auf dem Totenschein stehen, wird der Fall in den offiziellen Statistiken mitgezählt, auch wenn Drogen gar nicht die alleinige Todesursache sind.[8] Im Jahr 2010 gingen in England und Wales 1784 Todesfälle auf das Konto der illegalen Drogen (Alkohol also nicht mitgerechnet); das war etwas weniger als in den Vorjahren, aber immer noch doppelt so viel wie im Jahr 1993.[*]

Die am häufigsten betroffene Gruppe sind Männer zwischen 30 und 39, mit 544 Opfern. Das entspricht etwa 150 MikroMorts pro Jahr, drei pro Woche, verteilt auf die gesamte Altersgruppe, vom Junkie bis zum Dorfpfarrer. Ziemlich genau die Hälfte aller Todesfälle (791) ging auf das Konto von Heroin und Morphium. Kokain war für 144 Todesfälle mitverantwortlich und Amphetamine für 56, während die Zahl der Ecstasy-Opfer auf 8 zurückging, nachdem sie zwischen 2001 und 2008 noch bei durchschnittlich 50 pro Jahr gelegen hatte.

Ausgehend von den Schätzungen der Volksbefrager können wir errechnen, welche Droge wie riskant ist. Wenn Kokain und Crack zwischen 2003 und 2009 für durchschnittlich 169 Todesfälle pro Jahr verantwortlich waren und 793 000 Menschen diese Drogen konsumierten[9], dann ging jeder im Durchschnitt ein Risiko von 213 MikroMorts pro Jahr oder 4 MikroMorts pro Tag ein.

Die 541 000 Ecstasy-Konsumenten gingen ein Risiko von 91 MikroMorts pro Jahr beziehungsweise rund zwei pro Woche ein. Für das Jahr 2003 wurde der Umsatz auf 4,6 Tonnen beziehungsweise 14 Millionen Tabletten geschätzt[10], das heißt, auf jeden Konsumenten

---

[*] Im Jahr 2010 starben in Deutschland 1237 Menschen aufgrund von Rauschgift, die meisten von ihnen waren Männer (1042), und die Mehrheit war älter als 30 Jahre (944). Dies war weniger als im Jahr 2000 (insgesamt 2030 Drogentote) und mehr als im Jahr 2012 (insgesamt 944 Drogentote) (www.gde-bund.de) (Anm. d. Red.).

kamen 26 Pillen. Das wiederum bedeutet umgerechnet 3,5 Mikro-Morts pro Tablette.

Cannabis führt selten direkt zum Tod, doch von den geschätzten 2,8 Millionen Konsumenten kommen pro Jahr durchschnittlich 16 in Zusammenhang mit ihrem Konsum ums Leben, was immerhin noch ein Risiko von 6 MikroMorts pro Jahr bedeutet.

Das ist nichts verglichen mit den durchschnittlich 766 Herointoten pro Jahr. Das entspricht einem Risiko von 19 700 MikroMorts pro Jahr oder 54 pro Tag (so viel wie 560 Kilometer auf dem Motorrad). Das Risiko, das Heroinkonsumenten *pro Tag* eingehen, ist also sieben Mal so groß wie das Risiko, das Cannabiskonsumenten über das ganze Jahr verteilt auf sich nehmen. Wobei diese extrem hohe Zahl vermutlich damit zusammenhängt, dass die Behörden die Zahl der Heroinsüchtigen zu niedrig ansetzen – in Wirklichkeit ist das Risiko wahrscheinlich nicht ganz so groß.

Doch der Drogenkonsum muss nicht mit dem Tod enden, um gefährlich zu sein: Cannabiskonsumenten erleben beispielsweise mit einer 2,6 mal höheren Wahrscheinlichkeit eine psychotische Episode als Nichtkonsumenten.[11] Heroinsüchtige können sich an einer schmutzigen Nadel mit AIDS oder Hepatitis infizieren. Sie können Abszesse bekommen oder sich an den Verunreinigungen Vergiftungen zuziehen, ganz zu schweigen von der Gefahr der Sucht und dem Horror des Entzugs – von den Auswirkungen der Opiate auf den Verdauungstrakt ganz zu schweigen.

John Mortimer (zu seinem Vater): »Hast du jemals Opium geraucht?«
Vater: »Wo denkst du hin! Davon bekommst du bloß Verstopfung. Hast du schon mal ein Bild von Coleridge gesehen, diesem Gauner? Grün um die Kiemen und nie auf dem Topf.« (John Mortimer, *Reise in die Welt meines Vaters*)

Zu den Risiken und Nebenwirkungen zählen aber nicht nur Darmträgheit, sondern auch Gewalt und gerodete Regenwälder. Es ist eben schwierig, Vergleiche zwischen Schäden anzustellen, die jeden unterschiedlich treffen. Ist es überhaupt möglich? Es ist nicht so, als hätte man nicht versucht, jeder Droge Punkte auf einer Abscheulichkeitsskala zu geben. Eine neue Untersuchung, die sich mit den verschiedenen negativen Folgen von legalen und illegalen Drogen beschäftigt, bezog Sterblichkeit, Gesundheitsschäden, psychische Störungen, Abhängigkeit, Armut und Verlust von Beziehungen genauso mit ein wie gesellschaftliche Kosten, Verletzungen, Verbrechen, Umweltschäden, familiäre Probleme, globale Schäden (zum Beispiel die Rodung der Regenwälder), wirtschaftliche Beeinträchtigungen und Auswirkungen auf die Gemeinschaft.[12] Jede Droge wurde nach jedem dieser Kriterien beurteilt, die unterschiedlichen Folgen wurden je nach ihrer Bedeutung gewichtet, und am Ende wurde ein Gesamtschaden ermittelt. Wie bei jeder Kennzahl, die sich aus so vielen Faktoren zusammensetzt, lässt sich über die Zusammensetzung und Gewichtung der einzelnen Aspekte natürlich streiten.

Ganz oben auf dieser Skala des Schreckens stand der Alkohol, der 72 Punkte erhielt, gefolgt von Heroin und Crack mit 55 beziehungsweise 54 Punkten. An sechster Stelle war das Nikotin mit 26 Punkten. Mit 9 Punkten fast an letzter Stelle stand Ecstasy, obwohl es sich um eine harte Droge handelt. Sie können sich vermutlich denken, welche Diskussion diese Rangliste auslöste.

Noch kontroverser als der Vergleich von legalen und illegalen Drogen ist der Vergleich von Drogen und vermeintlich gesunden Aktivitäten. Dies bekam Professor David Nutt, Sprecher des Drogenbeirats der britischen Regierung, zu spüren, als er in einem Aufsatz den Ecstasy-Konsum mit dem Reitsport verglich und zu dem Schluss kam, dass beides für junge Menschen gleichermaßen gefährlich war.[13] Er blieb nicht mehr lange im Amt. Was nicht daran lag, dass er seine Zahlen frisiert hätte. Doch Risikoeinschätzungen haben eben nur am Rande mit tatsächlichen Gefahren zu tun. Seine Vorgesetzten schienen jedenfalls der Auffassung zu sein, dass es politisch wenig opportun war, Drogenmissbrauch mit dem Reitsport zu vergleichen.

In seinem Artikel berichtet Professor Nutt, die Gefahren des Reitsports seien ihm klar geworden, als eine Frau von etwa Mitte 30 in seine Praxis kam, die nach einem Sturz dauerhafte Hirnschäden davongetragen hatte und unter einer Veränderung der Persönlichkeit, Nervosität, Reizbarkeit und impulsiven Verhaltensweisen litt, die zu zweifelhaftem Umgang und einer ungewollten Schwangerschaft geführt hatten. Sie war nicht mehr in der Lage, Lust zu empfinden, und würde voraussichtlich nie wieder einer Erwerbstätigkeit nachgehen können. Nutt schrieb:

> Was ist der Reitsport anderes als eine Droge, die Adrenalin und Endorphin freisetzt und von Millionen Briten, darunter auch Kindern und Jugendlichen, konsumiert wird. Die negativen Folgen sind bestens bekannt: Die Sucht fordert pro Jahr rund 10 Todesopfer, und viele Menschen tragen wie meine Patientin dauerhafte neurologische Schäden davon. Schätzungsweise bei jedem 350. Kontakt kommt es zu einem Unfall mit unvorhersehbaren Folgen. Die Unfallgefahr nimmt zu, je erfahrener die Reiter und je größer die Risiken, die sie eingehen. Reiter werden zudem pro Jahr in rund 100 Verkehrsunfälle verwickelt ... Angesichts der Schäden könnte der Drogenbeirat den Reitsport als harte Droge klassifizieren, da er offensichtlich größere Schäden anrichtet als Ecstasy.[14]

Nutt forderte daher, man müsse die relativen Schäden des Drogenkonsums rational beurteilen. Da in der ganzen Debatte nie ein Vergleich zwischen Drogen und anderen Gefahrenquellen hergestellt würde, wirkten Drogen bedrohlicher, als sie es in Wirklichkeit seien.

Verdienen Drogen ihren schlechten Ruf? Wenn wir das meinen, müssen wir das auch begründen. Dabei reicht es allerdings nicht, zu sagen, dass Drogen größere Schäden anrichten – quantifizierbares Risiko allein ist noch keine Antwort.

Die letzte Warnung stammt von Dr. Watson, der seinem Freund Sherlock Holmes beim Konsum seiner (damals völlig legalen) Drogen zusieht:

»Aber überlegen Sie doch mal!«, sagte ich ernst. »Bedenken Sie die Kosten! Ihr Gehirn mag, wie Sie sagen, erregt und angeregt werden, aber das ist doch ein krankhafter Prozess, der zur vermehrten Zerstörung von Gewebe und mindestens einer dauerhaften Schwächung führt. Sie kennen doch selbst die finsteren Abgründe, in die Sie später schauen. Das kann es doch nicht wert sein. Warum sollten Sie für einen flüchtigen Genuss das große Talent riskieren, mit dem Sie gesegnet sind?«

Kapitel 10

Große Risiken

KELVIN STAPFTE DEN STEILEN WEG hinunter, ging auf die Tür zu und klopfte. Norm hechelte hinterher. Kelvin mochte keine Menschen, die ihm widersprachen. Alles Hohlköpfe. Klimawandel war nur ein Vorwand für diese Ökospinner, die einem Vorschriften machen wollten. Umweltaktivisten waren Kontrollfreaks, bei Greenpeace bekam er einen Touretteanfall. Und das ganze Gewäsch von den Eisbären, das war doch nur Erpressung.

»Die Wale sollten wir einfach aufbrauchen«, verkündete er. »Warum nicht? Wir brauchen Seife!«

Hinter dem bunten Milchglas der Eingangstür tauchten die Schemen einer Frau im weiten Rock auf. Sie drehte den Schlüssel um und öffnete die Tür ein wenig. Durch den Spalt lugte ein vorsichtiges Lächeln unter einem grauen Haarwust. Sie schien Ende 60 zu sein.

Es war der erste Job für Kelvin und Norm – die Art von Job, wie sie nur Leute annehmen, die verzweifelt einen ersten Job suchen. Während sie von Tür zu Tür zu gingen, lernten sie die Vorstadt hassen. Spenden trieben sie sowieso keine auf, also wollten sie wenigstens die Welt verbessern.

Norm hatte es gewagt zu erwähnen, dass die meisten Menschen inzwischen glaubten, dass der Klimawandel von Menschen gemacht sei, und dass Kelvin sich doch mal die Wahrscheinlichkeiten ansehen sollte. Aber Kelvin meinte, das Gewäsch vom Klimawandel sei nur ein weiterer Beweis dafür, dass die meisten Menschen Vollidioten seien. Und das wollte er ihm jetzt beweisen.

»Guten Tag, meine Name ist Mr. Poe«, sagte Kelvin und reichte der Frau durch den Türspalt die Hand. »Und das ist mein Kollege Mr. Edgar.«

»Ja?«

»Wir kommen vom Londoner Zoo.«

»Aha?«

»Sie haben es wahrscheinlich gestern Abend im Fernsehen gesehen?«

»Was?«

»Eine Sendung über den Zoo. Die Pinguine.«

»Ich schaue nur BBC. Wegen *Eastenders*.«

»Selbstverständlich. Aber Sie haben doch sicherlich schon von den Pinguinen gehört.«

»Ich weiß nicht … Was ist mit den Pinguinen?«

»Das Gehege wird geschlossen.«

»Geschlossen?«

»Deswegen sind wir hier. Geschlossen. Klima. Eisschmelze. Sie wissen doch, die Gegend um den Zoo ist ein echtes städtisches Hitzeloch.«

»Und was passiert jetzt?«

»Genau, das ist die Frage. Und da können Sie helfen. Darum geht's in dem Aufruf.«

»Also ein Aufruf.«

»Sie sind zu gütig«, sagte Kelvin. Er ging auf die Frau zu wie ein Pfarrer auf sein Schäfchen und ergriff ihre Hände. »Und Sie haben so einen schönen Garten da hinter dem Haus. Hoch gelegen, ohne jede Überschwemmungsgefahr.«

»Ja«, sagte sie und zog ihre Hände zurück.

»Sehen Sie! Genau richtig, der Garten, oder?«

»Mir gefällt er.«

»Prima. Ich notiere zwei.«

»Zwei?«

»Morgen früh.«

»Tut mir leid, aber ich kaufe nichts …«

»Natürlich nicht. Sie sind völlig kostenlos. Obwohl das natürlich sehr großzügig von Ihnen ist.«

»Aber ich, äh, ich …«

»Keine Sorge, wir geben Ihnen für jeden Pinguin eine genaue Anleitung mit. Acht Uhr ist in Ordnung?«

»Aber …«

»Zwei Pinguine für Nummer 17, Mr. Edgar.«

»Was?«

»Pinguine, Mr. Edgar.«

»Das muss ein Missverständnis …«

»Viel Schatten«, sagte Kelvin und wandte sich zum Gehen. »Sie mögen Müsli.«

»Aber ich esse doch Cornflakes!«

»Cornflakes fressen sie auch. Aber nicht zu viele, sonst werden sie nur fett. Kommen Sie, Mr. Edgar. Noch 64.«

Und zu der Dame gewandt: »Sie sind zu gütig. Die Pinguine werden sich bei Ihnen wohlfühlen.«

Dann ging er weiter.

»Aber Sie können doch nicht …«

Kelvin stapfte den Weg hinauf, Norm keuchte hinterher.

»Aber das kann doch nicht … Entschuldigen Sie! Sie … Sie …!«

Am nächsten Morgen um 8:39 Uhr wertete Richard Kowalski vom Nationalen Astronomischen Zentrum die Daten des Mount-Lemmon-Teleskops in Tucson, Arizona aus.

Er kratzte sich am Kopf. Das potenziell erdnahe Objekt SO43 war nicht da, wo er es erwartet hatte. Vermutlich ein Fehler. Er schickte eine Mail an das Zentrum für Kleinplaneten in Massachusetts, mit der Bitte, die Daten zu überprüfen.

*

Was hat die Hausiererei für den Londoner Zoo mit dem großen Risiko des Klimawandels zu tun?* Eine ganze Menge. Aber um das zu verstehen, müssen wir unsere eigenen Überzeugungen zu diesen Gefahren beiseitelassen. Vergessen Sie also einen Moment lang alles, was Sie über den Klimawandel wissen oder glauben, und akzeptieren Sie einfach, dass die Meinungen in dieser Frage weit auseinandergehen: Die einen meinen, wir haben nichts zu befürchten, und die anderen haben Angst, das letzte Stündlein der Menschheit sei angebrochen. Ist der Klimawandel also ein Witz, wie Kelvin meint? Oder geht es endgültig mit uns zu Ende? Es gibt verschiedene Stimmen.†

Die einen verweisen darauf, dass die überwältigende Mehrheit der Klimaforscher von einer Erwärmung des Planeten spricht, dass wir Menschen für den Klimawandel verantwortlich sind und dass die Lage ernst ist. Die Klimaskeptiker hätten dagegen unrecht, das seien nichts als Verschwörungstheoretiker und Spinner, die von … bezahlt würden.

Auch die genannten Klimaskeptiker wie Kelvin berufen sich auf die Wissenschaft und lassen diese Anschuldigungen nicht auf sich sitzen: Die Mehrheit der seriösen Wissenschaftler bezeichneten den vom Menschen gemachten Klimawandels als Märchen, halten sie dagegen. Die übrigen seien nichts als Verschwörungstheoretiker und Spinner, die von … bezahlt würden.

Die Kontrahenten können sich nicht einmal auf die einfachste aller Fragen einigen: Erwärmt sich das Klima denn nun oder nicht? Vergessen Sie die Frage, ob wir Menschen daran schuld sind oder nicht. Oder was wir dagegen unternehmen können. Es geht um eine

* Unter einem großen Risiko verstehen wir hier etwas, das viele Menschen betrifft, zum Beispiel das Klima, neue Krankheiten, Naturkatastrophen und so weiter.
† Der *Guardian* schrieb: »Eine Umfrage ergab, dass immer weniger Menschen an den Klimawandel glauben. 31 Prozent der Befragten waren der Ansicht, der Klimawandel ›finde definitiv statt‹, 29 Prozent meinten, ›er könnte eintreten‹, und 31 Prozent halten die Sorge für ›übertrieben‹; letztere Gruppe wuchs innerhalb des vergangenen Jahres um 50 Prozent. Nur 6 Prozent waren der Ansicht, es gebe keinen Klimawandel, und 3 Prozent antworteten, sie wüssten es nicht.« Ein Jahr später hieß es im *Guardian*, »Sorge vor Klimawandel übersteht den Sturm«; nun gaben nur noch 14 Prozent der Befragten an, der Klimawandel »stellt keine Bedrohung dar«.[1]

ganz einfache Frage, die sich mit einer einfachen Messung beantworten ließe: Wird die Erde wärmer? Aber selbst in dieser scheinbar einfachen Frage können sich die Kontrahenten nicht einigen. Aber alle meinen, sie hätten die Wissenschaft – die wahre Wissenschaft – auf ihrer Seite.

Was nicht heißen soll, dass der Klimawandel lediglich eine Meinungsfrage ist. Es zeigt nur, dass sich mit denselben Zahlen ganz unterschiedliche Einschätzungen begründen lassen. In dieser Diskussion behaupten alle, wissenschaftliche Fakten seien das A und O, aber woher genau nehmen wir unsere Meinungen zu den »wissenschaftlichen Fakten«?

Die Antwort scheint auf der Hand zu liegen: Wir sind alle voreingenommen. Wir sehen, was wir sehen wollen, und wissenschaftliche Fakten sind da keine Ausnahme. Eine interessantere Antwort wäre jedoch, dass unsere Einstellungen gegenüber großen Risiken wie dem Klimawandel weniger mit Tatsachen zu tun haben und mehr mit uns selbst und damit, wer wir sind. Kelvins Freiheitsliebe, seine Skepsis gegenüber dem Staat, seine Risikofreude, seine impulsive Art und seine Verachtung für den Konformismus der Vorstadt hängen nicht zufällig mit seiner Einstellung gegenüber dem Klimawandel zusammen. Sie tragen vielmehr direkt dazu bei. Sie bestärken ihn auch in seiner Verachtung für alle, die den »Lügen« der anderen Seite auf den Leim gehen. Das heißt, unsere Haltung gegenüber großen Risiken wird oft von unseren politischen Standpunkten geprägt – auch wenn wir noch so sehr darauf beharren, dass unsere Haltung objektiv und wissenschaftlich abgesichert ist, dass sie nichts mit unseren persönlichen Vorlieben zu tun hat und dass wir glauben, was wir glauben, weil es wahr ist, warum denn auch sonst? Das reden wir uns zumindest ein. Alle anderen werden durch ihre Dummheit und ihre politische Brille daran gehindert, die Dinge so zu sehen, wie sie sind – sie sind eben blind und korrupt.

Aber wir lehnen nicht nur die Beweise der anderen Seite ab, sondern auch das, was sie uns über die Ideologie der anderen Seite zu verraten scheinen. Deshalb nimmt sich Kelvin das Recht heraus, sich über die alte Dame lustig zu machen – wenn sie auf den Schwachsinn mit den Pinguinen hereinfällt, dann ist sie vermutlich Sozialistin.

Wie wir schon im Kapitel zu den Drogen gesehen haben, stecken hinter unseren Risikoeinschätzungen oftmals unsere Werte. Beim Klimawandel ist das ganz ähnlich, doch es ist schwerer zu beweisen, da kaum jemand zugeben würde, dass seine Ansichten zum Klimawandel aus einer politischen Grundeinstellung herrühren. Doch genau das werden wir in diesem Kapitel behaupten.

Vorab eine Warnung: Wenn Sie nach Ihrer Erfahrung mit der Diskussion um den Klimawandel meinen, dass sich nur die Konservativen die Rosinen aus den wissenschaftlichen Beweisen herauspicken, dann täuschen Sie sich. Hier machen sich alle Seiten gleichermaßen die Finger schmutzig, je nachdem, welches Risiko gerade ansteht.

Wissenschaftler glauben gern, dass sie Menschen, deren Ansichten nicht auf wissenschaftlichen Erkenntnissen beruhen, einfach aufklären müssen. Wir aber denken, dass sie auf dem Holzweg sind und ihr Versuch vermutlich das genaue Gegenteil bewirkt.

Und das kommt so: Da das Klima ein riesiges, komplexes System ist, können wir nie genau wissen, in welche Richtung es sich entwickelt. Wir können zwar feste Vorstellungen haben, aber sicher sein können wir nicht. Dieser Zweifel lässt Raum für Meinungsverschiedenheiten. Und an diesem Punkt kommen die Werte ins Spiel.

Um zu sehen, was das bedeutet, unternehmen wir einen kurzen Ausflug in die Nanotechnologie. Was wissen Sie über dieses Gebiet? Vielleicht haben Sie von selbstreinigenden Oberflächen, superelastischen Materialien und anderen Wunderwerkstoffen gehört, aber mehr vermutlich auch nicht.

Aber jetzt die Frage: Was halten Sie von der Nanotechnologie? Auch wenn Sie nichts Genaues wissen, haben Sie vermutlich eine Meinung, wie die meisten Menschen. Vielleicht finden Sie das Thema »spannend«, vielleicht sind Sie auch eher »besorgt«. Vermutlich können Sie für Ihr Bauchgefühl auch Gründe nennen. Nur keine Hemmungen, reden Sie frei von der Leber weg, lassen Sie sich von

Ihrer Unwissenheit nicht bremsen. So machen es schließlich die meisten von uns: Ausgehend von ein oder zwei Schlagworten, die wir irgendwo aufgeschnappt haben, bilden wir uns eine Meinung über Nutzen und Gefahren einer neuen Technologie.

Dan Kahan von der Universität Yale beschäftigt sich mit der Frage, wie wir zu unseren Risikoeinschätzungen kommen.[2] Kahan beschreibt in einem Artikel, wie die Stadtverwaltung von Berkeley reagierte, als die Universität im Jahr 2006 eine Einrichtung zur Nanoforschung eröffnen wollte:

> Der Sondermüllbeauftragte der Stadt, der noch nie von Nanotechnologie gehört hatte, leitete umgehend eine Ermittlung ein. Wir schickten ihm Fragen, zum Beispiel »Was ist ein Nanoteilchen?«. Das fand man bei der Behörde schnell heraus, doch dabei blieb es dann auch. Der Leiter des Umweltdezernats schrieb: »Die gesundheitlichen Auswirkungen von Nanoteilchen sind komplex und noch nicht ausreichend erforscht.« Trotzdem äußerten die Beamten die Sorge, »Nanoteilchen könnten das Haut- und Lungengewebe durchdringen und möglicherweise wesentliche Funktionen des Zellstoffwechsels beeinträchtigen«, und verlangten Maßnahmen zum Schutz der Bevölkerung.[3]

Die Beamten in der Stadtverwaltung hatten zwar kaum Ahnung von der Nanomaterie, doch sie bildeten sich schnell eine Meinung zu den möglichen Risiken. Wie jeder von uns standen sie vor einer einfachen Wahl: Sie konnten annehmen, dass eine Sache gefährlich ist, solange es keinen Gegenbeweis gibt. Oder sie konnten annehmen, dass sie ungefährlich ist, solange es keinen Anlass zur Sorge gibt. Warum reagierte der Leiter des Umweltdezernats also so und nicht anders? An den Beweisen lag es nicht, so Kahan, denn es gab nicht viel, was auf die Gefährlichkeit oder Ungefährlichkeit von Nanoteilchen schließen ließ. Entscheidend war vielmehr seine Grundhaltung.

Es ist schon komisch: Wenn wir ein Risiko erst einmal aus dem

Bauch heraus eingeschätzt haben, dann sehen wir uns durch neue Informationen nur noch bestätigt. Kahan befragte 1800 Amerikaner zum Thema Nanotechnologie und ermittelte zunächst ihre instinktive emotionale Reaktion. Dabei stellte er fest, dass sich diese Haltung durch jede zusätzliche Information erhärtete. Wenn wir also behaupten, dass wir uns eine vorläufige Meinung bilden, dann tun wir nur so, als seien wir noch offen; in Wirklichkeit sind wir längst nicht mehr umzustimmen. Dabei beruht unsere Meinung nicht auf Fakten, sondern auf viel grundsätzlicheren Einstellungen.

Kahans Untersuchungen legen die Vermutung nahe, dass wir mit neuem Wissen lediglich »unsere emotionalen und kulturellen Neigungen bestätigen«. Mit anderen Worten wählen wir die Tatsachen so aus, dass sie zu unseren Überzeugungen und instinktiven Einschätzungen passen. Überzeugungen richten sich nicht nach Tatsachen, sondern sie entscheiden darüber, was wir als Tatsachen anerkennen und was nicht. Ist die Nanotechnologie gefährlich? Oder besser gefragt: Was sagt Ihr Bauch dazu?

Oft klagen wir, dass wir nicht wissen, was wir von einer Sache halten sollten, weil alles so furchtbar kompliziert ist. Also wenden wir uns an Experten. Doch wer hätte das gedacht? Wir stellen fest, dass die Experten uns in unseren Grundeinstellungen bestätigen, oder anders gesagt wählen wir sehr genau aus, wen wir als Experten gelten lassen und wen nicht. Wenn Sie ein Hippie mit wildem Bart sind und ich ein Anzugträger mit Kurzhaarschnitt, dann falle ich womöglich durch Ihr Raster, wie immer das aussehen mag. Wir beurteilen das Wissen von Experten danach, ob sie Menschen wie wir sind und unsere Grundeinstellungen teilen. Auch dies bestätigen Kahans Untersuchungen. Er zeigte seinen Versuchsteilnehmern Fotos von erfundenen Experten – Hippies genau wie Anzugträger – mit tadellosen akademischen Lebensläufen, um herauszufinden, was in unseren Augen einen Experten ausmacht. Die Teilnehmer wählten sehr sorgfältig aus. Sozialpsychologen sprechen von einem »Assimilationseffekt«. Als gebildeter Mensch, der Sie als Leser dieses Buchs nun einmal sind, stehen Sie selbstverständlich über diesen Dingen. Meinen Sie. Kahan fand nämlich heraus, dass wir umso anfälliger sind, je mehr wir uns wissenschaftlich bilden.

Kahan behauptet, jeder Mensch lasse sich auf einem Spektrum von Einstellungen und Überzeugungen einordnen.[4]* Sobald man wisse, wie wir zur Nanotechnologie stehen, könne man ganz gut einschätzen, was wir von Klimawandel, Kernenergie, Schusswaffenbesitz und so weiter halten. Mehr noch, wir seien überzeugt, dass wir die Wissenschaft – natürlich nicht die Spinner und Verschwörungstheoretiker – auf unserer Seite haben. Dafür verwendet Kahan den Begriff »kulturelle Wahrnehmung«.

Menschen lassen sich zum Beispiel auf einem Spektrum verorten, das von »Individualist« bis »Kollektivist« verläuft. Individualisten neigen dazu, Umweltgefahren auszublenden, »da dieses Thema immer mit der Regulierung von Märkten, des Handels und anderen Orten der individuellen Initiative einhergeht«. Deshalb nimmt Kelvin auch den Grünen kein Wort ab, weil er befürchtet, dass für sie jede Krise nur ein neuer Vorwand ist, um ihm Vorschriften zu machen.

Kollektivisten stehen dagegen Wirtschaft und Handel skeptisch

---

* Kahan bezieht sich auf eine kulturelle Risikotheorie. Eine der besten Darstellungen finden Sie in *Risk and Culture* von Mary Douglas und Aaron Wildavsy. Die beiden Autoren beschreiben die amerikanische Diskussion um Atomenergie und Luftverschmutzung als Auseinandersetzung zwischen verschiedenen Lebenseinstellungen: Auf der einen Seite stehen die egalitären Kollektivisten, die mit dem Argument möglicher Katastrophen gegen den Kapitalismus ankämpfen, der ihrer Ansicht nach die Ungleichheit befördert. Und auf der anderen Seite stehen die hierarchischen Individualisten, die das freie Unternehmertum vor staatlichen Eingriffen schützen wollen.[5] Nach Ansicht von Douglas sind psychologische Risikoeinschätzungen, wie wir sie an anderer Stelle erörtern, nichts als Mittel zur Durchsetzung unserer Interessen und Instrumente der sozialen Kontrolle (siehe auch das Kapitel 9 zum Thema Drogen).

In seinem Buch *The Righteous Mind* argumentiert Jonathan Haidt, unsere Ansichten zu Themen wie Klimawandel und anderen politischen Themen gingen auf eine kleine Gruppe von moralischen Grundeinstellungen zurück.[6] Diese haben vieles mit der kulturellen Theorie Kahans gemein. »Moral bindet und blendet«, schreibt Haidt; seiner Ansicht nach ist es Moral, nicht wissenschaftlicher Beweis, der »unsere Seite« zusammenhält und die anderen als dumm erscheinen lässt.

gegenüber und sehen in ihnen »Formen des schädlichen Eigennutzes, der nur Ungleichheit hervorbringt; deshalb sind sie bereit, diese Aktivitäten als gefährlich anzusehen und deren staatliche Kontrolle zu fordern«, so Kahan.

Das ist natürlich eine grobe Vereinfachung, und es gibt zahllose Ausnahmen. Wir behaupten nicht, dass alle Klimaskeptiker Egoisten sind. Doch Kelvin will auch deshalb nichts vom Klimawandel wissen, weil ihm die politische Färbung der Lösungen missfällt, denn die bedeuten mehr Staat, mehr Gesetze und mehr Kritik an der Privatwirtschaft. Wenn etwas mehr Kontrolle bringt, kann es nicht richtig sein. Und die andere Seite glaubt nicht nur deshalb an den Klimawandel, weil er wissenschaftlich bewiesen ist, sondern auch, weil er ihr eine Möglichkeit bietet, der Privatwirtschaft einen Tritt in den Allerwertesten zu verpassen.

Große Risiken, die Hunderte, Tausende und Millionen von Menschen gefährden, werden oft durch kulturelle Wahrnehmungen gefärbt. Das liegt auch daran, dass die Beweislage immer unklar ist und es keine Möglichkeit gibt, mehr Daten zu gewinnen. Wir können schließlich nicht die Geschichte des Planeten mal mit und mal ohne industrielle Revolution durchspielen und die beiden Szenarien vergleichen.

Ein weiterer Grund ist, dass der Knall vielleicht noch in weiter Zukunft liegt und nicht uns betrifft, sondern unsere Kinder, und weil wir unterschiedliche Auffassungen davon haben, wie wichtig diese Zukunft ist. Auch die Wahrnehmung des Klimawandels wird also von dem Gegensatz zwischen der Wahrscheinlichkeit einer Bedrohung und den möglichen Konsequenzen beeinflusst. Einigen Menschen sind die möglichen Konsequenzen für künftige Generationen eben wichtiger als anderen. Unsere Einstellung gegenüber der Zukunft lässt sich in einer einfachen Zahl ausdrücken, dem sogenannten »Abschreibungssatz«. Wenn uns etwas, das in fünfzig Jahren passiert, genauso wichtig ist wie etwas, das heute passiert, dann beträgt dieser Abschreibungssatz 0 Prozent – wir schreiben die Zukunft nicht ab.

Aber die meisten Menschen würden das nicht so sehen. Wenn wir die Wahl haben, jetzt 5 Euro einzustecken oder sie erst in einem Monat zu bekommen, dann glauben die meisten, dass 5 Euro in einem Monat weniger wert sind als jetzt – einfach weil das Geschehen in der Zukunft liegt. Sie schreiben es ab. Bei gesundheitspolitischen Entscheidungen wird ein jährlicher Abschreibungssatz von 3,5 Prozent angesetzt, das heißt, in zwanzig Jahren ist ein Leben nur noch halb so viel wert wie heute. Wenn Krankenhäuser vor der Entscheidung stehen, mit ihren begrenzten Mitteln einen alten oder einen jungen Menschen zu operieren, dann könnte man sagen, dass der junge Mensch mehr Zukunft hat und deshalb mehr wert ist. Wenn die Zukunft jedoch stark abgeschrieben wird, ist dies sogar ein Vorteil für ältere Menschen, denn in diesem Fall müssen die Ärzte das laufende Jahr höher bewerten. Damit haben diejenigen, die aus Altersgründen weniger Zukunft haben, im Kampf um Ressourcen paradoxerweise weniger Nachteile. Bei einem Abschreibungssatz von 0 Prozent (wenn also die Zukunft genauso viel wert ist wie die Gegenwart) müsste nämlich das gesamte Geld auf junge Menschen verwendet werden, da sich der Nutzen auf einen längeren Zeitraum auswirkt.

Bei der Beurteilung des Klimawandels setzen Wirtschaftswissenschaftler einen sehr niedrigen Abschreibungssatz von etwa 0,5 Prozent pro Jahr an. Damit geben sie unser Interesse an langfristigen Entwicklungen wieder. Ähnlich bei der Atommüllbeseitigung: Wenn wir hier einen hohen Abschreibungssatz ansetzen würden, könnten wir den Strahlenmüll einfach irgendwo verbuddeln, weil uns selbst vermutlich nichts mehr passieren würde. Doch der jeweilige Abschreibungssatz ist Entscheidungssache und lässt sich weder von der Wissenschaft noch von der Statistik ermitteln.

Um dieser Schwierigkeit aus dem Weg zu gehen, beschäftigt sich das Nationale Gefahrenregister Großbritanniens[7] nur mit Katastrophen, die sich in den nächsten fünf Jahren ereignen könnten. Die Mitarbeiter brüten über mögliche Unglücke und berechnen munter deren Wahrscheinlichkeit, um daraus Listen wie jene in Grafik 14 zu erstellen. Das mögliche Ausmaß der Katastrophe wird mit einer Zahl zwischen 1 und 5 eingestuft (auf der vertikalen Achse). Dabei handelt es sich um menschliche Einschätzungen, nicht um statistisch gesicherte Tatsachen, genau wie bei den genannten Wahrscheinlichkeiten. Listen wie diese lassen sich immerhin damit rechtfertigen, dass sie dem Staat helfen, Prioritäten zu setzen. Man muss sich allerdings klarmachen, dass es sich um Arbeitshypothesen handelt und nicht um Prognosen.

Grafik 14: **Nationales Gefahrenregister Großbritannien**

		1:20 000 bis 1:2000	1:2000 bis 1:200	1:200 bis 1:20	1:20 bis 1:2	größer als 1:2
	5				Grippeepidemie	
	4			Sturmflut an der Küste Vulkanausbruch		
Schwere	3	großer Industriefall	großer Industriefall	andere Infektionskrankheiten Überschwemmung im Inland	Sonnenstürme Kälte und Schneefall Hitzewelle	
	2			zoonotische Tierkrankheiten Dürre	explosiver Vulkanausbruch Stürme und Windböen öffentliche Unruhen	
	1			nicht-zoonotische Tierkrankheiten	Streik	
				Wahrscheinlichkeit		

Diese großen Risiken sind schwieriger abzuschätzen als beispielsweise das Risiko eines Herzinfarkts, doch genau diese Risiken machen Regierungen nervös. Einmal mehr hängt die Einschätzung der Gefahr von unseren Grundeinstellungen ab. Haben Sie Angst, dass Gewerkschaften mit ihren Streiks das Land in die Knie zwingen, oder begrüßen Sie es, wenn die ausgebeuteten Arbeiter für ihre Rechte auf die Straße gehen? Genau darum geht es immer wieder, in diesem Buch wie bei unseren persönlichen Risikoeinschätzungen:

Viele Argumente haben rein gar nichts mit dem objektiven Risiko zu tun.

Das Nationale Gefahrenregister teilt die Bedrohungen lediglich in grobe Kategorien ein. Wenn die Beamten den »explosiven Vulkanausbruch« mit einer Wahrscheinlichkeit zwischen 1 zu 200 und 1 zu 20 ansetzen, dann gehen sie davon aus, dass dieses Ereignis in den kommenden fünf Jahren mit einer Wahrscheinlichkeit von 0,5 bis 5 Prozent eintritt. Eine präzisere Einschätzung ist kaum möglich: Der fragliche Vulkan auf Island ist in den vergangenen tausend Jahren zweimal ausgebrochen; wenn wir also davon ausgehen, dass er im Durchschnitt alle 500 Jahre ausbricht, dann beträgt die Wahrscheinlichkeit, dass es in den nächsten fünf Jahren wieder so weit ist, etwa 1 Prozent. Auf der »Schwere«-Skala steht dieses Ereignis trotzdem relativ weit oben: Bei seinem letzten Ausbruch im Jahr 1783 tötete er immerhin 20 Prozent der isländischen Bevölkerung, vernichtete die Landwirtschaft der Insel, blies eine Schwefeldioxidwolke über Europa, die als saurer Regen niederging, Ernten vernichtete und einer der Auslöser für die Französische Revolution des Jahres 1789 war. Diesen Knaben sollte man vielleicht im Auge behalten.

Wenn sich eine dieser Katastrophen ereignet oder nähert, muss jemand die Öffentlichkeit informieren. Dafür gibt es sogar richtige Handbücher für Politiker[8]: Hören Sie zu; bringen Sie Mitgefühl zum Ausdruck; wiederholen Sie Ihre Botschaften; sagen Sie den Bürgern, was sie tun sollen; gestehen Sie ein, dass die Lage unsicher ist; verbreiten Sie keine Beschwichtigungsformeln; erklären Sie Ihre Bereitschaft zu lernen.

Von diesen Hinweisen schien niemand etwas gehört zu haben, als im Mai 2011 in Norddeutschland zahlreiche Menschen mit schweren Lebensmittelvergiftungen in Krankenhäuser eingeliefert wurden, darunter Fälle mit dem lebensgefährlichen hämolytisch-urämischen Syndrom (HUS).[9] Ein Labor testete spanisches Gemüse und entdeckte dabei E.-coli-Bakterien auf einigen Gurken. Am 26. Mai gaben die Wissenschaftler ihre Ergebnisse bekannt, und die Öffentlichkeit reagierte mit einem Boykott von spanischem Gemüse.

Da konnte die spanische Landwirtschaftsministerin im Fernsehen noch so viele organische Gurken essen, um ihre Ungefährlichkeit zu demonstrieren. Das Problem war nur, dass die Bakterien, die das Labor identifiziert hatte, nicht für die 50 Todesfälle verantwortlich waren. Die wahre Herkunft der Bakterien wurde erst Ende Juni entdeckt, als die spanische Landwirtschaft längst am Boden lag – es war eine Lieferung von ägyptischen Bockshornkleesamen. Aber wer erinnert sich schon daran?

Ein noch abschreckenderes Beispiel dafür, wie man Risiken besser nicht kommuniziert, ist das Erdbeben von L'Aquila vom 6. April 2009. Nachdem eine Folge leichter Erschütterungen und ein Amateur mit einem selbstgebastelten Gerät ein bevorstehendes Erdbeben ankündigten, trafen sich am 31. März Experten mit der Katastrophenschutzbehörde, um die Einwohner der Stadt zu beruhigen. Die Wissenschaftler kamen zu dem Schluss, »dass eine Serie kleinerer Ereignisse nicht notwendig ein sicherer Vorläufer eines großen Ereignisses sein muss«. Nach dem Treffen trat ein Beamter namens Bernardo De Bernardinis vor die Presse und übersetzte diese Aussage mit den Worten, es bestehe »keine Gefahr« und die Wissenschaftler sähen die Lage »positiv«. »Gehen Sie nach Hause, und trinken Sie ein Glas Wein«, soll er hinzugefügt haben.

Die folgenden Ereignisse lesen sich wie eine vorhersehbare Tragödie: Am Abend des 5. April, es war gegen 23 Uhr, erschütterte ein schwerer Erdstoß die Ortschaft. Die Familien mussten entscheiden, ob sie in ihren Häusern bleiben oder die Nacht im Freien verbringen wollten, wie sie dies bei Erdbeben oft taten. Wer der »wissenschaftlichen« Beschwichtigung glaubte, legte sich beruhigt schlafen. Als dann um halb 4 Uhr morgens das schwere Erdbeben einsetzte, stürzten zahlreiche moderne Gebäude ein, und 309 Menschen wurden in ihren Betten erschlagen.

Sechs führende Erdbebenforscher wurden zusammen mit De Bernardinis wegen fahrlässiger Tötung angeklagt. Ihnen wurde nicht etwa vorgeworfen, dass sie das Erdbeben nicht vorhergesagt hatten, wie man gelegentlich in der Presse nachlesen konnte – das

Gericht erkannte durchaus an, dass dies mit heutigen Mitteln nicht möglich ist. Im Prozess ging es vielmehr um die Botschaft, die die Experten der Öffentlichkeit kommuniziert hatten. Hatten sie oder ein Sprecher behauptet, es werde nicht zu einem Erdbeben kommen, obwohl sie wussten, dass sie dies nicht vorhersagen konnten? Wenn ja, dann hatten sie das Handbuch nicht gelesen.

In Situationen wie diesen geht es Wissenschaftlern und Beamten oft um die Frage, was die Öffentlichkeit ihrer Ansicht nach hören will. Experten behaupten gern, die Öffentlichkeit verlange Gewissheit, und diese Gewissheit könne man nun einmal nicht geben. Nach Ansicht der Ankläger von L'Aquila hatte die Öffentlichkeit dagegen kein Interesse daran, dass man ihr die Ungewissheit der Lage vorenthielt. Die Presse karikierte den Staatsanwalt als typischen Vertreter eines Landes, das Galileo Galilei gefoltert hatte, und als Fürsprecher einer Öffentlichkeit, die gern in allem absolute Gewissheit haben will. Das Gegenteil ist der Fall.

Ein Zeuge, ein gewisser Guido Fioravanti, beschrieb, wie er seine Mutter nach dem ersten Erdstoß um 23 Uhr anrief. »Ich habe die Angst in ihrer Stimme gehört«, erinnerte er sich. »Früher sind meine Eltern immer rausgegangen, aber diesmal haben sie daran gedacht, was die Erdbebenkommission gesagt hat. Deswegen sind sie im Haus geblieben.« Der Vater kam beim Erdbeben ums Leben.

Ein anderer Zeuge berichtete: »Die Botschaft der Experten hat uns die Angst vor Erdbeben genommen. In diesem Fall war die Wissenschaft furchtbar oberflächlich. Sie hat die Kultur der Vorsicht und des gesunden Menschenverstands verraten, die uns unsere Eltern mit ihrer eigenen Erfahrung und der Weisheit früherer Generationen mitgegeben haben.« Andernfalls hätte er draußen übernachtet, erklärte er.[*] So jedoch blieb er im Haus.

Die Wissenschaftler wurden zu sechs Jahren Haft verurteilt. Das Urteil ist allerdings noch nicht rechtskräftig, die Berufung steht aus.

---

[*] Eine detaillierte Darstellung der Fehler der Erdbebenforscher von L'Aquila und der tatsächlichen Anklagepunkte finden Sie in Stephen Halls Artikel in der Fachzeitschrift *Nature*[10] sowie der nachfolgenden Leserdiskussion.

Einer der Wissenschaftler erklärte, die Experten hätten bei früheren Gelegenheiten darauf hingewiesen, dass sich L'Aquila in der am stärksten erdbebengefährdeten Region Italiens befinde. Auch die Qualität der Gebäude sei für die hohen Opferzahlen verantwortlich.

Experten machen sich immer wieder der falschen Beschwichtigung schuldig. Im Oktober 1987 mokierte sich der britische Wetterfrosch Michael Fish über die Vorstellung, ein Hurrikan könnte die britische Küste treffen – der folgende Sturm forderte 18 Menschenleben. Als es 1990 um die Sicherheit von britischem Rindfleisch ging, wollte der britische Landwirtschaftsminister John Gummer die Bevölkerung in Sicherheit wiegen und zwang sein vierjähriges Töchterchen Cordelia, vor laufenden Kameras einen Hamburger zu essen. In den folgenden Monaten starben mehr als hundert Menschen an BSE, im Volksmund auch »Rinderwahn«.

Die richtige Mischung aus Beruhigung und Vorsicht ist natürlich ein Drahtseilakt. Auf jede ungehörte Warnung vor Hypothekenkrisen oder Überfischung kommt eine Panikmache vor künstlichen Süßstoffen oder das Jahr-2000-Problemen.

Man mag das Urteil gegen die Erdbebenforscher als ungerecht empfinden, doch es ist eine Mahnung, die Gefühle und die Intelligenz der Bevölkerung zu respektieren. Statt leeren Beschwichtigungsformeln brauchen wir umfassende Informationen und Handlungsanweisungen. Wir haben ein Recht darauf, dass unsere Sorgen ernst genommen werden.

Kapitel 11

Entbindung

A AH!«, STÖHNTE SIE.
Norm blätterte in seinen Notizen …

»Aaaaannnnng!«

… und biss sich auf die Unterlippe.

»Wann kommt das Ding endlich?«

»Äh, warte mal«, antwortete er und blätterte hektisch. »Ja, hier. Bei 2242 Frauen, deren Wehen spontan einsetzen, betrug die Zeit bis zur Geburt im Mittel 8,25 Stunden bei der Geburt des ersten Kindes, äh, 5,5 Stunden bei der Geburt des zweiten und 4,75 bei der Geburt des zweiten Kindes. Es ist dein erstes.«

Er lächelte.

»O Gott!«

Norm hatte Tage damit zugebracht, seine Daten zusammenzustellen.

»Noch eins …«

Und für sämtliche Zahlen hatte er Belege.

»Mein Gooooooott!«

Alles sortiert in alphabetischer Reihenfolge, damit er es auch ja wiederfand.

»Ffu, Ffu, Ffu«, schnaufte sie.

In kritischen Momenten konnte er ihr exakt sagen, mit welcher Wahrscheinlichkeit sie überleben würde.

Sie krallte sich in seinen Ärmel.

Im Falle einer Anästhesie wusste er genau, welche Methode welches Risiko bedeutete.

»Noch ein Ton und ich … Aaaagggghhhh!«

Ah, Gewaltandrohung unter G. Hier, Seite 12. Mit dem Risikofaktor für das psychologische Profil, das er von ihr erstellt hatte. »Körperliche Gewalt: gering. Verbale Gewalt: hoch (vor allem Bezug nehmend auf Körperteile)«, hatte er notiert.

»Du … Arsch! Du blöder … aaaagggghhhh!«

Genau, dachte er, habe ich's doch gewusst. Dann rutschten ihm die Papiere aus der Hand. Das musste etwa in dem Moment passiert sein, in dem sie zu muhen begann.

»Muuuuuuuuuuuh!«[*]

Er kroch auf dem Boden herum, um seine Notizen einzusammeln.

»Tierlaute, Tierlaute …«, murmelte er, aber die Seiten waren durcheinandergeraten. Aber er konnte sich auch nicht erinnern, dass er …

»Gleich ist es so weit«, sagte die Hebamme. »Alles bestens.«

Na ja, dachte Norm. Das hängt ganz davon ab, welchen Maßstab man anlegt. Maßstab, M … Vielleicht hätte er die Seiten doch zusammenheften sollen. Zeitlich lag seine Frau jedenfalls ganz gut im Soll. Während er unter dem Instrumententisch suchte, wollte er schon fragen, was die Hebamme genau meinte, als sein Blick auf eine Metaanalyse von Experimenten mit Vitamin-K-Injektionen für

---

[*] Bis ins 20. Jahrhundert finden sich in der schöngeistigen Literatur eher dürre Schilderungen von Geburten, überwiegend aus männlicher Sicht (wie in unserem Fall aus der Sicht des verwirrten Norm). Königin Viktoria sprach das Thema mit ungewöhnlicher Direktheit an: »Ich denke, in diesen Momenten sind wir eher wie Hunde oder Kühe, denn unsere arme Natur wird so bestialisch« (zitiert nach Helen Rappaport[1]). Aber irgendwann nahmen sich auch Schriftstellerinnen des Themas an, und die Beschreibungen wurden etwas detaillierter: »Der Schmerz war nicht mehr klar definiert und getrennt von ihr, sondern total, er packte, entflammte und zerriss ihren gesamten Körper, ihren Kopf, ihre Brust, er wrang ihren Magen aus, bis ihm animalische Schreie entfuhren, Grunzlaute, ein zerfetztes Knirschen, ein ächzendes Stöhnen.« (A. S. Byatt, *Stilleben*[2]) Oder Sylvia Plaths »Metaphors« (1959): »Ich bin Mittel, Bühne, kalbende Kuh.«

Neugeborene fiel. Dann hörte er ein Schreien, und die Hebamme tippte ihm auf den Rücken.

»Norm ... Norm! Es ist ein Junge.«

Und da war er.

»Ein hübscher kleiner Kerl«, sagte sie.

Seine Frau mit einem breiten, seligen Lächeln, das Kind im Arm, und die Hebamme mit einem Grinsen von einem Ohr zum anderen.

Aber hübsch, na ja. Vielleicht so hübsch wie eine an die Wand geworfene Tomate. Ästhetische Maßstäbe waren halt ein Thema für sich.

E-Mail von Prudence an Norm.

Anhang: Rundschreiben der Gesundheitsämter: Junge und werdende Mütter am Arbeitsplatz: Ein Leitfaden für Arbeitgeber.

Hi Norm,

tolle Nachrichten, alles Gute! Und pass auf! Im Anhang Hinweise des Gesundheitsamts für junge Mütter. Besonders interessant:

– Heben/Tragen von schweren Lasten

– langes Stehen und Sitzen

– Infektionskrankheiten

– Arbeitsbelastung

– Arbeitsplatz und Körperhaltung

Liebe Grüße an alle! Pass auf dich auf!

P.

»Also das Ding mit dem Kaiserschnitt war nur, sie haben nachher nicht mehr alles reingekriegt«, erzählte Kelvin später im Pub. »Nein, nicht das Baby, du Penner, das andere Zeug. Die waren Stunden zugange, weil der Kaiserschnitt, das ist halt doch das Sicherste, gell? Technik, piep, piep, piep. Ja, Scheiße, Mann. ›Was soll das?‹, hab ich zu dem Mann im blauen Kittel gesagt. ›Was heißt das, ihr habt da noch Teile übrig, ist doch kein IKEA-Regal‹, habe ich zu dem gesagt. Überhaupt, da ist doch nachher mehr Platz als vorher, oder? Was soll das heißen, das geht *nicht mehr* alles rein? Die haben doch 'ne ganze Einkaufstüte voll rausgeholt, und kein Platz mehr? Zwei Stunden, Mann. Alles Pfusch. Noch 'ne Zigarre? Ein Wunder, dass da kein Guinness aus der rausgelaufen ist. Nicht, dass man das noch irgendwie braucht, was da übrig war, so wie die IKEA-Dinger. Aber man kann es halt auch nicht einfach so in ein Glas in der Garage stellen, ja … Aber genau, Mann, genau das machen die im Krankenhaus mit dir, die schnippeln dich in Scheiben und stecken die Hälfte ins Glas, du kommst zu 'ner OP, und die Hälfte wird eingeweckt. Die Pfuscher. ›Ah, wo soll das jetzt hin? Ist doch wurscht, steck's hier ins Glas.‹ Aber dabei verlierste Gewicht, is 'ne gute Diät. Noch'n paar Brezeln? Was waren das überhaupt für Teile, so biologisch gesehen, haste das mal überlegt? Fein aufgerollte Innereien, aber passt nicht mehr! Glaubste das? Alles Pfusch. Norm, noch'n Bier? Komm schon, alter Krieger, in den Kopp damit!«

*

Kinderkriegen ist die natürlichste Sache der Welt. Und vielleicht eine der gefährlichsten. Im Jahr 2010 starben weltweit 287 000 Frauen im Kindbett, also jede 480. werdende Mutter. Das entspricht 2100 MikroMorts[3] und damit dem Risiko, das ein britischer Normalbürger in sechs Jahren eingeht, wie uns Norm vorrechnen könnte.

Aber was sagen diese Zahlen tatsächlich aus? Wie hilfreich sind Norms Zahlenspiele auf der Entbindungsstation? Wie viele Frauen nehmen bei der Entscheidung, ein Kind zu bekommen, eine Risikoanalyse vor, selbst wenn es das Gefährlichste sein könnte, was sie in ihrem Leben je tun werden, zumal in Entwicklungsländern?

Reale Gefahren, die sich nicht auf unsere Entscheidungen auswirken, sind ein gutes Beispiel dafür, wie sehr uns Risikokalkulationen im wirklichen Leben einschränken würden. Wenn Sie meinen, dass Norm mit seinen Zahlen in dieser Situation völlig überflüssig ist, dann haben Sie vollkommen recht. Und wenn Sie meinen, dass

Emotionen oder Bedürfnisse wichtiger sind als die Daten, die Norm unter dem OP-Tisch zusammensucht, dann sollten Sie sich auch bei allen Risiken daran erinnern.

Zumindest in einem gewissen Maß. Denn die Zahlen erzählen erstaunliche Geschichten und können immense Kräfte freisetzen. In Ländern wie dem Tschad oder Somalia ist das Risiko für werdende Mütter fünfmal so hoch wie im weltweiten Durchschnitt. In diesen Ländern kommt 1 Prozent aller Frauen bei der Geburt ums Leben. Das Risiko von 1 zu 100 – 10 000 MikroMorts – könnte als natürliche Sterberate gelten, die in dieser Brutalität wahrscheinlich jahrtausendelang in aller Welt galt. Kinderkriegen gehörte lange zu den lebensgefährlichsten Ereignissen der Welt, und Ärzte taten ihr Bestes, diese Gefahr noch größer zu machen. Es gibt Dinge, die weit gefährlicher sind als eine *natürliche* Geburt.

In der entwickelten Welt ist die Müttersterblichkeit zwar inzwischen drastisch gesunken, doch die Entwicklung kam nur langsam und in Sprüngen voran und wurde von schrecklichem Leid begleitet. Die Kirchenbücher beweisen, wie gefährlich die Geburt eines Kindes selbst in der Oberschicht war. Noch vor 150 Jahren starb in Großbritannien jede 200. Frau bei der Geburt eines Kindes, oft an einer Infektion namens »Kindbettfieber«.

In öffentlichen Krankenhäusern war die Gefahr noch erheblich größer und lag weit über der Steinzeitquote von 1 Prozent. Noch Mitte des 19. Jahrhunderts war es sicherer, die Kinder zu Hause zu bekommen. Hebammen waren zu Recht gefürchtet, doch sie waren bei Weitem nicht so gefährlich wie die Ärzte in einigen Spitälern. Im Londoner Queen Charlotte Hospital, »das einen hervorragenden Ruf als Lehrkrankenhaus für Geburtshilfe genießt«, kamen von hundert Frauen vier ums Leben. Mit einem Risiko von 40 000 MikroMorts war eine Entbindung im Queen Charlotte Hospital viermal so gefährlich wie eine natürliche Geburt und etwa achtmal so gefährlich wie ein Jahr Fronteinsatz in Afghanistan (rund 5000 MikroMorts im Jahr 2011).[4] Für eine junge Frau im Kindbett war ein Krankenhaus gefährlicher als ein Kriegsgebiet. Und der Feind?

Die Ärzte und Krankenhäuser, die mehr Frauen auf dem Gewissen hatten als die Geburt selbst. Wenn wir die Sterberate in diesen Spitälern mit der natürlichen Sterberate vergleichen, müssen wir zu dem Schluss kommen, dass sie für drei von vier toten Müttern verantwortlich waren. Die Ärzte waren gefährlicher als die Taliban.

Eine Ausnahme war Ignaz Semmelweis, ein ungarischer Arzt, der Mitte des 19. Jahrhunderts in Wien wirkte. Er verglich zwei Entbindungsstationen – eine, in der Medizinstudenten die Geburt vornehmen, und eine andere, in der Hebammen ausgebildet wurden. Auf der Abteilung der Medizinstudenten starben zwei- bis dreimal so viele Frauen wie in der Abteilung der Hebammen, nämlich rund 10 Prozent – zehnmal so viele wie in der Steinzeit.

Im Dezember 1842 beobachtete Semmelweis, dass von 239 Frauen 75 bei der Geburt ums Leben kamen. Das war eine entsetzliche Quote: Jede dritte Frau überlebte die Geburt nicht. Das Krankenhaus glich einem Schlachthof.

Irgendwann stellte er fest, dass die Studenten und Professoren direkt von der Pathologie in den Kreißsaal und von der Obduktion zur Entbindung schritten, ohne sich zwischendurch die Hände zu waschen. Er kam zu dem Schluss, dass sie dabei »Leichengift« übertrugen und dass es sicherer war, Kinder auf der Straße zur Welt zu bringen als in der Klinik. Kein Wunder, dass sich viele Frauen weigerten, im Krankenhaus zu entbinden. Daraufhin wies Semmelweis seine Studenten an, sich die Hände mit einer Chlorlösung zu waschen. Und siehe da, innerhalb eines einzigen Monats sank die Sterblichkeit von 18 auf 2 Prozent.

Doch seine Kollegen waren über seine Entdeckung alles andere als erfreut. Semmelweis wurde entlassen und zog nach Pest. Weil er mit seinen Erkenntnissen überall aneckte, schrieb er Briefe an führende Entbindungsärzte in ganz Europa und beschimpfte sie als Mörder. Als er immer unberechenbarer zu werden schien, lockte man ihn 1865 in eine Anstalt. Dort starb er zwei Wochen später – ironischerweise an den Folgen einer Infektion, die er sich zugezogen hatte, nachdem er von einem Wächter geschlagen worden war.

Er wurde 47 Jahre alt. Es sollten noch drei Jahrzehnte vergehen und viele Frauen unnötig sterben, ehe Semmelweis die Anerkennung fand, die er verdiente.

Grafik 15: **Sterblichkeit in der Geburtshilflichen Abteilung des Allgemeinen Krankenhauses von Wien, 1844–1848**[5]

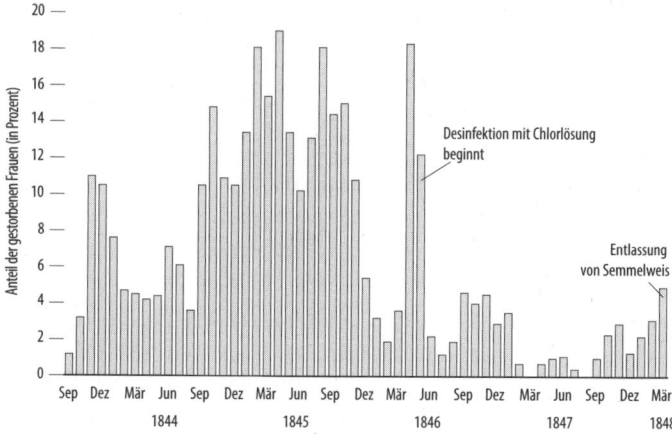

Und wie stehen die Dinge in der entwickelten Welt von heute? Nach Angaben der Nationalen Statistikbehörde sterben in England und Wales pro Jahr durchschnittlich fünfzig Frauen bei der Geburt – also etwa eine pro Woche.[6] Ein Bericht zur Müttersterblichkeit, der seit 1952 alle drei Jahre veröffentlicht wird und inzwischen auf das Thema Gesundheit von Mutter und Kind ausgeweitet wurde[7], geht allerdings davon aus, dass die Zahl etwa doppelt so hoch ist. Dieser Bericht bezieht nicht nur Frauen mit ein, die direkt infolge der Entbindung sterben, zum Beispiel durch den Blutverlust, sondern auch solche, bei denen die Entbindung indirekt zum Tod führte, weil sie zum Beispiel eine bestehende Krankheit verschlimmerte.

Der letzte Bericht stellte außerdem fest, dass Jahr für Jahr rund 150 Kinder durch den Tod der Mutter im Kindbett verwaisen. Die wichtigste unmittelbare Todesursache sind nach wie vor Infektionen, genau wie im 19. Jahrhundert, mit dem kleinen Unterschied, dass diese heute nur noch für fünf bis zehn Todesfälle pro Jahr verantwortlich sind, und das bei mehr als 700 000 Geburten. Die wichtigste indirekte Todesursache sind Herzfehler, die pro Jahr für 15 bis 20 Todesfälle verantwortlich sind. (In der BBC-Radioserie *The Archers* durchlitten die Hörer die Schwangerschaft einer Frau mit Herzfehler.)

Die Weltgesundheitsorganisation WHO geht schließlich davon aus, dass in Großbritannien pro Jahr 92 Frauen an den Folgen einer Geburt sterben. Das entspricht einer Müttersterblichkeit von 1 zu 9000. An historischen Maßstäben gemessen, ist das außerordentlich gut, doch das Risiko beträgt nach wie vor 120 MikroMorts – so viel wie bei der 1100 Kilometer langen Motorradfahrt von London nach Edinburgh und zurück.

Anders als in den meisten anderen Ländern sind Geburten in Großbritannien in den vergangenen zwei Jahrzehnten nicht sicherer geworden. Auch die soziale Schere hat sich nicht geschlossen: Für eine Frau aus der Unterschicht ist eine Entbindung fünfmal so gefährlich wie für eine Frau aus der Mittel- oder Oberschicht. Auch für ältere Mütter ist das Risiko größer.

Nach den internationalen Vergleichsdaten der WHO beträgt das Risiko in Schweden nur etwa 40 MikroMorts, in Deutschland rund 70 MikroMorts. Wie schon Semmelweis wusste, ist der Schlüssel die Hygiene. Wenn in den Vereinigten Staaten ein werdender Vater bei der Geburt dabei sein will, muss er sich einen Kittel anziehen, während er in Großbritannien frisch aus dem Garten in die Entbindungsstation latschen darf. Was nichts daran ändert, dass das Risiko einer Geburt in den Vereinigten Staaten bei 210 MikroMorts liegt, und damit etwa so hoch wie im Iran.[9] Kein Wunder, dass diese Zahlen etwas umstritten sind.

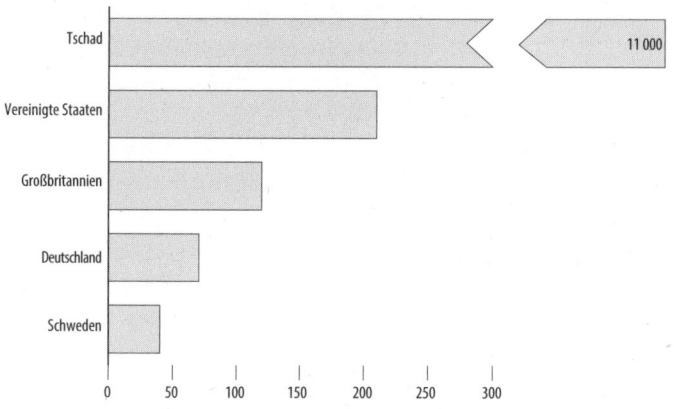

Grafik 16: **Durchschnittliche MikroMorts pro Geburt**

Tschad	11 000
Vereinigte Staaten	
Großbritannien	
Deutschland	
Schweden	

0   50   100   150   200   250   300

Die amerikanische Comedian Joan Rivers meinte einmal, ihre Wunschgeburt verlaufe nach dem Muster: »Knipst mich aus, wenn die Wehen anfangen, und weckt mich, wenn die Friseuse kommt.« So ähnlich verliefen Geburten in Deutschland zu Beginn des 20. Jahrhunderts, als man Frauen einfach ein Betäubungsmittel namens »Dämmerschlaf« verabreichte. Die Frauen konnten sich nachher nicht einmal an die Geburt erinnern. In England wurde die Narkose in den 1850er Jahren durch Königin Victoria populär gemacht – davor hatten Frauen keine andere Wahl, als Evas Strafe zu erleiden und »mit Schmerzen Kinder zu gebären«, wie es in der Bibel heißt.

Die Angst vor der Entbindung wird übrigens als »Tokophobie« bezeichnet. In Großbritannien gibt es eine Organisation mit dem Namen Birth Trauma Association, die behauptet, die Angst sei verbreitet und Phobien keine Seltenheit; extreme Phobien äußerten sich in Form von Ekel und Sicherheitsbedenken.

Dass sich Frauen trotz allem nicht davon abhalten lassen, Kinder in die Welt zu setzen, könnte ein Hinweis sein, dass sie nicht einfach die Kosten addieren. Denn die Geburt hat einen offensichtlichen Nutzen in Form eines Kindes. Die Tatsache, dass Millionen von Frauen und Männern das Risiko eingehen, obwohl sie Verhütungsmittel verwenden könnten und dies auch tun (siehe Kapitel 8), lässt vermuten, dass sich hin und wieder auch große Risiken lohnen können.

Tatsächlich erscheint uns das Risiko umso geringer, je größer der erwartete Nutzen ist. Das bedeutet nicht nur, dass manche den Nutzen höher bewerten als die Kosten und andere nicht. Das bedeutet auch, dass diejenigen, die einen größeren Nutzen erwarten, das Risiko für objektiv geringer halten. Oder einfacher gesagt: Je mehr wir erwarten, umso weniger sorgen wir uns. Aber warum sollte das Gute dafür sorgen, dass das Schlechte weniger schlecht ist? Es könnte uns vielleicht für das Schlechte entschädigen – aber es verringern? Der Psychologe und Risikoexperte Paul Slovic spricht von einer »Affektheuristik«: Wenn uns etwas gefällt, können wir uns nicht vorstellen, dass es uns schaden könnte.

Wäre ein Kaiserschnitt sicherer, wie ihn Kelvins Frau wollte? Es ist ein Mythos, dass Julius Cäsar auf diesem Weg zur Welt kam, denn dieser Eingriff wurde damals nur bei toten oder sterbenden Müttern vorgenommen, und Cäsars Mutter sah ihren Sprössling noch heranwachsen. Angeblich überlebte erstmals im 16. Jahrhundert eine Frau einen Kaiserschnitt; ihr Mann soll ein Schweinehirte gewesen sein, der seine Tiere sterilisierte und daher ein paar Anatomiekenntnisse mitbrachte. Auch wenn es nur ein Mythos ist, sind Cäsars Nachfahren begeisterte Anhänger des Kaiserschnitts: In Rom wird fast die Hälfte aller Kinder so zur Welt gebracht, in Privatkliniken sogar rund 80 Prozent. Mit offiziell 170 MikroMorts[10] scheint der Kaiserschnitt das Risiko fast zu halbieren. Doch die Gefahren sind heftig umstritten, zumal es schwierig ist, die Risiken des Eingriffs selbst von den Risiken zu unterscheiden, die den Kaiserschnitt erforderlich machen.

Natürlich kann rund um die Geburt alles Mögliche schiefgehen, ohne dass die Mutter gleich sterben muss. Rund 10 bis 15 Prozent aller Frauen werden von der postnatalen Depression, dem sogenannten Baby-Blues, betroffen. Das ist ein weiteres Beispiel dafür, wie leicht wir die Risiken übersehen, wenn wir nur den Nutzen vor Augen haben (vor allem wenn der Nutzen so groß ist), und dass wir aus unseren momentanen Gefühlen kaum Schlüsse darauf ziehen können, wie wir uns in Zukunft fühlen werden. »Ich will ein Kind, und ich will es so sehr, dass mich schon der Gedanke daran glücklich macht; der Gedanke, kein Kind zu bekommen, macht mich traurig. Deswegen weiß ich, dass mich ein Kind glücklich machen wird.« Wer wollte dem widersprechen? Doch das Risiko einer Depression ist nicht von der Hand zu weisen. Wir könnten Frauen dazu bringen, dieses Risiko ernster zu nehmen, und vielleicht sollten wir Behandlungen anbieten, für den Fall, dass das Problem nach der Geburt auftritt. Doch wir sollten nicht erwarten, dass wir damit die Hoffnungen und das Verhalten der Menschen verändern.

Kapitel 12

Glücksspiel

Norms Zockerphase begann, als der Jackpot der Nationalen Lottogesellschaft bei sagenhaften 14 Millionen Pfund stand. Mit dieser Summe würde er jede erdenkliche Kombination tippen können. Er musste also lediglich 14 Millionen Pfund auftreiben, um die Lottoscheine zu kaufen, dann hatte er den Jackpot sicher geknackt.

Und mit den vielen Fünfern, Vierern und Dreiern, die er nebenbei bekäme, würde er einen satten Gewinn einstreichen. Seine Augen leuchteten.

»Wahnsinn!«, rief er aus.

Beim Frühstück überlegte er laut, wie er die 14 Millionen auftreiben konnte, doch seine Frau schien ihm gar nicht zuzuhören.

»Ich habe gerade gesagt …«

»Ja, ich hab's gehört.«

»Aber ich hab's durchgerechnet. Es ist eine völlig rationale Strategie«, erwiderte Norm.

»Ich glaube, du verstehst nicht ganz, worum es beim ›Glücksspiel‹ geht.«

»Es ist bombensicher.«

»Wie gesagt …«

»Es geht darum zu gewinnen?«

Blieb nur ein kleineres praktisches Problem: Wie sollte er die 14 Millionen Kästchen ausfüllen? Wenn er pro Tipp 30 Sekunden veranschlagte, dann würde er 7000 Tage lang rund um die Uhr am Kiosk stehen. Doch dann stellte er fest, dass er eine entscheidende Kleinigkeit übersehen hatte, und warf den Plan über Bord.[*] Damit war die Glücksspielphase beendet. Bei diesen Wahrscheinlichkeiten hatte es einfach keinen Zweck.

Vor dem Kasino saß ein Mann und verkaufte Cornflakes. Vor vielen Jahren hatte es drinnen angefangen:

»Mein Goldjunge! Was für ein Kerlchen!«

»Drück mal für mich, Kleiner!«

»Der hat Glück!«

»Der hat das Händchen!«

»Blondes Haar, blaue Augen, ein echter Glücksengel!«

»Hier, drück nochmal, Kleiner!«

Dann blinkten die Lichtchen, unten schossen die Münzen raus, und alle jubelten.

Und so endete es:

»Kauf mir die Cornflakes ab! Schau mal, 50 Pence. Im Laden kosten die 1 Pfund. Mehr: 1,23 steht auf der Packung. Komm schon! 50 Pence!«

»Ich mag keine Cornflakes.«

»Was dann? Die Milch? Den ganzen Einkauf? 5 Pfund für die ganze Tüte! Komm schon. Bitte! Ein Fünfer! Leih mir 'nen Fünfer! Den hol ich gleich wieder rein! Heute ist mein Glückstag! Ein Fünfer!«

Und weil das Geld für den Bus, das er sicher in der Brusttasche verwahrt hatte, doch nicht so sicher war, ging es bald denselben Weg wie seine Einkäufe. Und als er dann nach dem endlosen Fußmarsch endlich zu Hause ankam, fand er einen Zettel, auf dem stand, sie hätte die vielen Lügen satt und sei gegangen. In zwei Tagen hatte er 1000 Pfund auf den Kopf gehauen, 1000 Pfund auf ihren Namen, die sie nicht hatten. Mein Gott, er hatte alles versucht,

---

[*] Raten Sie mal, wo Norm sich geirrt hatte. Im zweiten Teil des Kapitels finden Sie die Auflösung.

er hatte sogar schon eingekauft, damit das Geld nicht gleich ganz futsch war, aber dann hatte er die Einkäufe vor der Spielhalle quasi verschenkt, weil der richtige Moment zum Aufhören nie kommt und kein Gewinn jemals groß genug ist. Jetzt ist seine Karte gesperrt, und er liegt heulend auf dem Bett. Einmal hat ihn sein Vater rausgehauen, aber er hat's gleich wieder verzockt – allein der Gedanke frisst ihm ein Loch in die Seele. Und dann wieder das Scheißgefühl und der Hass auf sich selbst, als er den Versager im Spiegel verflucht und denkt, er hat nichts, mit 24 hat er verloren und ist am Ende.

Kelvin sah den Mann gar nicht, der ihm an der Tür die Cornflakes hinstreckte. Er dachte nur an *Cheese Rind* und hoffte, dass der um halb acht beim Platin-Rennen von Reading bei einer Quote von 4 zu 1 die Nase vorn behalten würde. Und als die Hunde auf dem Großbildschirm in gestrecktem Lauf über die Bahn schossen, war er außer sich vor Begeisterung. Norm meinte, er sei verrückt, die Wahrscheinlichkeit sei einfach lächerlich. Aber als am nächsten Tag zum Höhepunkt einer kumulativen Wette *Snow Queen* die 660 Meter Hürden bei einer unglaublichen Quote von 7 zu 1 gewann, hatte er 81 281 Pfund und 52 Pence in der Tasche. Das wäre schon fast der Maserati gewesen – wenn er nicht gegen alle Regeln verstoßen und am Samstag beim Damentennis 40 Riesen auf eine Russin gesetzt hätte, von der er nie gehört hatte, nur weil jemand gesagt hatte, die Russinnen seien unschlagbar. Aber die da hatte gespielt wie ein Esel im Bastrock. Na und? Er hatte ja zunächst gewonnen, das heißt, er hatte eigentlich gar nichts verloren, und es reichte immer noch für einen kleinen Porsche oder ein BMW Coupé. Natürlich warf er eine Münze, entschied sich für den Porsche und setzte ihn glatt in einen Bach, weil er besoffen war und auf die Haftpflicht gehofft hatte.

Jesus aber sprach: »Vater vergib ihnen, denn sie wissen nicht, was sie tun.« Und sie verteilten seine Kleider und warfen das Los darum.
Lukas 23:34

Es ist nicht bekannt, wann Menschen zum ersten Mal auf den Zufall gesetzt haben, um eine schwierige Entscheidung zu treffen. Heute würfeln wir nicht nur um einen Lendenschurz, sondern auch darum, wer studieren darf, wer in einem Geschworenengericht sitzt oder wer ins Rettungsboot darf.*

Im Vietnamkrieg wurden Soldaten nach ihrem Geburtstag eingezogen, und die Geburtsdaten wurden per Losentscheid ermittelt. Im Jahr 1969 wurden die Lose leider nicht ordentlich gemischt, weshalb die gegen Jahresende Geborenen Pech hatten: Im Dezember wurden von 31 möglichen Tagen 26 gezogen.[3]

Das Losverfahren soll dafür sorgen, dass alle dieselbe Chance haben. Diese Willkür lässt Raum für die Intervention von Gott, Schicksal, Glück oder Fortuna, weshalb in Spielkasinos und bei Wettbewerben die sonderbarsten Rituale zu beobachten sind. Mit seinem Versuch, den Jackpot zu knacken, versuchte Norm wieder einmal, die Wahrscheinlichkeit zu bändigen und den Zufall auszuschalten. Das wäre doch etwas! Aber würde es noch Spaß machen? Vielleicht ist es ja genau das, was seine Frau so stört. Wenn man das Glücksrad des Lebens anhalten will, hält man dann nicht das Leben selbst an?

Das Element des Zufalls scheint erstmals vor mehr als 5000 Jahren Eingang in die menschlichen Spiele gehalten zu haben. Die alten Ägypter verbrachten ihre langen Winterabende mit Brettspielen, deren Züge mit einem »Astragalus« entschieden wurden, einem Fersenknochen, der auf vier Seiten fallen kann. Wenn Sie sich beim Metzger einen Schafsfuß kaufen, kommen Sie ohne große Mühe an Ihren eigenen Astragalus und können ihn bei Spielen oder Prophezeiungen verwenden, wie die alten Griechen und Römer. Irgendwann haben die Menschen dann angefangen, auf das Ergebnis zu wetten, und so wurde aus dem Spiel das Glücksspiel mit Astragali oder Würfeln.[4]

---

* In *The Luck of the Draw* behauptet Peter Stone, wir lehnten das Losverfahren bei gesellschaftlichen Entscheidungen deshalb ab, weil es keine Vernunftentscheidung zulasse; seiner Ansicht nach hätte das jedoch eine »reinigende Wirkung«.[2]

Das Glücksspiel wurde so beliebt, dass die Römer versuchten, es wenigstens an Samstagen zu unterbinden. Doch selbst Kaiser Claudius war ein fanatischer Zocker und schrieb eine Abhandlung über das Würfelspiel. Auch die übrigen Menschen ließen sich nicht davon abhalten, zu wetten und Quoten festzusetzen: In Paris konnte man 1588 darauf wetten, ob die Spanische Armada England angreifen würde oder nicht; die Buchmacher notierten 5 zu 1 gegen den Angriff, doch das war vermutlich nur eine Finte der Spanier.[5] Das Erstaunliche ist, dass bis zum 16. Jahrhundert niemand auf die Idee kam, Glücksspiele mithilfe der Mathematik zu analysieren. Vielleicht meinte man, das Ergebnis werde vom Schicksal bestimmt, doch vermutlich war die Theorie damals einfach noch nicht so weit, und niemand kam auf den Gedanken, dem Zufall eine Zahl zuzuordnen.

Das erste Buch über den Zufall wurde 1525 von einem gewissen Girolamo Cardano verfasst, einem besessenen italienischen Spieler und Mathematiker, der sich nicht mit Schicksalsglauben zufriedengeben wollte.[7] Er kam auf den Gedanken, die Ergebnisse zu notieren – zum Beispiel alle Möglichkeiten, um mit zwei Würfeln sieben Augen zu erzielen –, die Zahl durch die 36 möglichen Ergebnisse zu teilen und so die Wahrscheinlichkeit jedes Ergebnisses zu ermitteln – im Falle der sieben Augen eine Wahrscheinlichkeit von 1 zu 6. Für uns liegt das heute auf der Hand, aber damals war das ein erstaunlicher Schritt. Allerdings verrechnete sich Cardano oft genug. Weil ein Astragalus vier Seiten hat, schien er davon auszugehen, dass jede Seite mit derselben Wahrscheinlichkeit fällt. Doch ein einfaches Experiment zeigt, dass dies nicht der Fall ist, weil der Knochen uneben ist. Der Mathematiker nahm außerdem an, dass er nach drei Würfen mit einem normalen Würfel mit einer Wahrscheinlichkeit von 50 Prozent eine bestimmte Zahl würfeln würde – ein Irrtum, der ihn eine Menge Geld gekostet haben dürfte. Probieren Sie's mal aus! (Die Wahrscheinlichkeit beträgt nur dann 50 Prozent, wenn sich keine Zahl wiederholen darf.)

Der Chevalier de Méré, der Mitte des 17. Jahrhunderts in Paris sein Glück versuchte, war da schon ein scharfsichtigerer Zocker. Er kam zu dem Schluss, wenn er darauf wettete, bei vier Würfen eine 6 zu würfeln, dann hatte er leichte Chancen zu gewinnen. Aber wenn er mit zwei Würfeln spielte und wettete, bei 24 Würfen einen Sechserpasch zu bekommen, dann standen die Chancen eher gegen ihn. Wie es der Zufall oder das Schicksal so wollte, stieß er die beiden klügsten Mathematiker der Zeit, Blaise Pascal und Pierre de Fermat (der mit dem berühmten »letzten Satz«), auf das Problem. Diese bestätigten ihm, dass er die erste Wette mit einer Wahrscheinlichkeit von 52 Prozent gewann und die zweite mit einer Wahrscheinlichkeit von 51 Prozent verlor.[9] Der Chevalier hatte also recht, was auf seine lange (und vermutlich teuer bezahlte) Erfahrung schließen lässt. Der Chevalier stieß die Mathematiker auch auf das sogenannte »Teilungsproblem«: Wenn ein Spiel vorzeitig abgebrochen werden muss, in welchem Verhältnis soll dann der gesetzte Betrag aufgeteilt werden? Eine moderne Variante dieser Fragestellung ist die Duckworth-Lewis-Methode zur Ermittlung von Punkten nach Abbruch eines Cricket-Spiels; diese Berechnung wurde von Statistikern ausgetüftelt und ist entsprechend unverständlich.

Danach geriet die Wahrscheinlichkeitsrechnung ein paar Jahrhunderte lang in Vergessenheit. Im 18. Jahrhundert, dem goldenen Zeitalter der Wette, verließ man sich auf den Bauch, nicht auf den Kopf. Es war die Zeit der exzentrischen Wetten: Beispielsweise gewann der Graf Wilhelm zu Schaumburg-Lippe im Jahr 1735 eine gewaltige Summe, weil er falsch herum auf dem Pferd sitzend die Strecke von London nach York ritt.[9] Damals wurden auch riesige Summen auf Cricket-Spiele gesetzt, und so war es nur folgerichtig, dass die Cricket-Welt Anfang des 19. Jahrhunderts von Wettskandalen erschüttert wurde. So musste das Publikum in Lord's Cricket Ground erstaunt zusehen, wie zwei Mannschaften verzweifelt um die Niederlage kämpften.[10]

Daher wurden 1817 die Buchmacher von den Cricket-Feldern verbannt. Im Jahr 1826 wurden die Lotterien verboten, und mit dem Glücksspielgesetz von 1845 waren Spielschulden keine Ehrenschulden mehr und konnten eingetrieben werden. Cricket verwandelte sich in den klassischen Gentleman-Sport, der es bis vor Kurzem geblieben ist. Inzwischen sind wir allerdings wieder da, wo wir vor 200 Jahren schon einmal waren: Immense Wettbeträge führen zu Absprachen, und da man heute auf jedes noch so winzige Detail des Spiels setzen kann, werden Spieler bestochen, um ganz bestimmte Bälle zu verschlagen – eine Manipulation, die auch als Spot-Fixing bezeichnet wird.[11]

Den moralinsauren Viktorianern war das Glücksspiel ein Gräuel, und erst dank der Liberalisierung der 1960er Jahre wurde es zu einer halbwegs achtbaren Freizeitbeschäftigung. Nach Auskunft des Vereins Gamble Aware[12] spielen 73 Prozent aller erwachsenen Briten mindestens einmal pro Jahr. Selbst wenn man Lotto ausnimmt, sind mehr als die Hälfte aller Erwachsenen in Großbritannien Zocker. Die staatliche Glücksspielaufsicht schätzt, dass die Briten 2009/10 rund 7 Milliarden Euro verloren haben, die Lottoscheine nicht einmal mitgerechnet – das sind rund 120 Euro pro Mann, Frau und Kind oder 240 Euro pro Spieler. Und das ist nur der Durchschnitt. Da die meisten Menschen nicht annähernd so viel verlieren, müssen einige das Geld mit beiden Händen zum Fenster hinauswerfen.

Zwei Statistiker verfassten ein dickes Lehrbuch zur Wahrscheinlichkeitstheorie und gaben ihm den Titel *How to Gamble if You Must* – übersetzt sinngemäß: Wie Sie spielen, wenn Sie schon müssen; nachdem sich enttäuschte Leser beschwerten, veröffentlichten sie die zweite Ausgabe unter dem angemesseneren Titel *Inequalities for Stochastic Processes* – also: Ungleichheit in stochastischen Prozessen.[13] Aber was wäre denn nun eine vernünftige Methode, wenn Sie schon spielen müssen? Damit meinen wir nicht das Glücksspiel an der Börse und auch keine Spiele wie Poker, die ein gewisses Geschick verlangen, und auch keine Sportwetten, deren Veranstalter promovierte Mathematiker beschäftigen und mit ausgeklügelten statistischen Modellen hantieren. Wir meinen ganze einfache Glücksspiele für den naiven Ottonormalzocker.

Lottogesellschaften bezeichnen sich selbst nur ungern als Glücksspielbetreiber, und in Großbritannien fällt die staatliche Lotteriegesellschaft nicht einmal unter das Glücksspielgesetz. Trotzdem nimmt sie im Jahr fast 700 Millionen Euro ein. Wer 6 aus 49 Zahlen richtig tippt, gewinnt den Jackpot, und da es knapp 14 Millionen Kombinationen gibt, beträgt die Wahrscheinlichkeit, den Jackpot zu knacken, rund 1 zu 14 Millionen. Das entspricht ungefähr der Wahrscheinlichkeit, dass eine fünfzigjährige Frau innerhalb der nächsten Viertelstunde tot umkippt. Aber wenn für jede Samstagsziehung etwa 30 Millionen Tippscheine verkauft werden, dann müssen rein statistisch gesehen jedes Wochenende zwei Personen gewinnen. Genauso viele, wie wenige Minuten nach der Abgabe des Lottoscheins auf tragische Weise ums Leben kommen.

Wenn in einer Woche niemand sechs Richtige tippt, kommt der Gewinn in den Jackpot. Und wenn ein paar Wochen hintereinander niemand gewinnt, müsste der Jackpot irgendwann so groß sein, dass man von der Summe alle erdenklichen Kombinationen tippen kann. Wie Norm ganz richtig erkannt hat, wäre es eine interessante Geschäftsidee, einfach alle möglichen Kombinationen zu tippen; das wäre zwar in der Praxis recht schwierig durchzuführen, aber man würde damit auch alle Fünfer, Vierer und Dreier gewinnen.

Das ist tatsächlich schon passiert. Im Jahr 1992 waren 1,7 Millionen Pfund im Jackpot der irischen Lottogesellschaft, und um alle Kombinationen zu tippen, waren nur 973 896 Pfund erforderlich. Eine Gruppe aus Dublin schaffte es, 80 Prozent der Kombinationen zu tippen, obwohl die Lotteriegesellschaft alles versuchte, um sie daran zu hindern. Doch genau wie Norm hatten sie sich verrechnet: Sie gewannen zwar, doch sie mussten sich den Jackpot mit zwei anderen Tippern teilen. Nur den kleineren Gewinnen hatten sie es zu verdanken, dass sie keinen Verlust machten. Norm weiß zwar, dass er mit Sicherheit einen Sechser tippt, aber er weiß nicht, ob nicht noch jemand anders gewinnt. Glücksspiel bleibt eben doch Glücksspiel.

Genau das ist der Haken: Ein Riesenjackpot lockt viele Tipper an, und damit wird die Wahrscheinlichkeit größer, dass der Gewinn geteilt werden muss. In den Vereinigten Staaten waren beispielsweise im März 2012 fantastische 656 Millionen US-Dollar im Jackpot, und das bei nur 176 Millionen möglichen Kombinationen. Am Ende musste der Jackpot durch drei geteilt werden, das heißt, es wäre ziemlich riskant gewesen, alle Kombinationen tippen zu wollen.

Doch selbst wenn man am Ende Verlust macht, sind Lotterien ein perfektes Geldwäschemodell, weshalb der Weltverband der Lotteriegesellschaften sogar einen Leitfaden herausgibt, in dem erklärt wird, wie sich krumme Geschäfte vermeiden lassen.[14]

Wenn Sie die besten Wettchancen suchen, dann sollten Sie vielleicht lieber eines der rund 150 Spielkasinos des Landes besuchen. Sie verlieren zwar vermutlich trotzdem, doch da ein europäischer Roulettetisch nur eine Null hat (in den Vereinigten Staaten sind es zwei), bleibt der Bank am Ende nur eine kleine Gewinnspanne von 2,7 Prozent. Das heißt, 97,3 Prozent der Einsätze am Roulettetisch fließen an die Spieler zurück. Die staatliche Lotteriegesellschaft schüttet dagegen nur 45 Prozent ihrer Einnahmen in Form von Gewinnen wieder aus (das klingt knickrig, doch damit ist sie noch großzügiger als viele andere Lottogesellschaften).

Pferdewetten sind nach wie vor das Standbein der gut 8000 britischen Wettbüros, die rund 88 Prozent in Form von Gewinnen an die Spieler auszahlen. Inzwischen werden auch Maschinen immer beliebter, an denen man unter anderem Roulette spielen kann. Diese Maschinen schütten ebenfalls durchschnittlich 97,3 Prozent aus, werden aber für das sogenannte »problematische Spielverhalten« verantwortlich gemacht. Die Maschinen sind so schnell, und das Spiel ist derart zwanghaft (was David Spiegelhalter bestätigen kann), dass die Betreiber trotz der guten Ausschüttung immense Summen einkassieren. Da jedes Wettbüro nur vier dieser Maschinen aufstellen darf, schießen überall in Großbritannien neue Spielhallen aus dem Boden. Allerdings kann man an diesen Maschinen keine kumulativen Wetten abschließen. Bei diesen Wetten kann man mit kleinem Einsatz richtig abräumen, wenn man zum Beispiel nacheinander 19 Fußballspiele richtig tippt und mit einem Einsatz von 86 Pence 585 000 Pfund mit nach Hause nimmt.[15]

Immer mehr Menschen zocken vom heimischen Wohnzimmer aus: Im Jahr 2008 spielten 5,6 Prozent der erwachsenen Briten (also jeder 18.) Glücksspiele im Internet. Diese Seiten haben oft einen versteckten Link zu Hilfsorganisationen wie den Anonymen Spielern. Nach verschiedenen Schätzungen zeigen heute zwischen 1 und 3 Prozent der Erwachsenen ein »problematisches Spielverhalten«. Das »pathologische Spielen« gilt seit langem als psychologische Diagnose – nach der Definition des Diagnosehandbuchs DSM-IV gelten Sie als krankhafter Spieler, wenn fünf der folgenden zehn Punkte auf Sie zutreffen[16]:

- Sie sind stark eingenommen vom Glücksspiel (Sie beschäftigen sich intensiv mit dem Spielen, erleben vergangene Spielerfahrungen gedanklich nach, beschäftigen sich mit der Verhinderung oder Planung der nächsten Spielunternehmungen und denken über Wege nach, Geld zum Spielen zu beschaffen)
- Sie müssen mit immer höheren Einsätzen spielen, um die gewünschte Erregung zu erreichen
- Sie haben wiederholt erfolglose Versuche unternommen, das Spielen zu kontrollieren, einzuschränken oder aufzugeben
- Sie sind unruhig und gereizt beim Versuch, das Spielen einzuschränken oder aufzugeben
- Sie spielen, um Problemen zu entkommen oder um eine dysphorische Stimmung (zum Beispiel Gefühle von Hilflosigkeit, Schuld, Angst, Depression) zu erleichtern
- Sie kehren, nachdem Sie beim Glücksspiel Geld verloren haben, oft am nächsten Tag zurück, um den Verlust auszugleichen
- Sie belügen Familienmitglieder, Therapeuten oder andere, um das Ausmaß Ihrer Verstrickung in das Spielen zu vertuschen
- Sie haben illegale Handlungen wie Fälschung, Betrug, Diebstahl oder Unterschlagung begangen, um das Spielen zu finanzieren

- Sie haben eine wichtige Beziehung, Ihren Arbeitsplatz, Ausbildungs- oder Aufstiegschancen wegen des Spielens gefährdet oder verloren
- Sie verlassen sich darauf, dass Ihnen andere Geld bereitstellen, um die durch das Spielen verursachte hoffnungslose finanzielle Situation zu überwinden

Hinter diesen spröden Beschreibungen verbirgt sich eine Menge Leid. Warum zocken wir also immer weiter, obwohl wir doch genau wissen, dass am Ende immer das Haus gewinnt? Wir wissen zwar rational sehr genau, dass alles reiner Zufall ist und wir rein gar nichts tun können, um unsere Gewinnchancen zu verbessern, doch wir glauben trotzdem, dass wir jetzt endlich auch mal an der Reihe sind, dass heute unser Glückstag ist, dass wir die Ergebnisse irgendwie kontrollieren können oder dass Fasttreffer auf künftige Treffer hinweisen, wie sie das zum Beispiel beim Fußball und anderen Spielen tun, die mit Geschick und Können zu tun haben.

In Großbritannien gibt es bislang eine einzige staatliche Klinik für Spielsüchtige, passenderweise im Londoner Vergnügungsviertel Soho.[17] Demnächst soll das problematische Spielverhalten auch offiziell als Sucht anerkannt werden, genau wie Drogensucht oder Alkoholismus. Aber wenn diese Verhaltensweise als Sucht gilt, was kommt dann als Nächstes? Die Einkaufssucht?

Aber spielen wir wirklich, weil wir uns vom Glücksspiel eine Zusatzrente erhoffen? Wenn ja, dann wäre das allerdings mehr als unvernünftig. Aber solange wir es nicht mit einer Anlagestrategie verwechseln, unsere Familie in den Abgrund stürzen und unsere Gesundheit ruinieren, ist es ja vielleicht gar nicht so schlimm. Es könnte sogar Spaß machen.

Nehmen wir an, Sie haben wie Kelvin ein Auge auf einen 120 000 Euro teuren Maserati geworfen, aber nur einen Euro in der Tasche. Und nehmen wir an, Sie sind ein rational denkender Mensch, der das Maximum aus seinem Euro herausholen will (zugegeben eine unwahrscheinliche Mischung von Persönlichkeitseigenschaften, was wohl auch der Grund ist, weshalb Norm das Prinzip des Glücksspiels nicht kapiert). Wenn Sie Euro Lotto spielen und einen Fünfer mit Zusatzzahl tippen, dann gewinnen Sie bei einer Wahrscheinlichkeit von 1 zu 2 330 636 etwa 120 000 Euro.

Sie könnten aber auch auf Pferde oder Hunde setzen und Ihre Wetten kumulieren. Sie wählen eine Serie mit sechs Rennen und setzen in jedem auf ein Pferd mit mittelmäßigen Erfolgsaussichten und einer Quote von etwa 6 zu 1. Durch die Kumulation wird jeder Gewinn zum Einsatz der nächsten Wette, und wenn alle gewinnen, gehen Sie mit 7 x 7 x 7 x 7 x 7 x 7 = 117 000 Euro nach Hause. Wenn der Buchmacher noch 12 Prozent einstreicht, stehen Ihre Chancen auf den Maserati bei etwa 1 zu 230 000 und damit besser als in jeder Lotterie.

Wenn Sie ein Kasino finden, in dem Sie mit einem Euro an den Start gehen können, dann setzen Sie auf Ihre Glückszahl zwischen 1 und 36. Wenn Sie gewinnen, lassen Sie die 36 Euro liegen oder setzen Sie sie auf eine andere Zahl. Wenn Sie wieder gewinnen, setzen Sie die 1296 Euro wieder auf Zahl (im Grunde ist es egal, ob Sie die Chips liegen lassen oder auf eine neue Zahl setzen, aber irgendwie scheint es die Chancen zu verbessern, wenn Sie eine neue Zahl wählen). Wenn Sie wieder gewinnen, setzen Sie die 46 656 Euro auf Rot, und wenn Sie das Glück nicht verlässt, sind Sie Besitzer von 93 312 Euro – fast genug für den Maserati. Die Wahrscheinlichkeit, an einem europäischen Roulettetisch mit einer Null eine solche Glückssträhne hinzulegen, beträgt 1/37 x 1/37 x 1/37 x 18/37 = 1 zu 104 120 – doppelt so gut wie beim Pferderennen.

Beim Roulette haben Sie also mit Abstand die beste Chance, für Ihren Euro einen blitzenden Maserati zu bekommen. Aber vielleicht fangen Sie doch besser an zu sparen.

Kapitel 13

Durchschnittliche Risiken

IRGENDETWAS FEHLTE IN NORMS LEBEN. Aber was? Er war 38 Jahre alt und hatte keine Ahnung, was nicht stimmte. Er wusste nur, dass irgendetwas fehlte. Das machte ihn ein wenig niedergeschlagen, wenn auch ehrlich gesagt nicht allzu sehr. Eigentlich war er eher genervt als deprimiert. Das war dann aber auch schon fast wieder deprimierend, so ein bisschen zumindest. Wo war denn der ... na ja, Sie wissen schon, äh ...? Er wippte auf dem Stuhl und betrachtete die Gardinen.

Wie jeder Durchschnittstyp wusste Norm in seinem tiefsten Innern, dass er besser war als die meisten anderen Menschen. Das zu beweisen war allerdings nicht ganz so einfach. Um ein wenig aus der Masse herauszustechen, hatte er sich ein paar coole Angewohnheiten zugelegt und trug neuerdings Ringelsocken, und um sich ein schärferes Profil zu geben (darauf kam es an), fluchte er hin und wieder ein wenig. Und weil er sich gern etwas gönnte – dagegen soll erst mal jemand was sagen! –, ließ er neben der entrahmten H-Milch, dem Putenaufschnitt, den Cornflakes und dem tiefgekühlten Hähnchengeschnetzelten für die Mikrowelle gelegentlich einen Schokoriegel in den Einkaufswagen gleiten.[1] Das war der neue Norm: Er war jetzt mehr er selbst und pflegte seinen eigenen Stil, direkt aus dem Johnny-Boden-Katalog. Aber irgendetwas fehlte ganz einfach.

Er nahm ein altes Briefkuvert, schrieb NORM darauf und unterstrich seinen Namen zweimal. Links darunter schrieb er »Einkommen«, in der Mitte zog er eine Linie, und rechts schrieb er 28 270 Pfund. Er starrte die Zahl an.

Sie kam ihm sonderbar bekannt vor. Er schaute im Internet nach, und richtig: Das war der britische Durchschnitt. Komisch, dachte er, genauso viel zu verdienen wie der männliche Durchschnittsangestellte.

»Größe« schrieb er, dann »1,75 Meter«. Er sah auf der Seite der Nationalen Statistikbehörde nach. Auch etwa Durchschnitt. Wen wundert's, dachte er.

Gewicht: 83 Kilogramm. Auch diese Zahl sah er sich eine Weile lang an, dann schlug er sie nach. Genau, Durchschnitt.

Wochenarbeitszeit: 39 Stunden. Ein Blick ins Internet, und das war dann wieder … Er rutschte auf seinem Stuhl herum und kaute an seinem Bleistift.

Heiratsalter … Kaffeekonsum pro Tag … ihm wurde immer mulmiger.

Eine Zahl nach der anderen kritzelte er auf den Umschlag, um sie dann zu googeln und immer wieder dieselbe unheimliche Antwort zu erhalten.

Erstes Kind geboren im Alter von … Er hatte Angst vor der Antwort. Anfahrtszeit zur Arbeit? Zeit vorm Fernseher? Schuhgröße? Zahl der Plomben? Er wollte es gar nicht mehr wissen, aber er spürte es sowieso schon. Wie konnte jemand so viele Kästchen ankreuzen und immer in der Mitte landen?

Jahrelang hatte sich Norm nach dem einen großen Ereignis gesehnt, dem Moment, in dem er in seiner ganzen Einmaligkeit aus der Menge herausragen würde. Er hätte vielleicht sogar etwas dafür getan, wenn es nicht so anstrengend gewesen wäre. Stattdessen stieg er in seiner eigenen Wertschätzung, indem er die Verfehlungen seiner Mitmenschen pointiert kommentierte: die Grammatikfehler des Nachrichtensprechers, die Geschwindigkeit anderer Autofahrer – »rücksichtsloser Raser!«, wer schneller fuhr als er, »Sonntagsfahrer!«, wer langsamer unterwegs war. Und die ganze Zeit über stand er mit beiden Beinen fest in der Mitte. Er wollte gar nicht darüber nachdenken, was das bedeutete.

Konnte er etwas dagegen tun? Er war versucht. Ja, er wollte sich auflehnen, gegen das erdrückende Schicksal des mittelmäßigen Mittelmaßes rebellieren, gegen die Hypernormalität, er wollte etwas Einmaliges und Verrücktes tun, zum Beispiel – äh, ja, was? Genau: sich betrinken!

Norm kaute weiter auf dem Bleistift und starrte auf die Gardinen. Empfand er das als erniedrigend? Er war sich nicht sicher. Das war schon nicht so leicht zu schlucken, dieser neue Status als, tja … Er nagte noch ein wenig an dem Holz herum, dann sah er plötzlich auf.

Er lehnte sich zurück. Lächelnd verschränkte er die Hände hinter dem Kopf. Immer breiter wurde sein Lächeln, wie das eines Mannes, der endlich verstanden hatte. Er strahlte vor Zufriedenheit.

»Wie John Major!«, rief er aus. »Genau!«

*

DIES IST NORMS APOTHEOSE, der strahlende Höhepunkt seiner Geschichte, der Moment der Selbsterkenntnis, in dem ihm klar wird, wie langweilig durchschnittlich er ist. Und genau das macht ihn so einmalig. Das klingt absurd, oder? Wie kann jemand einmalig durchschnittlich sein?

Und trotzdem ist es so. Der Durchschnitt ist schließlich nicht die Eigenschaft eines einzelnen Menschen, sondern er beschreibt eine Mischung aus allen. Das heißt, er trifft möglicherweise auf niemanden zu – außer vielleicht auf Norm.

Norm war immer ein Durchschnittstyp, das war ihm klar. Aber nie zuvor war ihm bewusst geworden, dass er der Inbegriff des Durchschnitts sein könnte. Er stand mit beiden Beinen in der Mitte der Mitte, ein Vorbild der Mittelmäßigkeit. Wahrscheinlich fährt er einen V W Golf und verbringt seinen Urlaub auf Mallorca. Ist ja auch völlig in Ordnung, aber sollte das ein Grund zur Zufriedenheit sein? Und doch strahlt Norm.

Vielleicht weil es bei der Zukunftsplanung hilft, wenn man guter Durchschnitt ist, vor allem wenn man wie er Rat bei Zahlen sucht. Denn alle Risiken, die wir mit Quoten und Wahrscheinlichkeiten angeben, sind in Wirklichkeit Durchschnitte.

Wenn es heißt, dass jedes zusätzliche Würstchen pro Tag die Wahrscheinlichkeit von Dickdarm- oder Bauchspeicheldrüsenkrebs um 20 Prozent steigen lässt, dann betrifft diese Zahl nicht Sie persönlich, sondern den Durchschnitt. Das durchschnittliche Risiko – oder einfach das Risiko, denn Risiken werden immer als Durchschnitt für irgendeine Gruppe ermittelt – beschreibt Norms Zukunft also verlässlicher als die irgendeines anderen Menschen, weil alle anderen – also auch Sie – im Detail vom Durchschnitt abweichen. Meinen die wirklich mich? Im Grunde nicht. Aber sie meinen Norm. Sein Leben erinnert ein bisschen an die Kinderfantasie einer Welt, die um einen herum aufgebaut wird. Was für ein Egotrip für einen Menschen, der nicht weiß, ob er Käse mag oder nicht.

So paradox das für einen Menschen sein mag, der in jeder Hinsicht so derart unauffällig ist, doch Norm ist der Archetypus des Menschen. Er ist ein Niemand, und er ist der Jedermann. Er tanzt nirgends aus der Reihe, und genau das macht ihn so außergewöhnlich. Er ist der Mann von der Stange, und er ist einmalig. (Sie können die Liste der Oxymora gern noch fortsetzen.) Man sollte ihm ein Denkmal errichten, am besten auf dem Parkplatz eines Supermarktes.

Der Gedanke ist zwar nicht ganz unproblematisch, wie wir gleich noch sehen werden. Aber lassen wir Norm noch eine Weile seinen Spaß.

Wir haben uns zwar längst an die Vorstellung des Durchschnittsmenschen gewöhnt, doch er wurde erst vor 150 Jahren erfunden. Sein Vater ist der belgische Statistiker Adolphe Quetelet, der überzeugt war, dass sich die wesentlichen Eigenschaften des Durchschnittsmenschen, des *homme moyen*, ermitteln ließen, indem man die Daten der gesamten Bevölkerung erhob, sie in eine Grafik übertrug und nach Mustern, Ausreißern und Regelmäßigkeiten suchte.

Quetelet schrieb: »Wenn ein Mensch in einer bestimmten Epoche alle Eigenschaften des Durchschnittsmenschen besäße, dann würde er alles Großartige, Gute und Schöne verkörpern.«[*]

Zurück zu Norm. Als Durchschnittsmensch kann er sich größere Hoffnungen machen als andere, ohne anzuecken im ruhigen Strom des Lebens dahinzufließen. Aber wenn er tatsächlich Durchschnitt wäre, dann dürfte er nur einen Hoden haben und hätte dafür eine Brust. Das passiert nämlich, wenn man die gesamte Bevölkerung addiert und den Durchschnitt bildet. Irgendwann stellt man fest, dass ein gleicher Anteil an allen Eigenschaften nicht unbedingt einen echten Menschen ergibt. Doch davon ließ sich der brillante Quetelet nicht beirren. Er war überzeugt, dass der Durchschnitt mehr als eine abstrakte Gestalt war, und glaubte fest daran, dass viele seiner Durchschnitte realen körperlichen, geistigen und moralischen Fähigkeiten entsprachen, die nur darauf warteten, entdeckt zu werden.

Was Norm so zufrieden macht, bereitet allen anderen Menschen Kopfzerbrechen. Niemand entspricht in so vieler Hinsicht dem Durchschnitt, dass sich die persönlichen Risiken so ohne Weiteres ermitteln ließen. Sie sind vielleicht ein bisschen schwerer, ein bisschen reicher oder ärmer, ein bisschen nervöser, größer, kleiner, langsamer, sesshafter oder vernaschter, vielleicht schlafen Sie schlechter, haben ein paar komische Gene von einem verschrobenen Vorfahr erwischt oder bringen irgendetwas anderes mit, das sich auf Ihre Zukunft auswirkt, Ihre Lebenserwartung senkt oder hebt und sich auf alle möglichen anderen Wahrscheinlichkeiten niederschlägt.

Es ergeben sich jedoch noch andere Schwierigkeiten bei dem Versuch, die Zukunftsaussichten eines Menschen über den Durchschnitt zu ermitteln. Einige Durchschnitte sind schlicht lächerlich. Niemand hat eine durchschnittliche Anzahl von Füßen. Nicht einmal Norm kann in jeder Hinsicht durchschnittlich sein, ohne dass

---

[*] Quetelet ermittelte seinen *homme moyen* als Mittelwert einer Reihe von Variablen, die in der Regel einer Normalverteilung folgten.

es absurd wird. Zum Beispiel kann er nicht sein gesamtes Leben lang das Durchschnittsalter haben.

Er wird auch kaum gleichzeitig das Durchschnittsgewicht eines Briten und das Durchschnittsgewicht eines 38-jährigen britischen Mannes auf die Waage bringen, es sei denn, die beiden Zahlen sind zufällig identisch. Jede Kategorie hat ihren eigenen Durchschnitt, und jeder von uns lässt sich gleichzeitig in viele Kategorien einordnen. Viele Durchschnitte schließen einander aus. Mit anderen Worten kann Norm nicht *der* Durchschnittsmensch sein – er kann lediglich der Durchschnitt von bestimmten, manchmal sehr kleinen Untergruppen von Menschen sein, und wenn er sich für eine dieser Gruppen entscheidet, ist er für alle anderen nicht mehr der Durchschnitt.

Oft kann kein einzelner Mann und keine einzelne Frau den wahren Durchschnitt verkörpern. Das verweist auf ein Problem aller Risikoberechnungen: Sie beschreiben oft Gefahren für Menschen, die es gar nicht gibt.

Norm wäre ein gebrochener Mann, wenn er das wüsste, also verraten wir es ihm lieber nicht. Wie dem auch sei, selbst wenn der Durchschnitt ein theoretisches Konstrukt ist und der Komplexität des Lebens nicht gerecht wird, könnte er immerhin gut genug funktionieren, um Norm bei seinen Entscheidungen eine gewisse Orientierung zu bieten. Wir werden sehen.

Ohne Zweifel gibt es immer gewisse Abweichungen vom Durchschnitt. Die meisten Menschen sind nicht durchschnittlich. Wir alle weichen von (der) Norm ab, und in diesen Abweichungen von Quetelets *homme moyen* steckt das eigentliche Leben. Und natürlich wirken sie sich auch darauf aus, welche Gefahren jeder von uns zu erwarten hat.

Das beste Beispiel für jemanden, der dem scheinbar alles beherrschenden Durchschnitt entgeht, war der amerikanische Paläontologe Steven Jay Gould, bei dem auf dem Höhepunkt seiner brillanten Laufbahn ein Unterleibs-Mesotheliom festgestellt wurde. Die Ärzte teilten ihm mit, diese Art von Krebs sei unheilbar, und Patienten hätten nach der Diagnose im Mittel* noch acht Monate zu leben. Man könnte also sagen, bei einem Unterleibs-Mesotheliom lautet das durchschnittliche Risiko: »Tod innerhalb von acht Monaten«.

Aber nicht alle erleiden dasselbe Schicksal. Die acht Monate sind lediglich der Zeitpunkt, an dem die Hälfte aller Erkrankten gestorben ist. Und auch für diejenigen, die zu diesem Zeitpunkt noch nicht gestorben sind, ist es keineswegs die Halbzeit. Gould lebte noch zwanzig Jahre lang und starb schließlich an einer Krebserkrankung, die nichts mit dem Mesotheliom zu tun hatte. Wie Gould in einem Aufsatz über seine Begegnung mit dem Tod schrieb, ist ein Durchschnitt keine feste Größe, sondern eine Abstraktion. Die Wirklichkeit ist dagegen »unsere Welt mit ihren vielen Schattierungen, Variationen und Kontinuitäten«.†

Jedes Risiko und jeder Durchschnitt hat seine eigenen Schattierungen, Variationen und Kontinuitäten. Männer sind im Durchschnitt größer als Frauen. Aber Formel-1-Boss Bernie Ecclestone misst nur 1,60 Meter und seine Frau Slavica 1,88 Meter. Für jede Wahrscheinlichkeit, jedes Risiko und jede Gefahr gibt es eine ganze Menge Bernie Ecclestones.

Durchschnitte sind oft irreführend, und zwar nicht nur für die einzelnen Ausreißer, sondern für die gesamte Bevölkerung. Etwa zwei Drittel der britischen Bevölkerung verdient ein unterdurchschnittliches Einkommen. Wenn wir die Weltbevölkerung nach ihrem Einkommen in einer Reihe aufstellen würden, dann wäre der Durchschnittsverdiener irgendwo im oberen Viertel.

Auch MikroMorts entgehen dieser Schwierigkeit nicht. Wenn ein Fallschirmsprung ein durchschnittliches Risiko von 10 Mikro-

---

* Durchschnitt und Mittelwert: Um den Durchschnitt und Mittelwert der Körpergröße einer Gruppe von Menschen zu ermitteln, stellen Sie alle der Größe nach in einer Reihe auf. Der Mittelwert ist die Körpergröße des Mittleren, der Durchschnitt die Größe, die Sie erhalten, wenn Sie alle Körpergrößen addieren und durch die Zahl der Gemessenen teilen.

† Gould beschreibt seine bemerkenswerte Geschichte in einem Artikel mit dem Titel »The median is not the message«.[3] Eine ausführlichere Diskussion zum Thema Durchschnitt finden Sie in Blastland und Dilnot: The Tiger That Isn't[4] oder Sam Savage: The Flaw of Averages[5].

Morts mit sich bringt, dann nur deshalb, weil einige meinen, immer größere Risiken eingehen zu müssen. Das bedeutet, dass vor allem erfahrene Fallschirmspringer ums Leben kommen. Die Anfänger, die für einen guten Zweck im Tandem aus dem Flieger springen, gehen kein größeres Risiko ein, als wenn sie sich betrinken und zu Fuß nach Hause schwanken würden (obwohl sie damit sicher keine Spenden eintreiben könnten).

Quetelet war natürlich kein Anfänger und wusste das alles. Er hatte ein feines Gespür für die Variationen rund um den Durchschnitt. Während er die dickleibigen Statistiktabellen durchackerte, konnten ihm die gewaltigen Abweichungen nicht entgehen. Der Body-Mass-Index oder BMI, nach dem wir ermitteln, ob jemand über- oder untergewichtig ist, wird übrigens nach seinem Erfinder auch Quetelet-Index genannt.

Quetelet unternahm also eine Gratwanderung zwischen der schier unendlichen menschlichen Vielfalt auf der einen Seite und der Vorstellung, dass sich hinter dieser Vielfalt eine Art Essenz verbergen musste, auf der anderen. Wie wir im nächsten Kapitel sehen werden, kann diese Essenz, der Durchschnitt, erstaunlich vorhersehbar sein – vorausgesetzt, man legt den richtigen Maßstab an. Der Maßstab ist die gesamte Bevölkerung, heruntergeköchelt auf ihre Essenz. Leider ist dies nicht der Maßstab, nach dem die Einzelnen mit ihren vielen Unterschieden leben. Außer Norm natürlich. Wenn es um Risiken geht, wird der Rest der Menschheit niemals diese brahmanenhafte Selbsterkenntnis erlangen wie unser Held.

Norm ist die Essenz, auch wenn das manchmal absurde Konsequenzen hat. Das kann nicht jeder von sich behaupten. Oder besser gesagt, das kann außer ihm niemand von sich behaupten. Aber kann selbst Norm mithilfe seiner Durchschnitte sicher allen Risiken aus dem Weg gehen? Oder sind statistische Risiken niemals wirklich seine Risiken, genauso wenig wie die Risiken von irgendjemand anderem? Wäre er ein Narr, wenn er nach den Zahlen leben würde?

Kapitel 14

Zufälle

MIT SEINEM ATHLETISCHEN KÖRPER, SEINEM markanten Profil und seiner langen, dunklen Mähne sah Kevin Kevlin umwerfend aus. Wie sein jüngerer Bruder Kelvin liebte er das Risiko, doch der Professor für Soziale Kognition an der Sorbonne und gefragte Fernsehphilosoph war ein Glückskind. Nun war er nach Oxford eingeladen worden, um als Gastredner in der Reihe der legendären Ronald-McDonald-Vorlesungen drei Vorträge zu halten.

Professor Kevlin galt als geltungssüchtig und war bekannt dafür, Kontroversen zu provozieren – ein Ruf, den er mit seinem neuesten Buch *Gott/Ich* bestätigte. Doch genau das lockte die Massen an. In seiner ersten Vorlesung musste ein Mathematiker daran gehindert werden, einem Psychiater seine »freudsche Fassade zu demolieren«. In der zweiten spuckte ein Physiknobelpreisträger und Experte für Stringtheorie von der Galerie herunter auf die Bühne, während jemand das Klavier aufklappte und Wagner hämmerte.

Vor der dritten und letzten Vorlesung brodelte die Menge. Der Vortrag mit dem Titel »Ich bin keine Klaviertaste« wurde als »Anschlag auf die Vernunft« angekündigt. Gerüchte machten die Runde, der Professor werde seine Anhänger auffordern, mit ihren Autos gegen die Mauern des Balliol College zu rasen, um zu beweisen, dass sie am Leben waren, auch wenn es den Tod bedeutete. Professor Kevlin, der seine Vorträge mit glühender Dringlichkeit hielt und ohne langes Geplänkel zur Sache kam, strich sich eine Strähne hinters Ohr, in dem ein Brillantohrring funkelte, und trat ans Rednerpult.

»Die Vernunft ist eine feine Sache«, sagte er und blickte suchend in die Menge. »Kein Zweifel. Doch die Vernunft ist nichts als Vernunft und befriedigt nur die vernünftige Seite des Menschen. Doch das Leben muss sämtliche Leidenschaften beinhalten, die Triebe, den Willen. Das Leben ist kein Rechenschieber.«

War es Wahnsinn, Genie oder Scharlatanerie, was da aus seinen Augen blitzte? Er reckte sich über das Pult und starrte auf die Gigawatts von Hirnpower in der ersten Reihe.

»Was weiß die Vernunft? Die Vernunft weiß nur, was sie gelernt hat, aber einiges wird sie nie lernen. Doch die menschliche Natur handelt als ein Ganzes, mit allem, was sie enthält, bewusst und unbewusst. Selbst wenn sie irrt – sie ist am Leben!« Er schlug sich auf die Brust.

»Einige von Ihnen sehen mich mitleidig an. Sie meinen, ein aufgeklärter Mensch könne nicht bewusst etwas wollen, was ihm schadet. *Ich* kann das sehr wohl! Ich kann bewusst etwas wollen, was mir schadet, eine Dummheit, jawohl, eine Riesendummheit – einfach weil ich mir das Recht herausnehme, eine Dummheit zu wollen, weil ich auf die Verpflichtung pfeife, nur das Vernünftige zu wollen. Denn diese Dummheit, diese Laune bewahrt das, was uns am wertvollsten und wichtigsten ist: unsere Persönlichkeit, unsere Individualität!«

Einige Zuschauer jubelten oder buhten, so genau konnte man das nicht sagen. Der Redner ließ sich nicht aufhalten. Oben auf der Galerie wurde das Geschrei lauter. Ein Kampf? Professor Kevlin drängte weiter.

»Überschütten Sie mich mit allen irdischen Gütern, ertränken Sie mich bis über beide Ohren in der Glückseligkeit, bis an der Oberfläche des Glücks nur noch Bläschen blubbern, und selbst dann rufe ich Ihnen aus purem Undank und Mutwillen zu: Ich setze alles aufs Spiel! Einfach nur, um ein fantastisches Element ins Spiel zu bringen, nur um uns selbst zu beweisen, dass wir Menschen sind und keine Klaviertasten, auf denen die Gesetze der Physik derart nach Belieben spielen, dass wir uns bald nur noch die Daten des Kalenders wünschen können.«

Seine Hände flogen auf wie die eines Dirigenten, er fuchtelte mit ihnen herum, seine blauen Augen blitzten zornig, sein Haar war zerzaust, seine Stimme überschlug sich.

»Und das ist längst noch nicht alles: Nicht einmal die Gesetze der Physik können das Spiel des Zufalls aufhalten, das uns grenzenlose Möglichkeiten gibt, das uns erlaubt, das Klavier zu zertrümmern, und das uns die Freiheit gibt, selbst die Unvernunft zu wollen. Und selbst wenn wir wirklich nur Klaviertasten wären, selbst wenn die Mathematik und die Physik das bewiesen, selbst dann wären wir nicht vernünftig und könnten etwas Dummes tun, aus purem Mutwillen könnten wir Chaos und Zerstörung bewirken, nur um zu beweisen, dass wir Menschen sind und keine Klaviertasten!«

Die Galerie tobte. Ein Trupp junger Männer drängte in Richtung der Balustrade, bahnte sich einen Weg durch die Menge und schob und zog einen schweren Gegenstand.

»Wenn Sie jetzt sagen, dass man auch dies berechnen und in Tabellenform darstellen kann, das Chaos und die Finsternis und den Fluch, dann würden die Menschen absichtlich verrückt werden, nur um der Vernunft zu entsagen und ein für alle Mal den Beweis zu erbringen. Denn im Leben geht es in jeder Minute darum, zu beweisen, dass wir Menschen sind und keine Klaviertasten!«

Die jungen Männer auf der Galerie bückten sich und wuchteten das eine Ende eines schweren Gegenstands auf das Geländer. Eine dunkle, rechteckige Front wurde sichtbar, direkt über dem Kopf des Professors. Aus dem Publikum erschollen Rufe, in der ersten Reihe machte sich Panik breit, während das Klavier immer weiter über das Geländer geschoben wurde. Es blieb hängen, wurde erneut hochgewuchtet, weitergeschoben und kippelte schließlich unter dem Ächzen und Stöhnen des Publikums auf dem Handlauf.

Der Professor sah nicht auf. Er nahm das Geschrei nicht einmal wahr. Er donnerte seine Argumente ins Publikum. Vernunft rang mit Vernunft und überschlug sich in einer hysterischen Hymne an die menschliche Leidenschaft, während über ihm die dunkle Masse des Klaviers nach vorn kippte und, von ihrem Gewicht nach unten gezogen, schließlich in die Tiefe stürzte.

Nach dem großen Knall herrschte einen Moment lang Stille. Nur die Saiten des Klaviers vibrierten noch, und die Notizen des Professors flatterten durch die Staubwolke über dem Haufen von zersplittertem Holz und verbogenem Stahl, der einst das Klavier gewesen war. Mit der Aura eines Faust, der seinen Pakt mit dem Teufel geschlossen hat, strich sich Professor Kevlin die Haare aus dem Gesicht, stellte einen Fuß auf die Trümmer, beugte sich zum erstarrten Publikum hinab und grölte vor Lachen.

Am nächsten Tag warfen ihm Professoren der Universität vor, schamlos bei Dostojewski abgekupfert zu haben und ein billiger Plagiator zu sein. Doch Professor Kevlin lachte nur und erwiderte, wenn er schamlos war, dann könne er wohl kaum ein Plagiator sein, denn ein Plagiator versuche, seine Spuren zu verwischen. Er habe sich dagegen derart offensichtlich bei Dostojewski bedient, dass es geradezu eine Hommage an den russischen Schriftsteller war.* Die Polizei beschuldigte ihn darüber hinaus der Anstiftung zu einer Straftat, doch er verwies darauf, sein Vortrag sei wie Dostojewskis Tirade gegen den Egoismus der Vernunft in *Aufzeichnungen aus dem Kellerloch* reine Parodie gewesen. Es könne also nicht die Rede davon sein, dass er irgendjemanden zu irgendetwas angestiftet habe. Die Polizei ließ es bei einer Ermahnung bewenden. Professor Kevlin weigerte sich, an der Anhörung zu dem angeblichen Anschlag auf seine Person teilzunehmen, den eine Gruppe von Medizinstudenten des Balliol College auf ihn verübt haben sollte. Die Anklage lautete

---

* In Dostojewskis Roman *Aufzeichnungen aus dem Kellerloch*, den Professor Kevlin so großzügig ehrte, fordert die Hauptfigur die Freiheit, leugnen zu können, dass zwei mal zwei gleich vier ist. »Ich gebe zu, dass zwei mal zwei gleich vier eine fabelhafte Sache ist; aber wenn man schon alles lobt, so ist auch zwei mal zwei gleich fünf mitunter ein allerliebstes Sächelchen.«[1] Andere Figuren Dostojewskis rebellieren auf ähnliche Weise, um ihre Individualität zu behaupten.

später lediglich auf Sachbeschädigung, und das Gerücht machte die Runde, die Sache mit dem Klavier sei inszeniert gewesen. Am folgenden Tag emeritierte der Professor – aus reinem Mutwillen, wie er sagte.

*

NIEMAND WEISS, WAS MORGEN PASSIERT, vom nächsten Jahr ganz zu schweigen, und viele Menschen interessiert das auch gar nicht. Genau wie Professor Kevlin. Wie seine Brüder mag er das Leben instinktiv und unübersichtlich. Wenn sich die Konsequenzen unserer Entscheidungen ohnehin nicht berechnen lassen, warum sollte man es dann überhaupt erst versuchen?

Menschen wie Prudence wollen dagegen ihre Zukunft in den Griff bekommen und so umfassend wie möglich kontrollieren.

Professor Kevlins Hoffnung und Prudence' Angst ist der Zufall. Er freut sich, dass der Zufall dem Leben unerwartete Wendungen gibt. Und sie hasst den Zufall aus genau diesem Grund. Der Zufall ist der Schelm, der ein Kaninchen aus dem Hut zieht oder die besten Pläne zunichtemacht. (Norm, der zwischen beiden steht, ist überzeugt, er könne den Zufall berechnen und voraussehen, welches Ergebnis eher eintritt.)

Aber was ist der Zufall? Mit dieser Frage schlagen sich Philosophen seit Jahrhunderten herum: Die einen behaupten, der Zufall sei allmächtig, und die anderen bestreiten, dass es ihn überhaupt gibt.

Wir gehen die Frage aus einem etwas ungewöhnlichen Blickwinkel an und stellen eine finster-praktische Frage: Warum hat das Klavier Professor Kevlin verfehlt? Das war so nicht geplant. Er war schon so gut wie tot. Warum hat er überlebt?

Um diese Frage zu beantworten, stellt der Professor eine Verbindung zwischen Zufall und Willensfreiheit her. Beide sind Ausdruck des herrlichen Chaos des Lebens, das uns zu Menschen macht und nicht zu Maschinen. Dem stellt er eine Vorstellung der Vernunft gegenüber, die er mit einem blutleeren Determinismus gleichsetzt. Während das Gesetz von Ursache und Wirkung nur eine mögliche Zukunft zuzulassen scheint, verstoßen Zufall und Willensfreiheit auf jeweils eigene Weise gegen dieses Gesetz.[*] Nach Ansicht von Professor Kevlin verfehlt ihn das Klavier, weil dem Leben – dem materiellen wie dem menschlichen – ein »fantastisches Element« innewohnt, das die gesetzmäßige Abfolge von Ursache und Wirkung durchbricht. So sollte das Leben seiner Ansicht nach sein, und so sollte es gelebt werden, auch wenn er hin und wieder Zweifel durchblicken lässt, ob es denn wirklich so ist.

Das Wörterbuch sieht den Zufall ähnlich fantastisch. Für die Brüder Grimm war er »das unberechenbare Geschehen, das sich unserer Vernunft und Absicht entzieht«. Der Zufall ist etwas, das uns quasi vom Himmel herunter »zufällt«. Im Alltag tun wir sogar so, als wäre er eine Person, die in unser Leben eingreift: »Wie es der Zufall so will« sagen wir, oder »da hat der Zufall die Hand im Spiel«. Und beim Glücksspiel »überlassen wir das Ergebnis dem Zufall«. Wenn Sie eine Geschichte über den Zufall schreiben wollten, dann würden Sie ein unwahrscheinliches Ereignis schildern, eine unglaubliche Begegnung – je fantastischer, desto besser.

Und wenn uns der Zufall ins Unglück stürzt – wie Romeo, der sich das Leben nimmt, weil er nicht ahnt, dass Julia ihren Tod nur vortäuscht –, dann sprechen wir von einer Tragödie. Das Schicksal schlägt grausam zu, und der Zufall steckt im kleinen, aber entscheidenden Detail.

---

[*] Obwohl man darüber diskutieren kann, ob die Existenz des Zufalls automatisch auf die Existenz der Willensfreiheit schließen lässt. Einige Philosophen sind der Ansicht, dass sowohl der Zufall als auch der Determinismus nicht mit dem freien Willen vereinbar sind, denn sie bedeuten, dass das Leben entweder willkürlich verläuft oder vorherbestimmt ist und keine von beiden Möglichkeiten Raum für den freien Willen lässt. Wenn Professor Kevlin eine Verbindung zwischen Zufall und Willensfreiheit herstellt, dann hält er sich eher an den amerikanischen Philosophen William James, der behauptete, der Zufall stelle der Vorherbestimmung ein Bein und eröffne Möglichkeiten, zwischen denen sich der freie Wille entscheiden könne. Eine ähnliche Argumentation vertrat der stoische Philosoph Chrysippos von Soloi, der etwa 280 vor unserer Zeitrechnung geboren wurde.[2]

So wird der Zufall zum Synonym für unglaubliches Glück oder Unglück. Aber kaum jemand würde so weit gehen zu behaupten, der Zufall zerreiße die Ketten der Kausalität. Für die meisten von uns ist der Zufall nur etwas, das wir so nicht erwarten. Wenn das Klavier an Professor Kevlin vorübersaust, dann ist dies also einfach ein glücklicher Zufall, weil es auf eine bestimmte Weise über das Geländer gewuchtet wurde und sich deshalb in der Luft überschlug. Der Grund ist ein Zusammenspiel aus Winkeln, Masse, Kräften und den Possen des Philosophen am Rednerpult.

Man kann natürlich versuchen, die Unwägbarkeiten des Lebens wegzuerklären, indem man behauptet, dass es für alles einen tieferen Grund gibt. Oder um es mit Augustinus zu sagen: »Wir sagen nicht, dass die Ursachen, die man zufällige nennt, keine Ursachen seien, sondern wir sagen, sie seien verborgene Ursachen, und führen sie zurück auf den Willen des wahren Gottes.« Das Klavier verfehlt den Professor, weil Gott es gut mit ihm meint. Womit er das verdient hat, werden wir wohl nie erfahren.

Der deutsche Dichter Friedrich Schiller lässt seinen Wallenstein sagen: »Es gibt keinen Zufall, und was uns blindes Ohngefähr nur dünkt, gerade das steigt aus den tiefsten Quellen.« Mit anderen Worten: Alles hat schon seinen Grund.

Eine ähnliche Reaktion auf den Zufall ist der Aberglaube. Seit jeher versuchen die Menschen, das Schicksal mit Ritualen und Opfern zu ihren Gunsten zu wenden, das Wohlwollen der Götter zu erkaufen oder Kontakt mit den Kräften der Natur aufzunehmen. Dabei sind die heutigen Maskottchen nichts anderes als zivilisierte Versionen der aztekischen Menschenopfer. Das Schicksal regiert, aber es lässt sich gern bestechen. Das Klavier saust an Professor Kevlin vorbei, weil er um Mitternacht bei Vollmond ein Schaf geopfert hat.

Schon vor zwei Jahrtausenden gab es Skeptiker, die sich über den Aberglauben ihrer Zeitgenossen lustig machten. Professor Kevlin hätte seine Freude an ihnen gehabt. Bei den alten Römern galten drei Sechser bei einem Würfelspiel mit drei Würfeln als »Venuswurf«. Cicero schrieb: »Wer wäre denn so geistesschwach zu glauben, das Ergebnis sei Venus geschuldet und nicht dem bloßen Zufall?« Mit besonderem Genuss zog er über die Astrologenzunft her.

Wie Professor Kevlin nimmt Cicero die Freiheit vor der Vorherbestimmung in Schutz. Aber bei Cicero kämpft die Vernunft gegen den Aberglauben, bei unserem Professor die Leidenschaft gegen die Vernunft.

Im Zeitalter der Aufklärung, das Ende des 17. Jahrhunderts begann, traten irdische Ursachen an die Stelle des göttlichen Waltens. Die Newton'schen Bewegungsgesetze nährten die Vorstellung, dass die physische Welt wie ein Räderwerk funktioniert: Wenn wir die Position und die Bewegung jedes einzelnen Atoms kennen würden, dann könnten wir die Zukunft vorhersagen. Nun verfehlt das Klavier Professor Kevlin, weil aufgrund bestimmter Ausgangsbedingungen, Kräfte und Naturgesetze eine Kausalkette in Gang kommt, die die Atome das Klaviers knapp an seiner Nase vorüberlenkt. Mit Zufall und Willkür hat das also rein gar nichts zu tun. Ungewissheit ist lediglich »das Maß unsere Unwissenheit«, wie der Statistiker Pierre Laplace sagte. Aber es ist nicht der göttliche Wille, den wir nicht kennen, sondern die exakte Ausgangssituation oder die Naturgesetze. Und das liegt nicht daran, dass wir sie nicht kennen *können*, sondern daran, dass wir sie einfach nicht kennen.

Diese Ungewissheit kann zwei Formen annehmen. Sie kann »aleatorisch« sein: Bevor wir eine Münze werfen, können wir einfach noch nicht wissen, auf welcher Seite sie landen wird. Oder sie kann »epistemisch« sein. Wenn wir die Münze geworfen, aber noch nicht geschaut haben, auf welcher Seite sie gelandet ist; in diesem Fall kennen wir das Ergebnis nicht, aber es ist wissbar. Natürlich können sich auch Komplikationen ergeben: Was passiert zum Beispiel, wenn die Münze zwei identische Seiten hat? Dann ist das, was wir für Zufall halten, einfach Unwissenheit.

Unwissenheit – egal ob Unkenntnis des göttlichen Willens oder Unkenntnis der Naturgesetze – bedeutete also, dass wir mit mehr Wissen die eisernen Gesetze erkennen könnten, die das menschliche Verhalten erklären. So oder so hat alles eine Ursache, die sich außerhalb von uns befindet.

Aber genau davor haben viele Menschen Angst. Denn beide Formen der Unwissenheit widersprechen unserem Gefühl, dass wir als Menschen einen freien Willen haben. Wir haben nicht den Eindruck, dass unser Leben mechanischen Gesetzen unterworfen ist, als wäre es ein Pendel. Daher diskutieren Wissenschaftler, Philosophen und Theologen seither erbittert, ob der freie Wille lediglich eine Illusion ist oder ob es ihn wirklich gibt.

Dann brach das große Zeitalter der Statistik an, und zunächst sah es ganz so aus, als würden die Gesetze noch eiserner und der Mensch noch vorhersehbarer. Vom Beginn des 19. Jahrhunderts an begannen Wissenschaftler, wie besessen Todesfälle, Verbrechen und Selbstmorde zu zählen. Dabei entdeckten sie erstaunlich regelmäßige Muster: Aus dem Chaos der individuellen Entscheidungen schälte sich eine Ordnung heraus, die Naturgesetzen zu gehorchen schien und Zweifel weckte, ob es so etwas wie Zufall überhaupt gab. Obwohl Millionen von Entscheidungen getroffen wurden, jede davon unter einmaligen Umständen, schien es ordnende Kräfte zu geben, die dafür sorgten, dass sich Jahr für Jahr ungefähr dieselbe Zahl von Menschen das Leben nahm. Aus den Daten ergaben sich auch andere Muster. Francis Galton, ein Cousin von Charles Darwin, kam daher zu dem Schluss: »Wann immer eine große Probe von chaotischen Elementen nach ihrer Größenordnung geordnet wird, ergeben sich unerwartete und schöne Regelmäßigkeiten, die schon immer vorhanden gewesen zu sein schienen.« Daraus folgerten einige, dass es keinen Zufall geben konnte.

Obwohl das Verhalten menschlicher Massen eine Ordnung aufzuweisen schien, blieb immer noch die Frage, was diese Muster mit dem Einzelnen zu tun hatten. Schön, es gab also eine vorhersehbare Zahl von Selbstmorden, aber man konnte immer noch nicht wissen, *wer* sich umbringen würde. Zwar ließen sich Durchschnitte, Trends und Verteilungen beobachten, doch die Details ließen sich nicht vorhersagen.

Daher kam die Vorstellung auf, jeder Mensch sei eine Abweichung von Quetelets Durchschnittsmensch oder *homme moyen*, den wir im vorigen Kapitel kennengelernt haben. Professor Kevlin ist mehr als froh darüber, eine solche Abweichung zu sein.

In der Physik fanden ganz ähnliche Entwicklungen statt. Quetelet beschrieb seine Arbeit als »Sozialphysik«. Umgekehrt könnte er mit seinen Ideen den Physiker James Clark Maxwell beeinflusst haben, der das Verhalten von Gasen als eine Art Schneesturm beschrieb, in dem einzelne Teilchen aufeinanderprallen. Diese Parallelen zwischen Sozial- und Naturwissenschaften werden oft übersehen, doch sie bieten eine Möglichkeit, das Verhalten von uns Menschen mit dem Verhalten von toter Materie zu vergleichen. Auch die Physiker konnten zwar nicht vorhersagen, wie sich jedes einzelne Teilchen in einer Gaswolke verhalten würde, auch wenn ihre Bewegungen im Grunde berechenbar waren; doch mithilfe der Wahrscheinlichkeitsrechnung ließ sich die Bewegung der gesamten Wolke beschreiben – genau wie die Verhaltensmuster einer großen Gruppe von Menschen. Daher behaupten viele, ohne die Statistik könnten wir weder gesellschaftliche Entwicklungen noch physikalische Phänomene in großem Maßstab erklären. Wir würden einfach nur eine Fantastillion von zufälligen Ereignissen beobachten und bekämen nie einen Eindruck vom großen Ganzen.[*]

Rein theoretisch könnten sich natürlich plötzlich alle Moleküle einer Gaswolke gleichzeitig in eine bestimmte Richtung verschieben – so wie der Unwahrscheinlichkeitsdrive in *Per Anhalter durch*

---

[*] Um Robert Oppenheimer zu zitieren: »Wenn wir auf der Beschreibung der Bewegung einzelner Moleküle beharren würden, käme die Vorstellung der Wahrscheinlichkeit, die erforderlich ist, um die Unumkehrbarkeit physischer Ereignisse in der Natur zu verstehen, niemals ins Spiel. Aber wenn wir lediglich über eine schier unendliche Menge von Flugbahnen und Kollisionen sprechen könnten, bliebe uns die entscheidende Erkenntnis verschlossen, dass sich Veränderungen vom Unwahrscheinlichen zum Wahrscheinlicheren und von der Ordnung zur Unordnung hin bewegen. Es käme uns wie ein Wunder vor, dass aus den Bewegungsgleichungen, die für jede Bewegung exakt eine Gegenbewegung zulassen, eine Welt hervorgehen kann, in der Veränderungen über einen längeren Zeitraum hinweg einem eindeutigen und unumkehrbaren Trend folgen, der uns aus unserer physischen Erfahrung vertraut ist.«[3]

die Galaxis ursprünglich erfunden wurde, »um auf Partys Stimmung zu machen, indem man analog der Indeterminismustheorie alle Unterwäschemoleküle der Gastgeberin plötzlich einen Schritt nach links machen ließ«.[4] Aber in der Praxis war das Verhalten der Gaswolke vorhersehbar, auch wenn man nichts über das Verhalten der einzelnen Moleküle aussagen konnte. Deswegen gaben Sozialwissenschaftler und Physiker den Versuch auf, das Verhalten der kleinsten Teilchen vorherzusehen, und stürzten sich stattdessen auf Wahrscheinlichkeiten, wo sie neue Muster und Ordnung entdeckten.

Das beste Bild für das Verhalten der Moleküle sind vielleicht die 49 Plastikkugeln, die jeden Samstagabend durch eine durchsichtige Plastiktrommel wirbeln, während Millionen von Zuschauern auf ihren Tippschein starren und hoffen, dass sich ihr Leben ändert. Aus den 49 Kugeln werden sechs ausgewählt, und die Wahrscheinlichkeit, dass ausgerechnet diese sechs auf Ihrem Tippschein stehen, beträgt 1 zu 14 Millionen. Auf verschiedenen Websites kann man nachlesen, welche Zahl wie häufig gezogen wird und dass die Liste seit Jahren von der Nummer 38 angeführt wird. Sollten wir uns deshalb nach dem Gesetz der Wahrscheinlichkeit von der 38 fernhalten, weil sich diese Kugel demnächst eine Pause gönnt?

Aber so einfach funktioniert das Gesetz des Durchschnitts eben nicht. Es bedeutet lediglich, dass sich im Laufe der Zeit ein regelmäßiges Muster einstellt – obwohl jede einzelne Ziehung völlig unvorhersehbar und unabhängig ist (siehe Grafik 17). Alle diese unvorhersehbaren und unabhängigen Ereignisse haben ihre eigene Struktur und ergeben zusammen ihr eigenes Muster: dieselbe hübsche Normalverteilung, die Quetelet beobachtete, als er die Körpergröße seiner Mitmenschen maß.

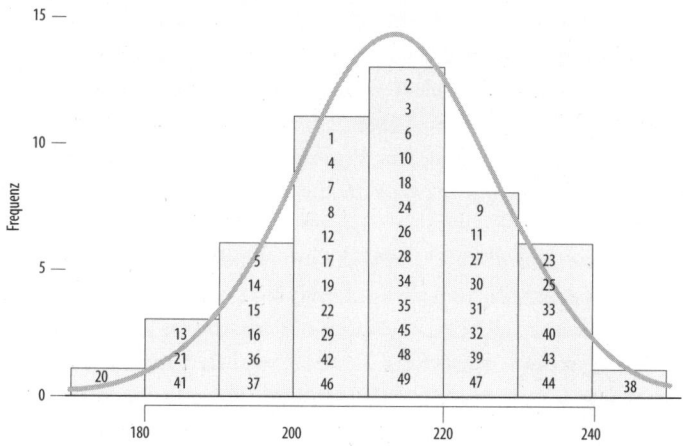

Grafik 17: Häufigkeit, mit der die Zahlen 1 bis 49 in 1740 Ziehungen der Britischen Lottogesellschaft gezogen wurden (November 1994–August 2012)

Diese Normalverteilung lässt sich mit der Wahrscheinlichkeitstheorie vorhersagen.

Obwohl die 38 also 241 Auftritte hatte und damit fast 50 Prozent mehr als die arme 20, die nur 171 Mal vor die Kameras rollte, hätte man dieses Ergebnis allein mithilfe der Wahrscheinlichkeitstheorie vorhersehen können. Natürlich hätte niemand sagen können, welche Zahl am häufigsten gezogen wurde und welche am seltensten, aber man hätte sehr wohl vorhersehen können, dass eine Zahl etwa 240 Mal und eine andere ungefähr 170 Mal gezogen werden würde.

Weitere wunderbare Beispiele für diese Zufallsmuster finden Sie im langweiligsten Buch der Welt: *A Million Random Digits* – übersetzt lautet der Titel: Eine Million Zufallsziffern.[5] Der Titel sagt alles: Es sind seitenweise Zahlen, scheinbar ohne jede Ordnung. Das Buch beginnt mit einer 1 und endet mit einer 8 – und das Ende ist so unvorhersehbar wie das Ende eines Krimis von Agatha Christie. Als Hörbuch wäre es das perfekte Schlafmittel. Eine deutsche Übersetzung ist in Vorbereitung.

Ob Sie es glauben oder nicht, in dieser Zufallsfolge finden sich echte Perlen. Beispielsweise könnten wir erwarten, dass die Zahlenfolge 1, 2, 3, 4, 5 zehnmal auftritt (in der Tat kommt diese Folge elfmal vor). Ereignisse, die mit einer Wahrscheinlichkeit von 1 zu 1 Million eintreten – zum Beispiel eine Folge von sieben identischen Zahlen –, müssten mindestens einmal vorkommen; und tatsächlich taucht an einer Stelle die Folge 6, 6, 6, 6, 6, 6, 6 auf. Wir können sogar berechnen, mit welcher Wahrscheinlichkeit diese Folge auf keiner einzigen Seite zu finden ist: Sie beträgt immerhin 37 Prozent, weshalb wir auch Pech haben könnten.

Die Wahrscheinlichkeitstheorie bietet eine praktische Antwort auf die Unwägbarkeiten des Lebens. Doch selbst Muster der puren Unvorhersagbarkeit geben keine Antwort auf die Frage, ob es wirklichen, echten, absoluten Zufall tatsächlich gibt oder ob nicht doch alles irgendwo vorherbestimmt ist. Wenn wir alles über die Kugeln in der Lostrommel wüssten, könnten wir dann nicht vorhersagen, welche gezogen werden? Leider nein, und zwar aus zwei Gründen.

Erstens kam im 20. Jahrhundert die Quantenphysik auf und erklärte, dass der Zufall sehr wohl existiert, zumindest auf der Ebene der Elektronen, Protonen und Quarks. Selbst die Grundlagen der subatomaren Welt lassen sich nur als Wahrscheinlichkeiten beschreiben. Nach der Heisenbergschen Unschärferelation können wir niemals alles über ein Elektron oder ein anderes subatomares Teilchen wissen, das heißt, wir können nie gleichzeitig wissen, wo es sich gerade befindet und wohin es unterwegs ist. Auf dieser Ebene funktionieren Newtons Bewegungsgesetze einfach nicht mehr.

Und zweitens (und das ist in der Praxis wichtiger als die Unschärfe der Quanten) gibt es einen anderen Effekt, der keine Gewissheit zulässt, und das ist das Chaos. Selbst wenn ein System völlig deterministisch ist, das heißt, selbst wenn es den Naturgesetzen gehorcht und an keinem Punkt der Kausalkette der Zufall die Hand im Spiel hat, können in manchen Systemen, zum Beispiel beim Wetter, kleinste Unterschiede in den Ausgangsbedingungen alles verändern. Die Unterschiede sind derart winzig, dass wir sie nicht wahrnehmen können, weshalb wir nicht vorhersehen können, wie sich das System entwickelt.

Das klassische Bild der Chaostheorie ist der Schmetterling, der im Amazonas-Regenwald mit den Flügeln schlägt und auf der anderen Seite der Erde einen Sturm entfesselt. Ein Beispiel aus dem wirklichen Leben sind Clint Dawsons Erfahrungen mit Waldbränden. Dawson ist Brandanalytiker, und seine Aufgabe besteht darin, die Entwicklung von Waldbränden im amerikanischen Bundesstaat Colorado zu berechnen. Im Jahr 2012 entwickelten sich die Brände mit gefährlicher Unberechenbarkeit und erreichten neue Dimensionen. Dawsons Computermodelle wurden immer unzuverlässiger. Grund waren ein paar winzige Veränderungen in der Ausgangssituation. Zum Beispiel hatte niemand daran gedacht, sich Gedanken über die Käfer zu machen – warum auch? Doch weil es im Winter eine Käferplage gegeben hatte, waren die Bäume trockener und leichter entflammbar.[6]

Chaos bedeutet, dass mechanische Systeme unberechenbar werden können, weil wir nicht wissen, auf welchem Stand sie anfangen, und noch viel weniger, wie sie sich von dort aus weiterentwickeln. Das Zusammenspiel von Ursachen und Wirkungen ist einfach zu komplex. Solche Systeme könnten genauso gut vom Zufall beherrscht werden (was immer das sein mag). Wäre unser Schmetterling auf dem Klavier gelandet und hätte einen der Studenten abgelenkt, die das Instrument auf die Balustrade wuchteten, dann hätte das vielleicht eine unmerkliche Veränderung bedeutet – doch diese Winzigkeit hätte Professor Kevlin das Leben kosten können.

Spielt es in unserem Alltag eine Rolle, dass unser Wissen beim Chaos und der Unschärfe an seine Grenzen stößt? Ist es denkbar, dass sein Glaube an das fantastische Element eines Tages Professor Kevlins Schicksal besiegelt? Oder sind diese sonderbaren Kräfte nur für Theoretiker interessant? Würden Sie der Unschärfe auch noch vertrauen, wenn ein Klavier über Ihrem Kopf schwebte?

Alles Risiko ist Zufall, und Zufall bleibt geheimnisvoll. Egal ob er aus den Tiefenstrukturen der Materie kommt oder aus unserem Kopf – das Leben wird nicht vorhersagbarer. Die praktische Frage ist, was wir unter diesen Umständen tun können: Sollen wir uns bemühen, Sicherheit zu schaffen wie Prudence? Sollen wir die Ungewissheit genießen wie die Kevlins? Oder kommt es darauf an, die richtigen Risiken einzugehen, wie Norm meint?

Kapitel 15

Verkehr

NORM SCHOB SICH durch den Gang des Großraumabteils, bis er einen Tisch gefunden hatte – vier freie Plätze, einer davon an dem Fenster, von dem aus er zusehen konnte, wie der Bahnhof verschwand. Nur er und ein Buch auf dem Tisch. Er fuhr gern mit dem Zug: die beste Wahl für jemanden, der so wenig MikroMorts wie möglich riskieren will.

Eine kleine, untersetzte Frau mit wasserstoffblondem Haar und weißem Schlabber-T-Shirt quetschte sich breit grinsend auf den Sitz gegenüber und stopfte ihren Rucksack unter den Tisch. Norm zog die Füße ein. Sie machte es sich bequem, er griff nach seinem Buch.

Dann sah er ein leuchtendes, rot-weiß gestreiftes Schweißband mit einem schlecht angestickten Smiley, der ihn vom Unterarm der Frau angrinste.

Norm war ein gebildeter Mensch. *Aber ein zehn Zentimeter breites Schweißband.* Er hielt sich für einen bewussten, toleranten, vernünftigen und entspannten Menschen ... *rot-weiß gestreift* ... der offen dafür war, in der Begegnung mit anderen zu lernen ... *angenähter Smiley* ... und sagte gern Sätze wie »jedem das Seine« und »leben und leben lassen« ... *am Unterarm!*

Er schielte nach dem Hammer, mit dem man im Notfall die Scheibe einschlagen sollte. Dann lehnte er sich zurück und starrte angestrengt auf sein Buch, damit das Schweißband nur ja nicht auf die Idee kam, mit ihm reden zu wollen.

Sein Gehirn ratterte. Äußerlich ruhig, spielte er die Möglichkeiten durch. 1. Die Vermeidung des Blickkontakts hat Erfolg. 2. Sie quatscht ihn an, und ein Gespräch lässt sich nicht vermeiden. 3. Sie stellt sich als Irre heraus und macht eine peinliche Szene. 4. (Er zuckte zusammen, doch die Furcht ließ sich nicht leugnen:) Sie kommt aus der Glasgower Arbeiterschicht und spricht einen widerlichen Dialekt. Die Wahrscheinlichkeit, dass die Fahrt höllisch werden würde, lag bei 51 Prozent.

Sie griff in ihren Rucksack …

52 Prozent, dachte Norm.

… legte eine rote Serviette auf den Tisch …

54 Prozent

… faltete sie auf, sodass sie bis auf Norms Seite herüberreichte …

58 Prozent

… griff wieder in den Rucksack und stellte nacheinander auf den Tisch: ein eingepacktes Sandwich mit Ei, Mayonnaise, Salami, Speck und Tomate …

68 Prozent

… ein eingeschweißtes Stück Pastete …

75 Prozent

… eine Tüte Chips, ein Milky Way, ein Mars, ein Snickers …

82 Prozent

… und eine Büchse Bier.

95 Prozent

Norm wimmerte.

Sie richtete die Schokoriegel in einer Reihe aus.

99 Prozent. Scheiße.

Norm erstarrte. Er klammerte sich an sein Buch, die Buchstaben verschwammen vor seinen Augen. Die ganze Fahrt war ruiniert. Jetzt blieb ihm nur noch eins: an der nächsten Station raus. Das war die bedrohlichste Frau, der er je begegnet war. Bei jeder Bewegung lächelte sie ihn an, und jedes Lächeln brachte ihn mehr zum Schwitzen.

Sie nahm die Dose, schaute auf das Label, lächelte und öffnete sie. Es zischte.

Sie hielt inne.

Sie drückte den Ring zurück, setzte die Dose an die Lippen und nahm einen tiefen Zug. Er sah ihr zu, wie sie schluckte. Dann stellte sie die Dose ab und lächelte.

Er schielte auf das Sandwich. Bitte lass sie nicht spucken. Dann durchzuckte ihn ein schrecklicherer Gedanke ...

Sie sah seinen Blick und hielt ihm die Dose hin. Er hatte es geahnt.

»Äh, danke, vielen Dank. Ich, äh, ich habe gerade gefrühstückt. Ehrlich. Vielen Dank.«

Sie nickte und blickte den Mann an, der sich neben Norm gesetzt und hinter seiner *Financial Times* verschanzt hatte.

»Entschuldigen Sie die Bemerkung«, sagte sie in schärfstem Oxford-Englisch. »Aber das ganze Problem beruht doch auf einer Nachfrageschwäche, finden Sie nicht auch? Die Wirtschaftskrise, junger Mann. Die neuesten Daten zu den Unternehmensinvestitionen zeigen doch, dass die Binnennachfrage völlig am Boden liegt.«

Die *Financial Times* schnalzte hoch.

Sie lächelte, richtete den Blick auf ihr Frühstück, nahm das Milky Way, riss vorsichtig die Packung auf, hob den Schokoriegel an die Nase und sog den Duft in sich auf. Dann schob sie die Schokolade in den Mund, biss ein Stück ab, schloss die Augen und kaute genüsslich. Schließlich lehnte sie sich zurück, öffnete die Augen, kaute und blickte lächelnd in die Ferne.

*

WAS IST DENN MIT NORM LOS? Der Ritter der Vernunft hat sich gerade in eine Maus verwandelt. Und das alles nur, weil ihm ein Schweißband, eine Büchse Bier und ein paar Schokoriegel zu dicht auf die Pelle gerückt sind. Ist er denn jetzt völlig von der Rolle? Ja, schon. Aber das kann jedem mal passieren. Wir nehmen Gefahren eben nicht unbedingt nach ihrer objektiven Gefährlichkeit wahr, und das aus gutem Grund.

Wir können schon mal die Nerven verlieren. BBC-Korrespondent John Sergeant berichtete beispielsweise jahrelang aus internationalen Krisenregionen wie Vietnam oder Nordirland. Bis er eines Tages in Zypern entführt wurde und 33 Stunden lang in einen Gewehrlauf schaute. Danach hatte er die Lust verloren. Er sagte, er habe extreme Angst gehabt, und wechselte in die Politikredaktion.

Ähnlich ging es David Shukman, der 15 Jahre lang aus Kriegsgebieten berichtet hatte. Eines Tages, kurz nach den Anschlägen des 11. September 2001, sollte er in einen klapprigen Hubschrauber steigen, um von Tadschikistan nach Afghanistan zu fliegen – und weigerte sich. Je mehr er über seine Aufträge nachdachte, umso nervöser wurde er. Er dachte auch immer öfter an den Preis, den seine Familie zahlen musste.[*]

Geschichten geben uns die Freiheit, uns zu verändern. Wenn wir nur von Wahrscheinlichkeiten ausgingen, dann blieben wir immer dieselben, solange die Zahlen dieselben bleiben. Aus der Tatsache, dass wir unsere Meinung hin und wieder ändern, könnte man schließen, dass wir Gefahren nicht rational einschätzen. Die Welt ist schließlich dieselbe geblieben. Für Norm sind Zugfahrten objektiv nicht riskanter geworden, und die Kriegsberichterstattung ist dasselbe gefährliche Handwerk wie zuvor. Für Norm ist Risiko des Schienenverkehrs vor und nach der Büchse Bier dasselbe. Die Veränderung hat im Kopf stattgefunden.

Dafür gibt es zwei einfache Gründe. Der erste ist neue Information (siehe Kapitel 14 über die epistemische Ungewissheit). Norm musste etwas über die Risiken des Zugfahrens erfahren, das er vorher nicht wusste. Auch Ärzte und Behörden verändern ihre Risikowarnungen, wenn sie neue Informationen erhalten. Aber das wahre Risiko – was immer das sein mag – werden wir nie kennen, denn wir werden nie alles wissen. Erst heißt es, legen Sie Ihr Baby zum

---

[*] Auch in der Literatur verlieren Protagonisten die Nerven. Einer der bekanntesten ist Yossarian aus Joseph Hellers *Catch 22*. Nachdem er einen besonders grausigen Tod mit ansehen muss, kommt er zu dem Schluss, dass der Feind jeder ist, der ihn umbringen will – und dazu gehören auch Leute von der eigenen Seite. Die Welt ist dieselbe geblieben, doch mit einem Mal scheint sie tödlicher.

Schlafen auf den Bauch, dann werden Rat und Baby plötzlich um 180 Grad gedreht. »Wenn sich die Tatsachen ändern, ändere ich meine Meinung«, sagte der Wirtschaftswissenschaftler John Maynard Keynes. Und wenn es um Risiko geht, gibt es keine endgültigen Tatsachen.

Der zweite Grund ist, dass wir die Gefahren in einem neuen Licht sehen. Wie David Shukman, der plötzlich öfter an die Sorgen seiner Familie denken musste, oder wie Norm, der plötzlich von seinen Vorurteilen übermannt wird.

Es wäre also ein bisschen viel verlangt, wenn wir von Norm erwarten würden, dass er eisern an seinen Meinungen festhält. Das wäre nicht normal. Vielleicht freut es Sie zu hören, dass Norm trotz allem zu seiner Grundeinstellung steht und überzeugt ist, dass man nur mit Vernunft und Berechnungen durchs Leben kommt. Aber vielleicht bekommt er ein besseres Gespür für seine eigenen Schwankungen und Schwächen. Wie dem auch sei, das Erlebnis hat ihn ein wenig durchgeschüttelt.

Trotzdem will er harte Fakten über Verkehrsmittel, weshalb wir jetzt genau dazu kommen werden: zuerst zum Schienen-, dann zum Straßen- und Flugverkehr.

Züge

WIE GEFÄHRLICH ZÜGE SEIN KÖNNEN, zeigte sich schon am Tag der Eröffnung der Bahnlinie von Liverpool nach Manchester am 15. September 1830. Der englische Politiker William Huskisson überquerte die Geleise, um der Kutsche des Duke of Wellington seine Aufwartung zu machen, und wurde von George Stephensons *Rocket* überrollt. Sein Bein wurde »auf schreckliche Weise zerfleischt«, und er starb wenige Stunden später. Sonderbarerweise war sein Tod eine willkommene Werbung für die Eisenbahn. Und schon damals zeichnete sich ab, dass es sicherer war, den Zug von innen zu sehen als von außen.

Mit gewïssen Einschränkungen, denn das Abteil ist natürlich auch ein öffentlicher Raum. An sich hat die Gegenwart anderer Menschen – ob mit Schweißband oder ohne – kaum Auswirkungen auf unsere körperliche Unversehrtheit. Norm mag schwitzen, weil ihm jemand zu nahe kommt, doch mit den Sterblichkeitsstatistiken kann er seine Furcht nicht begründen. Morde im Zug geben zwar einen guten Krimi ab, doch im wirklichen Leben kommen sie eher selten vor. Allerdings wurde im Jahr 2006 ein Mann zu lebenslanger Haft verurteilt, nachdem er im Zug von Carlisle nach Devon einen Studenten ermordet hatte. Das Opfer hatte nicht mehr getan, als die Aufmerksamkeit des Mannes zu erregen: »Was glotzt du mich so an? Ich bring dich um!« Sprach's und zückte ein elf Zentimeter langes Küchenmesser.[1]

Andere Gewalttaten sind auch bekannt, doch das Risiko ist ebenfalls gering. Es kommt schon mal vor, dass ein Fremder Sie schubst und beleidigt. Im Jahr 2010 wurden in Großbritannien 3300 Gewalttaten in Zügen zur Anzeige gebracht. Damit war jede 400 000. Fahrt betroffen, das heißt, wenn Sie jeden Tag mit dem Zug fahren, könnten Sie damit rechnen, alle tausend Jahre einmal Opfer eines Übergriffs zu werden.[*]

Das hilft Norm allerdings auch nicht weiter, denn der fürchtet, dass ihm die Stunde geschlagen haben könnte. Kann sein, dass sein Realitätssinn durch seine Vorurteile getrübt wird. Es gibt keine Statistiken über Vorurteile gegen Angehörige anderer sozialer Klassen und regionale Dialekte, genauso wenig wie über den Lärm aus dem Walkman des Sitznachbarn, blöde Sprüche, glotzende Gegenüber oder den aufdringlichen Gestank von Cheeseburgern. Aber das

---

[*] Die Deutsche Bahn teilte in einer Presseerklärung mit, dass die Bundespolizei im Jahr 2012 14 000 Körperverletzungsdelikte in Zügen und auf Bahnhöfen registriert hatte. Pro Tag transportiert die Bahn rund 7,5 Millionen Menschen in ihren Zügen und Bussen, sodass es im gesamten Bundesgebiet zu 38 Zwischenfällen täglich kommt. Die Bahn weist darauf hin, dass in es Berlin zu rund 120 Körperverletzungen pro Tag kommt. Mithin sei es in Bahnen und auf Bahnhöfen sicherer als in Berlin (http://soko-bahn.deutschebahn.com/assets/downloads/Themendienst_Sicherheit.pdf) (Anm. d. Red.).

kommt natürlich vor. Meinen viele vielleicht diese Widerlichkeiten und nicht die physische Bedrohung, wenn sie öffentliche Verkehrsmittel als gefährlich bezeichnen? Empfinden wir die Gesellschaft unserer Mitmenschen vielleicht deshalb als bedrohlich, auch wenn objektiv gar keine Gefahr von ihnen ausgeht? Norm schwitzt, weil ihm die Frau gegenüber unberechenbar erscheint – sie könnte ihn in eine peinliche Lage bringen oder aus Glasgow kommen. Fremde Sitznachbarn machen uns nervöser als Freunde oder Verwandte auf dem Rücksitz (auch wenn das ein bisschen von unseren Freunden oder Verwandten abhängt). Wie in einem Forschungsbericht nachzulesen war: »Das Gefühl der Nervosität und andere psychische Faktoren tragen dazu bei, dass sich Fahrgäste in öffentlichen Verkehrsmitteln unwohl fühlen. Dies wiederum verstärkt die Wahrnehmung der Unsicherheit dieser Verkehrsmittel.«[2]

Dabei spielt sicher auch das Geschlecht eine Rolle (Frauen sind meist nervöser als Männer), genau wie ein »persönliches Erlebnis, bei dem die persönliche Sicherheit gefährdet schien«. Diese Faktoren wirken sich jedoch eher am Rande auf unser Wohlbefinden aus, das Wichtigste ist die tatsächliche Unfallstatistik. Zahlen spielen also sehr wohl eine Rolle.

Also zu den Zahlen. Trotz William Huskissons Fehltritt wuchs der Schienenverkehr in den folgenden 180 Jahren ganz massiv. Im Jahr 2010 wurden in Großbritannien 1,4 Milliarden Fahrten gezählt – eine Steigerung von 300 Millionen gegenüber dem Jahr 1980. Das sind 4 Millionen Fahrten pro Tag und 54 Milliarden Fahrgastkilometer pro Jahr.[3] Das heißt, jeder der 60 Millionen Briten fährt im Schnitt 900 Kilometer pro Jahr oder 17 Kilometer pro Woche mit dem Zug. Wobei das wieder einer dieser wunderbar irreführenden »Durchschnitte« ist, die kein Mensch so erlebt: Wer fährt schon pro Woche 17 Kilometer mit dem Zug? Es gibt gewaltige Unterschiede, angefangen von den Pendlern, die jeden Tag Hunderte Kilometer zurücklegen, bis zu den Landbewohnern, die bei der letzten Bahnreform vom Netz abgehängt wurden und für die eine Zugfahrt ein echter Luxus ist (oder auch nicht).

Am unteren Ende der Liste stehen die Menschen mit »Sidero-dromophobie«, der Angst vor Zugfahrten. Die meisten Menschen empfinden Züge jedoch als solide und sicher, genau wie Norm. Und zwar aus gutem Grund: In Großbritannien ist der Zug ein ausgesprochen sicheres Verkehrsmittel. Im Jahr 2010 kam nicht ein einziger Fahrgast bei einem Zugunfall ums Leben, genauso wenig wie in den drei Jahren zuvor.* Allerdings verloren acht Fahrgäste auf dem Bahnhof das Leben: Ein älterer Herr stürzte eine Rolltreppe hinunter, vier Betrunkene fielen vom Bahnsteig und so weiter. Das ergibt eine Quote von 1 pro 170 Millionen Fahrten.

Nur weil in den letzten Jahren keine Todesopfer zu beklagen waren, heißt das nicht, dass das Risiko von tödlichen Zugunglücken auf null gesunken wäre. Aus den Zahlen der Vergangenheit[4] können wir allerdings einen Trend ablesen: Demnach sinkt das Risiko jedes Jahr um 6 Prozent und liegt jetzt bei 1,6 Todesopfern pro Jahr. Das entspricht 1 MikroMort pro 33 750 Bahnkilometern. Die britische Bahnaufsicht legt etwas andere Maßstäbe an und kommt auf 12 000 Kilometer, aber das ist immer noch 30 Mal sicherer als das eigene Auto.

Menschen stürzen auf dem Bahnsteig, doch wenn im Jahr 2010 rund 240 schwere Verletzungen gemeldet wurden, ist das immer noch weniger als ein Unfall pro 5 Millionen Fahrten. Interessanterweise ist die Unfallquote außerhalb der Rushhour höher, vermutlich weil dann die Fahrgäste weniger mit der Bahn vertraut, betrunken oder beides sind. Manchmal sind sie selbst schuld, manchmal nicht. Im Jahr 2012 wurde ein Schaffner zu fünf Jahren Haft verurteilt, weil er zur Abfahrt gepfiffen hatte, obwohl sich ein betrunkenes Mädchen an einen Waggon gelehnt hatte. Sie fiel zwischen Waggon und Bahnsteig auf die Gleise und wurde überrollt.[5]

Wie stehen die britischen Bahnen im internationalen Vergleich da? In der Europäischen Union hatten zwischen 2004 und 2009 nur

---

* In Deutschland kam im Jahr 2010 ebenfalls kein Fahrgast bei einem Zugunfall ums Leben, im Jahr 2009 waren es allerdings 3, im Jahr 2008 1 und 2007 wiederum 3 (Auskunft des Eisenbahn-Bundesamtes, www.eba.bund.de) (Anm. d. Red.).

Schweden und Luxemburg weniger Todesopfer zu beklagen (wobei das Luxemburger Schienennetz gerade einmal 270 Kilometern lang ist).[6] Im Gegensatz dazu kamen im Jahr 2010 in Indien allein bei drei Unfällen insgesamt 200 Menschen ums Leben, wobei man dazu sagen muss, dass die Indian Railways pro Tag 30 Millionen Fahrgäste befördert. Doch auf dem Weg zu mehr Sicherheit auf der Schiene erlitten auch die Briten spektakuläre Rückschläge, zum Beispiel das Zugunglück von Harrow und Wealdstone, bei dem 1952 drei Züge zusammenprallten und 112 Menschen ums Leben kamen. In den Jahren nach dem Zweiten Weltkrieg lag die Zahl der Todesopfer regelmäßig bei über 50 pro Jahr. Gleichzeitig kamen etwa 200 Bahnarbeiter ums Leben; im Jahr 2010 war es nur einer.

Doch wie Huskisson feststellen musste, kann ein Zug gefährlicher sein, wenn man nicht drinsitzt. Im Jahr 2010 wurden insgesamt 239 Menschen durch fahrende Züge getötet. Viele davon waren Selbstmörder, doch 31 Menschen kamen beim Überqueren der Bahnschienen ums Leben (das war etwa die Hälfte der normalen Zahl). Damit ist die Zahl der getöteten Nicht-Fahrgäste relativ konstant geblieben: Im Jahr 1952 wurden 245 Menschen von Zügen getötet. Auch die Zahl der Selbstmorde hat sich kaum verändert und schwankte in den letzten zehn Jahren zwischen 189 und 233. Quetelet hätte genickt.[*]

Im 19. Jahrhundert wäre ein Zugunglück mit einer Handvoll Opfer vermutlich nicht einmal eine kleine Zeitungsnotiz wert gewesen. Heute macht schon ein Rangierunfall mit einem entgleisten Waggon Schlagzeilen. Opferzahlen allein sind noch kein Maß für das öffentliche Interesse an einem »Unglück«. Ein Unfall mit zehn Opfern erregt mehr Aufsehen als zehn Unfälle mit einem Opfer. Die 250 Menschen, die jedes Jahr auf den Gleisen ums Leben kommen,

---

[*] In Deutschland wurden 2007 181 Personen bei Zugunfällen getötet, 67 auf Bahnübergängen, und 89 waren »Unbefugte auf Eisenbahnanlagen«. Im Jahr 2010 verloren 146 Menschen bei Zugunfällen ihr Leben, 44 auf Bahnübergängen und 80 unbefugt auf Eisenbahnanlagen. Die Zahl der Selbstmörder, die beim Eisenbahn-Bundesamt separat gezählt werden, wuchs von 720 im Jahr 2007 auf 899 im Jahr 2010 (www.http://www.eba.bund.de) (Anm. d. Red.).

erhalten wenig Aufmerksamkeit, aber wenn wir uns vorstellen, dass sie bei einem einzigen Unfall …

Das ist ein Problem bei Investitionen in die Sicherheit, bei denen die Behörden in der Regel den Wert eines Menschenlebens zugrunde legen. Wie wir in Kapitel 1 gesehen haben, wird dieses heute in Großbritannien mit 1,3 Millionen Euro angesetzt, das heißt, der Staat gibt 1,30 Euro aus, um einen MikroMort zu verhindern. Doch die Rechnung geht nicht auf, wenn die Menschen nicht einzeln, sondern in einer großen Gruppe auf einmal ums Leben kommen. Um das öffentliche Interesse wiederzugeben, muss in diesem Fall ein Multiplikator verwendet werden, der das Leben der Unglücksopfer aufwertet.

Züge gelten zwar in der Regel als sicher, doch der Öffentlichkeit scheint es trotzdem ratsam, riesige Summen auszugeben, um sie noch sicherer zu machen. Um diesem Phänomen auf den Grund zu gehen, heuerte die britische Bahnaufsicht einen philosophischen Berater an. Der kam zu dem Schluss, dass es sich um eine moralische Frage handelte: Wir halten allein die Möglichkeit eines Zugunglücks für eine Schande und sind erzürnt, weil jemand anderes mit seinen Handlungen ein Unglück verursacht. Deshalb sind wir nicht bereit, ein großes Risiko hinzunehmen.[7]

Doch unsere Vorsicht kann unbeabsichtigte Nebenwirkungen haben. Nach den Anschlägen des 11. September setzten sich viele Menschen aus Angst nicht mehr ins Flugzeug und fuhren lieber mit dem Auto. Gerd Gigerenzer schätzte, dass in den Vereinigten Staaten allein im Jahr nach den Anschlägen 1500 Menschen zusätzlich im Straßenverkehr ums Leben kamen.[8] Als im Jahr 2000 nach dem Zugunglück von Hatfield, bei dem vier Menschen ums Leben kamen, die Höchstgeschwindigkeiten gesenkt wurden und der Zugverkehr zwischenzeitlich fast zum Erliegen kam, setzten sich ebenfalls mehr Menschen ans Steuer – mit dem Ergebnis, dass allein im ersten Monat nach dem Unglück fünf Menschen zusätzlich bei Verkehrsunfällen ums Leben kamen (wobei unklar ist, woher diese Zahlen stammen). Bleiben Sie also besser beim Zug, aber lassen Sie die Finger vom Alkohol, passen Sie auf den Rolltreppen auf, und lassen Sie sich nicht von Bierbüchsen stören.

Straßenverkehr

DIE STRASSE IST FRAGLOS GEFÄHRLICHER als die Schiene. Im Jahr 2010 betrug das Risiko, in Großbritannien im Straßenverkehr zu sterben, 31 MikroMorts pro Jahr. Wenn das durchschnittliche Risiko, durch Fremdeinwirkung ums Leben zu kommen, bei 350 MikroMorts im Jahr liegt, ist der Straßenverkehr also für 9 Prozent verantwortlich. Im Durchschnitt sind Auto, Motorrad, Fahrrad und selbst Schusters Rappen pro Kilometer weit gefährlicher als Züge oder Flugzeuge.

Aber wer hält sich schon für Durchschnitt? Die meisten von uns halten sich für überdurchschnittlich, zumal hinterm Steuer – eine Selbstüberschätzung, die auch als Lake-Wobegon-Effekt* bekannt ist.[9] Sogar Norm meint, er sei besser als der Durchschnitt. Das ist natürlich aus naheliegenden Gründen unsinnig, denn nur die Hälfte aller Autofahrer kann überdurchschnittlich sein; und selbst wenn sich nur genau die Hälfte aller Fahrer für überdurchschnittlich gut hält, dann könnten sie sich theoretisch alle irren. Selbst wenn Sie tatsächlich besser fahren als andere, ist der Unterschied vielleicht nur ein gradueller. Und wenn Sie dieses überdurchschnittliche Können überdurchschnittlich übermütig macht, dann könnten Sie schnell eine überdurchschnittliche Gefährdung darstellen.

Selbstüberschätzung hängt oft auch mit einem Gefühl der Kontrolle zusammen. Sie haben den Eindruck, dass Sie mit dem Steuer (oder Lenker) auch Ihr Schicksal in der Hand haben und es nicht in die Hände eines übermüdeten Piloten legen, der das Flugzeug

---

* Benannt nach dem fiktiven Ort Lake Wobegon, den der amerikanische Schriftsteller Garrison Keillor für seine Radiosendung *A Prairie Home Companion* erfand. In ihm sind»alle Frauen stark, alle Männer attraktiv und alle Kinder überdurchschnittlich«.

zum Absturz bringt, weil er nur an seine Scheidung denkt. Doch so gefährlich es sich auch anfühlen mag, eingepfercht in der Economy Class zu sitzen und darauf zu warten, dass die Flügel abreißen, ist fehlende Kontrolle noch lange nicht gleichbedeutend mit Risiko. Als sich Michael Blastland einer Herzoperation unterzog, hatte er auch nicht die geringste Kontrolle. Deswegen wäre er trotzdem nicht auf den Gedanken gekommen zu sagen: »Gib mir mal das Messer!« Doch das Gefühl, das Steuer in der Hand zu halten, kann das falsche Gefühl vermitteln, die Situation im Griff zu haben. Denn das Risiko hängt nicht nur von unseren eigenen Fähigkeiten ab, sondern auch von den ganzen anderen Rasern und Sonntagsfahrern auf der Straße. Viele Unfälle haben rein gar nichts mit den Fähigkeiten der Fahrer zu tun, sondern mit plötzlichen Veränderungen der Situation – zum Beispiel dem Pudel, der unvermutet auf die Straße schießt.

Also noch einmal die Frage: Sind wir verrückt? Wenn Sie Ihre Flugangst überwinden wollen, können Sie sich zum Beispiel vorstellen, Sie säßen am Steuerknüppel und würden ihn beim Start hochziehen. Natürlich machen Sie sich dabei etwas vor, und das wissen Sie auch. Sie sind ja nicht doof. Doch das Spiel erinnert Sie vielleicht daran, dass tatsächlich jemand am Steuer sitzt, der in diesem Moment den Steuerknüppel hochzieht, und dass Sie sich sicher fühlen dürfen.

Diese Doppelmoral – wenn ich selbst fahre, ist das Risiko in Ordnung, aber wenn ich im Zug oder Flieger sitze, dann nicht – könnte vielleicht sogar gerechtfertigt sein, auch wenn sie jeglicher Statistik widerspricht. Der philosophische Berater der Bahn würde dem jedenfalls zustimmen: Wenn andere am Steuer sitzen, dann sind sie natürlich verpflichtet, besser auf mich aufzupassen, als ich das selbst tun würde. Das ist schließlich ihr Job. Wenn ich Kopf und Kragen riskiere, dann ist das Leichtsinn. Aber wenn *die* mein Leben aufs Spiel setzen, dann ist das kriminell. Daher ist es nur logisch, dass über Zugunglücke lang und breit auf den ersten zwölf Seiten der Tageszeitung berichtet wird: Jemand anders ist schuld, und bei dem Unfall geht es um das Vertrauen der Öffentlichkeit und die Verantwortung von Staat und Unternehmen. Im Vergleich dazu fallen die normalen Verkehrsunfälle, die in der Rubrik Panorama abgehandelt werden, eher in die Kategorie der unglücklichen Haushaltsunfälle – private Katastrophen, die für die Öffentlichkeit relativ uninteressant sind.

Das muss man nicht so sehen. Man kann sich natürlich über Leute mokieren, die sich im eigenen Auto sicherer fühlen als im Flugzeug, doch diese Vorliebe ist eher ein Ausdruck des Vertrauens oder Misstrauens als ein Zeichen von Dummheit.

Die Sache wird noch etwas komplizierter, da wir gern umso riskanter fahren, je sicherer wir uns fühlen. Das Phänomen wird auch als »Risiko-Homöostase« bezeichnet. Das soll heißen, dass wir eine Art Risikothermostat haben, mit dem wir die Gefahr auf einem konstanten Niveau halten. Wenn wir das Risiko mit Gurten, Airbags und ABS drücken, dann fahren wir eben einfach ein bisschen schneller, damit das Risiko konstant bleibt. Je sicherer die Autos werden, umso kräftiger treten wir aufs Gas und übertragen damit das Risiko auf andere Verkehrsteilnehmer wie Fußgänger, die keine eingebauten Airbags haben.

Deswegen meint Verkehrssicherheitsexperte John Adams, man könnte mehr Unfälle vermeiden, wenn Autos keinen Sicherheitsgurt hätten und auf dem Lenkrad ein großer Dolch montiert wäre, der auf die Brust des Fahrers zeigt. Das würde das Risikothermostat des einen oder anderen Rasers vielleicht ein paar Stundenkilometer herunterregulieren. Komiker Dudley Moore vermutet, für die Sicherheit gebe es nichts Besseres als einen Streifenwagen im Rückspiegel. Das heißt, wir würden anders fahren, wenn Leichtsinn richtig weh täte. Wenn die Autofahrer sicherer fahren sollen, dann müssen sie die Gefahr am eigenen Leib spüren.

Adams meint auch, die Opferzahlen gingen heute zurück, weil manche Straßen inzwischen so gefährlich seien, dass sich kein Fußgänger mehr hintraue. Wenn er recht hat, dann sind die sinkenden Opferzahlen an diesen Straßen kein Beweis für ihre Sicherheit, sondern gerade für ihre Gefährlichkeit.

Die Unfallgefahr ist also eine Wahrnehmungs- und Interpretationssache. Heißt das, dass die Zahlen nutzlos sind? Ihre Aussagen sind allerdings so klar und die Trends so eindeutig, dass sich die Behörden eine riesige Fehlermarge leisten könnten, und die Aussage wäre immer noch unmissverständlich. Grundsätzlich sind alle Daten falsch. Die Frage ist nur, ob sie so falsch sind, dass sie keine Schlüsse mehr zulassen. Nach dieser kurzen Vorrede hier also die Zahlen.

Im Jahr 1950 waren in Großbritannien 4,4 Millionen Fahrzeuge angemeldet. Im Jahr 2010 waren es achtmal so viele. Das heißt, wenn man das Bevölkerungswachstum mitrechnet, stieg die Fahrzeugdichte um mehr als das Fünffache: Kamen 1950 auf jedes Fahrzeug noch elf Personen, waren es 2010 nur noch zwei.[*]

Man könnte nun annehmen, dass mit der Zahl der Autos automatisch auch die der Verkehrstoten gestiegen ist. Die Statistiken widersprechen dem allerdings deutlich. Im Jahr 1950 forderte der Straßenverkehr 5012 Opfer, im Jahr 2010 waren es nur noch 1850, was einem absoluten Rückgang von 63 Prozent entspricht.[†]

In relativen Zahlen ist diese Entwicklung noch beeindruckender, vor allem angesichts des zunehmenden Verkehrsaufkommens. Im Jahr 1951 kamen auf 100 000 Fahrzeuge 114 Verkehrstote. Im Jahr 2010 waren es nur noch fünf, was einem Rückgang von 96 Prozent entspricht. Wenn sich David Spiegelhalter daran erinnert, wie er als Kind gern auf dem Vordersitz des alten Kleinlasters der Familie mitfuhr, der weder TÜV noch Gurte hatte, von Airbags ganz zu schweigen, und wie die Männer damals zum Pub fuhren, um den ganzen Abend zu trinken und dann in Schlangenlinien nach Hause zu eiern, dann wundert ihn das nicht. Insgesamt fiel das Risiko von

---

[*] Zum Vergleich: Im Jahr 1950 waren im Gebiet der damaligen Bundesrepublik etwas über 900 000 Fahrzeuge gemeldet, im Jahr 2010 waren es rund 42 Millionen – bei diesem Anstieg muss allerdings auch das vergrößerte Bundesgebiet durch die Wiedervereinigung bedacht werden (www.kba.de) (Anm. d. Red.).

[†] Auch für Deutschland ist ein Rückgang der Zahl der Unfalltoten zu verzeichnen: Im Jahr 1990 starben 7906 Menschen im Straßenverkehrt, 2009 waren es 4152 (Auskunft Statistisches Bundesamt) (Anm. d. Red.).

102 MikroMorts pro Jahr und Einwohner im Jahr 1950 auf 31 Mikro-Morts im Jahr 2010.[*]

Unter den Insassen ist die Zahl der Opfer in diesen sechs Jahr-zehnten mehr oder weniger konstant geblieben – 1950 waren es 20 pro Woche, in den 1960er Jahren stieg die Zahl auf 60, heute sind es wieder um die 20. Den größten Rückgang der Verkehrstoten gab es bei Fußgängern und Radfahrern: 1950 waren es 60 pro Woche (obwohl das schon ein deutlicher Rückgang gegenüber dem Kriegs-jahr 1940 war, als während der Verdunkelung bis zu 120 Fußgänger und Radfahrer von unbeleuchteten Fahrzeugen überfahren wur-den), 2010 nur noch 11 und damit 82 Prozent weniger. Damit kommt auf 100 000 Fahrzeuge heute nur noch ein getöteter Fußgänger oder Radfahrer pro Jahr.[†]

Diese Statistiken zählen Todesopfer – das ist so makaber wie ein-fach. Unfälle und Verletzungen zu zählen ist etwas komplizierter: Was ist eine Verletzung? Wie schlimm muss sie sein, um mitgezählt zu werden? Nach den offiziellen Zahlen gab es jedenfalls 167 000 Unfälle und 196 000 Verletzte im Jahr 1950, und fast genauso viele, nämlich 154 000 Unfälle und 207 000 Verletzte, im Jahr 2010.

Das heißt, wir bauen immer noch gut 400 Unfälle pro Tag, doch der Anteil der tödlichen Unfälle ist erheblich gesunken, sei es wegen der Geschwindigkeitsbegrenzungen, der Sicherheitsvorkehrungen oder der besseren und schnelleren medizinischen Versorgung.

In den meisten Industrienationen ist der Trend ähnlich: Zwi-schen 1980 und 2009 ging die Zahl der Verkehrstoten in Australien um 55 Prozent zurück, in Frankreich um 69 Prozent, in Großbritan-nien um 63 Prozent, in Italien um 54 Prozent, in Deutschland um

* Laut ADAC lag das Risiko, bei einem Verkehrsunfall getötet zu werden, im Jahr 2012 in Deutschland bei 0,21 pro 100 Million Personenkilometer, wenn man in einem Pkw unterwegs war, und bei 0,01 in einem Bus (www.adac.de/_mmm/pdf/statistik_7_1_unfallrisiko_42782.pdf) (Anm. d. Red.).

† Für Deutschland errechnet der ADAC für das Risiko, bei einem Verkehrsunfall getötet zu werden, im Jahr 2012 für Radfahrer einen Wert 1,25 pro 100 Millionen Personenkilometer und für Fußgänger einen Wert von 1,5 (www.adac.de/_mmm/pdf/statistik_7_1_unfallrisiko_42782.pdf) (Anm. d. Red.).

71 Prozent und in Spanien um 58 Prozent, und das, obwohl in allen Ländern der Verkehr zunahm. In den Vereinigten Staaten sank die Zahl dagegen nur um 34 Prozent, und in Griechenland stieg sie sogar leicht an. Für Länder, die diese Zahlen erheben, können wir die durchschnittlichen MikroMorts pro 1000 Autokilometer ermitteln: Großbritannien 4 MikroMorts, Vereinigte Staaten 7, Belgien 10, Korea 20, Rumänien und Brasilien 56.[10]

Aber wer trägt dieses Risiko? In den reichen Ländern vor allem die Fahrer und Mitfahrer, in den ärmeren Ländern überwiegend die »schwächeren Verkehrsteilnehmer«: Fußgänger, Radfahrer, und Familien, die sich auf ein kleines Moped quetschen. In Thailand machen Zweiradfahrer 70 Prozent aller Verkehrstoten aus[11] – wer den Verkehr in Bangkok erlebt hat, den wundert das nicht.

Je ärmer ein Land, desto größer das Risiko. Weltweit kommen pro Jahr geschätzte 1,4 Millionen Menschen im Straßenverkehr ums Leben. Von den 3500 Opfern pro Tag sterben 3000 in Entwicklungsländern, und das, obwohl auf diese Länder weit weniger als die Hälfte aller Autos entfallen.[12] Die meisten Opfer sind die schwächeren Verkehrsteilnehmer. Auf Südafrikas Straßen kommen Jahr für Jahr 15 000 Menschen ums Leben – eine Statistik, die erst Schlagzeilen machte, als Nelson Mandelas Urenkelin Zenani unter die Räder kam.

Die Weltgesundheitsorganisation WHO geht davon aus, dass der Straßenverkehr, der heute die neuntwichtigste Todesursache ist, bis zum Jahr 2030 auf Rang 5 gestiegen sein und 2,4 Millionen Opfer fordern wird (dazu kommen zwischen 20 und 50 Millionen Verletzte). Die Opfer sind vor allem junge Menschen, der Schaden für die jeweilige Volkswirtschaft ist gewaltig.[13] Die WHO weist darauf hin, dass in den meisten dieser Länder Geschwindigkeitsbegrenzungen, Promillegrenzen, Sicherheitsgurte, Helme und Kindersicherungen gesetzlich vorgeschrieben sind – leider wird die Einhaltung dieser Gesetze nicht kontrolliert.

In reichen Industrienationen liegt das Risiko, im Straßenverkehr ums Leben zu kommen, bei durchschnittlich 103 MikroMorts pro

Jahr, in den Schwellen- und Entwicklungsländern dagegen bei 205. Es mag verwundern, dass der Verkehr umso gefährlicher ist, je weniger Autos auf den Straßen fahren. Doch tatsächlich ist es so, dass die Zahl der Verkehrstoten mit der Zahl der Autos abnimmt. Dieses Phänomen hat sogar einen eigenen Namen: Smeed's Law[14]. Dieses Gesetz spiegelt sich in den schrecklichen Statistiken Äthiopiens wider, einem Land, auf dessen Straßen im Jahr 2007 nur 244 000 Fahrzeuge fuhren und trotzdem 2517 Menschen ums Leben kamen, die meisten davon Fußgänger. Damit kommt auf 100 Fahrzeuge ein Verkehrstoter; wenn Großbritannien mit seinen 34 Millionen Fahrzeugen diese Quote hätte, würden pro Jahr nicht 2000, sondern 340 000 Menschen auf den Straßen ums Leben kommen.

Je größer die Gefahr durch dichteren und schnelleren Verkehr wird, umso eher scheinen wir also bereit, etwas für die Sicherheit zu tun – vorausgesetzt, wir haben das Geld dazu. Ein Risiko ist also nicht in Stein gemeißelt, sondern es hängt immer davon ab, was wir dagegen tun.

Fliegen

»DER PILOT WEIST DARAUF HIN, dass wir Turbulenzen durchfliegen. Bitte kehren Sie zu Ihrem Sitzplatz zurück, und schnallen Sie sich an.«

Das Flugzeug ruckelt, die Flügel wippen auf und ab, Babys brüllen, und Sie krallen sich in den Armlehnen fest. Kann in so einer Situation irgendjemand ruhig bleiben – mit Ausnahme der Schlafenden oder Betrunkenen?

Die Flugangst ist weit verbreitet. Rund 3 bis 5 Prozent der Bevölkerung steigen erst gar nicht in ein Flugzeug, rund 17 Prozent geben zu, Angst vorm Fliegen zu haben, und 30 bis 40 Prozent sind zumindest nervös.[15] Wir kennen Risikoexperten, durch und durch rationale Menschen, die sich weigern zu fliegen.

Flugangst lässt sich angeblich kurieren. Für 300 Euro kann man bei der British Airways einen eintägigen Kurs absolvieren, der mit einem 45-minütigen Flug endet.[16] Leider veröffentlicht die Fluggesellschaft keine Erfolgsquoten und verrät nicht, wie viele Teilnehmer am Ende hilflos zitternd aus dem Flieger getragen werden.

Von allen klassischen Angstfaktoren ist es vor allem das Gefühl des völligen Kontrollverlustes, das zuschlägt, wenn wir zehn Kilometer über dem Boden in einen Sitz geschnallt sind. Vielleicht hat es damit zu tun, dass wir diesen Apparat nicht verstehen – wie hält sich dieses Ding überhaupt in der Luft? Wenn wir alle nicht mehr daran glauben, fällt es dann vom Himmel?

Wir alle wissen, wie sich Schreckensbilder auf unsere Wahrnehmung auswirken, und die Medien lieben Bilder von Flugzeugwracks. Und wer schon ein gewisses Alter erreicht hat, erinnert sich an berühmte Opfer von Buddy Holly bis zur Fußballmannschaft von Manchester United.

Den Liebhabern der Katastrophenpornografie sei die Internetseite Plane Crash Info[17] mit ihrer aktuellen Datenbank zu Unfällen der zivilen Luftfahrt empfohlen, die mit entsetzlichen Fotos und Tonbandaufnahmen aus dem Cockpit aufwartet. Für das Jahr 2011 verzeichnet die Seite 44 Abstürze, also etwa einen pro Woche. So schlimm das klingt, das ist ein ordentlicher Rückgang gegenüber den 70 im Jahr 2001 (wobei in diesem Jahr auch die vier vom 11. September mitgezählt wurden).

Die Analyse der Website (siehe Grafik 18) ergibt, dass der Flug in der Reiseflughöhe mit Abstand der sicherste ist: Dieser Abschnitt nimmt die meiste Zeit des Flugs in Anspruch, und hier finden die wenigsten Abstürze statt. Auf die Minute umgelegt, sind Start und Landung etwa 60 Mal so gefährlich wie der Flug auf Reiseflughöhe. Beten Sie sich diese Zahl wie ein Mantra vor, wenn Sie das nächste Mal in eine Turbulenz geraten.

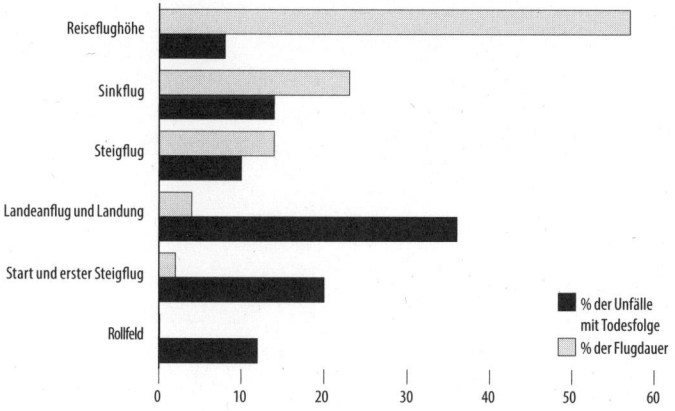

Grafik 18: **Dauer des Flugabschnitts und Zahl der Unfälle, 1959–2008**[18]

Legende:
- % der Unfälle mit Todesfolge
- % der Flugdauer

Kategorien (von oben nach unten): Reiseflughöhe, Sinkflug, Steigflug, Landeanflug und Landung, Start und erster Steigflug, Rollfeld

Plane Crash Info schätzt außerdem, dass die Hälfte aller Unfälle auf menschliches Versagen zurückzuführen ist. Wobei es Ihnen ehrlich gesagt egal sein kann, ob der Pilot schuld ist oder die Maschine, Sie können so oder so nichts dagegen tun.

Sie können aber sehr wohl beeinflussen, in welches Flugzeug Sie steigen. Nach den Zahlen von Plane Crash Info kommt bei den sichersten Fluggesellschaften ein Absturz auf 11 Millionen Flüge, und da die Überlebenschancen gar nicht so schlecht stehen, wie man immer meint, beträgt die Wahrscheinlichkeit, bei einem Flugzeugunglück ums Leben zu kommen, pro Flug 1 zu 29 Millionen. Die 25 Fluggesellschaften am unteren Ende der Liste haben zehnmal so viele Abstürze, und die Wahrscheinlichkeit, bei einem Flug ums Leben zu kommen, ist zwanzigmal so hoch.

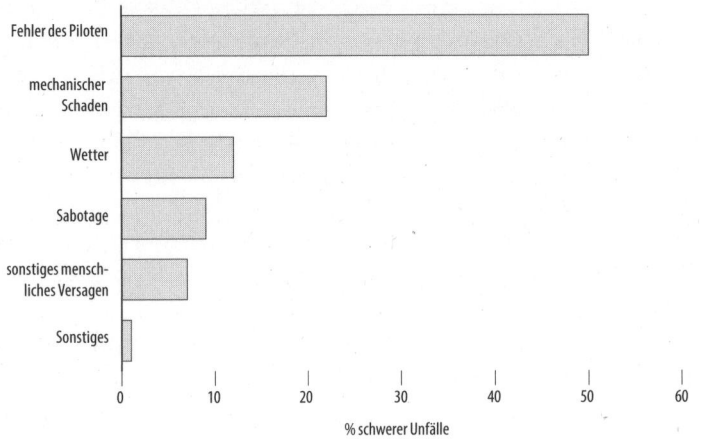

Grafik 19: **Absturzursachen bei zivilen Fluggesellschaften in Prozent, 1950–2010**[19]

% schwerer Unfälle

Die MikroMorts lassen sich am besten mit den Zahlen der Nationalen Flugsicherheitsbehörde der Vereinigten Staaten berechnen, die über alle Flüge mit mehr als zehn Passagieren Buch führt.[20] Zwischen 2002 und 2011 richteten amerikanische Fluggesellschaften pro Jahr durchschnittlich 10 Millionen Flüge aus. In diesem Zeitraum gab es keine größeren Unglücke, von den 700 Millionen Passagieren und Besatzungsmitgliedern, die pro Jahr an Bord gingen, wurden durchschnittlich 16 getötet. Das ergibt 0,02 MikroMorts pro Flug und bedeutet, dass Sie durchschnittlich 50 Millionen Mal in ein Flugzeug steigen müssen, ehe Sie nicht mehr aussteigen. Wenn Sie pro Tag einmal fliegen, wären das 120 000 Jahre.

Sie könnten jetzt natürlich einwenden, dass wir bei unseren Zahlen geschickt den 11. September 2001 ausgeklammert haben. Sehen wir uns also den Zeitraum von 1992 bis 2011 an, in dem es zu einigen größeren Unglücken kam; nun kommen wir auf 0,11 MikroMorts pro Flug und durchschnittlich 9 Millionen absturzfreie Flüge.

Wie sollen wir diese Risiken messen, um sie mit anderen Verkehrsmitteln vergleichen zu können? Pro Flug? Pro Kilometer? Pro Stunde? Gehen wir von einer pessimistischen Schätzung aus und nehmen wir an, dass Sie mit einer Wahrscheinlichkeit von 1 zu 10 Millionen abstürzen – das wären 0,1 MikroMorts pro Flug. Der durchschnittliche Flug einer amerikanischen Fluggesellschaft hat eine Dauer von 1,8 Stunden über eine Strecke von 1200 Kilometern. Das heißt, mit einem MikroMort können Sie 12 000 Kilometer oder 18 Stunden fliegen – damit ist das Flugzeug in etwa so sicher wie die Bahn und 20 Mal sicherer als das eigene Auto.

Wie wir gesehen haben, verteilt sich das Risiko nicht gleichmäßig über den gesamten Flug. Und wenn Sie Ihr Verkehrsmittel wirklich auf dieser Grundlage auswählen, müssten Sie auch noch die Anfahrt mit dem Auto zum Flughafen oder mit dem Fahrrad zum Bahnhof einbeziehen und so weiter.

Eine Sorte von Flügen fällt jedoch aus dem statistischen Rahmen, und das sind die Flüge in Kleinflugzeugen. In den Vereinigten Staaten sind rund 220 000 dieser Kleinflugzeuge registriert, von denen 1:600 pro Jahr in Unfälle verwickelt sind, davon 300 tödlich. Das sind sechs Unfälle pro Woche. In den letzten zehn Jahren kamen pro Jahr durchschnittlich mehr als 520 Menschen bei Abstürzen von Kleinflugzeugen und Hubschraubern ums Leben – das sind 97 Prozent aller Luftfahrtunfälle. Unterm Strich kommen die Kleinflugzeuge auf 13 tödliche Unfälle pro 1 Million Flugstunden, also 150 Mal so viel wie kommerzielle Fluggesellschaften. Das bedeutet, in einem Kleinflugzeug können Sie pro MikroMort sechs Minuten lang oder 25 Kilometer weit fliegen – damit ist ein Flug in einem Kleinflugzeug genauso gefährlich wie ein Spaziergang oder eine Radfahrt.

In Großbritannien sind die Zahlen nicht anders: Zwischen 2000 und 2010 gab es neun Unfälle von kommerziellen Fluggesellschaften, 34 Unfälle von Hubschraubern und 202 von Kleinflugzeugen.[21] Größer ist definitiv sicherer. Dabei drängt sich eine Frage aus dem umkämpften Gebiet zwischen Statistik und Psychologie auf: Fühlen sich die Piloten in Kleinflugzeugen sicherer, weil sie am Steuerknüppel sitzen? Wenn Sie einen kennen, fragen Sie ihn doch mal.

Ein letzter Gedanke: Turbulenzen können auch dann gefährlich sein, wenn die Flügel nicht abreißen. Zwischen August 2011 und August 2012 wurden an Bord amerikanischer Maschinen 13 Personen bei Turbulenzen verletzt. Davon waren zwölf Besatzungsmitglieder.[22] Wenn also das Anschnallzeichen angeht, dann schnallen Sie sich doch bitte an und freuen sich, dass Sie Passagier sind und nicht den Getränkewagen durch die Gänge schieben müssen.

Kapitel 16

Extremsport

E RST GING ES IN EINER langen Fahrt die elf Haarnadelkurven des Trollstigen hinauf, dann in einem noch längeren Fußmarsch über Steine und loses Geröll zum kegelförmigen Gipfel des Bispen, des Bischofs, der wie eine umgedrehte Eiswaffel in die Höhe ragt.

Auf dem Gipfel war die Luft ruhig, klar und kalt. Weit unten glitzerte ein See zwischen Hügeln und Felsen. Hohe, dünne Wolken lagen über dem Tal. Hier endete die Welt der Menschen. Hier war nichts als Aussicht und Abgrund, ferne Formen und Texturen, Schattierungen von Grün und Grau.

Kelvin stand über der Schlucht, allein und nervös – so nervös, wie man eben ist, wenn sich unter einem der Abgrund auftut. Dann sprang er.

Von oben gesehen war er nichts als ein Pünktchen, das in die Tiefe stürzte, von unten ein Strichmännchen vor blauem Hintergrund. Kelvin hatte die Flügel seines Fluganzugs ausgebreitet und fühlte sich frei.

»Man kann fliegen, wohin man will«, sagen Basejumper, die in ihren Wingsuits in den Abgrund springen. »Man muss nur die Arme ausbreiten.«

Aus dem freien Fall zog Kelvin nach oben und ging in einen Gleitflug über. Bei früheren Flügen hatte er versucht, so schnell wie möglich von der Felswand wegzukommen. Aber das war auf Dauer langweilig. Mit den Schultern steuerte er in Richtung der

Klippe und beschrieb eine Kurve vor der bedrohlichen Wand, aus der Sträucher und spitze Äste nach ihm griffen, durch funkelnde Lichtreflexe und plötzliche Schatten hindurch, so dicht wie möglich über den zerfurchten Grund mit seinen Felsen und Furchen, seinen Vorsprüngen und Abbrüchen, und durch die pfeifende und knatternde Luft in einem Bogen nach unten.*

Als er mit ausgestreckten Armen an den Felsen entlangschoss, war er einen Fingerbreit vom Tod entfernt. »Wenn du einen Fehler machst, bist du geliefert«, sagen die Basejumper. »Klick, einfach so.« Das wusste Kelvin. Er wusste besser als die meisten von uns, dass der Tod eine Realität ist.

»Das ist doch total krank, Mann«, sagten einige, die ihm ungläubig und neiderfüllt von einer der Haarnadelkurven des Trollstigen aus zusahen, während Kelvin mit mehr als 150 Kilometern pro Stunde an ihnen vorüberzischte. Und schon war er verschwunden, ein Geschoss, das eine Hauswand hätte durchschlagen können. Cool.

Eine Minute später zischte er über den Wald, ein Flughörnchen, das den Wind umarmte. Es war weniger ein Flug als »ein eleganter Sturz«, meinte er später: »Der krasseste Extremsport der Welt.«

Als der See näher kam, legte Kelvin die Arme an, schloss die Beine und richtete sich auf. Dann zog er die Reißleine und öffnete den Fallschirm. Mit einem Ruck war es still. Nur Kelvins Lachen war zu hören, als er über das glitzernde Wasser und dem Ufer entgegenschwebte.

Während er hinuntersegelte, dachte er an diejenigen, die es für unmöglich gehalten hatten. Er hatte es geschafft. Es gefiel ihm, dass viele ihn für durchgeknallt hielten. Er dachte an Graham Greene, der mit dem Revolver seines Vaters russisches Roulette spielte, und erinnerte sich dunkel an eine Geschichte von Dostojewski mit einem Klavier.

---

* Wenn Sie mal einen Sport sehen wollen, der so riskant ist, dass Ihnen die Kinnlade runterklappt und die Augen aus dem Kopf kommen, dann sehen Sie sich Videos von Basejumpern an, zum Beispiel http://youtu.be/5N9t5qOSzCU.

»Irre! Kelvin!«, riefen sie ihm zu, als er mit seinem Fallschirm zurückkam.

»Junge!«

»Voll krass!«

»Mann!«

»Wahnsinn!«

Kein Zweifel: Das wahre Leben war in den Klauen des Todes.

*

ALLE ZWEI JAHRE finden Basejumping-Meisterschaften statt. Es ist ein unglaublicher Wettbewerb. Das Ziel besteht einfach gesagt darin, in der kürzestmöglichen Zeit am Fuß einer Felswand zu landen, und zwar heil. Der Wettbewerb heißt Base Race und wird von einem Norweger mit dem treffenden Namen Paul Fortun organisiert. Man sollte meinen, dass er anders als Kelvin keine Angst vor dem Sprung hat. Wie sollte er sich sonst dauernd von Bergen stürzen? Aber bei einem Interview im Jahr 2012 sagte er: »Ich habe bei jedem Sprung Angst. Alle haben Angst. Wenn man keine Angst hat, warum sollte man es dann machen?«[1]

Damit stellt er das Prinzip der Vorsicht auf den Kopf: Tu etwas, gerade weil es schiefgehen könnte. »Es geht darum, Angst und Kontrollverlust zu erleben. Es gibt nichts Schöneres.«

In allen anderen Kapiteln dieses Buchs beschreiben wir Todesgefahren als etwas, was man tunlichst meiden sollte. Aber Gefahr kann auch ein Kitzel sein. Komischerweise müssen diejenigen, die den Kitzel suchen, und diejenigen, die ihn meiden, das Risiko nicht einmal unterschiedlich einschätzen. Paul Fortun und Kelvin springen nicht in Abgründe, weil sie die Gefährlichkeit anders einschätzen als andere, sondern weil sie sie genauso sehen. Genau aus diesem Grund springen sie ja.[*]

---

[*] Obwohl diese Einstellung eher rar ist. In der Regel schätzen Risikofreunde die Gefahr als objektiv geringer ein, auch wenn sie immer noch groß genug ist, um ihnen einen Kick zu geben. Siehe das Stichwort »affektive Heuristik« im Register.

Man sollte meinen, dass die Menschen früher, als sie noch stärker von Krankheit, Hunger und Krieg bedroht waren, nicht auch noch bewusst die Todesgefahr suchten – das Leben war ohnehin schon kurz genug. Doch im 16. Jahrhundert boxten sie ohne Handschuhe und prügelten sich bei Massenfußballspielen ohne Schiedsrichter und Regeln, bei denen es selten ohne Verletzte und Tote abging. Im Mittelalter stießen sie sich mit Lanzen vom Pferd, später sprangen sie in vollem Galopp über Hecken und Gräben.

Als das Leben der wohlhabenderen Europäer im 19. Jahrhundert immer gemütlicher wurde, gründeten sie Alpenvereine. Aufnahmebedingung des Londoner Clubs, der 1857 ins Leben gerufen wurde, war »die Besteigung einer angemessenen Zahl ansehnlicher Gipfel«. Damals beherrschten die Briten den Klettersport und stürmten die Gipfel in denkbar ungeeigneter Kleidung. Diese Gentlemen und die eine oder andere Lady hatten die unterschiedlichsten Motive. Die einen sahen sich als Wissenschaftler, die anderen suchten die spirituelle Vereinigung mit der Natur, und wieder andere »den kalten Finger der Gefahr«[2].

Bergsteigen war damals eine gefährliche Sache, und es ist auch heute kein Spaziergang. Neben einem Absturz drohen Sauerstoffmangel, Kälte, Wind, Sonne und Erschöpfung. Diese Risiken lassen sich jedoch kaum beziffern. Es wäre zwar leicht, die Opfer zu zählen, aber sollen wir die Toten auf alle Bergsteiger umlegen oder nur auf die Extrembergsteiger pro Klettertag? Und egal welchen Maßstab wir anlegen, müssten wir zuerst einmal wissen, wie viele Menschen überhaupt extremen Hobbys nachgehen, und diese Zahlen sind schwer zu ermitteln. Deshalb können die folgenden Zahlen nicht mehr sein als grobe Schätzungen.

Bis Ende 2011 waren am Mount Everest insgesamt 219 Bergsteiger tödlich verunglückt; das heißt, auf 25, die es bis zum Gipfel schafften, kam ein Toter. Von den rund 20 000 Kletterern, die sich zwischen 1996 und 2006 im Himalaja an einen Achttausender wagten, kamen geschätzte 238 ums Leben, das heißt, jeder Aufstieg bedeutet ein Risiko von 12 000 MikroMorts.[3] Nach einer anderen Statistik kamen zwischen 1968 und 1987 bei 533 britischen Expeditionen auf Sieben- und Achttausender 23 Bergsteiger ums Leben, also etwa jeder 23. Teilnehmer, was einem Risiko von 43 000 MikroMorts entspricht.[4] Die Besteigung eines Riesen im Himalaja ist also gefährlicher als ein Bombereinsatz im Zweiten Weltkrieg und entspricht etwa dem Alltagsrisiko, das wir in 117 Jahren eingehen.

Apropos eleganter Sturz. Während die einen Angst haben, auch nur einen Fuß in ein Flugzeug zu setzen, steigen andere gern noch während des Flugs aus oder finden andere Möglichkeiten, sich in den Abgrund zu stürzen. Die Gefahren sind bekannt, seit sich Ikarus Flügel auf den Rücken schnallte und feststellen musste, dass Fliegen doch nicht ganz so einfach war, wie es bei den Vögeln ausgesehen hatte.

Ende des 18. Jahrhunderts wurden Fallschirme erfunden und Gleitflügel ein Jahrhundert später. Seinerzeit führten die Erfinder ihre waghalsigen Projekte gern noch selbst vor. Einer davon war der Österreicher Franz Reichelt, seines Zeichens Schneider und Erfinder eines tragbaren Fallschirms, der aussah wie eine Mischung aus einem übergroßen Regenmantel und einem Schlauchboot. Mit Dummys hatte es angeblich funktioniert.

Reichelt überredete die Stadtverwaltung von Paris, ihn vom Eiffelturm aus einen Test durchführen zu lassen. Im letzten Moment kletterte er jedoch selbst in seinem Fledermausanzug auf das Geländer und ließ sich nicht mehr von seinem Sprung abhalten. Ein früher Film zeigt ihn, wie er zögert, schwankt, schließlich den Mut zum Sprung findet und zu Boden stürzt wie ein Stein. Es ist zwar ein Stummfilm, doch wir können uns vorstellen, wie die Zuschauer schreiend herbeistürmten, um den zerschmetterten Körper am Boden zu sehen.[5] Später sieht man, wie die Polizei die Tiefe des Einschlags misst.

In den 1930er Jahren wurden erste Fallschirmspringerwettbewerbe durchgeführt. Der Fallschirmspringerverband der Vereinigten Staaten geht davon aus, dass allein in den Vereinigten Staaten zwischen 2000 und 2006 durchschnittlich 2,6 Millionen Sprünge durchgeführt wurden.[6] Der Sport hat bis heute seine Tücken: In diesen zehn Jahren stürzten 279 Menschen in den Tod, also pro Jahr etwa 25, was ein Risiko von 10 MikroMorts pro Sprung bedeutet. Bei einer genaueren Untersuchung der Unfallhergänge stellt sich jedoch heraus, dass die Opfer vor allem erfahrene Springer waren, die ein wenig zu viel Risiko aus ihrem Sprung kitzeln wollten. Anfänger erleiden weniger Unfälle.

Man könnte Reichelt als den ersten Basejumper bezeichnen. Basejumper springen nicht aus dem Flugzeug, sondern von einem festen Punkt. Man muss nicht darauf hinweisen, dass es sich um eine gefährliche Angelegenheit handelt, obwohl man dazu sagen sollte, dass bei manchen Bergen der Aufstieg noch gefährlicher ist als der Sprung. Das norwegische Kjerag-Massiv mit seiner tausend Meter hohen, senkrechten Felswand gilt als sicherer Sprungort. Der Fall sollte lang genug sein, um sich auf die unvermeidliche Begegnung mit dem Boden vorzubereiten. Trotzdem kamen in elf Jahren bei rund 20 850 Sprüngen 9 Menschen ums Leben, und 82 wurden schwer verletzt.[7] Das entspricht einem tödlichen Sturz auf 2300 Sprünge und damit einem Risiko von 430 MikroMorts pro Sprung. Wie gesagt, das Kjerag-Massiv ist noch einer der sichereren Schauplätze: Auch wenn Basejumping kein Breitensport ist, wurden bislang 180 Todesfälle registriert – die meisten mit einem flughörnchenähnlichen Wingsuit, wie ihn sich Reichelt wohl vorgestellt hatte.

Wenn Sie lieber nicht durch die Lüfte segeln, könnten Sie es ja mit Tauchen versuchen. Mit seiner Erfindung der »Wasserlunge« im Jahr 1943 machte Jacques Cousteau das Tauchen zum Freizeitsport. Die Britische Tauchervereinigung hat heute mehr als 35 000 Mitglieder. Sie führt außerdem genauestens Buch über die Tauchunfälle ihrer Mitglieder und registrierte in den zwölf Jahren von 1998 bis 2009 insgesamt 197 Todesfälle, also im Durchschnitt 16 pro Jahr.[8] In diesem Zeitraum fielen rund 30 Millionen Tauchgänge, das heißt, pro Tauchgang betrug das Risiko 8 MikroMorts. Das ist allerdings nur ein Durchschnittswert: Für Verbandsmitglieder wurde ein Risiko von 5 MikroMorts pro Tauchgang ermittelt, für andere 10.

Genau wie beim Klettern und Fallschirmspringen soll die moderne Technik das Tauchen sicherer machen. Laufen scheint dagegen ein natürlicher und ungefährlicher Sport für vorsichtige Menschen. Allerdings können Langstreckenläufe durchaus ernsthaftere Konsequenzen haben als ein paar Blasen an den Füßen, wie Pheidipiddes schon vor 2500 Jahren nach seinem 42-Kilometer-Lauf nach der Schlacht von Marathon feststellen musste. Von 3,3 Millionen Marathonläufern, die zwischen 1975 und 2004 in den Vereinigten Staaten antraten, blieben 26 auf der Strecke.[9] Das entspricht einem Risiko von 7 MikroMorts und damit in etwa dem eines Tauchgangs. Nach dem Tod eines Läufers beim London Marathon des Jahres 2007 wurde darüber diskutiert, wie gefährlich es war, während des Laufs zu viel Wasser zu trinken.[10]

Die meisten Freizeitsportarten sind zwar nicht direkt lebensgefährlich. Die Verletzungsgefahr ist trotzdem nicht unerheblich. Die britischen Behörden registrieren, wer mit Verletzungen von Freizeitaktivitäten ins Krankenhaus eingeliefert wurde, und ermittelten so, dass im Jahr 2002 rund 620 Menschen bei Unfällen in Reitschulen verletzt wurden.[11] In dieser Statistiken wurden jedoch lediglich die Zahlen von 17 Notaufnahmen im ganzen Land einbezogen – hochgerechnet bedeutet dies geschätzte 12 700 Reitunfälle. Nach ähnlichen Schätzungen kam es auf Golfplätzen zu 6500 Unfällen. Insgesamt kann man von rund 700 000 Sportverletzungen ausgehen, die meisten davon, nämlich 450 000, bei Ballsportarten – Grund genug, zu Hause zu bleiben und vor dem heimischen Fernseher Fußball zu schauen. Die Behörden identifizierten auch die gefährlichsten Sportgeräte: Speere waren für 200 Verletzungen verantwortlich, Hüpfseile für 1600, Cricketbälle für 17 000, Fußbälle für 260 000, Skateboards und Rollschuhe für 34 000, und Angelhaken für 3200. Nicht zu vergessen die Hüpfburgen, in denen sich 5800 Kinder verletzten.[*]

---

[*] Die Bundesanstalt für Arbeitsschutz und Arbeitsmedizin geht – in Übereinstimmung mit dem Robert Koch-Institut – für das Jahr 2011 von rund 3,1 Millionen Unfällen im Freizeitbereich aus (ohne weitere Aufschlüsselung), zudem gab es

Michael Blastland fragte einen angehenden Traceur, einen urbanen Hindernisläufer, welches Risiko es bedeutet, aus vollem Lauf über Hindernisse zu springen oder unter ihnen hinwegzurollen. Er wurde gerügt, weil er nicht wusste, dass es bei diesem Sport darum geht, Risiken zu vermeiden, indem die Läufer lernen, sich schnell, aber sicher fortzubewegen. Wobei sich die Frage aufdrängt, wenn es um Sicherheit geht, warum nimmt man dann nicht einfach die Treppe? (Wobei Treppen auch ihre Tücken haben, wie Sie im Kapitel 18 nachlesen können.)

Natürlich besteht das Leben nicht nur aus Sicherheit. Und die wenigsten Extremsportler legen es darauf an, sich umzubringen. Beim Fallschirmspringen, Tauchen und Marathonlaufen scheint es ein bestimmtes natürliches Gefahrenniveau von etwa 10 Mikro-Morts zu geben, das die meisten Teilnehmer akzeptieren. Basejumper und Extrembergsteiger scheinen allerdings etwas risikofreudiger zu sein.

Es ist daher nicht unbedingt ein Widerspruch, wenn Extremsportler von Sicherheit sprechen. Gefährlichkeit ist nicht gleichbedeutend mit Leichtsinn, und die Risiken scheinen sorgfältig (wenn auch nicht unbedingt bewusst) austariert. Diese Aktivitäten sind zwar etwas riskanter als ein normaler Tag am Schreibtisch, doch Extremsportler scheinen ihre Risikothermostate an den Wochenenden auch nur etwa auf das Zehnfache der Tagesdosis hochzudrehen.

Stephen Lyng spricht in diesem Zusammenhang von »Grenzaktivität«, einem Begriff, den er sich von Hunter Thompson ausgeliehen hat (siehe Kapitel 9 zu illegalen Drogen). Lyng beschreibt diese Grenzaktivität in der erfrischenden Sprache der Soziologie als »Erwerb und Einsatz hochgradig entwickelter Fähigkeiten sowie das Erleben intensiver Empfindungen von Selbstbestimmtheit und

2,8 Millionen Unfälle im eigenen Heim (www.baua.de); zu Tode gekommen sind im Haus- und Freizeitbereich insgesamt 15 777 Menschen, mehr als die Hälfte zu Hause (7868), 179 bei Sport- und Spieleunfällen, die übrigen 7730 bei »sonstigen Unfällen« (www.gbe-bund.de) (Anm. d. Red.).

Kontrolle sowie der Ausflucht aus strukturierten, die Entfremdung und Übersozialisierung fördernden Umständen«.[12]

Sie haben Ihren Job satt, fühlen sich wie ein Rädchen im Getriebe und haben keinen Bock mehr auf den täglichen MikroMort? Dann verprassen Sie doch einfach zehn, und springen Sie!

Wie im Falle der Drogen kann die Risikowahrnehmung jede Gefahr zur Attraktion machen. Das hat nichts mit Todessehnsucht zu tun. Einige sprechen davon, dass sie die Kontrolle abgeben, und andere davon, dass sie mit ihrer hochentwickelten Urteilskraft genau diese Kontrolle behalten. Wie dem auch sei, sie sind sich sicher, dass sie das Abenteuer überleben, um davon zu erzählen, und sie haben immer die Option, der Gefahr den Rücken zu kehren und etwas anderes zu tun. Das heißt, sie behalten zumindest die Kontrolle darüber, ob sie springen wollen oder nicht. Sosehr Kelvin die Nähe des Todes liebt, die Nähe des Todes im Alter würde er sicher nicht als Kitzel empfinden. Arterienverkalkung zählt nicht zu den Grenzaktivitäten. Die Möglichkeit der freien Entscheidung spielt also eine große Rolle bei der Risikowahrnehmung. Der Angstfaktor[13] des unfreiwilligen Risikos, dem wir nicht entkommen können – zum Beispiel der radioaktiven Strahlung –, fühlt sich oft schlimmer an als das Risiko, das wir freiwillig eingehen, zum Beispiel in einer Extremsportart. Einige Surfer haben sich zur Organisation »Surfers against Sewage« zusammengeschlossen und kämpfen gegen die Einleitung von Abwässern ins Meer – einige Risiken erscheinen uns eben eher hinnehmbar als andere.

Hätte Fallschirmspringen denselben Reiz, wenn es so sicher wäre wie ein Tag im Büro? Für viele sicherlich. Das Attraktive ist nicht die Statistik, sondern das gefühlte Risiko. Unsere instinktive Höhenangst ist sicher ein evolutionärer Vorteil. Aber die Evolution hat noch nicht zu den Fallschirmen aufgeschlossen. Mit anderen Worten: Gefahr wird nicht im Kopf gemessen, sondern im Bauch. Wie auf der Achterbahn können wir Angst empfinden und sogar genießen und müssen uns trotzdem kaum mehr Sorgen machen als sonst.

Objektive Risikoeinschätzungen sind bei diesem subjektiven Kitzel allerdings nicht ganz unwichtig. Wenn Sie wüssten, dass das Kinderkarussell eine Todesfalle ist, dann würden Sie nicht einsteigen. Wir sagen uns: »Ich weiß, dass nichts passiert, aber es fühlt sich anders an.« Und mit diesem sorgfältig austarierten Risiko genießen wir den Kitzel. Wie heißt es so schön, wer nicht wagt, der nicht gewinnt – aber wundern Sie sich nicht, wenn manche Menschen in bestimmten Lebensbereichen mehr wagen als in anderen. Jeder von uns hat sein eigenes Risikothermostat und misst jede Aktivität anders.

Kapitel 17

Lifestyle

MIT GESCHLOSSENEN AUGEN LAG NORM auf dem Bett und horchte in sich hinein. Er war nicht mehr der Jüngste, und das spürte er auch. Sein ganzer Körper schmerzte.

Nachdem er sich neulich beim Mittagessen mit Kelvin – Salat für Norm, Hamburger für Kelvin – über Statistiken zu chronischen Krankheiten unterhalten hatte, hatte er angefangen, sich ein bisschen sportlich zu betätigen. Jogging war sein Versuch, den Regentropfen zu bremsen, der die Scheibe hinunterlief. Es hatte auch andere Vorteile. Nach dem Lauf schmeckte das Bier besser – bitter mit dem süßen Geschmack, es sich verdient zu haben.

Also warf er jeden Tag 200 Milligramm Tambocor ein, um seine Herzrhythmusstörungen zu kontrollieren, und trottete keuchend und mit hängendem Bauch über rankenüberwucherte Wege oder durch das feuchte Laub entlang des Kanals, um zu verhindern, dass sich der Sargdeckel weiter schloss. Er kämpfte sich auf annähernde Jogginggeschwindigkeit, bis der Schmerz durch das Adrenalin unterdrückt wurde. Darum ging es. Das war Einsatz.

»Auf, Norm, weiter!«

Er quälte sich vorwärts, bis sein Körper schrie, dass er lebte und zu viel fühlte – und das alles, um die vielen Stunden wettzumachen, in denen er nichts fühlte als seine eigene Mattigkeit. Er trieb seine dünnen Beinchen an und quetschte den Sauerstoff aus den pfeifenden Lungen, um zu beweisen, dass er sich gegen das Alter zur Wehr setzen und nicht einfach verhutzeln und eingehen würde. Wenn er lief, war er am Leben: ein transzendenter Moment der Ewigkeit, 22 Minuten lang. Und Norm wusste genau, wie viel Leben er mit diesen 22 Minuten herausholte.

Die 22 Minuten waren um. Er ließ sich auf den Boden plumpsen. Jeder Muskel tat weh. Er fragte sich, ob er am Ende nicht noch einen Schlussspurt à la Usain Bolt vom Gartentor zur Haustür hätte einlegen können. Er sah auf die Uhr und stellte mit einem Seufzer fest, dass er sich heute sogar 18 Sekunden länger betätigt hatte. Jetzt hatte er sich ein Bier verdient.

*

SEINE LEBENSWEISE IST EINE NEUE GEFAHR für Norm. Bisher musste er nur mit den Gefahren des Augenblicks umgehen, zum Beispiel mit Gewalt oder mit Unfällen. Nun muss er einer heimtückischeren Bedrohung ins Auge sehen, die langsamer wirkt und mit jedem krebserregenden Schinkenbrötchen und giftigen Bierchen heimlich in sein Blut kriecht – Killer, die ihn scheibchenweise töten und irgendwann später erledigen.

Die brenzlige Todesgefahr wird als akutes Risiko bezeichnet, die zweite als chronisches Risiko. Der Kettensägenmörder von nebenan ist ein akutes Risiko, Übergewicht dagegen ein chronisches Risiko, eines, das sich Zeit lässt, seine finsteren Absichten in die Tat umzusetzen. Ein und dieselbe Gefahr kann allerdings auch beides sein: Alkohol kann Sie blitzschnell erledigen, wenn Sie zum Beispiel besoffen vor den Bus stolpern, er kann Ihnen aber auch ganz gemächlich die Leber weichkochen. Doch im Allgemeinen ist es nützlich, die beiden auseinanderzuhalten.

Bislang haben wir MikroMorts verwendet, um akute Risiken zu beschreiben. Für chronische Gefahren wie Übergewicht oder Norms langfristige Angst, dass ihn seine Lebensweise unter die Erde bringen könnte, wollen wir Ihnen eine Einheit vorstellen, die wir als »MikroLeben« bezeichnen.

Stellen Sie sich dazu vor, Sie teilen das Leben eines Erwachsenen in 1 Million gleich lange Abschnitte ein. Diese Abschnitte nennen sich MikroLeben und sind 30 Minuten lang. Damit gehen wir davon aus, dass einem jungen Erwachsenen durchschnittlich noch eine Million halbe Stunden Leben bleiben.[*]

Das klingt nicht sonderlich eindrucksvoll, doch es ist eine nützliche Einheit, die Ihnen die Augen öffnen wird. Wie der MikroMort holt sie die Dinge auf eine alltägliche Ebene herunter, auf der wir sie verstehen und miteinander vergleichen können. Abschnitte von 30 Minuten, von denen jeder Tag 48 hat. Stellen Sie sich vor, das ist Ihr Vorrat an Lebenszeit, und Sie können entscheiden, wie Sie ihn nutzen wollen. Sie wollen den Eurovision Song Contest sehen? Zack, 6 MikroLeben weg, einfach so, auf Nimmerwiedersehen.

Allein mit dem Ticken der Uhr verlieren wir also MikroLeben. Jeden Tag, an dem wir aufstehen, etwas Leckeres in unseren Körper stopfen, in weniger leckerer Form entsorgen und uns wieder schlafen legen. Und wenn wir deprimiert sind, denken wir vielleicht sogar, dass wir schon wieder 48 MikroLeben sinnlos verplempert haben.

Chronische Risiken kosten uns jedoch zusätzliche MikroLeben. Die Uhr an der Wand tickt zwar immer mit derselben Geschwindigkeit, doch unsere Körper altern schneller oder langsamer – je nachdem, wie wir sie behandeln. Wie sehr können wir das Ticken der körperlichen Uhr bremsen, wenn wir uns mehr bewegen und weniger beziehungsweise gesünderes Essen in uns hineinstopfen? Wie sehr beschleunigen wir sie, wenn wir vor dem Fernseher herumhängen und uns vollfuttern?

Mit anderen Worten messen die MikroLeben, wie schnell wir

[*] In Großbritannien beträgt die Lebenserwartung eines heute 22-jährigen Mannes insgesamt rund 79 Jahre; damit hat er noch 57 Jahre oder 29 959 200 Minuten vor sich – etwa 20 800 Tage, knapp 500 000 Stunden oder eine Million halbe Stunden. Frauen haben eine Lebenserwartung von 83 Jahren, weshalb wir ihre Millionen MikroLeben im Alter von 26 Jahren beginnen lassen. Das trifft zwar nicht auf alle Menschen zu, doch da wir nicht hellsehen können, dürfen wir von dieser Zahl ausgehen.

unseren Lebensvorrat aufzehren – mal schneller, mal langsamer, je nach den chronischen Risiken, die wir eingehen. Mit einem ungesunden Lebensstil verbrennen Sie Ihre MikroLeben schneller.

Lungenkrebs und Herzkrankheiten sind beispielsweise oft die Folge von jahrelangem Tabakkonsum und verringern die Lebenserwartung – zumindest im Durchschnitt. Einige Menschen sind nicht kaputt zu kriegen, sie rauchen wie die Schlote und trinken wie die Fische, ohne dass es ihnen auch das Geringste auszumachen scheint. Aber im Durchschnitt befördern uns chronische Risiken schneller auf dem Weg allen Fleisches. Und wenn wir die Opfer zählen, können wir ungefähr abschätzen, wie viele Jahre uns Übergewicht, Rauchen und Würstchen im Durchschnitt kosten, und diese Zahl in MikroLeben umrechnen, die wir durch eine ungesunde Lebensweise verbrennen. Das heißt, ein chronisches Risiko von 1 MikroLeben nimmt uns eine der Million halben Stunden, die wir beim Eintritt ins Erwachsenenalter noch vor uns hatten.

Eine Zigarette verkürzt Ihr Leben beispielsweise um durchschnittlich 15 Minuten, das heißt, zwei Zigaretten kosten eine halbe Stunde oder ein MikroLeben. Vier Zigaretten sind folglich zwei MikroLeben.

Ein Liter Starkbier kostet ebenfalls 1 MikroLeben, genau wie ein Hamburger. Zwei zusätzliche Zentimeter Hüftumfang kosten Sie 1 MikroLeben *täglich*, sieben Tage die Woche, 365 Tage im Jahr. Übrigens genau wie zwei Stunden Fernsehen am Tag. Wie diese Zahlen zustande kommen, verraten wir Ihnen gleich.

Wir könnten diese MikoLeben einfach addieren, um zu sehen, wie viel Lebenszeit wir im Durchschnitt mit welcher Aktivität verlieren. Doch das Lebensende ist meist noch weit weg, und eine verlorene halbe Stunde juckt uns nicht weiter. Wie ein Fernseharzt einmal sagte: »Ich esse lieber hin und wieder ein Würstchen, als mit 110 Jahren in meinen Haferschleim zu sabbern.« Aber wenn wir uns chronische Risiken als den beschleunigten Verbrauch unserer MikroLeben vorstellen, wird die Sache vielleicht ein bisschen konkreter. Auf diese Weise können Sie nämlich sehen, wie schnell oder langsam Ihr Körper altert, je nach Ihrer Lebensweise und den chronischen Risiken, die Sie eingehen.

In der Regel verbrauchen wir am Tag 48 Mikroleben. Aber erinnern wir uns daran, dass wir mit 4 Zigaretten zwei Mikroleben mehr verheizen. Wenn Sie also heute vier Zigaretten geraucht haben, dann haben Sie nicht 48, sondern 50 Mikroleben verbrannt. Nach einem 24 Stunden und vier Zigaretten langen Tag sind Sie also 25 Stunden älter geworden.

Das ist kein schlechtes Bild für das, was biologisch mit uns passiert. Unser Körper altert schneller, wenn wir ihn schlecht behandeln. Wenn Sie pro Tag ein Päckchen rauchen, verqualmen Sie 10 Mikroleben am Tag und werden in 24 Stunden 29 Stunden älter, das heißt, Sie eilen dem Tod pro Tag fünf Stunden schneller entgegen.

Plötzlich haben wir das Gefühl, chronische Gefahren wirken hier und jetzt, und nicht erst an einem fernen Zahltag, an den wir erst denken, wenn sowieso schon alles zu spät ist. Wenn wir in Mikro-Leben rechnen, können wir chronische Risiken nicht einfach abschreiben. Durch die Brille der MikroLeben gesehen sind chronische Risiken kein abstraktes Problem mehr, sondern konkret und spürbar.

Aber ist das denn in unserem Interesse? Das ist eine berechtigte Frage. Vielleicht wollen Sie den Gefahren Ihrer Lebensweise nicht schon jetzt ins Auge sehen. Vielleicht wollen Sie erst an den Zahltag denken, wenn es so weit ist, im Alter. Dem könnte man entgegenhalten, dass wir den Schaden ja hier und jetzt anrichten, und deshalb sollten wir ihn auch hier und jetzt messen.

Mit Hilfe der MikroLeben können wir chronische Risiken vergleichen, genau wie wir akute Risiken mit den MikroMorts verglichen haben. Jetzt können wir Würstchen mit Kippen und Bierchen vergleichen und Röntgenbilder mit Handys. Wir können eine Computertomografie gegen den Anblick einer Atomexplosion abwägen, Essen gegen Sport, ungeschützten Sex gegen ungeschütztes Sonnenbaden. In Grafik 37 am Ende des Buchs finden Sie eine Vergleichsliste mit verschiedenen langfristigen Risiken.

Wenn Sie keine Zahlenspiele mögen, dann überspringen Sie den Rest des Kapitels einfach. Denn jetzt wollen wir uns ansehen, wie diese Zahlen zustande kommen und welche Beweise es für die genannten Kosten und Nutzen in MikroLeben gibt. Es ist eine statistische Detektivgeschichte.

Beginnen wir mit den Kosten von einem MikroLeben für einen Hamburger. Diese Zahl nannte die Tageszeitung *Daily Express* in einem Artikel über die Gefahren von rotem Fleisch, die von Wissenschaftlern der Harvard University untersucht worden waren.[1] In der Zeitung war zu lesen: »Wenn wir den Konsum von rotem Fleisch, zum Beispiel Steaks oder Hamburger, auf weniger als eine halbe Portion pro Tag reduzieren könnten, müssten 10 Prozent weniger sterben.«

Was würden wir nicht darum geben, zu den glücklichen 10 Prozent zu gehören, die nicht sterben müssen! Aber in Wirklichkeit kam die Untersuchung zu einem anderen Schluss. Da hieß es, dass eine Portion rotes Fleisch – etwa 85 Gramm oder eine kleine Frikadelle – einem Risikoquotienten von 1,13 entspricht, das heißt, einer um 13 Prozent erhöhten Sterbewahrscheinlichkeit. Lassen wir die Zweifel an dieser Zahl einen Moment lang beiseite, und fragen wir uns, was sie bedeutet, wenn sie denn so stimmen sollte. Wenn unsere Sterbewahrscheinlichkeit schon 100 Prozent beträgt, was können uns die zusätzlichen 13 Prozent dann noch anhaben?

Nehmen wir die beiden Freunde Kelvin und Norm, die inzwischen beide 40 Jahre alt sind, stellen wir uns vor, dass die beiden ein recht ähnliches Leben führen (eine unrealistische Annahme) und dass sie sich nur im Fleischkonsum unterscheiden.*

Nehmen wir also an, Fleischfresser Kelvin verdrückt von Montag bis Freitag jeden Mittag einen Hamburger, während Norm un-

---

* Wir nehmen also an, dass sie dasselbe Gewicht haben, dieselbe Menge Alkohol konsumieren, genauso viel Sport treiben und in der Familie ähnliche Krankheiten haben, wobei Einkommen, Bildung und Lebensstandard keine Rolle spielen. Von diesen Annahmen gingen die Wissenschaftler der Universität Harvard aus, um die Auswirkungen des Fleischkonsums zu ermitteln und möglichst allgemein zutreffende Aussagen machen zu können.

ter der Woche zum Mittagessen auf Fleisch verzichtet; ansonsten ernähren sich die beiden gleich. (An dieser Stelle interessieren wir uns nicht für ihre Freundin Prudence, die nach der Lektüre des Artikels im *Daily Express* überhaupt kein Fleisch mehr isst und dafür vielleicht von ägyptischen Bockshornkleesamen dahingerafft wird.)

Jeder Mensch hat zu jedem Zeitpunkt eine bestimmte Sterbewahrscheinlichkeit (dazu mehr in Kapitel 26), worunter man die Wahrscheinlichkeit versteht, dass er oder sie das kommende Jahr nicht überlebt. Bei einem Vergleich von zwei ansonsten gleichen Personen bedeutet ein Risikoquotient von 1,13, dass derjenige mit dem erhöhten Risiko, also Kelvin, jährlich ein zusätzliches Risiko von 13 Prozent eingeht.

Was nicht heißt, dass sich sein Leben um 13 Prozent verkürzt. Um herauszufinden, was das konkret bedeutet, müssen wir die Tabellen der Nationalen Statistikbehörde bemühen. Diese verraten uns, wie groß die Wahrscheinlichkeit ist, dass jemand – zum Beispiel Norm – in einem bestimmten Alter stirbt. Im Jahr 2010 hatten Siebenjährige die niedrigste Sterbewahrscheinlichkeit mit 1 zu 10 000 (siehe Kapitel 2). Bis zum 34. Lebensjahr steigt das Risiko auf 1 zu 1000, im Alter von 62 beträgt es 1 zu 100, und wenn wir 85 Jahre alt sind, beträgt die Wahrscheinlichkeit 1 zu 10, dass wir unseren nächsten Geburtstag nicht mehr erleben. Über den Daumen gepeilt verzehnfacht sich die Sterbewahrscheinlichkeit alle 27 Jahre, das heißt, sie verdoppelt sich etwa alle neun Jahre oder nimmt mit jedem Lebensjahr um 9 Prozent zu. Aus den Tabellen geht außerdem die Lebenserwartung für jedes Alter hervor, und nachdem Norm die 40 gemeistert hat, darf er damit rechnen, dass er weitere 40 Jahre zu leben hat und etwa 80 Jahre alt wird.

Davon ausgehend können wir Kelvins zusätzliches Risiko ermitteln, indem wir Norms Risiko mit 1,13 multiplizieren. Mit ein bisschen Rechnerei kommen wir zu dem Ergebnis, dass Kelvin eine weitere Lebenserwartung von 39 Jahren hat – also ein Jahr weniger als Norm. Wenn wir also davon ausgehen, dass Kelvin jeden Tag seinen Hamburger verdrückt und dass die Harvard-Untersuchung stimmt, dann wird Kelvin nicht 80, sondern 79.

Ist das viel? Wie der Schriftsteller Kingsley Amis sagte: »Man sollte auf kein Vergnügen verzichten, nur um dafür zwei Jahre länger in einem Altersheim in Weston-Super-Mare herumzuhocken.«[2] Aber das müssen Sie wissen. In Wirklichkeit können wir nicht sagen, ob Kelvin wirklich so viel Lebenszeit verliert. Wir können nicht einmal vorhersagen, ob er tatsächlich als Erster hopsgeht. Tatsächlich beträgt die Wahrscheinlichkeit, dass Kelvin vor Norm die Radieschen von unten sieht, lediglich 53 Prozent.[*] Das ist nicht allzu viel.

Aber es klingt schon eindrucksvoller, wenn wir sagen, dass dieses verlorene Jahr (etwa ein Vierzigstel seiner verbleibenden Lebenszeit) pro Jahr etwa eine Woche ausmacht, oder pro Tag eine halbe Stunde. Der tägliche Burger kostet also 1 MikroLeben. Wenn Sie ein langsamer Esser sind, verlieren Sie pro Tag mehr Lebenszeit als Sie brauchen, um den Hamburger zu verdrücken.

Aber wir können nicht einmal sagen, dass sich der Fleischverzehr direkt auf die Lebenserwartung niederschlägt, das heißt, wir können nicht garantieren, dass Kelvin sein Leben verlängert, wenn er ab heute keine Hamburger mehr isst. Vielleicht ist ja ein anderer Faktor dafür verantwortlich, dass Kelvin mehr Fleisch isst und eine geringere Lebenserwartung hat.

Das Einkommen könnte ein solcher Faktor sein – in den Vereinigten Staaten essen ärmere Menschen tendenziell mehr Hamburger und haben eine geringere Lebenserwartung, selbst bei Bereinigung anderer Risikofaktoren. Aber die Untersuchung der Professoren aus Harvard lässt Einkommen außen vor und behauptet, dass die Versuchsteilnehmer – vor allem Ärzte und Krankenschwestern – mehr oder weniger dieselbe Tätigkeit verrichten. Ver-

[*] Wenn wir annehmen, dass beide ihr Leben lang denselben Risikoquotienten h eingehen, dann können wir mit einer eleganten Formel berechnen, dass Kelvin mit einer Wahrscheinlichkeit von $h/(1+h)$ vor Norm das Zeitliche segnet. Wenn Kelvins $h=1,13$ ist, dann muss er mit einer Wahrscheinlichkeit von 53 Prozent als Erster dran glauben. Wenn beide dasselbe zu Mittag essen, dann beträgt diese Wahrscheinlichkeit 50 Prozent.

mutlich sollte man viele dieser Ernährungsstudien mit einer Prise Salz genießen (aber wirklich nur eine Prise, denn zu viel könnte das Risiko einer Herzerkrankung vergrößern).

Auch die Berechnungen für andere Verhaltensweisen, die gern mit Stirnrunzeln und Zeigefinger bedacht werden, lassen sich auf diese Weise abklopfen. Zum Beispiel das Rauchen. Beim Tabak ist die Beweislage sehr viel eindeutiger als beim Fleischkonsum. Eine Untersuchung besagt zum Beispiel, dass Nichtraucher im Schnitt 6,5 Jahre (oder 3 418 560 Minuten) länger leben als Raucher.[3] Dabei gingen die Wissenschaftler von einem mittleren Konsum von 16 Zigaretten pro Tag zwischen dem 17. und dem 71. Lebensjahr aus, also 311 688 gerauchten Zigaretten insgesamt. Wenn wir der Einfachheit halber voraussetzen, dass jede Zigarette in gleichem Maße zum Risiko beiträgt, entspricht jede einem Verlust von 11 Minuten Lebenszeit, oder umgekehrt entsprechen 3 Zigaretten einem MikroLeben.

Diese Untersuchung ist lediglich eine Gegenüberstellung von Rauchern und Nichtrauchern, die sich auch ansonsten in vielerlei Hinsicht unterscheiden könnten. Eine komplexere Analyse würde zum Beispiel der Frage nachgehen, inwieweit es sich gesundheitlich rentiert, mit dem Rauchen aufzuhören. Diese Frage stellte eine klassische Studie mit 40 000 britischen Ärzten, die zwischen 1951 und 2001 das Rauchen einstellten.[4] Die Untersuchung ergab, dass ein Mann, der mit 40 die letzte Zigarette ausdrückt, neun Jahre oder 78 000 Stunden länger lebt, und daraus können wir errechnen, dass zwei Zigaretten einem MikroLeben entsprechen. Das heißt, zwei Zigaretten entsprechen etwa einem Hamburger.[*]

Wie sieht es mit dem Alkohol aus? Die genauen Auswirkungen des Alkohols auf die Sterblichkeit sind umstritten, denn er kann einerseits Unfälle verursachen (vor allem bei betrunkenen Auto-

---

[*] Raucht der 40-jährige Mann weiter, kann er noch etwa mit einer Lebenserwartung von 30 Jahren beziehungsweise 11 000 Tagen rechnen, das heißt, er verliert pro Tag 7,2 Stunden oder etwa 14 MikroLeben. In diesen 30 Jahren könnte er 325 000 Zigaretten rauchen (ausgehend vom höheren Durchschnittskonsum von 30 pro Tag in den 1950er und 1960ern). Das heißt, pro gerauchter Zigarette kann man 15 Minuten verlorene Lebenszeit veranschlagen.

und Radfahrern), Leberschäden bewirken und das Risiko für bestimmte Krebsarten vergrößern, aber er kann andererseits das Herz schützen. Bei Menschen mittleren Alters geht man davon aus, dass das Risiko beim Konsum einer kleinen Menge Alkohol zunächst sinkt, aber wieder steigt, wenn sie weitertrinken. Grob gesagt bedeutet das erste Glas Alkohol ein Plus von einem MikroLeben, doch mit jedem weiteren Getränk geht wieder ein MikroLeben verloren. Das erste Glas ist Medizin, alle übrigen Gift.[5]

Das ist alles reichlich deprimierend, aber wie wäre es mit den Vorteilen einer ausgewogenen Ernährung und Sport – zum Beispiel Müsli und Laufen (allerdings nicht gleichzeitig)? Wie erkannte schon der Schriftsteller A. A. Milne: »Ein Bär, ich gebe euch mein Wort, wird fett, treibt er nicht manchmal Sport.« Und wir können uns überlegen, was dieses Fett mit Ihnen anstellt. Eine neue Untersuchung schätzte das Risiko* für je 5 Kilogramm Übergewicht auf 1 MikroLeben pro Tag.[6] Menschen mit krankhafter Fettsucht können leicht zehn Jahre Lebenserwartung einbüßen, ähnlich wie Raucher.

Krebsforscher aus Norfolk verglichen Menschen, die täglich fünf Portionen Obst und Gemüse aßen, mit anderen, die dies nicht taten (um die Ehrlichkeit der Teilnehmer zu überprüfen, maßen die Wissenschaftler die Vitamin-C-Werte im Blut).[7] Dabei fanden sie heraus, dass der Risikoquotient bei gesunder Ernährung auf 0,69 sank, das heißt, diese Menschen sparten am Tag drei MikroLeben, oder noch anders ausgedrückt: Sie alterten an einem Tag nicht 24 Stunden, sondern nur 22,5.

Und die Herumrennerei? Ärzte empfehlen mindestens 30 Minuten moderate sportliche Betätigung an fünf Tagen in der Woche – also insgesamt 2,5 Stunden pro Woche oder 22 Minuten pro Tag. Bei einer Umfrage im Jahr 2008 gaben 39 Prozent aller Männer und 29

* Die Untersuchung geht von einem Risikoquotienten von 1,29 pro 5 kg/m² Body-Mass-Index über dem Optimum von 22,5 bis 25 kg/m² aus. Für einen Mann oder eine Frau von durchschnittlicher Körpergröße (1,75 beziehungsweise 1,62 Meter) entspricht dies einem Risikoquotienten von 1,09 pro 5 Kilogramm Übergewicht, was wiederum einem MikroLeben pro Tag entspricht.

Prozent aller Frauen an, so viel Sport pro Woche zu treiben.[8] Allerdings neigen Umfrageteilnehmer bei Fragen zum Sport (genau wie bei Fragen zum Sex) zu Übertreibungen, genau wie sie bei Fragen zum Alkohol untertreiben. Wenn wir das für bare Münze nehmen würden, was die Menschen über ihren eigenen Alkoholkonsum sagen, dann müsste die Hälfte des in Großbritannien verkauften Alkohols in den Ausguss gekippt werden. Das ist schwer zu glauben. Wenn Versuchspersonen mit Messgeräten ausgerüstet werden, stellt sich heraus, dass nur 6 Prozent der Männer und 4 Prozent der Frauen die von den Ärzten empfohlene Zeit mit Sport verbringen. Wir sind nicht nur fett und faul, wir geben uns auch noch Illusionen hin.

Eine Auswertung von 22 Untersuchungen, an denen insgesamt 1 Million Menschen teilnahmen, kam zu dem Schluss, dass 2,5 Stunden moderater sportlicher Betätigung pro Woche einen Risikoquotienten von 0,81 bedeuteten, also eine um 19 Prozent verringerte jährliche Sterbewahrscheinlichkeit.[9] Das entspricht etwa zwei MikroLeben oder einer Stunde pro Tag für 22 Minuten Bewegung (was meinen Sie, warum Norm exakt so lange läuft?) – keine schlechte Rendite.

Grafik 20: **Einige MikroLeben: Wie verschiedene Aktivitäten Ihr Leben verlängern oder verkürzen**

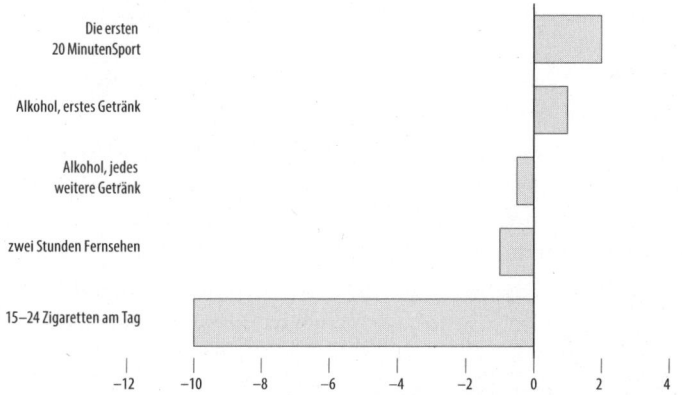

Es lohnt sich also, den Hintern vom Sofa zu schieben. Eine schwedische Untersuchung zeigte außerdem, dass es nie zu spät ist, mit dem Sport anzufangen. Wenn Sie mit 40 starten, können Sie das Risiko schließlich auf das Niveau von Menschen senken, die schon immer Sport getrieben haben – mit dem Sport anzufangen bringt also ähnliche gesundheitliche Vorteile, wie mit dem Rauchen aufzuhören.

Man könnte jetzt naiv zu dem Schluss kommen, dass wir ewig leben, wenn wir nur genug Sport treiben. Leider greift irgendwann das Gesetz der abnehmenden Erträge. Wer pro Woche sieben Stunden Sport treibt, also im Durchschnitt eine Stunde pro Tag, reduziert das Risiko nur noch um 24 Prozent, was einem Gewinn von 1,5 Stunden Lebenszeit pro Tag entspricht.

Die ersten zwanzig Minuten Sport am Tag bringen also reichlich Dividende, danach ist das Verhältnis von Einsatz und Gewinn etwa 1 zu 1. Das heißt, weitere 20 Minuten Sport verschaffen nur noch weitere 20 Minuten an Lebenserwartung. Das ist ungefähr so, als würde die Zeit stehenbleiben, wenn Sie Sport treiben. Und auf dem Laufband fühlt es sich auch genauso an.

Auch die Umstände unserer Geburt, auf die wir leider herzlich wenig Einfluss haben, lassen sich in MikroLeben ausdrücken. Wenn Sie als Frau geboren werden, haben Sie pro Tag zwei Stunden oder vier MikroLeben mehr als ein Mann. Wer in Schweden zur Welt kommt, hat pro Tag 21 MikroLeben oder über zehn Stunden mehr als jemand, der in Russland seinen ersten Atemzug macht. Und im Jahr 2010 geborene Menschen haben 15 MikroLeben oder 7,5 Stunden pro Tag mehr als im Jahr 1910 geborene.

Man sollte allerdings hinzufügen, dass sich die Auswirkungen der Lebensweise auf die Gesundheit nicht sonderlich genau berechnen lassen. Es lässt sich unmöglich exakt ermitteln, welchen Schaden wir mit einem zusätzlichen Kippchen, Würstchen oder Bierchen anrichten, oder was passiert, wenn wir keine fünf Portionen Obst und Gemüse am Tag zu uns nehmen. Genauso wenig lässt sich exakt ausrechnen, welchen Nutzen eine Stunde Spinning oder ein enthaltsamer und gesunder Lebenswandel haben.

Wir können die Wirkungen jedoch grob schätzen, indem wir den Durchschnitt von vielen Menschen ermitteln. Und vielleicht lohnt es sich ja – vor allem in einer Welt, in der wir dauernd angehalten werden, an uns zu arbeiten, und in der wir fortwährend mit Rezepten für die ewige Jugend und Schönheit konfrontiert werden.

Es gibt einen großen Unterschied zwischen MikroLeben und MikroMorts. Wenn Sie heute eine Motorradfahrt überleben, dann wird die MikroMort-Rechnung zurückgesetzt, und Sie beginnen morgen wieder bei null. Aber wenn Sie jeden Tag rauchen und sich von Hamburgern ernähren, dann summieren sich die verbrauchten MikroLeben. Es ist wie eine Lotterie, in der die Lose für immer gültig sind und ihre Gewinnchancen ständig steigen – mit dem Unterschied, dass Sie am Ende nichts bekommen, sondern zahlen.

Wir geben Unsummen für Zigaretten aus, aber zu welchem Preis würden wir eine halbe Stunde unserer Lebenserwartung verkaufen wollen? Der Staat taxiert die MikroLeben genau wie die Mikro-Morts. Nach den Richtlinien der britischen Krankenhausaufsicht sollte die staatliche Krankenkasse umgerechnet bis zu 25 000 Euro für eine Behandlung zahlen, wenn sich damit das Leben eines Patienten um ein Jahr (oder rund 17 500 MikroLeben) in Gesundheit verlängern lässt. Damit liegt der Preis eines MikroLebens bei etwa 1,40 Euro – etwa genauso viel, wie das Verkehrsministerium ausgeben würde, um einen MikroMort zu verhindern.

Heißt das, der Staat sollte Ihnen pro Tag 70 Cent für jede nicht gerauchte Zigarette und für jeden Zentimeter weniger Hüftspeck zahlen? Im Grunde keine schlechte Idee. Leider geht das nicht so einfach, denn dann würde jeder, vor allem die Nichtraucher, behaupten, pro Tag Hunderte Zigaretten nicht geraucht zu haben.

Jetzt, da Norm 40 geworden ist und jeden Hamburger bereut, den er in seiner Jugend verdrückt hat, schwitzt er kräftig, um Lebenszeit zurückzugewinnen.* Aber interessanterweise tut er damit mehr für seine Selbstgefälligkeit als für seine Gesundheit. Mit 22 Minuten

---

* Und Kelvin? Il ne regrette rien.

Jogging am Tag hat er sich zwar eine Stunde Lebenszeit gekauft, aber die haut er dann umso lieber im Pub wieder auf den Kopf.

Sein Verhalten wird als Risikokompensation bezeichnet – wir haben sie schon in Kapitel 15 in Zusammenhang mit dem Risikothermostat im Straßenverkehr kennengelernt. Sie haben Ihre Vitamintablette eingeworfen? Prima! Dann gleich 'ne Portion Pommes obendrauf!

Dieses Phänomen lässt sich in Experimenten nachweisen.[11] Ein Versuch wurde beispielsweise in einer starken Raucherkultur durchgeführt. Die Teilnehmer sollten eine Tablette nehmen und durften dann eine Zigarettenpause einlegen. Die Tabletten waren Zuckerpillen. Aber diejenigen, die dachten, sie hätten ein Vitaminpräparat zu sich genommen, griffen in der Pause deutlich häufiger zum Glimmstängel (89 gegenüber 62 Prozent). In einer anderen Untersuchung, die das subjektive Gefühl der Verwundbarkeit messen sollte, glaubten diejenigen Teilnehmer, die eine Vitamintablette bekamen, bei einem Autounfall mit geringerer Wahrscheinlichkeit verletzt zu werden.

Grafik 21: **Skandinavischer Orangensaft**

„Leben Sie länger als Ihre Freunde". Aber mit wem wollen Sie sich dann noch unterhalten?

Wenn Sie mehrere MikroLeben gebunkert haben, dann bekommen Sie schnell das Gefühl, sie verplempern zu können. Wie sich unsere gesunden und ungesunden Verhaltensweisen unterm Strich auswirken, lässt sich berechnen. Außer die Vitaminpillen, die meist sowieso nichts nutzen. Aber bei der Risikokalkulation für unsere gesunden Verhaltensweisen müssen wir auch das Sahnetörtchen einbeziehen, mit dem wir uns nachher belohnen.

Ein Überblick über verschiedene Untersuchungen lässt vermuten, dass Sport trotzdem gut für die Gesundheit ist. Wir nehmen zwar nicht so stark ab, wie wir hoffen, weil wir dafür mehr essen.[12] Aber im Schnitt essen wir auch nicht so viel mehr, dass wir zunehmen, auch wenn man das immer wieder hört. Sie sollten trotzdem darauf achten, dass die Schnittchen nach dem Sport nicht zu üppig ausfallen.

Kapitel 18

Unfallschutz

ALS ER NACH HAUSE KAM, sah Norm, dass die Straße vor seinem Haus mit einer Reihe von blinkenden Leitbaken halbseitig gesperrt war. An jedem Ende stand eine Ampel, in der Mitte ein Lastwagen mit einem Generator. Am Heck des Wagens war »Einsatzfahrzeug« zu lesen und darunter »Höchstgeschwindigkeit: 90 Kilometer pro Stunde«. Neben dem Fahrzeug stand ein Mann und studierte einen Plan.

»Was ist los?«, fragte Norm.

»Einspurige Verkehrsführung.«

»Ah ja. Und warum?«

»Wegen der Absperrung. Wenn wir eine Straßenseite sperren, müssen wir natürlich den Verkehr regeln.«

»Und die Blinkleuchten da?«

»Die sind für die Ampeln.«

Norm sah den Mann fragend an.

»Na ja, wir können doch nicht einfach die Ampeln aufstellen, ohne den Verkehr auf eine Spur zu leiten, oder?«

»Also, die Leuchten sind für die Ampeln, und die Ampeln sind wegen der ... Entschuldigen Sie die dumme Frage, aber könnte man nicht einfach ...?«

»Alles abräumen? Natürlich nicht. Die Ampeln regeln den Verkehr. Und die Leitbaken sind zum Schutz da. Das eine ohne das andere wäre doch eine Gefährdung!«

»Sie graben nicht die Straße auf?«

»Aber warum sollten wir das denn tun?«

»Klar. Und Sie machen hier was?«

»Katastrophenschutzmaßnahme. Momentan fehlt uns allerdings noch ein Sammelpunkt.«

»Sammelpunkt für wen?«

»Für mich und Eric.«

Er deutete auf einen anderen Mann, der an den Wagen gelehnt Zeitung las.

»Wir müssen einen Punkt in sicherer Entfernung zum Einsatzort ausweisen – zum Beispiel da drüben auf dem Feld –, um bei einer Evakuierung sicherstellen zu können, dass auch wirklich alle Einsatzkräfte vollzählig sind. Stolpern Sie bitte nicht über das Kabel, mein Herr.«

»Sie müssen sicherstellen, dass Sie alle Vorschriften einhalten?«

»So ist es.«

»Um Sie beide zählen zu können?«

»Genau.«

»Und einer von Ihnen beiden zählt?«

»Was meinen Sie?«

»Warum bleiben Sie nicht einfach weg?«

»Sind Sie ein Anarchist oder was?«

»Nein, ich meine, bleiben Sie doch einfach weg. Dann können Sie auch nicht gegen die Vorschriften verstoßen.«

»Aber wie sollten wir es denn dann ermitteln?«

»Was ermitteln?«

»Dass alles vorschriftsmäßig ist?«

»Ach ja. Äh, natürlich. Danke.«

»Für den Schutz der Bürger tun wir alles, mein Herr.«

∗

FINDEN SIE NORMS AMPELGESCHICHTE PLAUSIBEL? Bestätigt sie alles, was Sie schon immer über den Kontrollwahn der Unfallschützer* dachten? Schon komisch, wie gut uns Geschichten gefallen, wenn sie uns das erzählen, was wir hören wollen.

Wenn es darum geht, Beweise zu filtern, sind wir wahre Meister, wie wir in Kapitel 10 gesehen haben. Wir sind so gut, dass wir manchmal die absurdesten Geschichten glauben, nur weil sie unsere Vorurteile bestätigen.

So wie die Geschichte, dass bei Festumzügen keine Bonbons ins Publikum geworfen werden dürfen – um ein besonders albernes Beispiel zu nennen. Natürlich ist das nicht verboten.[1] Aber wir glauben diese und andere Märchen nur zu gern, auch wenn die Unfallschützer alles tun, um sie zu widerlegen. Auch gegen Kastanienschlachten gibt es keine offiziellen Bedenken: »Realistisch betrachtet ist die Verletzungsgefahr beim Spielen mit Kastanien zu gering, als dass sie eine erhöhte Aufmerksamkeit erfordern.«

Doch die Unfallschützer können vermutlich sagen, was sie wollen, ihren Ruf als Spielverderber haben sie bis in alle Ewigkeiten weg. In der Reihe der komischen Bösewichte haben sie inzwischen sogar der bösen Schwiegermutter den Rang abgelaufen. »Unfallschützer« ist eine der abgedroschensten und deprimierendsten Vokabeln der englischen Sprache«, meint Judith Hackitt. Wer Judith Hackitt ist? Die Leiterin der britischen Unfallschutzbehörde HSE.[2]

Hin und wieder geben die Unfallschützer tatsächlich sonderbare Auflagen und Anweisungen heraus, so als wollten sie ihrem Ruf gerecht werden. Der Autor John Adams wurde zum Beispiel aufgefordert, die Fenster seiner Wohnung mit einer Sicherheitsfolie zu überziehen, damit Passanten, die während eines Sturms auf der Straße vorübergingen – und zwar just in dem Moment, in dem die Scheiben barsten –, nicht von den herabfallenden Scherben verletzt würden.[3]

Die staatlichen Statistiken verzeichnen exakt zwei Tode durch

* Der britische »Health and Safety Executive« ist nicht nur für den Arbeitsschutz zuständig, sondern auch für die Sicherheit in der Öffentlichkeit. Zum Beispiel überprüfte der HSE bei den Olympischen Spielen 2012 in London die Sicherheit der Anlagen und nahm Aufgaben wahr, die in Deutschland eher dem TÜV zufallen (Anm. d. Übers.).

zerbrochene Scheiben. Sie verraten nicht, ob die betreffenden Fenster von einem Sturm eingedrückt wurden, doch das wäre reichlich unwahrscheinlich. Als Adams nachfragte, ob die Unfallschützer eine Gefahrenanalyse vorgenommen hätten, erhielt er zur Antwort, ein solcher Unfall sei »durchaus im Rahmen des Vorstellbaren«, was ja auch eine Art Analyse ist. Gleichzeitig war in dem sieben Stockwerke hohen Wohngebäude, in dem Adams lebte, lange Zeit der Aufzug defekt. Just in diesem Jahr verunglückten 634 Personen tödlich auf Treppen. Deswegen ist Norms Geschichte einer von vielen Witzen über den Sicherheitswahn der Unfallschützer, die man beinahe glauben möchte. In der modernen Folklore ist der Unfallschützer eine Art Springteufelchen.

Psychologen erklären, dass wir zum Nullrisiko tendieren, das heißt, dass wir lieber ein kleines Risiko sicher beseitigen als ein größeres mit einiger Wahrscheinlichkeit. Was ist Sicherheit schließlich anderes als die Abwesenheit von Gefahr? Wenn Sie in einer sichereren Welt leben wollen, dann scheint es allemal sinnvoller, die Gefahren anzupacken, die Sie tatsächlich beseitigen können.

Wenn man das alles hört, könnte man meinen, der Unfall- und Arbeitsschutz sei ein Biotop für fanatische Zwängler. Aber die andere Seite wirkt nicht weniger fanatisch, zum Beispiel wenn Tageszeitungen wieder einmal auf die »Amok laufenden Unfallschützer« eindreschen, um sich als Vorkämpfer der Freiheit zu stilisieren.

Dabei gibt es breite Mittelwege. Was würden Sie tun? Ihre Fenster mit einer Schutzfolie abkleben? Den Aufzug reparieren? Beides? Nichts von beidem? Die meisten von uns würden vermutlich den Aufzug reparieren, wenn auch nicht aus Gründen der Sicherheit. Sonderbarerweise gehen die Sicherheitsschützer oft den Mittelweg, und es sind andere, die völlig irrationale Sicherheitsbedenken vorschützen, um alles zu unterbinden, was ihnen nicht in den Kram passt (siehe Kapitel 9 und Mary Douglas' Vorstellung, das dauernde Gerede von Gefahren sei nichts als eine Form der gesellschaftlichen Kontrolle).

Im Grunde ist der Arbeits- und Unfallschutz natürlich alles

andere als ein Witz, und es geht ja auch nicht immer nur darum, lächerliche Restrisiken zu beseitigen. In der Zeitschrift *Hazards* konnte man beispielsweise im Jahr 2012 nachlesen, die staatlichen Behörden ignorierten Hinweise auf eine Epidemie von Krebserkrankungen am Arbeitsplatz, die pro Jahr 15 000 Todesopfer fordere (dazu gegen Ende des Kapitels mehr). Diese Zeitschrift wirft regelmäßig mit Begriffen wie »Schreibtisch-Killer« um sich.[4]

Norm ärgert sich zwar gern über die vermeintlichen Auswüchse, doch er hat den staatlichen Auflagen einiges zu verdanken, vor allem weil sie langfristig für mehr Sicherheit am Arbeitsplatz gesorgt haben. Noch im Jahr 1974, als die Unfall- und Arbeitsschutzbehörde HSE gegründet wurde, starben jährlich 651 Menschen am Arbeitsplatz, was einem durchschnittlichen Risiko von 29 MikroMorts pro Jahr entsprach. Im Jahr 2010 war diese Zahl auf 120 Todesfälle zurückgegangen und das Risiko auf 5 MikroMorts gesunken – ein Rückgang von 82 Prozent.[5*]

Selbstständige sind übrigens stärker gefährdet als Arbeitnehmer. Im Jahr 2010 kamen 51 Selbstständige ums Leben, was einem Risiko von 12 MikroMorts entspricht – damit leben sie doppelt so gefährlich wie Arbeitnehmer. Aber auch die Zahl der Verletzungen ist deutlich zurückgegangen: Allein in den letzten zehn Jahren konnten durch Arbeitsunfälle verursachte Fehlzeiten um ein Drittel reduziert werden.[6]

Auch im Vergleich mit anderen Staaten der Europäischen Union steht Großbritannien gut da: Wenn man einmal von Verkehrsunfällen auf dem Weg zu Arbeit absieht, gingen britische Arbeitnehmer am Arbeitsplatz pro Jahr ein Risiko von 10 MikroMorts ein, verglichen mit 17 in Frankreich, 19 in Deutschland, 26 in Spanien, 35 in Polen und 84 in Rumänien.[7] Man könnte jetzt einwenden, dass die gefährlichen Arbeitsplätze alle ins Ausland verlagert wurden und Briten heute nur noch im Laden herumstehen oder am Computer

---

* Die Bundesanstalt für Arbeitsschutz und Arbeitsmedizin verzeichnet für 2010 238 tödliche Arbeitsunfälle in Deutschland; leider nennt sie keine Zahlen speziell für Selbstständige (www.baua.de) (Anm. d. Red.).

hocken. In Wirklichkeit produziert die britische Industrie jedoch genauso viel wie die französische (wenn auch deutlich weniger als die deutsche).

Im Jahr 2010 bot das Arbeitsministerium der Vereinigten Staaten einen interessanten Einblick in das Leben der 130 Millionen Arbeitnehmer des Landes.[8] Nach Angaben der Statistiker kamen in diesem Jahr 4547 Menschen am Arbeitsplatz ums Leben, was einem Risiko von 35 MikroMorts pro Jahr entspricht. Die häufigste Todesursache waren Unfälle auf dem Weg zum Arbeitsplatz, die in den europäischen Statistiken in eine eigene Rubrik fallen. Ohne diese kämen die Arbeitnehmer in den Vereinigten Staaten immer noch auf ein Risiko von 28 MikroMorts – so viel wie die spanischen.

Interessanterweise war die zweithäufigste Todesursache – noch vor Stürzen – »Überfälle und Gewalttaten«, die für 18 Prozent aller Todesfälle am Arbeitsplatz verantwortlich waren. Ganze 506 Menschen wurden am Arbeitsplatz ermordet (im Jahr 1997 waren es sogar 860 gewesen). Pro Jahr gehen amerikanische Arbeitnehmer also ein Risiko von 4 MikroMorts ein, während ihres täglichen Broterwerbs umgebracht zu werden. Vielleicht sollten sie die Helme zu Hause lassen und lieber kugelsichere Westen überziehen.

Aus dem Rest der Welt sind kaum verlässliche Statistiken zu bekommen. In Indien kamen nach offiziellen Angaben im Jahr 2005 nur 222 Menschen am Arbeitsplatz ums Leben, nach Schätzungen der Internationalen Arbeitsorganisation müssen es dagegen rund 40 000 gewesen sein.[9]

Die Internationale Arbeitsorganisation schätzt außerdem, dass von den rund 2 Milliarden Arbeitnehmern in aller Welt im Jahr 2008 rund 317 Millionen so schwer verletzt wurden, dass sie der Arbeit mehr als vier Tage lang fernbleiben mussten. Rund 320 000 Menschen wurden bei Arbeitsunfällen getötet.[10] Davon tauchten allerdings nur 22 000 in offiziellen Statistiken auf, der Rest sind Schätzungen. Sollten diese stimmen, ergäbe dies ein durchschnittliches Risiko von 160 MikroMorts pro Arbeitnehmer und Jahr.

Das sind natürlich Durchschnittswerte. Darunter fallen die

Heerscharen von Bildschirmarbeitern, die unter Stress, Langeweile und Rückenschmerzen leiden und die Sterblichkeit am Arbeitsplatz erheblich drücken. Andere Beschäftigungen heben den Durchschnitt dagegen. In der Geschichte des Kohlebergbaus reiht sich beispielsweise eine Katastrophe an die andere: Im französischen Courrières kamen 1906 bei einem Grubenunglück 1099 Bergleute ums Leben, und im walisischen Senghenydd forderte im Jahr 1913 eine Explosion 439 Opfer. Diese schrecklichen Katastrophen sind allerdings nur die Spitze eines Eisbergs, der aus vielen kleinen tödlichen Unfällen besteht.

In Großbritannien werden seit 1850 Statistiken über Grubenunglücke erhoben. Seit damals kamen mehr als 100 000 Kumpel unter Tage ums Leben, und Hunderttausende erlitten Verletzungen oder erkrankten. Die Jahre 1910 und 1911 gehören zu den dramatischsten der Geschichte, damals gab es gewalttätige Auseinandersetzungen zwischen Bergarbeitern und Eigentümern. Nachdem es im Süden von Wales zu Streiks und Ausschreitungen gekommen war, schickte Winston Churchill die Armee. Im Jahr 1911 kamen von den rund 1,1 Millionen Bergarbeitern 1308 ums Leben[11] – das entspricht einem Risiko von 1190 MikroMorts pro Jahr oder 5 pro Schicht. Das ist so, als würden die Kumpel jeden Tag einmal mit dem Fallschirm vom Himmel springen.

Das Bergbaugesetz des Jahres 1911 verlangte die Einrichtung von Rettungsstationen und sollte die Sicherheit der Bergarbeiter verbessern. Trotzdem kamen Jahr für Jahr rund 1000 in den Stollen ums Leben. Noch im Jahr 1938 starben 858 Bergarbeiter, was einem Risiko von 1100 MikroMorts pro Jahr entspricht. Erst nach der Verstaatlichung des Kohlebergbaus im Jahr 1947 verbesserte sich die Sicherheit stetig. Im Jahr 1961 waren »nur noch« 235 Tote zu beklagen – wenn man den Stellenabbau in der Branche mitrechnet, war das allerdings immer noch ein Risiko von 400 MikroMorts pro Jahr oder 2 pro Schicht. Diese Zahl sank eine Zeitlang weiter, um dann erneut anzusteigen: Obwohl es heute im ganzen Land nur noch 6000 Bergarbeiter gibt[12], ist das Unfallrisiko mit 430 MikroMorts wieder auf das Niveau der 1960er Jahre gestiegen. Schuld sind angeblich die privaten Eigentümer, die bei der Sicherheit knausern.[13]

Auch im Rest der Welt machen Grubenunglücke nach wie vor Schlagzeilen. Im Jahr 2011 kamen in Pakistan 48 Bergarbeiter ums Leben. Das chinesische Wirtschaftswachstum wird von der Kohle befeuert, doch die liegt durchschnittlich 400 Meter tief unter der Erde. Selbst nach offiziellen Angaben sind die Opferzahlen dramatisch: Seit 1949 sollen eine Viertelmillion Kumpel ums Leben gekommen sein, davon allein 7000 im Jahr 2002 und 2600 im Jahr 2009.[14] Wenn man davon ausgeht, dass im chinesischen Bergbau durchschnittlich 4 Millionen Kumpel beschäftigt sind, dann entspricht dies einem offiziellen Risiko von 650 MikroMorts – so viel wie im Großbritannien der 1950er Jahre.

Inoffizielle Schätzungen gehen dagegen von 20 000 Toten und 5000 MikroMorts pro Jahr aus.[15] Wenn das stimmt, könnte der chinesische Bergbau die gefährlichste Branche der gesamten Moderne sein. Die Situation der Bergarbeiter wäre schlimmer als in Großbritannien im Jahr 1850. In China werden viele Gruben von korrupten Regionalbeamten geführt und unterstehen kaum einer zentralen Aufsicht. Die Asian Development Bank hat immer wieder Untersuchungen durchführen lassen[16], doch der Versuch, Sicherheitsstandards einzuführen oder gefährliche Bergwerke zu schließen, führt nur zur Einrichtung neuer, illegaler Gruben.[17]

In Großbritannien ist die gefährlichste Branche heute die Hochseefischerei. Zwischen 1996 und 2005 kamen 160 Fischer ums Leben, was einem Risiko von 1020 MikroMorts pro Fischer und Jahr entspricht.[18] Davon kamen 14 bei Schiffsunglücken an der Küste ums Leben, und 59 ertranken, weil ihr Boot instabil, überladen oder nicht seetüchtig war und deshalb sank oder kenterte. Etwa die Hälfte der Opfer waren Fischer, die allein aufs Meer hinausfuhren und keine Schwimmwesten trugen, weil man sich als echter Fischer mit so etwas gar nicht erst abgibt. Diese Branche ist vielleicht die einzige, in der das Unfallrisiko seit dem Zweiten Weltkrieg nicht gesunken ist. Vorher war es allerdings noch größer: In den Jahren

1935 bis 38 lag es bei rund 4600 MikroMorts pro Jahr – kaum niedriger als das inoffizielle Risiko der chinesischen Bergarbeiter von heute.

Die Fischer Alaskas, Dänemarks, Frankreichs und Schwedens gehen ein ähnlich hohes Risiko von 1000 bis 1160 MikroMorts pro Jahr ein, während die Fischer Neuseelands sogar 2600 MikroMorts pro Jahr auf sich nehmen. In Großbritannien waren nach den Fischern die Hafenarbeiter (mit 280 MikroMorts pro Jahr), die Müllarbeiter (250) und die Fahrer von landwirtschaftlichen Maschinen (180) am stärksten gefährdet.*

Natürlich werden bei Unfällen in der Industrie nicht nur Arbeiter getötet, sondern auch Unbeteiligte. Ein legendäres Beispiel ist die Londoner Bierflut vom 17. Oktober 1814, als in der Meux-Brauerei an der Ecke Oxford Street und Tottenham Court Road riesige Fässer mit Porter platzten.[19] Mehr als eine Million Liter Starkbier durchbrachen die Backsteinwände, rissen zwei Häuser ein, beschädigten den Pub Tavistock Arms und strömten in die Keller, in denen die Armen hausten. Neun Menschen ertranken, und die vierzehnjährige Kellnerin Eleanor Cooper wurde im Tavistock Arms von herabstürzenden Trümmern erschlagen. Die Nachbarn stürmten natürlich herbei, um Töpfe und Kessel zu füllen. Die Geschichte, dass einer der Retter an akuter Alkoholvergiftung starb, gehört vermutlich ins Reich der Legende. Im nachfolgenden Gerichtsverfahren kam der Richter zu dem Schluss, es handele sich bei dem Unglück um ein Gottesurteil, und der Brauer wurde nicht zur Rechenschaft gezogen.

Dieses Unglück wurde ein gutes Jahrhundert später, am 15. Januar 1919, vom Bostoner Sirup-Desaster übertroffen.[20] Wie in einem schlechten Katastrophenfilm barst ein Tank mit 8 Millionen Litern Rübensirup – etwa drei olympische Schwimmbecken voll –,

---

* Nach absoluten Zahlen waren 2010 die Verkehrsberufe in Deutschland die gefährlichsten: In ihnen ereigneten sich 21,4 Prozent aller tödlicher Unfälle; ihnen folgen Metall- und Maschinenbau und verwandte Berufe (16 Prozent aller tödlicher Unfälle) (www.baua.de) (Anm. d. Red.).

und ein drei Meter hoher, schwarzer und klebrig-süßer Tsunami ergoss sich über die Nachbarschaft. Mit einer Geschwindigkeit von 50 Kilometern pro Stunde wälzte sich die Woge durch die Straßen, riss Gebäude mit sich, beschädigte die Hochbahn und begrub zahlreiche Häuser unter sich. 21 Menschen ertranken in den Fluten, 150 wurden verletzt. Diesmal wurde der Unternehmer für schuldig befunden und musste Entschädigungen bezahlen.

Mit einer Portion schwarzem Humor kann man diesen Geschichten ihre komische Seite abgewinnen. Doch die Ereignisse, die sich 1984 im indischen Bhopal abspielten, gehören in eine andere Kategorie. Aus einem Tank des amerikanischen Chemiekonzerns Union Carbide traten 30 Tonnen Methylisocyanat aus.[21] Methylisocyanat ist ein giftiges Gas, das zur Herstellung von Insektenvernichtungsmitteln verwendet wird und schwerer ist als Luft. Die Bewohner der nahegelegenen Hüttensiedlung hatten keine Chance zu entkommen. 3000 starben sofort. Neuere Schätzungen gehen davon aus, dass insgesamt 25 000 Menschen ums Leben kamen und eine halbe Million zum Teil dauerhafte Schäden davontrugen. Die Gerichtsverfahren sind bis heute nicht abgeschlossen.

Die Opfer von Bhopal sind ein Beispiel für die schrecklichen Langzeitfolgen von Industrieunfällen. Die Internationale Arbeitsorganisation geht davon aus, dass allein im Jahr 2008 weltweit rund 2 Millionen Menschen an arbeitsbedingten Krankheiten starben. Die britische Unfallschutzbehörde HSE vermutet, dass 2009 in Großbritannien 8000 Menschen an einer Krebserkrankung starben, die mit ihrer früheren Berufstätigkeit zusammenhing, die Hälfte davon an Asbestschäden.[22] Während die Staublunge, unter der vor allem Bergarbeiter leiden, immer weniger Opfer fordert (453 im Jahr 1974, 149 im Jahr 2009), steigt die Zahl der Todesfälle durch Asbestose und Mesotheliom (ein durch Asbest verursachter Krebs) weiter und soll erst 2016 ihren Höhepunkt überschreiten.

Hierbei handelt es sich nicht um akute, sondern um chronische Risiken. Wenn Asbest tötet, dann erst viele Jahre später. Es wäre gut zu wissen, wie hoch das chronische Risiko von Asbest oder

Bergbau pro Arbeitstag ist, doch die Berechnung ist gar nicht so einfach. Langfristig liegt die durchschnittliche Sterblichkeit von Arbeitnehmern, die Asbest ausgesetzt waren, nur rund 15 Prozent über derjenigen der übrigen Bevölkerung[23] – das entspricht dem Verlust von 2 MikroLeben pro Tag und damit dem Risiko von vier Zigaretten. Noch paradoxer ist die Erkenntnis, dass die Sterblichkeit von 25 000 Bergarbeitern im Durchschnitt 13 Prozent *unter* der Sterblichkeit der übrigen Männer ihrer Region lag.[24]

Die Erklärung dafür ist der sogenannte »Effekt des gesunden Arbeiters«. Männer kämen nie auf den Gedanken, unter Tage zu arbeiten, wenn sie nicht kerngesund wären. Trotz Staublunge und Schlagwetter haben die Kumpel also eine höhere Lebenserwartung, weil sie von vornherein gesünder sind als der Rest der Bevölkerung. Deshalb fällt es Wissenschaftlern so schwer zu ermitteln, welchen Schaden schlechte Arbeitsbedingungen anrichten – ihnen bleibt nichts anderes übrig, als Opfer zu zählen.

Auch wenn sich in den vergangenen hundert Jahren viel getan hat, bleiben einige Berufsgruppen nach wie vor gefährdet, wie wir gesehen haben. Aber wie groß muss die Gefahr sein, damit der Staat mit Verordnungen einschreitet? Die Philosophie des Arbeitsschutzes geht von der sogenannten »Tolerierbarkeit des Risikos« aus, die sich wunderbar in MikroMorts ausdrücken lässt.[25]

Jede potenzielle Gefahr wird in eine von drei Kategorien eingeordnet. Ganz oben stehen die »unzumutbaren Risiken«: Egal wie groß der Nutzen einer bestimmten Tätigkeit sein mag, es muss etwas unternommen werden, um die Arbeitnehmer, die Bevölkerung oder beide zu schützen. Ganz unten stehen die »zumutbaren Risiken«: Die Gefahr ist nicht gleich null, doch sie gilt als so unbedeutend, dass wir sie im Alltag als normal empfinden würden.

Zwischen diesen beiden Extremen liegen die »annehmbaren Risiken«: Risiken, mit denen wir leben können, wenn der Nutzen ausreichend groß ist, zum Beispiel eine gut bezahlte Arbeit, persönlicher Komfort oder eine funktionierende gesellschaftliche Infrastruktur. Oder anders gesagt, irgendjemand muss ja die Drecksarbeit machen.

Die Arbeitsschützer unterstreichen, dass ein Risiko nur aufgrund von ausreichenden Beweisen als annehmbar eingestuft wird. Außerdem wird es regelmäßig überprüft, um es »so niedrig wie praktisch möglich« zu halten. Dafür hat die Behörde wiederum eine Reihe von Kriterien aufgestellt. Aber wie wird denn entschieden, was zumutbar, nicht zumutbar oder annehmbar ist? Auch dafür halten die Arbeitsschützer einige Faustregeln parat.

Ein Berufsrisiko gilt als unzumutbar, wenn die Wahrscheinlichkeit, mit der ein Arbeitnehmer ums Leben kommt, pro Jahr mehr als 1 zu 1000, also 1000 MikroMorts, beträgt. Demnach wäre das Risiko, das Bergarbeiter vor der Verstaatlichung der Gruben eingingen, heute »unzumutbar«. Auch die Sicherheitsbedingungen in der Fischerei dürfen als »unzumutbar« gelten. Ausgenommen sind jedoch »besondere Gruppen«: Darunter fallen vermutlich Soldaten in Kriegsgebieten, zum Beispiel die Soldaten in Afghanistan, die Ende 2009 ein Risiko von 47 MikroMorts pro Tag oder 17 000 Mikro-Morts pro Jahr eingingen.[26]

Außerhalb des Arbeitsplatzes halten die Behörden ein Risiko von 1 zu 10 000, also von 100 MikroMorts pro Tag, für unzumutbar. Risiken von 1 zu einer Million oder 1 MikroMort pro Jahr gelten dagegen als zumutbar – das entspricht nach heutigen Schätzungen ungefähr der Wahrscheinlichkeit, von einem Kometen erschlagen zu werden.

Selbst dieses minimale Risiko bedeutet auf die Gesamtbevölkerung Großbritanniens hochgerechnet etwa 50 Todesfälle pro Jahr. Damit kommen wir zu einem anderen Kuriosum. Stellen Sie sich vor, diese 50 Todesfälle würden sich gleichzeitig ereignen. Wie wir im Falle der Zugunglücke in Kapitel 15 gesehen haben, sind »öffentliche Bedenken« wichtiger als alle MikroMort-Berechnungen, etwa wenn bei einem Unglück zahlreiche Opfer zu beklagen sind, wenn die Gefahren besonders schwache Gruppen wie Kleinkinder betreffen oder wenn Menschen allein aufgrund ihres Wohnortes bestimmten Gefahren ausgesetzt sind.

Die Unfallschützer bieten zusätzliche Hinweise, die dies berücksichtigen: Das Risiko eines Unfalls mit mehr als 50 Todesopfern sollte unter 1 zu 5000 pro Jahr liegen. Bei einer Bevölkerung von mehr als 10 000 wäre dies weniger als 1 MikroMort pro Kopf und Jahr. Aus individueller Sicht könnte das als »zumutbar« gelten, aber weil wir nun mal keine Katastrophen mögen (es sei denn, wir sehen sie im Fernsehen), geben wir riesige Summen aus, um ohnehin schon vernachlässigbare Gefahren noch kleiner zu machen.

Kapitel 19

Strahlenschäden

PRUDENCE STAND IN DER DROGERIE vor dem Regal mit den Vitaminen, Mineralien und Stärkungsmittelchen. Pansy hing am Arm ihrer Mutter. Im Regal daneben saßen aufgereiht einige Stofftiere mit dem Anhänger »Ich bin ein Faultier«.

»Was ist das, Mami?«

Prudence sah auf.

»Das sind Faultiere.«

»Kann ich ein Faultier haben?«

»Nein.«

»Was machen die, Mami?«

»Nichts.«

»Warum nicht?«

»Die sitzen einfach nur da.«

»Bitte, Mami.«

»Ausgestopft.«

»Bitte!«

»Und rühren keinen Finger.«

»Darf ich?«

»Genau wie dein Vater.«

Prudence mochte keine Stofftiere. Sie musste sofort an die Staubmilben und die Plastikaugen denken. Und die Faulheit ihres Mannes mochte sie auch nicht. Und seinen Husten schon gar nicht.

Sie nahm ein Fläschchen aus dem Regal: 37 lebenswichtige

Vitamine, Mineralien und Aufbaustoffe für ein gesundes und vitales Leben, darunter antioxidativ wirkende Extrakte aus koreanischem Ginseng. Sie warf das Fläschchen in den Korb, wo schon zwei Tuben organische Sonnencreme mit Sonnenschutzfaktor 75 lagen.

»Es ist nur ein Husten«, sagte er abends, als sie die Nachrichten über einen Unfall in einem Atomkraftwerk sahen, während Prudence ihre Gute-Nacht-Banane aß.

»Kann man nicht einfach mal einen Husten haben?«, fragte er und fügte geheimnisvoll hinzu: »Manchmal geht ein Feuer auch von selbst aus.«

In den Nachrichten ging es allerdings um ein Feuer, das nicht von selbst ausging. Von »Kernschmelze« war da die Rede und von kritischen Werten, die überschritten wurden. Warum er in seiner ungestümen Art für Atomenergie war, hatte sie nie verstanden. Die Experten hatten doch keine Ahnung, das war doch nicht normal, und Prudence würde lieber in einer Lehmhütte leben, als sich von Technik wie dieser »retten« zu lassen. Unheimliches Zeug.

»Warum sollte man ein Feuer brennen lassen, um zu sehen, ob es von selbst ausgeht?«, fragte sie.

»Was? Nein. Ich meine …«

»Du hast mir mal wieder nicht zugehört.«

»Hm«, antwortete er.

Er hatte ihr Angebot einer Ganzkörper-Computertomografie zum Geburtstag ausgeschlagen. Die ultimative Vorsorgeuntersuchung, die absolute Gewissheit verschafft, eine digitale, dreidimensionale Reise durch den ganzen Körper. Dazu eine Gratis-Koloskopie plus DVD, die Sie zu Hause im trauten Kreis von Freunden und Familie genießen können.

»Schau dir das an«, sagte sie, als sie in der Broschüre auf die Stimmen der zufriedenen Kunden stieß. »Nur ein leichtes Drücken, und es war Nierenkrebs.«

Auf dem Foto daneben lächelte ein braungebrannter, attraktiver Arzt, während neben ihm Techniker in weißen Kitteln auf Computerbildschirme blickten. Im Hintergrund ragten die nackten Beine und schwarzen Socken eines Mannes aus einer Röhre.

»Tumore, Zysten, innere Blutungen, Herz, Knochen – dein Rücken, zum Beispiel –, Infektionen. Eine umfassende Untersuchung.«

»Die stecken dich in eine Maschine«, sagte er und hustete.

»Das sind Profis.«

»Ärzte? Hör mir auf!« Er hustete wieder.

»Lieber ein paar Minuten in einer Maschine als ein Leben in Angst.«

»Ich habe doch gar keine Angst …« Er hustete weiter.

*

Bei einer Computertomografie würde Prudence' Mann einer erheblichen Strahlendosis ausgesetzt – zum Wohle seiner Gesundheit. Prudence hält das für sinnvoll. Aber Atomenergie hält sie für gefährlich, wegen eben dieser Strahlung. Ist das nicht ein kleiner Widerspruch?

Er bewundert dagegen die Wissenschaftler, die sich die Natur untertan machen und aus Atomen Energie gewinnen. Aber die Ärzte, die mithilfe der Strahlung den Körper durchleuchten, sind Quacksalber. Ist das nicht genauso widersprüchlich?

Wenn wir Geschichten über Risiken hören oder erzählen, dann halten wir unsere Ansichten gern für stimmig und logisch. Aber sind sie das wirklich?

Da sich die Strahlung messen lässt, können wir die verschiedenen Belastungen miteinander vergleichen. Wir wissen ungefähr, was wie gefährlich ist, angefangen von der guten Strahlung (Röntgenstrahlen) bis zur schlechten (Radonverstrahlung im eigenen Haus), nicht zu vergessen die Belastungen dazwischen (zum Beispiel Sonnenbrand). Trotzdem reagieren wir emotional sehr unterschiedlich auf die verschiedenen Arten der Belastung, je nachdem, woher die Strahlung kommt. Deshalb lässt sich an diesem Beispiel gut ablesen, dass bei unseren persönlichen Risikoeinschätzungen oft noch ganz andere Dinge hineinspielen als die objektiven Zahlen.

Gerade bei der Strahlung spielt oft Angst eine Rolle. Prudence hat Angst, im Falle eines Unfalls in einem Atomkraftwerk gegrillt zu werden. Die Strahlung verkörpert alles, was ihr Angst macht: Sie ist eine unsichtbare und geheimnisvolle Gefahr, über die man kaum etwas weiß. Sie ist unnatürlich. Sie verursacht die Angstmacher Krebs und Genschäden. Und sie weckt die vage Furcht, dass noch kommende Generationen zu leiden haben werden. Wir können sie nicht beherrschen und fühlen uns ausgeliefert.*

Die meisten dieser Punkte haben wir bereits in früheren Kapiteln angesprochen. Jeder von ihnen kann Angst machen. Oft beschreiben wir unsere emotionale Reaktion auch mit anderen Worten, je nachdem, ob wir aus Erfahrung gelernt haben, Risiken gelassen einzuschätzen, oder ob wir aus dem Bauch heraus mit Panik reagieren. Wie dem auch sei, wenn mehrere dieser Faktoren zusammenkommen, greift die Angst erst richtig um sich.

Diese Angst wird oft als »übertrieben«, »unangemessen« oder »irrational« abgetan, und hinter diesen Worten verbirgt sich ein gehöriges Maß von Verachtung. »Wenn die Leute doch nur ein bisschen mehr Ahnung von der Technik hätten.« Natürlich reagiert jeder anders auf dieselbe Gefahr. Aber sind manche Reaktionen dumm oder sogar gefährlich? Oder spüren wir etwas, das die Zahlen nicht verraten?

Wenn die Strahlung zur Diagnose oder Behandlung von Krank-

---

* Für die Medien ist das Thema »Strahlung« ein gefundenes Fressen. Dabei wird oft vergessen, dass auch Wärme, Licht und Radiowellen Formen von Strahlung sind. Deshalb müssen wir zwischen »ionisierender« und »nicht-ionisierender« Strahlung unterscheiden. Um Letztere müssen wir uns keine Sorgen machen (außer diejenigen von uns, die sich von Mobilfunkantennen bedroht fühlen). Hier interessiert uns nur die ionisierende Strahlung, die genug Energie hat, um Veränderungen in Atomen zu bewirken. Ionisierende Strahlung kann Zellen beschädigen. Deshalb werden Krebszellen mit Strahlung behandelt, auch wenn noch nicht klar ist, ob nicht auch die sehr niedrige Dosierung der Behandlung schädlich ist. Akut können hohe Dosen Strahlenkrankheit verursachen, langfristig können sie Zellmutationen bewirken und so das Krebsrisiko erhöhen.

heiten zum Einsatz kommt, dann reagieren die meisten Menschen so arglos wie Prudence. In der Vergangenheit ging man eher pomadig mit den Risiken der medizinischen Strahlung um. Als man in den 1890er Jahren zum ersten Mal mit Röntgenstrahlung in den Körper blicken konnte, meinte man, neben dem gewaltigen Nutzen die möglichen Gefahren vernachlässigen zu können. Daran änderte auch die Tatsache nichts, dass Pioniere der Röntgenmedizin nicht sonderlich alt wurden. Nachdem Marie und Pierre Curie das Radium entdeckt hatten, galt die radioaktive Strahlung als Heilmittel. Im Jahr 1909 berichtete Dr. E. Skillman Bailey vor der Homöopathischen Ärzteschaft von New Orleans von seinen Untersuchungen mit »Radithor«, mit dem er angeblich »Gegenstände durch eine 15 Zentimeter dicke Holzplatte hindurch fotografieren« konnte. Obwohl er kein Arzt und »sichtbar überspannt« war, benutzte er sein Wundermittel zur medizinischen Behandlung. Und Radiothor – »radioaktives Wasser, ein Heilmittel für lebende Tote« – wurde ein Bombenerfolg: Bailey verkaufte Hunderttausende Flaschen von seinem Wunderwässerchen, ehe er 1932 schließen musste, weil der Stahlmillionär und Playboy Eben Byers an Strahlenvergiftung gestorben war. Byers soll über 1400 Flaschen konsumiert haben. Das *Wall Street Journal* schrieb: »Das Radiumwasser wirkte, bis ihm die Kinnlade herunterfiel.«

In den 1920er Jahren war Strahlenschutz ein Fremdwort. Seither wurden die Vorsichtsmaßnahmen jedoch immer strenger. So wurde zum Beispiel die »Röntgen-Pädoskopie« verboten, mit der man Kindern Schuhe anpasste, genau wie die Wurmbehandlung mit Röntgenstrahlung oder die Behandlung psychisch Kranker mit Radium. Allerdings werden nach wie vor massenhaft Röntgenaufnahmen und Computertomografien durchgeführt.

Auch natürliche Strahlung, zum Beispiel durch die sogenannten Weltraumstrahlen oder das Edelgas Radon, das aus Gestein wie Granit austritt, scheint uns wenig Kopfzerbrechen zu bereiten. Radon, das sich in schlecht gelüfteten Räumen stauen kann, wird in Großbritannien für 1100 vermeidbare Lungenkrebstode pro Jahr verantwortlich gemacht. Trotzdem löst diese Strahlenquelle nicht annähernd die Empörung aus wie Atomkraftwerke.

Für John Adams sind Mobiltelefone ein weiteres Beispiel für die scheinbare Widersprüchlichkeit unserer Ängste, die vor allem mit einem Aspekt der Angst zusammenhängt: dem Gefühl der Hilflosigkeit.

Das Risiko, das von Handys ausgeht, ist gering oder nicht existent. Das Risiko, das von Mobilfunkantennen ausgeht, ist ein Vielfaches geringer, es sei denn, man klettert auf den Mast und hält das Ohr direkt an den Verstärker. Trotzdem nehmen in aller Welt Milliarden Menschen das Risiko des Handys auf sich, und die Proteste richten sich gegen die Antennen, die von vielen als Zumutung empfunden werden.[1]

Da das Handy ohne Antenne nutzlos wäre, wirkt der Protest paradox. Bis man sich klarmacht, dass wir ein Handy abschalten können, während wir nicht darüber entscheiden können, wo die Antenne aufgestellt wird.

In einem inzwischen klassischen Aufsatz aus dem Jahr 1989 erklärt der Psychologe Paul Slovic, warum Laien und Experten ganz unterschiedliche Einstellungen gegenüber dem Risiko haben. Hinter der Angst der Laien stecke oft etwas, das die Experten völlig übersähen. »Die öffentliche Wahrnehmung ist falsch und weise zugleich. Laien sind oft nicht ausreichend über Risiken informiert. Doch ihr grundsätzliches Risikoverständnis ist deutlich facettenreicher als das vieler Experten und gibt berechtigte Sorgen wieder, die in den Analysen der Experten nur selten vorkommen.«[2]

Es ist möglich, diese Sorgen ernst zu nehmen und trotzdem die realistische Dimension des Risikos zu vermitteln. In welcher Größenordnung sind wir also Strahlen ausgesetzt? Die Einheiten sind etwas verwirrend. Die einfachste ist der Sievert, mit dem die biologischen Auswirkungen der Strahlung gemessen werden. Ein Sievert, abgekürzt Sv, kann Strahlenkrankheit verursachen, die sich in Haarausfall, blutigem Erbrechen und Stuhlgang, Schwäche, Schwindel, Kopfschmerzen, Fieber, Rötung, Jucken und Blasenbildung der Haut, Infektionen, schlechter Wundheilung und niedrigem Blutdruck äußert. Nicht sehr schön.

Ein Sievert besteht aus tausend Milli-Sievert, abgekürzt mSv (diesen Wert hat die Umweltschutzbehörde der Vereinigten Staaten als maximale Strahlenbelastung der Öffentlichkeit für ein Jahr festgelegt), und einer Million Mikro-Sievert, abgekürzt μSv. Wenn Sie eine große Banane essen, bekommen Sie etwa ein Zehntel Mikro-Sievert ab, genau wie im Metalldetektor im Flughafen.[3]

In der Tabelle der Strahlendosen in Grafik 22 vergleichen wir die Strahlung aus verschiedenen Quellen, indem wir sie von Sievert in Bananen umrechnen (so witzig das ist, es ist nicht ganz korrekt, da die Strahlung in den Bananen von Potassium stammt, das von jedem Körper anders aufgenommen wird). Diese etwas eigenwillige Einheit verdeutlicht, wie riesig die Unterschiede zwischen den verschiedenen Formen der Strahlenbelastung sind. 500 Millionen große Bananen entsprechen etwa 50 Sievert – der Strahlendosis, die Sie neben dem schmelzenden Reaktor von Tschernobyl in zehn Minuten abbekommen hätten. Damit wollen wir nur unterstreichen, dass bestimmte Belastungen keine Belastungen sind, wenn die Dosis niedrig genug ist. Wer zerbricht sich schon den Kopf wegen einer einzigen Banane?

Diese Tabelle ist übrigens ein Veröffentlichungsskandal, mit dem wir uns einigen Ärger einhandeln könnten. Kommunikationsberater warnen nämlich dringend davor, bei der Information über Risiken freiwillige und unfreiwillige Risiken zu vermischen. Aber wenn Wissenschaftler klagen, die Öffentlichkeit sei irrational und interessiere sich nicht für Zahlen, dann kann man sie vielleicht mit emotionalen Vergleichen wachrütteln. Bananen, Computertomografien und Tschernobyl? Klar doch. Genauso verrückt und faszinierend, wie Reitsport und Drogenkonsum nebeneinanderzustellen. Aber es hilft, um Risiken größenmäßig einzuordnen. Wenn die Risikoeinschätzung oft durch subjektive Wahrnehmungen verzerrt wird, dann können überraschende Sichtweisen vielleicht das eine oder andere wieder geraderücken.

Grafik 22: **Ungefähre Strahlendosis aus verschiedenen Quellen, umgerechnet in: Bananen, Entfernung vom Zentrum der Atombombenexplosion von Hiroshima, durchschnittliche Verkürzung der Lebenserwartung und Zigaretten**

Quelle	Milli-Sievert	Bananen	Entfernung vom Zentrum der Atombombenexplosion von Hiroshima	Durchschnittliche Verkürzung der Lebenserwartung	Zigaretten
10 Minuten neben dem schmelzenden Reaktor von Tschernobyl	50 000	500 Millionen	100 Meter	50 Jahre	200 000
Strahlendosis, die mit 50-prozentiger Wahrscheinlichkeit innerhalb eines Monats tödlich ist	5000	50 Millionen	700 Meter	5 Jahre	20 000
akute Strahlenkrankheit mit Übelkeit und Verringerung der weißen Blutkörperchen	1000	10 Millionen	1,1 Kilometer	1 Jahr	4000
effektive Dosis in den am schlimmsten betroffenen Regionen um das Kernkraftwerk Fukushima	10–50	100 000 –500 000	1,9–2,4 Kilometer	3–30 Tage	300–1500
Ganzkörpertomografie	10	100 000	2,4 Kilometer	3 Tage	300
durchschnittliche jährliche Radon-Dosis in Cornwall	8	80 000	2,4 Kilometer	3 Tage	300
Brusttomografie	7	70 000	2,5 Kilometer	3 Tage	300
effektive Dosis in der Ortschaft Fukushima	1–10	10 000–100 000	2,4–3 Kilometer	10 Stunden–3 Tage	30–300
ein Jahr normaler Strahlenbelastung (85 Prozent aus natürlichen Quellen)	2,7	27 000	2,7 Kilometer	1 Tag	100
Mammografie	0,4	4000	3,2 Kilometer	4 Stunden	16
durchschnittliche Strahlenbelastung der Mitarbeiter eines Atomkraftwerks	0,18	1800	3,5 Kilometer	2 Stunden	8
durchschnittliche Strahlenbelastung im Rathaus von Fukushima, zwei Wochen nach dem Unfall	0,1	1000	3,6 Kilometer	1 Stunde	4
Flug von London nach New York	0,07	1000	3,6 Kilometer	1 Stunde	4
Röntgenaufnahme des Brustkorbs	0,02	200	4,1 Kilometer	11 Minuten	1
135 Gramm Paranüsse	0,005	50	4,4 Kilometer	3 Minuten	0,2
Röntgenaufnahme der Zähne	0,005	50	4,4 Kilometer	3 Minuten	0,2
eine Banane/einmal Abscannen mit einem Metalldetektor	0,0001	1	5,5 Kilometer	3 Sekunden	1 Zug
Sex	0,00005	0,5	5,7 Kilometer	1 Sekunde	winziger Zug

1000 Mikro-Sievert (10 000 Bananen) = 1 Milli-Sievert; 1000 Milli-Sievert = 1 Sievert[4]

Was wir heute über Strahlenschäden wissen, stammt überwiegend aus Untersuchungen der Opfer der Atombombenabwürfe über Hiroshima und Nagasaki im August 1945. Rund 200 000 Menschen starben entweder sofort oder in den folgenden Monaten, doch 87 000 Überlebende wurden ihr Leben lang medizinisch begleitet. Bis 1992 waren über 40 000 weitere Menschen gestorben, darunter vermutlich 690 infolge der Strahlenschäden. In der Tabelle haben wir die Opfer grob nach der Strahlendosis eingeteilt. Laut eines Berichts der Wissenschaftsakademie der Vereinigten Staaten nahm diese Dosis rasch ab und halbierte sich etwa alle 200 Meter. In zweieinhalb Kilometer Entfernung vom Zentrum der Explosion entsprach die Strahlendosis nur noch der einer Computertomografie.[5] Was Prudence wohl dazu sagen würde?

Wie viele Opfer die Reaktorkatastrophe von Tschernobyl kostete, ist umstrittener. Nach einem Bericht der Vereinten Nationen starben 28 Menschen an den Folgen einer akuten Strahlenkrankheit, während 6000 Kinder nach dem Konsum radioaktiv verseuchter Milch Schilddrüsenkrebs bekamen.[6] Von diesen Kindern starben 15 bis 2005. Der Bericht fügt hinzu, »bislang gab es keinen Hinweis auf weitere Gesundheitsschädigungen der Öffentlichkeit, die sich eindeutig auf die Strahlung zurückführen ließen«.

Andere sprechen von deutlich mehr Opfern. Das hängt davon ab, wie man die Auswirkungen von schwach radioaktiver Strahlung einschätzt. Wenn Experten behaupten, es gebe keine eindeutigen Beweise für weitere Krankheiten, dann ist das nicht verwunderlich: Selbst wenn es unter der radioaktiven Wolke, die über Europa zog, zusätzliche Krebsfälle gegeben haben sollte, wären diese unter den vielen Krebserkrankungen kaum zu entdecken. Jede Schätzung muss daher auf theoretische Modelle zurückgreifen.

Diese Modelle gehen davon aus, dass jedes Sievert pro Jahr ein Menschenleben kostet.[7] Bei der Festlegung von Grenzwerten werden diese Auswirkungen auf viel geringere Dosierungen heruntergerechnet, bei denen sich Schädigungen nicht mehr direkt nachweisen lassen – dies wird als »lineare Dosis-Wirkungs-Kurve« bezeichnet. Wenn wir von dieser Kurve ausgehen, entspricht 1 Milli-Sievert dem Verlust von einem Tausendstel Jahr, also 9 Stunden oder 18 MikroLeben. Wenn eine Mammografie eine Belastung 0,4 Milli-Sievert bedeutet, dann sind das also 8 MikroLeben oder 16 Zigaretten. Der Tabelle können Sie entnehmen, wie viel Lebenszeit Sie im Durchschnitt womit verlieren und wie viele Zigaretten Sie dafür rauchen dürften.

Allerdings ist dieser lineare Zusammenhang zwischen Dosis und Wirkung umstritten: Bei der Berechnung der Auswirkungen der Reaktorkatastrophe von Tschernobyl kam diese Kurve daher nicht zum Einsatz, und viele Experten sind der Ansicht, dass niedrige Dosierungen überhaupt keine Auswirkungen mehr haben, da der Körper die minimalen Schädigungen selbst repariere. Wenn wir jedoch von dieser Kurve ausgehen, müssen wir einige unschöne Schlüsse über die medizinische Verwendung von Strahlung ziehen.

Dann würde beispielsweise eine Computertomografie 180 Mikro-Leben oder rund 360 Zigaretten kosten. Für jeden Einzelnen mag das nicht besonders viel sein, doch wenn genug Tomografien durchgeführt werden, summiert es sich. Das Krebsinstitut der Vereinigten Staaten schätzt daher, dass die 75 Millionen Tomografien, die allein im Jahr 2007 in den Vereinigten Staaten durchgeführt wurden, im Laufe der Zeit 29 000 zusätzliche Krebsfälle verursachen werden.[8]

Darüber sprach jedoch niemand, als im März 2011 die erschreckenden Bilder des Tsunamis an der japanischen Küste um die Welt gingen und die Medien über die verzweifelten Versuche berichteten, den Austritt von strahlendem Material aus dem zerstörten Atomkraftwerk von Fukushima zu verhindern. Diese Geschichte weckte sämtliche Ängste der Öffentlichkeit: eine unsichtbare, unkontrollierbare Gefahr, die mit Krebs und Erbschäden in Verbindung gebracht wird. Als Zweifel an der Betreiberfirma hinzukamen, war die Reaktion absehbar. EU-Energiekommissar Günther Oettinger sprach prompt von einer »Apokalypse«.[9] Aber war es das wirklich? Aus wessen Sicht?

Sollte sich Prudence' Mann also in den Scanner legen oder nicht? Würde sich Prudence freiwillig zweieinhalb Kilometer von einer Atombombenexplosion aufhalten?

Wenn wir vor vergleichbaren Strahlenrisiken stehen und das eine als schockierend und das andere als zumutbar empfinden, dann könnte das ein Zeichen dafür sein, dass wir hoffnungslos irrational sind. Aber vielleicht ist es auch ein Zeichen dafür, dass man Gefahren nicht allein mit Wahrscheinlichkeiten messen kann. Vielleicht ist es ein Anstoß, uns klarzumachen, was der wirkliche Grund dafür ist, dass wir manche Dinge ablehnen. Wenn Sie jetzt sagen: »Ist doch klar! Weil sie gefährlich sind!«, dann ist das zwar eine bequeme Antwort, aber die ganze Wahrheit ist es nicht.

Kapitel 20

Tod aus dem All

ALS DER KÖRPER DES BLINDEN Passagiers auf der Straße aufschlug, klang es so, als würde eine Tür zugeschlagen. Er war gefroren, was vermutlich unter den Umständen das Beste war. Prudence sah das allerdings anders.

»Stell dir mal vor, es hätte die Musikschule getroffen!«

»›Er‹, nicht ›es‹«, korrigierte Norm. »Hat er aber nicht.«

»Norm, wir haben beim Frühstück gesessen. Pansy war da, ganz allein, auf dem Stuhl, als ... mein Gott!«

»Prudence, die Wahrscheinlichkeit, dass etwas passiert wäre ...«

»Wahrscheinlichkeit? Wie groß ist denn die Wahrscheinlichkeit, dass überhaupt jemand vom Himmel fällt?* Erstens vom Himmel, zweitens auf den Boden, drittens in Basingstoke und viertens, überhaupt! Kannst du mir das verraten? Aber es ist passiert! Und wenn so was passieren kann ... Wir sitzen jeden Morgen da in der Musikschule und frühstücken. Und als Nächstes knallt einer vor dir auf den Tisch! Einer reicht ja schon.«

Wenige Tage später war es Norm, der ängstlich zum Himmel blickte.

»Asteroiden sind viel wahrscheinlicher«, sagte er zu Prudence und spielte nervös mit seiner Teetasse. Es war wie beim Lotto, die

---

* Im September 2012 stürzte ein Mann aus Angola aus einem Flugzeug auf die Straße eines Wohnviertels im Londoner Stadtteil Mortlake.[1]

Wahrscheinlichkeit, bei Millionen kosmischen Trümmern einen großen Treffer zu landen.

Er drehte seine Tasse hin und her. Es war weniger die Furcht vor dem Tod, die ihn so nervös machte. Es war eher die Frage, wie sich die Wahrscheinlichkeit berechnen ließ. Eines Tages würde irgendetwas vom Himmel fallen, aber mit welcher Wahrscheinlichkeit? Norm war frustriert.

»Klar«, sagte Prudence. »Mir geht's genauso mit den Tauben.«

»Die Wahrscheinlichkeit lässt sich einfach nicht vernünftig berechnen.«

»Unglaublich, wie genau die zielen.«

»Der Schaden, das Blutvergießen.«

»Und das nachher wieder sauber zu kriegen …«

»Denk an London.«

»Genau.«

»Ich sehe langsam ein, dass wir irgendeinen Schutz brauchen.«

»Einen Schirm?«

»So was Ähnliches.«

»Ich hab immer einen dabei.«

»Obwohl es nicht ganz billig ist.«

»Aber im Vergleich ein Klacks.«

»Klar.«

Später, als der Abend hereinbrach, blickte er in den Himmel. Lange starrte er hinauf, ein Mann allein unter den Sternen, und suchte nach Antworten. Wo war er, der für uns bestimmt war, da draußen in der Ferne, der Dunkelheit, dem Unbekannten? Irgendwo zog er seine Bahnen. Schweigend, unsichtbar, mit Kurs auf dieses winzige Pünktchen namens Erde, inmitten der unendlichen Weiten. Geschleudert von einem überdimensionalen Donnergott, würde er auf einer seiner vielen möglichen Flugbahnen eines Tages allen menschlichen Träumen ein Ende setzen. Eine Möglichkeit von zahllosen, eine mögliche Bahn der Wahrscheinlichkeiten, wahrscheinlich. Ein Krümel, ein Staubkörnchen – alles ist relativ – in einem endlosen Sturm, und die beiden Bahnen von Erde und

Stein träfen wie von der ewigen Lotterie füreinander bestimmt aufeinander. Das war der Untergang, der endgültig Jüngste Tag, das letzte Schicksal und der Inbegriff von allem, was uns Angst bereitet.*

»Meinst du, das hat irgendwelche Auswirkungen auf die Immobilienpreise?«, fragte Kelvin später im Pub.

»Hä?«

»Denk an die praktische Seite, Norm.«

E-Mail von Prudence an Norm
Betreff: Apokalypse

Liebster Norm,
du hast was von einem Asteroiden erzählt, der in den Nachrichten war. Es ist noch zu früh, aber es besteht die Möglichkeit, haben sie gesagt. Hast du als Sterngucker mehr Infos? Betrifft der Einschlag die ganze Welt? Wir denken nämlich gerade über ein Ferienhäuschen in Portugal nach.

»Sag mal, Schatz, wegen des Asteroiden da …«, sagte Norms Frau ein paar Tage später. »Meinst du wirklich, wir sollen die Hypothek nochmal umschulden? Ich meine, wenn wir sie eh nicht mehr zurückzahlen müssen …«

*

VOR NICHT ALLZU LANGER ZEIT (nämlich in Kapitel 13) hatte Norm entdeckt, dass er der *homme moyen* war, und den Gipfel der Hoffnung und Selbstsicherheit erklommen. Nun stand er vor einer Existenzkrise. Warum? Weil er mit der Gefahr eines Asteroiden-

---

* Manche Menschen neigen zu blumiger Prosa, wenn sie in den Himmel schauen und über das Schicksal der Menschheit sinnieren. In seinem Buch *Blauer Punkt im All. Unsere Zukunft im Kosmos* wird der Astrophysiker Carl Sagan sogar regelrecht lyrisch.

einschlags plötzlich vor dem absurdesten aller Durchschnitte stand, die sich aus der Kalkulation von Tod und Leben ergeben. Der Asteroid ist nicht nur eine ferne Gefahr für alles irdische Leben, sondern vor allem eine unmittelbare Bedrohung für alles, wofür Norm steht. Wir kommen gleich zu diesem sonderbaren Durchschnitt und der Rechnung dahinter.

Aber zunächst: Wer hat mehr Grund, sich zu fürchten? Norm oder Prudence? Was ist gefährlicher? Himmelskörper oder vom Himmel fallende menschliche Körper? Und warum?

Prudence hat einen Vorteil: die Vertrautheit. Es fällt ihr leichter, sich menschliche Körper, Flugzeuge und Tauben vorzustellen, als den Weltbrand. Und vielleicht werden kosmische Katastrophen auch greifbarer, wenn wir uns vorstellen, was sie für den Immobilienmarkt bedeuten.

In den letzten Jahren berichteten die Medien immer wieder von Menschen, die in der Einflugschneise von Heathrow aus den Radkästen von landenden Flugzeugen stürzten. Es sind die tragischen Opfer der Verzweiflung und der eisigen, sauerstoffarmen Atmosphäre in zehn Kilometern Höhe. Im Jahr 2001 wurde die Leiche von Mohammed Ayaz, einem 21-jährigen Mann aus Pakistan, auf dem Parkplatz eines Baumarktes in Richmond gefunden. Vier Jahre zuvor war ein blinder Passagier aus einem Flugzeug in ein nahegelegenes Gaswerk gefallen. Niemand wurde getroffen.

Auch als im Sommer 2011 in Paris ein hühnereigroßer Meteor in das Hausdach einer Familie mit dem treffenden Namen Comette einschlug, war niemand zu Hause.[3] Der Brocken, der auf dem Weg durch die Erdatmosphäre geschwärzt worden war, hatte einen Ziegel durchschlagen und war im Isoliermaterial hängengeblieben. Er wurde erst entdeckt, als Martine Comette feststellte, dass es durch das Dach regnete, und die Handwerker rief. Experten schätzten, der Gesteinsbrocken müsse vier Milliarden Jahre alt sein und aus dem Asteroidengürtel zwischen Mars und Jupiter stammen. Als Martines Sohn Hugo ihn eingewickelt in Küchenpapier mit in die Schule brachte, meinte ein Freund, er sehe aus wie ein Stück Beton.

Einige Monate später, im September 2011, stürzte irgendwo vor der nordamerikanischen Westküste ein Satellit der NASA ab und provozierte eine Diskussion darüber, mit welcher Wahrscheinlichkeit das Ding einem Menschen auf den Kopf fallen könnte. Etwa um diese Zeit kam Lars von Triers Film *Melancholia* in die Kinos, der zu den Klängen von Wagners *Tristan und Isolde* die Geschichte der melancholischen Justine und ihrer Schwester Claire erzählt, während gleichzeitig ein geheimnisvoller Planet auf die Erde zurast.

Das alles vermittelt den Eindruck, dass da draußen eine Menge Zeug herumschwirrt. Wie groß ist also die Wahrscheinlichkeit, dass Ihnen aus heiterem Himmel etwas oder jemand auf den Kopf fällt?

Die Berechnung ist knifflig, vor allem wegen der Möglichkeiten eines wirklich großen Treffers. Genau das ist es ja, was Norm solches Kopfzerbrechen bereitet. Ein Kraftfahrzeugversicherer hat ausreichend Information aus der Vergangenheit zur Verfügung, um Risiken zu berechnen. Astronomen haben dagegen nur eine Handvoll Daten. Also stellen sie Gleichungen auf, in denen sie die Größe und Sprengkraft von Asteroiden, ihre mögliche Anzahl in Erdnähe und die mögliche Trefferzahl verrechnen. Diese Gleichungen werden dauernd überarbeitet und sind Gegenstand esoterischer Diskussionen. Auch dazu kommen wir gleich.

Bei der Berechnung der möglichen Schäden müssen zwei Dinge mit einbezogen werden. Erstens die Größe des Objekts und zweitens der Einschlagsort. Wenn in einem Wald ein Baum umfällt und niemand ihn hört, macht er dann ein Geräusch? Und wenn ein Asteroid mit einer Geschwindigkeit von 54 000 Stundenkilometern in die Erdatmosphäre eintritt und zehn Kilometer über einem sibirischen Wald explodiert, sodass auf einer Fläche von 40 mal 40 Kilometern sämtliche Bäume umgeknickt werden, aber kaum jemand etwas davon mitbekommt – war das dann ein wichtiges Ereignis? Genau das passierte am 30. Juni 1908 in Tunguska, und die wenigen Augenzeugen, die bereit waren, ihr Erlebnis zu schildern, berichteten, sie hätten noch in 60 Kilometer Entfernung eine Hitze-welle gespürt, als stünden ihre Kleider in Flammen. Sie berichteten, der Himmel sei von einem Feuerstrahl zweigeteilt worden, während sie zu Boden geworfen wurden oder in Panik davonliefen, weil sie meinten, ihr letztes Stündchen habe geschlagen. Es war dramatisch, 80 Millionen Bäume wurden umgeknickt oder verkohlten. Aber abgesehen von der Verwirrung, die der Asteroid verursachte, kam kaum jemand zu Schaden, und Opfer waren offenbar auch nicht zu beklagen.

Wäre der Meteorit 4 Stunden und 47 Minuten später gelandet, hätte er Sankt Petersburg getroffen – so wurde es zumindest be-rechnet.[4] Ein ähnliches Unglück über New York würde vermut-lich allein an Gebäuden einen Schaden in Höhe von 1,19 Billionen US-Dollar anrichten, von den 3,2 Millionen Toten und 3,76 Millio-nen Verletzten ganz zu schweigen.[5]

Das heißt, der Einschlagsort spielt bei der Ermittlung des Risikos eine genauso wichtige Rolle wie das Objekt selbst. Im All schwirrt eine Menge Zeug herum: Asteroiden aus Stein, Kometen aus Eis und gefrorenen Gasen. Dem Bericht *Defending Planet Earth*[6] des Wissenschaftsrats der Vereinigten Staaten kann man außerdem ent-nehmen, dass täglich zwischen 50 und 150 Tonnen »Kleinstobjek-te«, vor allem Staub, über der Erde niedergehen. Wenn Sie in einer klaren Nacht zum Himmel schauen, können Sie eine regelmäßige Spur von Gesteinsbrocken und -körnern beobachten, die in der At-mosphäre verglühen.

Größere und etwas ernster zu nehmende Asteroiden mit einem Durchmesser von 5 bis 10 Metern schauen etwa einmal im Jahr vor-bei. Wenn sie in den höheren Schichten der Atmosphäre zerbersten, wird eine Energie wie von 15 000 Tonnen TNT frei – etwa so viel wie bei der Explosion der Atombombe von Hiroshima. Die meisten werden nie bemerkt.

Gelegentlich dringt etwas durch die Atmosphäre bis auf die Erd-oberfläche vor und hinterlässt einen Krater oder verschwindet im Meer, ohne Schaden anzurichten. In der jüngeren Geschichte wurde offenbar niemand von Meteoriten erschlagen, auch wenn im vergangenen Jahrhundert in den Vereinigten Staaten hin und wieder Autos demoliert wurden. Ein Chevrolet Malibu aus Peekskill wurde in aller Welt ausgestellt, nachdem er von einem Meteoriten getroffen worden war – die Kofferraumklappe sieht aus, als hätte jemand mit einem Vorschlaghammer auf sie eingedroschen. Am 15. Oktober 1972 wurde im venezolanischen Örtchen Valera eine Kuh erschlagen und prompt aufgegessen, Teile des Meteoriten wurden an Sammler verkauft.

Ein etwas größeres Stück, ein Asteroid mit einem Durchmesser von 25 Metern – was einem Volumen von 60 bis 70 Doppeldeckerbussen entspricht –, würde eine Energie wie von 1 Million Tonnen TNT freisetzen, so viel wie 70 Hiroshima-Bomben. Der Tunguska-Meteorit wird auf einen Durchmesser von 50 Metern geschätzt, wenngleich einige Astronomen meinen, Objekte mit einem Durchmesser von 30 Metern reichten schon aus, um vergleichbare Schäden anzurichten.[7] Wenn ein solcher Asteroid auf die Erde kracht, dann beträgt die Wahrscheinlichkeit immer noch 70 Prozent, dass er ins Meer stürzt. Vielleicht haben wir also Glück. Aber wenn wir Pech haben, dann könnte er Millionen von Menschenleben fordern.

Noch größere Asteroiden fallen unter die Kategorie »kontinentale Katastrophen«, doch auch hier ist nur schwer absehbar, wie groß der Schaden wirklich wäre. Wenn ein solcher Koloss auf dem Land aufschlägt, wäre die Wirkung in der Tat eine Katastrophe. Die Wahrscheinlichkeit, dass er ins Meer stürzt, läge noch immer bei 70 Prozent, doch die Folgen wären andere. Computersimulationen ergeben, dass ein Kaventsmann von 400 Metern Durchmesser einen 200 Meter hohen Tsunami auslösen könnte[8], wobei natürlich niemand vorhersagen kann, ob sich eine solche Flutwelle am Kontinentalschelf bricht und verläuft oder ob die Bevölkerung rechtzeitig evakuiert werden könnte oder nicht.

In der Liga der Giganten spielen schließlich Asteroiden von mehr als einem Kilometer Durchmesser, die bei einem Aufprall so viel Energie freisetzen wie 100 000 Megatonnen TNT oder 700 000

Hiroshima-Bomben. Die Folge wäre vermutlich eine globale Katastrophe. Aber es gab durchaus auch schon größere Kollisionen. Als vor 65 Millionen Jahren ein 10 Kilometer großer 100-Millionen-Megatonnen-Asteroid auf die mexikanische Halbinsel Yucatán donnerte, musste mehr als eine Kuh dran glauben. Das Trumm hinterließ einen Krater mit einem Durchmesser von 180 Kilometern und war vermutlich für das Aussterben der Dinosaurier verantwortlich.

Das vermittelt Ihnen eine ungefähre Vorstellung von den möglichen Schäden. In einem nächsten Schritt müssten wir herausfinden, wie viele von diesen Brocken da draußen herumschwirren, und berechnen, mit welcher Wahrscheinlichkeit einer von ihnen die Flugbahn der Erde kreuzt.

Zum Glück haben wir die NASA, die uns mit ihrem Programm zur Beobachtung erdnaher Objekte behütet. Sie kündigte beispielsweise an, dass am 17. Oktober 2011 das Objekt 2009TM8 mit einem Durchmesser von zehn Metern dichter an der Erde vorbeischrammen würde als der Mond.

Als »erdnah« gelten Objekte, wenn sie in einer Entfernung von einem Drittel des Abstands Erde–Sonne – also etwa in 45 Millionen Kilometern Entfernung – an der Erde vorüberfliegen. Als Perry Como in den 1960er Jahren sang: »Catch a Falling Star and Put it in Your Pocket«, hatte man erst sechzig solcher Objekte gesichtet. Bis Dezember 2011 waren immerhin schon 8500 geortet und benannt worden; jedes Jahr kommen etwa 500 neue dazu. Weil es so viele davon gibt, geht die NASA davon aus, dass durchschnittlich alle zwei Jahrtausende ein Objekt von der Größe des Tunguska-Meteoriten auf die Erde stürzt. Wenn es allerdings stimmen sollte, dass eine Katastrophe dieser Größenordnung schon von einem 30-Meter-Meteoriten verursacht werden kann[9], dann könnte es alle 200 Jahre so weit sein – das heißt, die Wahrscheinlichkeit, dass es zu Ihren Lebzeiten knallt, liegt bei fast 50 Prozent. Keine angenehme Vorstellung, dass ein Kind, das heute zur Welt kommt, einen Einschlag miterleben könnte, der eine Millionenstadt dem Erdboden gleichmacht. Aber das ist wie gesagt umstritten.

Unter den erdnahen Objekten befinden sich etwa 834 Asteroiden und 90 Kometen mit einem Durchmesser von mehr als einem Kilometer. Die NASA schätzt, dass es noch gut 70 weitere geben muss, von denen wir bislang nichts wissen.[10]

Etwas näher als die »erdnahen« Objekte sind solche, die sich in der 20-fachen Mondentfernung aufhalten, also in einem Umkreis von etwa 7,5 Millionen Kilometer. In dieser Entfernung gilt jeder Brocken mit einem Durchmesser von mehr als 150 Metern als potenziell gefährlicher Asteroid. Bislang wurden 1271 von diesen Brummern beobachtet, davon 151 aus der Kategorie »Götterdämmerung« mit einem Durchmesser von mehr als einem Kilometer.

Von diesen Riesen gibt es jedoch so wenige, dass ein Zusammenprall nur alle paar Millionen Jahre zu erwarten ist. In seinem Bericht weist der Wissenschaftsrat der Vereinigten Staaten deshalb auch stoisch darauf hin, »ein Ereignis von derart apokalyptischen Ausmaßen wird mit äußerst geringer Wahrscheinlichkeit zu Lebzeiten eines heute lebenden Menschen eintreten, doch herkömmliche Ansätze des Katastrophenschutzes müssten in diesem Fall versagen«. Haben die eigentlich noch nie was von Bruce Willis gehört? Aber da echte Killer wie das 10-Kilometer-Monster, das die Dinos auf dem Gewissen hat, angeblich nur alle 100 Millionen Jahre vorbeischauen, haben wir ja eigentlich nichts zu befürchten.

Das sind natürlich wie immer nur Durchschnittswerte, die für Jahrtausende und Jahrmillionen berechnet werden. Der NASA-Katalog der erdnahen Objekte hilft uns immerhin, unsere Berechnungen ein bisschen praxisnäher zu gestalten und zu fragen, was uns heute Lebenden von ganz bestimmten, sorgfältig durchnummerierten und benannten Brocken blühen könnte. Sämtliche der bekannten erdnahen Objekte sind nach Größe und Wahrscheinlichkeit ihres Aufschlags kategorisiert. Wobei diese Wahrscheinlichkeiten nichts mit Zufall zu tun haben, denn man geht nicht davon aus, ob uns ein Asteroid entweder trifft oder nicht; sie geben lediglich wieder, dass wir die Flugbahn nicht genau berechnen können.

Die Turiner Skala[11] (benannt nach der Stadt, in der sie aufgestellt wurde) verzeichnet, wie besorgniserregend ein bestimmter Klotz ist:

Klasse 0 (weiß): keine Gefahr
Klasse 1 (grün): routinemäßige Entdeckung, ungefährlicher Vorbeiflug
Klasse 2 (gelb): verdient die Aufmerksamkeit von Astronomen, aber nicht der Öffentlichkeit
Klasse 3: verdient die Aufmerksamkeit der Öffentlichkeit

Und so weiter, bis Klasse 10 – sichere Kollision und Katastrophe von globalen Ausmaßen.

Von Asteroiden der Klasse 1 gibt es in der Regel mehrere. Apophis mit einem Durchmesser von 200 bis 300 Metern wurde bei seiner Entdeckung in Klasse 2 eingestuft und zwischenzeitlich auf Klasse 4 heraufgesetzt, da man davon ausging, dass er mit 2,7-prozentiger Wahrscheinlichkeit im Jahr 2029 mit der Erde kollidieren würde.[12] Neuere Beobachtungen ergaben, dass wir noch einmal davonkommen. Der Asteroid wird allerdings mit bloßem Auge sichtbar sein, wenn er am 13. April 2029 in rund 31 000 Kilometer Entfernung an der Erde vorüberfliegt. Der 13. April fällt in jenem Jahr übrigens auf einen Freitag.

Aktuell verzeichnet der Katalog keine ernsten Gefahren von bekannten Asteroiden. Im November 2012 war das größte bekannte Risiko eine Kollision mit dem 140-Meter-Asteroiden 2011 AG5, der mit einer Wahrscheinlichkeit von 1 zu 500 irgendwann zu Beginn der 2040er Jahre mit der Erde zusammenprallen könnte. Doch die meisten Asteroiden mit einem Durchmesser von weniger als 500 Meter werden nie entdeckt. Sie bescheren uns zwar nicht den Weltuntergang, aber sie können uns einen gehörigen Schrecken einjagen. 2008 TC3 hatte einen Durchmesser von 2 bis 5 Metern und wog 80 Tonnen, als er am 7. Oktober 2008 über der sudanesischen Wüste zerbarst. Es war der erste Asteroid dieser Größe, der vor der Kollision beobachtet wurde, wenn auch nur mit 19 Stunden Vorlauf.

Man kann sich vorstellen, was passiert wäre, wenn sich am Ende der berechneten Flugbahn eine Großstadt befunden hätte. Der Asteroid explodierte mit einer Energie von rund 2000 Tonnen TNT, später wurden 10 Kilogramm schwere Bruchstücke gefunden. Verletzt wurde niemand.

Aber wie groß ist denn nun das Risiko, von einem dieser Brocken erschlagen zu werden? Leider lässt sich das nicht exakt berechnen, und genau das macht Norm ja so nervös. Wir können zwar den Aufschlag von Asteroiden immer besser vorhersagen, aber um etwas über die möglichen Konsequenzen aussagen zu können, müssten wir zu viele Annahmen treffen (oder raten, wenn Sie so wollen). Der Wissenschaftsrat nennt allerdings die wunderbar präzise Ziffer von 91 Toten, die pro Jahr zu erwarten seien. Das ist natürlich ein Durchschnitt aus der überwiegenden Mehrzahl der Jahre mit null Toten und einigen wenigen Ereignissen, die alle paar Jahrtausende einmal vorkommen und massive Opfer fordern. Was einmal mehr das Problem von Durchschnittswerten unterstreicht. Diese 91 verteilen sich einigermaßen gleichmäßig auf die vielen kleinen Treffer und die sehr unwahrscheinlichen globalen Katastrophen. Da zurzeit 7 Milliarden Menschen auf der Erde leben, bedeutet das ein Siebenundsiebzigstel MikroMort pro Person und Jahr – so viel wie eine 5 Kilometer lange Autofahrt. Auf ein ganzes Leben umgerechnet ergibt das ein rundes Risiko von 1 MikroMort, dass Ihnen ein Asteroid auf den Kopf fällt. Das ist nicht sonderlich viel. Genauer gesagt ist das ein lächerliches Risiko, das nicht die geringsten praktischen Auswirkungen hat. Genau das bereitet Norm ja solches Kopfzerbrechen.

Aber was könnte man im Falle einer unmittelbar bevorstehenden Kollision tun? Der Wissenschaftsrat zählt vier Strategien auf und betont dabei die gewaltige Unsicherheit hinsichtlich der Risiken, der zur Verfügung stehenden Technik und der Reaktion der Bevölkerung. Die erste ist der übliche Katstrophenschutz, der jedoch nur im Falle kleinerer Einschläge oder bei Einschlägen ohne allzu lange Vorwarnung sinnvoll ist. Wenn man beispielsweise herausgefunden hätte, dass Apophis mit relativ großer Wahrscheinlichkeit im Jahr 2029 mit der Erde kollidiert, hätte man einen »Risikokorridor« ermitteln und die Bevölkerung warnen können. Wie Prudence, Kelvin und Norms Frau erkennt der Wissenschaftsrat gewisse »Sorgen um Immobilieneigentum«.

Mit ausreichend Vorlauf und Geld könnte man versuchen, mithilfe der Weltraumtechnik einen Zusammenprall zu verhindern. Asteroiden ab einem Durchmesser von 100 Metern könnten bei jahrzehntelanger Vorbereitungszeit in eine andere Umlaufbahn geschoben werden, was man interessanterweise nicht durch Seitwärtsschub, sondern durch Beschleunigung oder Abbremsen erreicht. Es wird darüber spekuliert, ob man ein Objekt auch durch die Anziehungskraft eines nahen Raumschiffs ablenken könnte. In der Vergangenheit hatten Raumfahrzeuge bereits Begegnungen mit Asteroiden: Die japanische Raumsonde Hayabusa landete sogar kurzzeitig auf einem und sammelte Gesteinsproben, um sie zur Erde zu bringen.[13]

Wenn man eine Vorlaufzeit von einigen Jahrzehnten hätte, könnte man Asteroiden von einem Durchmesser zwischen 100 und 1000 Meter von mehreren Raumfahrzeugen aus der Bahn schieben lassen. Für größere Brocken wären Hunderte Raumschiffe erforderlich; alternativ könnte man auch in der Nähe eine Atombombe zünden. Wenn der politische Wille da ist, ließen sich schon in vergleichsweise wenigen Jahren Programme zum Schutz vor 500-Meter-Asteroiden einrichten.

Asteroiden von der Größe des Dino-Killers gelten jedoch als nicht aufzuhalten. Diese apokalyptischen Szenarien machen sich zwar im Kino gut, doch der Wissenschaftsrat kommt zu dem Schluss, dass die eigentliche Gefahr von der unerwarteten Explosion eines kleineren Objekts mit einem Durchmesser von unter 50 Metern ausgeht. In dem Bericht heißt es: »Da nicht alle erdnahen Objekte entdeckt sind, ist es denkbar (wenngleich sehr unwahrscheinlich), dass ein solches Objekt wider Erwarten in naher Zukunft eine Stadt oder Küstenregion zerstört.« Dagegen kann man rein gar nichts tun.

Und dann wäre da noch unser Weltraumschrott. In den vergangenen vier Jahrzehnten sind 5400 Tonnen vom Himmel gefallen, allein im Jahr 2011 stürzten 28 Satelliten auf die Erde. Bislang wurde niemand verletzt, selbst nicht, als das 40 Tonnen schwere Spaceshuttle Columbia zerbrach und die Teile auf die Vereinigten Staaten herunterregneten. Nach späteren Schätzungen der NASA betrug die Wahrscheinlichkeit 1 zu 4, dass jemand getroffen wurde. Und als im September 2011 die Überreste des Erdbeobachtungssatelliten UARS in die Erdatmosphäre eintraten, betrug diese Wahrscheinlichkeit nach Berechnungen der NASA 1 zu 3200.

Aber wie kommt die NASA zu diesen Zahlen? Nach zwanzig Jahren im Erdumlauf fiel der Satellit im Jahr 2005 aus. Er wog 5700 Kilogramm und war so groß und schwer wie ein Londoner Doppeldeckerbus. Die NASA prognostizierte, dass 26 Teile mit einem Gesamtgewicht von 532 Kilogramm – so viel wie acht Waschmaschinen – den Eintritt in die Erdatmosphäre überstehen würden. Diese würden sich zwar auf eine Strecke von 300 Kilometer verteilen, doch insgesamt würde sich der Schaden auf 22 Quadratmeter beschränken, also etwa so viel wie zwei Autostellplätze. Allerdings hatten sie keine Ahnung, wo der Schrott schließlich auftreffen würde. Man sollte meinen, die hätten ihre Apparate besser im Griff.

Das größte Objekt wog 158 Kilogramm, so viel wie ein ausgewachsener Gorilla (obwohl das recht kuschelig klingt – stellen Sie sich lieber zwei zusammengebundene Waschmaschinen vor, die mit 160 Stundenkilometern Richtung Erdoberfläche rasen). Das klingt beängstigend, doch die Erde ist recht groß: Wenn auf einer Fläche von 500 Millionen Quadratkilometern (oder 500 000 000 000 000 Quadratmetern) 22 Quadratmeter Schrott niedergehen, dann beträgt die Wahrscheinlichkeit, dass eine bestimmte Stelle getroffen wird, 1 zu 23 000 000 000 000 (23 Billionen).

Wenn sich also Norm zufällig an dieser Stelle aufhält, dann hat er Pech gehabt. Aber die Wahrscheinlichkeit ist ungefähr so groß, als würde er an zwei Wochenenden hintereinander sechs Richtige im Lotto tippen.

Da jedoch 7 Milliarden Menschen auf der Erde leben, beträgt die Wahrscheinlichkeit, dass einer davon getroffen wird, 7 000 000 000 zu 23 000 000 000 000, also 1 zu 3200, genau wie von der NASA vorhergesehen.[*]

Die Wahrscheinlichkeit ist also ausgesprochen klein, was auch daran liegt, dass wir Menschen auf der Erdoberfläche nicht allzu viel Raum einnehmen. Das sehen Sie vermutlich anders, wenn Ihnen Ihr Nachbar in der U-Bahn die Schulter ins Gesicht drückt, aber wer bei einem Interkontinentalflug aus dem Fenster schaut, stellt fest, dass da unten eine Menge Freiflächen sind. Wenn jeder von uns einen Quadratmeter Platz einnimmt, dann sind das insgesamt 7000 Quadratkilometer oder gerade mal ein Siebzigtausendstel der Erdoberfläche. Wenn also alle Menschen der Welt das Glastonbury Festival besuchen würden, dann würden die Grafschaften Somerset und Wiltshire als Festwiese völlig ausreichen (obwohl wir uns besser nicht ausmalen, wie die Dixiklos aussähen).

Die Wahrscheinlichkeit, mit der Ihnen ein Mensch auf den Kopf fällt, lässt sich ähnlich berechnen. Gehen wir davon aus, dass alle sieben Jahre jemand vom Himmel fällt, und dass die Leiche eine Fläche von 2 Quadratmeter einnimmt, und nehmen wir weiter an, dass die gefährdete Region so groß ist wie der Londoner Stadtteil Richmond (mit einer Fläche von rund 60 Quadratkilometern und 200 000 Einwohnern). Daraus ergibt sich eine ungefähre Wahrscheinlichkeit, mit der Norm gut leben kann. Prudence eher nicht, denn für sie ist dieses Ereignis komischerweise realer als das Ende der Welt. Die Wahrscheinlichkeit, dass einer der 200 000 Menschen auf der betreffenden Fläche im Weg steht, beträgt 1 zu 150, das Ganze multipliziert mal sieben. Und wenn Sie in der Einflugschneise leben, dann trifft es Sie mit einer Wahrscheinlichkeit von 1 zu 30 Millionen, beziehungsweise auf das Jahr umgelegt 1 zu 210 Millionen.

* Die Berechnung geht davon aus, dass Menschen keinen Raum einnehmen. Die Wahrscheinlichkeit wird ein bisschen größer, wenn man das Körpervolumen einbezieht.

Sollten Sie sich deshalb graue Haare wachsen lassen? Wie immer hängt das nicht nur von den Zahlen ab, sondern auch davon, was für ein Typ Mensch Sie sind. In Lars von Triers Film *Melancholia* zittert die eine der beiden Schwestern dem bevorstehenden Weltuntergang entgegen, während die andere entspannt bleibt. Trier war angeblich fasziniert von der Bemerkung seines Therapeuten, depressive Menschen blieben in bedrohlichen oder belastenden Situationen oft gelassen, weil in ihren Augen das Leben sowieso schrecklich ist. Auf dieser Erkenntnis begründete der deutsche Philosoph Arthur Schopenhauer seine pessimistische Weltsicht – seiner Ansicht nach war es völlig utopisch zu glauben, dass die Dinge jemals nach unserem Kopf gingen, weshalb die einzige Erlösung in der Kunst, idealerweise der Musik zu finden war, zum Beispiel in den Opern von Richard Wagner.

Norm ist weder unglücklich genug, um die Gefahr einfach mit einem Schulterzucken zu quittieren, noch glücklich genug für überschwänglichen Optimismus. Er ist halt ein Durchschnittstyp, und wenn ihm herabfallende Gegenstände Kopfzerbrechen bereiten, dann vor allem, weil sie sich so schlecht vorhersagen lassen.

Als Durchschnittsmensch ist er beim Aufschlag eines Asteroiden exakt durchschnittlich verwundbar. Und wie Norm weiß, beträgt dieses Risiko exakt 1 MikroMort pro Leben. Er weiß aber auch, dass dies die Schwächen des Durchschnitts auf erstaunliche Weise bloßstellt, denn dieser Durchschnitt müsste auf der einen Seite einen Blitz aus heiterem Himmel einbeziehen, einen Blitz, der so winzig ist, dass er einen Kofferraum verbeult oder eine Dachziegel zerdeppert, und so selten, dass aus aller Welt die Journalisten angelaufen kommen, um Fotos zu machen; einen Blitz, der ihn aber auch erledigen kann, wenn sich der Brocken von den 500 000 000 000 000 möglichen Quadratmetern der Erdoberfläche ausgerechnet den einen aussucht, auf dem er gerade steht; und auf der anderen Seite müsste dieser Durchschnitt natürlich auch noch die theoretische Wahrscheinlichkeit des Jüngsten Tags einberechnen ... Mit anderen Worten ein Durchschnitt aus fast gar nichts und fast allem.

Das Risiko von 1 MikroMort pro Leben ist zwar rechnerisch richtig, aber für unseren Alltag absolut sinnfrei. Mit anderen Worten verrät uns das durchschnittliche Risiko rein gar nichts, nicht einmal Norm, dem *homme moyen*. Deswegen fürchtet Norm ja auch nicht um sein Leben – er fürchtet um seinen Glauben.

Kapitel 21

Arbeitslosigkeit

Ich bedauere es sehr, Norm, aber wir werden dich leider freistellen müssen.«

»Was?«

»Wir müssen dich …«

»Ja, ich hab dich schon …«

»… freistellen.«

»… verstanden. Aber ich meine, nein! Das geht doch nicht!«

»Natürlich Norm, du warst stets bemüht …«

»Nein, ich meine, ihr könnt mich gar nicht freistellen! Ich bin entweder frei, oder ich bin es nicht, und daran kannst du gar nichts ändern.«

»Hä?«

»Du kannst mir meine Freiheit gar nicht nehmen oder geben, das wäre illegal, gegen das Gesetz, gegen die Verfassung, gegen die Menschenrechte!«

»Norm?«

»Und wenn du damit meinst, dass ihr mich vor die Tür setzt, dann müsst ihr mich vorher fragen, und nur wenn es die Stelle nicht mehr gibt …«

»Norm!?«

»… könnt ihr mich rausschmeißen oder an die Luft befördern oder wie du sonst noch dazu sagen willst.«

»Gut, Norm. Du bist gefeuert.«

»Äh. Ja. Wann?«

»Wie wär's mit morgen?«

Also kam Norm nochmal ins Büro, um seinen Schreibtisch auszuräumen. Das war dann etwas, das man als Ereignis mit geringer Wahrscheinlichkeit und großer Wirkung bezeichnete, dachte er dabei. Wie dem auch sei, er hatte sowohl die Wahrscheinlichkeit als auch die Wirkung falsch eingeschätzt.

Na dann. Norm saß an seinem Schreibtisch und zog sich die Ringelsocken hoch. Er schredderte ein paar Akten, löschte ein paar Mails, brachte ein oder zwei Leute in ein oder zwei Sachen auf den neuesten Stand und schaute bei, wie hieß sie doch gleich, in der Personalabteilung vorbei. Er rief ein paar Leute an, ging mit ein paar Kollegen essen und bekam einen Kugelschreiber und eine Karte zum Abschied. Dann klopfte er bei seinem Vorgesetzten. »Alles Gute, Norm!«, sagte der. Schließlich zog Norm seinen Dufflecoat an, ging an den übrigen Schreibtischen vorbei – »Ciao, Norm!« – und gab seinen Ausweis an der Rezeption ab. Er ging durch die Drehtür nach draußen und stand auf der Straße.

Ein paar Mal im Leben hatte Norm versucht, sich am Boden zerstört zu fühlen, aber er war nie mit dem Herzen bei der Sache gewesen. Vielleicht war es jetzt soweit? Der Gedanke munterte ihn schon gleich ein wenig auf. Nachts träumte er von einem Mann im Dufflecoat, der im Abfluss schwamm. Er hatte es einfach nicht erwartet, das war alles.

*

NORM HATTE SICH VERRECHNET. Er war überzeugt gewesen, dass es nie zum Äußersten kommen würde. Derselbe Denkfehler ließ 2008 die globale Finanzbranche in sich zusammenfallen und stürzte die Welt in eine schwere Wirtschaftskrise – die Banker hatten Ereignisse mit kleiner Wahrscheinlichkeit und großer Wirkung nicht ernst genommen. Wie gravierend Norms Denkfehler war, hängt vor allem davon ab, wie es mit ihm weitergeht – wie wir gleich sehen werden, kann Arbeitslosigkeit im Extremfall den Tod bedeuten.

Jeder kann sich mal verkalkulieren, vor allem wenn es darum geht, Wahrscheinlichkeiten von Ereignissen einzuschätzen, die noch nie eingetreten sind. Und weil Norm bis jetzt noch nie vor die Tür gesetzt worden war, machte er sich nicht allzu viele Gedanken darüber. So etwas kam einfach nicht vor.

Wenn er seine Entlassung als Ereignis mit kleiner Wahrscheinlichkeit und großer Wirkung bezeichnet, bedient er sich bei Nassim Nicholas Taleb und seinem Buch *Der schwarze Schwan*. »Das Übliche interessiert mich nicht besonders«, schrieb Taleb:

> Wenn man etwas über das Temperament, die ethischen Grundsätze und die persönliche Eleganz eines Freundes wissen möchte, muss man sich ansehen, wie er sich unter schwierigen Umständen verhält, nicht im rosigen Glanz des alltäglichen Lebens. Welche Gefahr ein Verbrecher darstellt, kann man nicht nur danach beurteilen, was er an einem normalen Tag tut. Die Gesundheit können wir nur verstehen, wenn wir uns auch mit schweren Krankheiten und Epidemien befassen. Das Normale ist oft ohne Bedeutung. Nahezu alles im sozialen Leben wird durch seltene, aber folgenschwere Erschütterungen und Sprünge hervorgerufen.[1]

Manche Dinge lassen sich leichter verdrängen als andere. Wenn sie uns ungewöhnlich oder unwahrscheinlich genug erscheinen oder wenn wir uns nicht vorstellen können, wie sie zustande kommen sollen, ist die Versuchung groß, sie einfach unter den Tisch fallen zu lassen. Es ist zwar nicht so, als würden nicht andauernd Leute ihre Arbeit verlieren. Und es ist auch nicht so, als hätte es noch nie eine Finanzkrise gegeben. Die Sache ist nur, dass wir zu sehr an die Dinge gewöhnt sind, an die wir gewöhnt sind. Das Problem ist also nicht, dass wir das Ereignis nicht berechnen können (wie bei dem Asteroideneinschlag im vorigen Kapitel), sondern dass wir es uns gar nicht erst vorstellen wollen. Wir können nicht alles vorhersehen, was schiefgehen könnte, also wählen wir den einfacheren Weg und stellen uns vor, dass schon nichts schiefgehen wird. Dagegen helfen keine besseren Zahlen, sondern nur mehr Geschichten, die uns aus unserer Komfortzone herausholen. Genau aus diesem Grund arbeiten Planer gern mit Szenarien, um sich mögliche künftige Gefahren besser vorstellen zu können.

Ein Blick in die Statistiken hätte Norm trotzdem nicht geschadet. Anfang 2008 waren rund 1,6 Millionen Briten arbeitslos, was einer Arbeitslosenquote von knapp über 5 Prozent entsprach. Vier Jahre später, nach einer schweren Rezession, standen mehr als eine Million Menschen mehr auf der Straße, und die Arbeitslosenquote betrug 8,5 Prozent.[*]

So sprechen wir üblicherweise über Arbeitslosigkeit und damit indirekt auch über das Risiko, die Arbeit zu verlieren: Werfen Sie nur einen Blick auf die Zahlen. Wie zu erwarten wuchs das Risiko, während die Wirtschaft schrumpfte. Die Rezession hatte zur Folge, dass von 100 Arbeitssuchenden 3 oder 4 zusätzlich keine Arbeit fanden.

Doch die Zahlen können leicht täuschen. Im Laufe der vier Jahre verloren nicht 1 Million Menschen ihre Arbeit, sondern eher 15 Millionen, und etwa die Hälfte davon ging freiwillig. Die Zahl der Entlassungen, Freistellungen, oder wie man es auch immer nennen will, war deutlich größer als die Zahl der offiziellen Arbeitslosen.

Was nicht daran liegt, dass die Behörden die Zahlen manipulieren oder dass wir Leute zählen, die direkt von einem Beschäftigungsverhältnis ins andere wechseln. Es liegt daran, dass der Arbeitsmarkt eine riesige Drehtür ist, durch die Millionen von Menschen in beide Richtungen gehen, rein und raus aus Beschäftigungsverhältnissen. Dabei verbringen sie unterschiedlich viel Zeit auf der

---

[*] In Deutschland entwickelten sich die Arbeitslosenzahlen überraschenderweise anders: Im Januar 2008 waren 3,6 Millionen Menschen arbeitslos, das entsprach einer Quote von 8,7 Prozent; im Januar 2012 waren 3,1 Millionen Menschen ohne Arbeit: eine Arbeitslosenquote von 6,4 Prozent (Auskunft Agentur für Arbeit und www.destatis.de) (Anm. d. Red.).

einen oder der anderen Seite. Diese 15 Millionen waren immerhin so lange arbeitslos, dass sie mitgezählt wurden.

Wenn wir die Arbeitslosigkeit messen, dann zählen wir in der Regel einfach die Zahl der Leute, die sich zum Zeitpunkt X auf der entsprechenden Seite der Drehtür befinden. Aber das ist im Grunde nur die Nettoveränderung der Reservearmee, die Millionen, die zu diesem Zeitpunkt mehr arbeitslos waren als vier Jahre zuvor. Diese Zahl sagt nichts über die gewaltigen Ströme, die durch die Tür gingen, oder die große Zahl von Leuten, die zwischenzeitlich draußen im Regen standen.

Das passiert nicht nur in Rezessionen, sondern auch zu guten Zeiten. Wenn wir uns diese riesige Mühle einmal vorstellen, bekommen wir ein besseres Gefühl dafür, wie viele Menschen ihre Arbeit verlieren, und damit für die gewaltige Gefahr, in der viele dauerhaft schweben.[2]

Die Statistiken, die diesen Fluss erfassen und die Wahrscheinlichkeit beschreiben, mit der ein durchschnittlicher Arbeitnehmer seine Stelle verliert, basieren vor allem auf Modellen. Die Statistikbehörde verfolgt niemanden lange genug, um sicher sein zu können, dass die Zahlen stimmen. Aber sie bieten immerhin einen groben Anhaltspunkt.

Nach diesen Erhebungen betrug das Risiko des Arbeitsplatzverlustes in den Jahren vor der Rezession 1 bis 1,5 Prozent pro Quartal. Das heißt, von hundert Arbeitnehmern verloren pro Vierteljahr ein oder zwei ihre Arbeit. Das ist natürlich nur ein Durchschnitt, denn manche Arbeitnehmer werden eher entlassen als andere, vor allem unqualifizierte Kräfte oder Arbeitnehmer in weniger etablierten Branchen, und manche verlieren ihre Stelle häufiger als einmal.

Dazu kommen weitere ein oder zwei von hundert, die ihre Arbeit verlieren, aber keine Arbeit mehr suchen und aus dem Arbeitsmarkt ausscheiden – die einen, weil sie keine Arbeit mehr wollen, die anderen, weil sie die Suche aufgegeben haben.

Grafik 23: **Anteil der Arbeitnehmer, die innerhalb eines Quartals entlassen werden**[3]

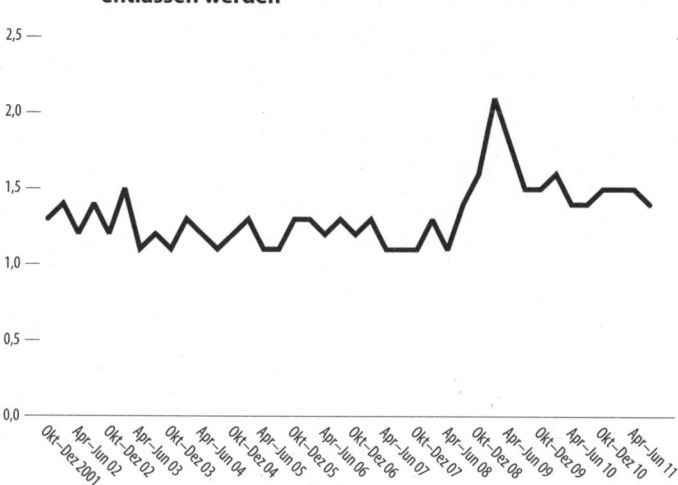

Wenn Sie diese Prozente pro Quartal auf das Jahr hoch- und in reale Zahlen umrechnen, sehen Sie auch, woher diese erschreckenden Summen kommen: Jedes Jahr verlieren fast vier Millionen Menschen ihre Arbeit, und wenn Sie diese Zahl mit vier multiplizieren, kommen Sie auf die 15 Millionen Arbeitnehmer, die während der Rezession irgendwann auf der Straße standen.

Das Überraschende ist, dass sich die Wahrscheinlichkeit des Arbeitsplatzverlustes während der Rezession kaum veränderte. Vor der Krise betrug sie etwa 1,5 Prozent, dann stieg sie kurzzeitig auf 2 Prozent und ging dann wieder zurück. Der Unterschied zwischen der Zeit vor und nach der Rezession, zwischen stetigem und zu geringem Wirtschaftswachstum, betrug nur etwa 0,2 Prozent, das heißt, pro Quartal verlor von 500 Arbeitnehmern einer mehr seine Stelle.

Ein zusätzliches Risiko von 0,2 Prozent klingt nicht sonderlich bedrohlich, doch die Arbeitnehmer fühlten sich sehr wohl bedroht. Umfragen zeigten, dass die Angst vor der Kündigung um sich griff. Das Risiko des Arbeitsplatzverlustes nahm kaum zu, genauso wenig wie das Risiko, ganz aus dem Arbeitsmarkt auszuscheiden; im Gegenteil, Letzteres schien sogar zu sinken.

Das Ganze war ein Rätsel. Warum stieg die Arbeitslosigkeit derart steil an, wenn die Wahrscheinlichkeit, den Arbeitsplatz zu verlieren, kaum größer war als vorher? Die Antwort ist, dass wir an der falschen Stelle nach der Antwort suchen. Viel wichtiger ist die andere Seite der Geschichte: Mit welcher Wahrscheinlichkeit finden Sie eine neue Stelle, und wie schnell kommen Sie durch die Drehtür wieder nach drinnen?

In den Jahren vor der Krise fand ein Drittel aller Arbeitssuchenden innerhalb von höchstens drei Monaten wieder eine Stelle. Während der Rezession ging dieser Anteil jedoch auf weniger als ein Viertel zurück.* †

In den Nachrichten sieht es oft so aus, als hänge die steigende Arbeitslosigkeit mit Auftragsschwächen und Firmenpleiten zusammen, doch das stimmt so nicht. Ein gewichtigerer Grund ist, dass keine neuen Unternehmen gegründet werden und bestehende nicht wachsen. Aber es ist schwer, über ein Nichtereignis zu berichten, wie die neuen Jobs, die nicht geschaffen werden. Es ist einfacher zu zeigen, wie die Rollläden heruntergelassen werden. Daher gilt, was Ökonom Gary Becker schon feststellte: Es ist schwieriger, Arbeit zu finden, als sie zu behalten.[4]

Wenn es schwieriger wird, Arbeit zu finden, dann liegt das unter anderem daran, dass in einem Land mit wachsender Bevölkerung

---

* Der Anteil der Arbeitslosen an den Erwerbsfähigen und der Anteil der Arbeitssuchenden an den Arbeitslosen bezieht sich jeweils auf ganz unterschiedliche Zahlen: Da die Zahl der Erwerbsfähigen viel größer ist als die der Arbeitslosen, stecken hinter einer 1-prozentigen Wahrscheinlichkeit, eine Stelle zu verlieren, deutlich mehr Menschen als hinter einer 1-prozentigen Wahrscheinlichkeit, eine Stelle zu finden. Trotzdem ist Letzteres stärker für den Anstieg der Arbeitslosenzahlen verantwortlich. Wir haben die Ströme außerdem vereinfacht, indem wir die Nicht-Arbeitssuchenden ausgenommen haben, weil sie sich unserer Ansicht nach nicht signifikant auf die Analyse auswirken.

† In Deutschland dauerte die durchschnittliche Arbeitslosigkeit 2012 36,6 Wochen, im Jahr 2013 betrug sie 36,9 Wochen (Auskunft Bundesagentur für Arbeit) (Anm. d. Red.).

Grafik 24: **Anteil der Arbeitslosen, die innerhalb von drei Monaten eine Stelle finden**

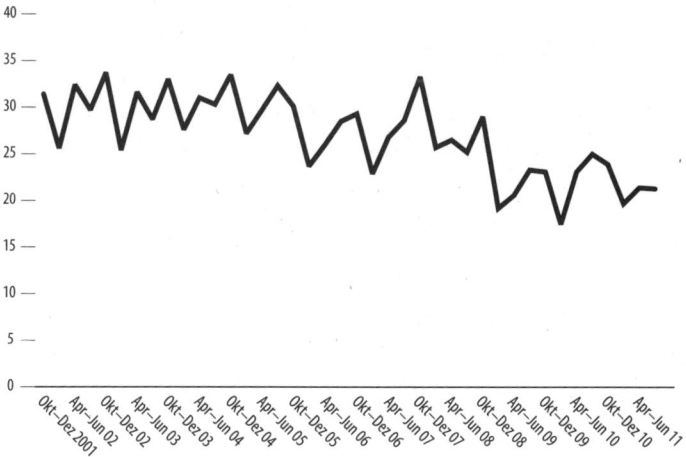

die Zahl der Bewerber immer größer wird. In guten Zeiten werden die zusätzlichen Arbeitskräfte einfach vom expandierenden Arbeitsmarkt aufgesogen. Zwischen 2008 und 2012 war dies nicht der Fall. Die meisten neuen Erwerbsfähigen blieben draußen vor der Tür.

Doch im Vergleich zu den riesigen Umwälzungen, die dauernd auf dem Arbeitsmarkt stattfinden, erscheint das zusätzliche Risiko des Arbeitsplatzverlustes – ein Arbeitsloser mehr pro 500 Arbeitnehmer und Quartal – relativ gering. Um ein anderes Bild zu verwenden, ist das nicht mehr als eine kleine Welle auf einem brodelnden Ozean.

Der Anstieg der Arbeitslosenzahlen ist der kleine Unterschied zwischen den riesigen Strömen in beide Richtungen, in die Beschäftigung und aus der Beschäftigung heraus. Er hängt damit zusammen, dass es leichter wird, eine Stelle zu verlieren, und schwieriger, eine neue zu finden, und natürlich mit den neuen Arbeitssuchenden, die zusätzlich auf den Markt strömen und die Chancen des Einzelnen verschlechtern. In diesem dauernden Strudel bleibt das Risiko, den Arbeitsplatz zu verlieren, mehr oder weniger konstant. Wenn es Ihnen im Jahr 2012 zu groß war, dann müssten Sie sagen, dass es eigentlich immer zu groß war.

Man kann die Arbeitslosigkeit aber auch aus einer ganz anderen Perspektive betrachten. Dann ist das eigentliche Risiko nämlich nicht so sehr der Arbeitsplatzverlust, sondern das Leid, das damit einhergeht (hier kommen wir wieder auf den Unterschied zwischen Wahrscheinlichkeit und Konsequenzen zurück). Eine Untersuchung fand heraus, dass Arbeitslosigkeit genauso schlecht für die Gesundheit ist wie Rauchen. Vor allem für junge Menschen wirkt sie sich dauerhaft negativ auf künftige Berufschancen und Einkommen aus.

Die Konsequenzen lassen sich zum Beispiel daran messen, ob Arbeitslosigkeit wirklich bedeutet, auf der Straße zu stehen, also an der Dauer. Anfang 2008 waren 400 000 Menschen seit mehr als zwölf Monaten arbeitslos. Anfang 2012 war diese Zahl auf 800 000 gestiegen. Das Risiko hatte sich also verdoppelt. Die Wahrscheinlichkeit, über ein Jahr keine Arbeit zu finden, war immer noch relativ gering, doch die Konsequenzen könnten schlimm sein.

Das können allerdings nur Sie beurteilen. Eine Entlassung mag die lang ersehnte Gelegenheit sein, endlich auszusteigen und Bildhauer zu werden, oder das Arbeitslosengeld und das Erbe Ihrer Kinder auf einer Weltreise zu verprassen. In diesem Fall besteht die einzige Gefahr darin, dass Sie sich amüsieren.

Eine Entlassung könnte aber auch eine Katastrophe bedeuten. Im Jahr 2010 veröffentlichte der britische Gewerkschaftsdachverband die Geschichte von Christelle Pardo als Warnung vor den Folgen der Arbeitslosigkeit. Ohne Arbeit, ohne Sozialhilfe, schwanger und mit einem fünf Monate alten Baby im Arm stürzte sie sich vom Balkon der Wohnung ihrer Schwester in den Tod.

Weil sie schwanger war, galt sie nicht mehr als arbeitsuchend, weshalb sie auch kein Wohngeld mehr erhielt. Die Behörden forderten sie auf, 200 Pfund zurückzuzahlen, die sie angeblich zu viel erhalten hatte. Ein Antrag auf weitere Unterstützung wurde abgelehnt, zwei Einsprüche zurückgewiesen. Ein letztes Mal rief sie am Tag vor ihrem Selbstmord beim Sozialamt an. Ms. Prado starb noch am Unfallort, ihr Sohn einen Tag später.[5]

Ein schrecklicher Fall – aber ist er tatsächlich repräsentativ für das Risiko? Die Arbeitslosigkeit allein bringt noch niemanden um, die Konsequenzen vielleicht sehr wohl. Der Verlust des Arbeitsplatzes bedeutet nicht nur den Verlust eines Einkommens, sondern macht auch Scheidungen, Verbrechen, Krankheit und einen frühen Tod wahrscheinlicher. Die erhöhte Sterblichkeit von Arbeitslosen wird oft auf Selbstmorde zurückgeführt, Herzkrankheiten und Alkoholismus sind weitere Faktoren. Kurzum: Arbeitslose sind eher deprimiert, gestresst, pleite und krank.

Die Schätzungen, was dies für die Lebenserwartung bedeutet, gehen weit auseinander. Eine Untersuchung fand überhaupt keine Auswirkungen[6], eine andere ermittelte eine 20-prozentige Wahrscheinlichkeit für einen früheren Tod und einen Anstieg der Selbstmordrate schon im ersten Jahr; die Wahrscheinlichkeit für eine Herzerkrankung stieg im zweiten Jahr und blieb über ein Jahrzehnt hinweg hoch.[7] Eine dritte Untersuchung schätzte den Anstieg der Sterblichkeit infolge der Arbeitslosigkeit gar auf 60 Prozent.[8] Das ist gewaltig und entspricht einer Zunahme von 6 MikroMorts pro Tag, also damit etwa dem Risiko eines durchschnittlichen Rauchers.

Sind die gesundheitlichen Folgen der Arbeitslosigkeit wirklich vergleichbar mit dem Schaden, den 12 Zigaretten pro Tag anrichten? Hat sie wirklich zur Folge, dass Arbeitslose dem Tod mit größeren Schritten entgegeneilen und für jeden Tag ohne Arbeit 27 Stunden älter werden?

Aber es reicht nicht, die Sterblichkeit von Arbeitenden und Arbeitslosen zu vergleichen. In diesem Fall sind Ursache und Wirkung nicht leicht auseinanderzudividieren. Sind die Kranken und Unglücklichen mit größerer Wahrscheinlichkeit arbeitslos? Dann ist ihre Beschäftigungslosigkeit möglicherweise nicht die Ursache für ihre niedrigere Lebenserwartung, sondern die beiden haben gemeinsame Ursachen. Oder ist es die Arbeitslosigkeit, die krank und unglücklich macht?

Eine Untersuchung versuchte, die beiden zu trennen, indem sie Todesfälle in den ersten Jahren nach Beginn der Arbeitslosigkeit ausklammerte, um so alle herauszurechnen, die ihre Arbeit aufgrund ihrer schlechten Gesundheit verloren.[9] Sie hielt fest, dass Menschen, die ihre Arbeit aufgrund einer Krankheit verloren, inzwischen nicht mehr aus der Arbeitslosen-, sondern aus der Pflegekasse unterstützt werden und nicht mehr arbeitsuchend gemeldet sind. Die Untersuchung kam zu dem Schluss, dass die höhere Sterblichkeit unter Arbeitslosen tatsächlich überwiegend eine Folge der Arbeitslosigkeit ist.

Die Größe dieses Effekts ist nach wie vor umstritten, aber nach der heutigen Beweislage können wir davon ausgehen, dass er real ist. Es gibt auch Hinweise, dass junge Menschen, die sechs Monate oder länger arbeitslos sind, in den folgenden Jahren deutlich weniger verdienen und noch zwanzig Jahre später ein um 8 Prozent geringeres Einkommen haben als Gleichaltrige, die nicht arbeitslos waren.[10]

Von jungen Menschen, die in den Rezessionen der Jahre 1980 oder 1990 sechs Monate und länger keine Arbeit hatten, waren selbst fünf Jahre später noch 20 Prozent ohne Beschäftigung, und auf 15 Prozent traf dies sogar noch zwölf Jahre später zu.[11]

Ereignisse wie diese wirken nach. Wie Norm feststellen musste, sind Unfälle nicht die einzige Gefahr im Leben. Nicht nur Würstchen und Zigaretten wirken noch Jahre später nach. Nicht nur tödliche Unfälle sind tödlich, und nicht nur berechenbare Gefahren gefährlich. Schwarze Schwäne machen mehr Ärger, als man gemeinhin annimmt. Erstens, weil wir sie nicht vorhersehen können, und zweitens, weil wir sie oft nicht einmal dann erkennen, wenn sie direkt vor unserer Nase schwimmen. Das heißt, oft wissen wir erst, dass wir einen schwarzen Schwan gesehen haben, wenn er längst vorübergezogen ist. Die Auswirkungen der Finanzkrise des Jahres 2008 waren auch fünf Jahre später noch spürbar und werden uns vermutlich noch eine ganze Weile begleiten. Und Norm hatte keine Ahnung, mit welcher Wahrscheinlichkeit er seinen Arbeitsplatz verlieren würde, und wusste es auch Jahre später noch nicht. Wie groß war die Gefahr denn nun?

Kapitel 22

Verbrechen

Prudence checkte ihre Mails, löschte zwei »Anlageangebote« aus Nigeria, klappte das Notebook zu, schob es zwischen die Handtücher im Badezimmerschrank, blickte ein letztes Mal nach draußen, verriegelte dann die Haustür, legte die Kette vor, schaltete die Alarmanlage ein und ging nach oben. Sie dachte noch einmal daran, sich einen Hund zuzulegen, vor allem jetzt, da ihr Mann an Prostatakrebs gestorben war und sie allein lebte, aber dann dachte sie an die Flöhe und den Dreck und verwarf die Idee wieder. Draußen wehte der Wind einen Ast vor den Bewegungsmelder, und das Licht ging an. Sie zuckte zusammen und zog den Bademantel enger um sich. Der Einbruch lag zwei Jahre zurück. Sie wusste jetzt schon, dass sie nicht würde schlafen können.

K2s Tagebuch[*]

Keine Arbeit. Kneipentour.
Acht Bier, Schotter alle.
Schotter holen mit Kate. Fickoption!
Am Automat alter Sack mit Hund. Fieser Hund.

[*] Kelvins Sohn.

Hund knurrt. Alter Sack tritt Hund. Hund beißt alten Sack. Soße läuft.

Trete Hund.

Alter Sack sagt, keiner tritt meinen Hund. Tritt mir ans Knie. Schreierei.

Kate hilft mir auf. Hübscher Ausschnitt.

Alter Sack spuckt mich an, lässt das Geld fallen.

Alter Sack hat's so gewollt. Haue alten Sack um, nehme Geld, schreie: »Hau ab, Kate!«

Alter Sack schnappt Bein.

Trete ihm mit freiem Bein an Kopf. Schreierei.

Ein Bein tritt, ein Bein alter Sack, zwei Beine in der Luft.

Falle auf alten Sack.

Hund beißt freies Bein. Alter Sack beißt Kopf.

Schmerz. Soße.

Fieser alter Sack. Dotzt meinen Kopf auf Boden.

Soße.

Kate haut alten Sack mit Absatz an'n Kopf.

Soße.

Alter Sack tritt auf Hand, schnappt Geld, tritt Bauch, Bein, Kreuz. Schnappt Handy und Börse mit Karten.

Alter Sack ab, Hund ab. Alter Sack verdammt flink für alten Sack. Bestimmt Verbrecher. Stadt immer gefährlicher.

Kate hilft mir auf.

Zufall! Emily taucht auf.

Kate legt Arme um mich, hübscher Ausschnitt.

Hi Em!

Em sauer. Schnappt Kates Stiletto, haut Kate.

Soße.

Em und Kate am Boden. Hübsch. Hab 'ne Idee.

Em beißt Kate. Vergiss Idee. Muss helfen. Trete Em.

Kate sagt, niemand tritt Frau.

Kate haut mir Absatz auf Kopf.

Em haut mir Absatz auf Kopf.

Soße.

Kate und Em zusammen ab.

Komischer Abend: Beziehung im Eimer, Gesicht im Eimer – Fickoption besser vergessen.

Stehe langsam auf. Gehe langsam zum Pub. Hinke auf zwei Beinen.

Komisch: Pub-Ekel bietet mir Karte und Handy an. Kaufe mein eigenes Handy.

Schotter alle.

*

WELCHES UNSERER BEIDEN OPFER ist wohl typischer: Prudence, weiblich, alleinstehend, nicht mehr ganz so jung, oder K2, jung, besoffen und hohl? Prudence fühlt sich jedenfalls in ihrem eigenen Haus weniger sicher als K2, der spätnachts durch die Straßen torkelt. Während sie hinter ihrer verriegelten Tür zittert, fühlt er sich unbezwingbar. Was meinen Sie: Wer von beiden ist gefährdeter und warum? Wir kommen gleich zur Antwort.

Zuvor wollen wir uns jedoch zwei Möglichkeiten ansehen, wie Sie sich einen Eindruck vom aktuellen Ausmaß des Verbrechens verschaffen können: Sie können sich 1. die Zahlen ansehen oder 2. in der Zeitung Artikel über Verbrechen lesen.

Die Zahlen sind unvollständig und schwer zu interpretieren. Geschichten packen den Leser dagegen sofort, sie berichten von Irren, Schurken, Opfern und Cops, von Problemvierteln, Blutspuren zur Notaufnahme, U-Bahn-Schlägern, Vergewaltigern, Kreditkartenbetrügern, Abzockern, Mädchenbanden, Messerstechern und Drogenhändlern vor der Schule. Wenn wir gefragt werden, warum wir glauben, dass es immer mehr Verbrechen gibt (obwohl die Verbrechensstatistiken zeigen, dass die Zahl der Verbrechen konstant bleibt oder sogar sinkt), verweisen wir auf die Geschichten, die wir aus den Medien kennen.

Natürlich brauchen wir diese Geschichten, um zu wissen, wie

Verbrecher operieren. Aber wie im Falle der Gewalt gegen Kleinkinder (Kapitel 3) wird unser Realitätssinn durch reißerische Geschichten vernebelt. Ein grausiges Verbrechen an einer Rentnerin
oder einem Kind reicht aus, und schon heißt es, es gebe keine Moral
und man könne nicht mehr ruhig schlafen. Eine Straßenschlacht,
und die gesamte Gesellschaft geht vor die Hunde.

Für die Opfer ist das natürlich alles andere als witzig.* Etwa jeder
Siebte gibt an, sich vor Gewaltverbrechen zu fürchten[2], wie Prudence, und das ist auch kein Wunder.† Wir sind besonders hellhörig
für Horrorgeschichten, wie Zeitungs- und Fernsehredakteure nur
zu gut wissen. Sie leben schließlich vom Geschäft mit der Angst.
Außerdem sind wir besonders sensibel für aktuelle Informationen
und die neuesten Schocker und weniger für ältere Nachrichten und
langfristige Trends. Angst hat durchaus ihren Nutzen: Sie dient
dem Überleben. Unachtsamkeit und Zufriedenheit haben noch
niemanden vor den Zähnen des Tigers bewahrt.

Vielleicht haben wir also recht, wenn wir nach jedem Informa-
tionsstrohhalm greifen, um herauszufinden, welche Gefahren uns
drohen. Wie Prudence eben. Aus demselben Grund halten wir auch
die Ohren für Gerüchte offen (»Ist der in Nummer 33 nicht ein
Kinderschänder?«‡), halten nach einer Häufung von bestimmten
Verbrechen Ausschau (»die vielen Messerstechereien in letzter Zeit«)

---

* Ein Beispiel ist die Ermordung der 94-jährigen Emma Winnall.[1]

† Man hört immer wieder, die Verbrechensstatistiken seien falsch. Die Opfer gingen nicht mehr zur Polizei, weil sie meinten, diese unternehme sowieso nichts. Oder
die Polizei manipuliere die Daten. Doch die meisten Statistiken basieren nicht auf
der Zahl der Anzeigen oder den Informationen der Polizei. Vielmehr handelt es sich
um unabhängige Umfragen, in denen Bürger von ihren Erfahrungen berichten. Wie
bei allen Umfragen handelt es sich um Hochrechnungen, doch sie sind durchaus
repräsentativ. Früher wurden Jugendliche unter 16 nicht befragt, heute werden
eigene Umfragen unter 11- bis 16-Jährigen durchgeführt. Nicht abgefragt werden
Tötungsdelikte, aus dem einfachen Grund, dass Mordopfer keine Fragebögen ausfüllen können. Die Angaben zu diesen gibt das britische Innenministerium in einer
eigenen Statistik heraus.

‡ Tatsächlich wurde einmal ein Kinderarzt mit einem Kinderschänder verwech-
selt, aber er wurde nicht von einem aufgebrachten Mob gelyncht, wie man manchmal hört.[3]

und interessieren uns besonders für persönliche Erfahrungen in unserem Bekanntenkreis – alles, was irgendwie aus der Reihe fällt, jeder kleinere oder größere Aufreger, der unsere Aufmerksamkeit weckt und uns hilft, schnelle Urteile zu fällen.

Der Psychologe Daniel Kahneman beschrieb das menschliche Gehirn einmal als »Maschine für voreilige Schlussfolgerungen«, die nach dem Prinzip des geringsten Aufwands funktioniert. Für die Angst trifft das ganz besonders zu.[4] Wenn uns etwas nicht geheuer ist, dann halten wir lieber Abstand. Kahneman bezeichnet diese Gewohnheit unseres Gehirns als »kognitive Verzerrung« – aus diesem Grund hat unser Gehirn eine besondere Vorliebe für Räuberpistolen. Paul Slovic, in den 1970er Jahren ein Kollege von Kahneman, konnte außerdem zeigen, dass wir uns an eindrucksvolle Ereignisse nachhaltiger erinnern und ihre Häufigkeit überschätzen (siehe Kapitel 4). Und Verbrechen sind oft sehr eindrucksvolle Ereignisse.

Dass ein einziges Beispiel mehr Eindruck hinterlässt als alle Daten zusammengenommen, ist bekannt. Slovic schreibt: »Nichts wirkt stärker als ein Opfer mit Gesicht und Namen.« Übrigens auch dann, wenn das Opfer ein Tier ist. Während einer Epidemie der Maul- und Klauenseuche wurden in Großbritannien Millionen von Rindern gekeult, um die weitere Ausbreitung der Infektion zu verhindern. »Die Seuche flaute ab, und Tierschützer forderten ein Ende der Abschlachtung. Doch die Regierung beendete die Maßnahmen erst, nachdem das Zeitungsfoto eines niedlichen, zwölf Tage alten Kalbs namens Phoenix, das zur Keulung vorgesehen war, einen öffentlichen Aufschrei auslöste.«

Doch wie Statistiker nur zu gut wissen, ist der Plural von »Geschichte« nicht »Daten«. Und nicht alles, was uns beeindruckt, ist auch wahrscheinlich. Für die Opfer und ihre Familien kann ein Verbrechen vernichtend sein, doch das bedeutet noch nicht, dass gleich die gesamte Gesellschaft vor die Hunde geht, und es sagt nichts über die Wahrscheinlichkeit aus, mit der wir selbst zu Opfern werden. Das ist so offensichtlich, dass man es eigentlich nicht mehr betonen müsste. Trotzdem trauern im Internet Tausende um einen Spatzen, der sterben musste, weil er in einem Dominowettbewerb ein paar Steine umgeworfen hatte, während sich niemand dafür interessiert, dass inzwischen die ganze Art gefährdet ist, wie der niederländische Vogelschutzbund klagt.[5]

Wenn wir wollen, dass die Menschen angemessener auf einzelne eindrückliche Geschichten reagieren, dann sollten wir als Statistiker vielleicht die Daten so transparent und überzeugend beschreiben, dass wir alle gegen Anekdoten immun werden. Das haben Psychologen mit Patienten untersucht, die sich zwischen verschiedenen Behandlungsformen entscheiden sollten; dabei stellten sie fest, dass übersichtliche Grafiken mit einer klaren Bildsprache dazu beitragen, dass sich Patienten weniger durch Geschichten von Wunderheilungen und Operationsfehlern beeinflussen lassen.[6]

In Geschichten geht es um einmalige Menschen und ihre einmaligen Erfahrungen (siehe unsere Definition in der Einleitung). Das geht so weit, dass wir eine Geschichte, die diese Einmaligkeit nicht vermitteln kann, für unglaubwürdig halten. Ob uns eine Geschichte überzeugt oder nicht, hängt also oft vom Detail ab – einem Detail, das vielleicht nur auf diese ganz bestimmte Situation zutrifft und auf keine andere. Mit dem Detail versetzt das wirkliche Leben allen Verallgemeinerungen und Abstraktionen einen Tritt vors Schienbein. Das Detail ist das Taschentuch, das Othello Desdemona schenkt, und das Iago benutzt, um ihre Untreue zu beweisen – winzig, vielsagend und lebensecht erzählt es die exakte Geschichte ihrer Ermordung. Es unterstreicht den Anspruch auf Glaubwürdigkeit. Der Literaturkritiker James Wood beschrieb die Bedeutung dieser »Unverwechselbarkeit«, des »So-und-nicht-anders« in der Literatur: »Mit diesem ›So-und-nicht-anders‹ meine ich zum Beispiel den Moment, in dem Emma Bovary die Seidenschuhe streichelt, mit denen sie in den Wochen zuvor auf dem Großen Ball von La Vaubyessad tanzte, und deren Sohlen ›ganz vergilbt waren vom Wachs des Parketts‹.«[7] Richtig eingesetzt, sind die Details der Beweis, dass etwas wirklich passiert ist.

Das ist vermutlich der entscheidende Unterschied zwischen Geschichten – wahr oder erfunden – und der abstrakten Größe der Wahrscheinlichkeit. Letztere kennt keine Details, weshalb es uns schwerfällt, durchschnittliche Risiken auf unsere eigenen, einmaligen Lebensumstände zu übertragen.

Die Wahrscheinlichkeit vermittelt jedoch eine andere Wahrheit. Vor allem macht sie klar, dass auch das So-und-nicht-anders seine Schwächen hat, wenn es darum geht, eine einmalige Geschichte auf andere Menschen zu übertragen. Sie ist nicht umsonst einmalig. Deshalb fordern uns Statistiken auf, uns gegen Anekdoten immun zu machen.

Beide Versionen der Wahrheit sprechen eine eigene Sprache, doch es handelt sich auch um ein Problem des Maßstabs. Die Geschichte erhält ihre Glaubwürdigkeit aus dem Persönlichen und Einmaligen; doch gerade die Gültigkeit dieser einmaligen Erfahrung begründet Zweifel, eben weil sie einmalig ist, und setzt sie in Beziehung zur Erfahrung aller anderen. Was die eine Version zur Wahrheit macht, macht die andere zur Lüge. Lassen sich die beiden denn überhaupt nicht unter einen Hut bringen?

Eine der extremsten Verbrechergeschichten ist die von Dr. Harold Shipman. Er war sozusagen ein Fall von Risikomedizin, vor allem wenn er nachmittags zum Hausbesuch vorbeischaute. Dr. Shipman war ein Serienmörder, und eindrücklicher kann eine Geschichte kaum sein. Berichte über seine Opfer füllten die Zeitungen. Eine Handvoll schauriger Geschichten vermittelte das Bild eines freundlichen Onkels, der das Vertrauen seiner Patientinnen gewann, um sie dann in ihren Wohnstuben dahinzumeucheln. Später schätzte man, dass er vermutlich mehr als 200 gesunde ältere Damen ermordete, indem er ihnen Diamorphin spritzte.

Aber Shipman gibt keinen gesellschaftlichen Trend wieder und lässt keine Rückschlüsse auf das Verhalten anderer Hausärzte oder die allgemeine Verbrechensrate zu. Lediglich in Manchester, wo seine Morde in die Statistik eines einzigen Jahres eingingen, hinterließ er deutliche Spuren in der Mordstatistik.

Schlagzeilen spielen gern mit unseren Ängsten, doch sie sind irreführend. In der Öffentlichkeit ist beispielsweise die Furcht vor dem bösen Fremden verbreitet, der unsere Kinder bedroht, doch Eltern und Stiefeltern stellen eine mindestens ebenso große Gefahr für Kinder dar. Vier von fünf ermordeten Frauen kannten ihren Mörder.[8] Trunkenheitsdelikte sind in den letzten Jahren rückläufig, auch wenn die Medien gern über Alkoholexzesse berichten und Bilder von besoffenen jungen Männern mit der Flasche am Mund zeigen. Natürlich gibt es sie, doch die Nachrichten bieten kein ausgewogenes Bild vom Verhalten der breiten Öffentlichkeit (siehe auch Kapitel 25).

Aber was, wenn viele Geschichten gleichzeitig auftauchen, etwa wenn vier junge Männer unabhängig voneinander an vier verschiedenen Orten in London mit einem Messer niedergestochen werden, so geschehen am 10. Juli 2008? Damals machte das Stichwort von der »Messerstecher-Epidemie« die Runde. Das waren doch schließlich keine Geschichten mehr, sondern Daten, oder? Andy Tighe von der BBC meinte trotzdem: »Vier Erstochene an einem Tag könnten auch einfach ein statistischer Ausreißer sein.«[9] Sollte er recht haben?*

Jeder Mord ist ein unabhängiges Verbrechen, das sich nicht vorhersagen lässt. Doch gerade aufgrund dieser Zufälligkeit ist das übergreifende Muster der Morde in gewissem Umfang vorhersehbar. Das mag unheimlich klingen, ist es aber nicht (siehe Kapitel 14). Prognosen in großem Maßstab sind nun einmal das, was die Wahrscheinlichkeitsrechnung am besten kann. David Spiegelhalter fragte beim Innenministerium an, wie viele Morde im vergangenen Jahr in London begangen worden waren, und erhielt als Antwort 170.

---

* Zumindest in den Jahren 2006 und 2007 waren Messer und andere scharfe Instrumente die häufigste Mordwaffe in Großbritannien. In London wurden 41 Prozent aller Morde mit einer Stichwaffe begangen, auf Platz 2 folgten Schusswaffen mit 17 Prozent. Die Wahrscheinlichkeit, dass an einem Tag vier Menschen erstochen werden, beträgt 0,41 x 4 = 0,028 Prozent, vorausgesetzt, es handelt sich um unabhängige Ereignisse und man verwendet die Quote der Vergangenheit als Wahrscheinlichkeit für künftige Ereignisse.

Ausgehend von dieser Zahl versuchte er zu berechnen, wie viele Morde bis zu diesem Tag des laufenden Jahres begangen worden sein müssten und welches Muster sich über einen Zeitraum von drei Jahren ergeben könnte. An wie vielen Tagen im Jahr würden ein, zwei, drei oder vier Menschen ermordet, an wie vielen Tagen niemand? Das Muster, das er vorhersagte, entsprach fast exakt den realen Daten.[10]

Spiegelhalter verwendete keine Kristallkugel – nur ein bisschen Wahrscheinlichkeitsrechnung.* Er verstreute die Morde nach dem Zufallsprinzip über das Jahr, als würde er Reiskörner auf einen Jahreskalender schütten. Dabei stellte sich heraus, dass bei der heutigen Verbrechensrate vier Morde an einem Tag ein seltenes, aber nicht unmögliches Ereignis sind. Man braucht keinen neuen Trend, um diese Häufung zu erklären. Rein statistisch kann man davon ausgehen, dass es in London einmal alle drei Jahre dazu kommt und dass im gleichen Zeitraum an 705 Tagen niemand ermordet wird, an 310 Tagen eine Person und an 68 Tagen zwei. In Wirklichkeit waren es in drei Jahren 713, 299 und 66 – also sehr nah an der Schätzung. Wir können sogar ausrechnen, wie viel Zeit zwischen den einzelnen Morden vergeht: Statistisch gesehen müssten über einen Zeitraum von drei Jahren 18 Mal 7 Tage hintereinander ohne Mord vergehen. In Wirklichkeit passierte es 19 Mal.

Es ist kein Wunder, dass Geschichten einen falschen Eindruck von den tatsächlichen Gefahren vermitteln. Aber wie wir jetzt wissen, erzählen auch plötzliche Häufungen von Ereignissen nicht die Wahrheit. Eine Geschichte ist noch kein Trend, und vier Geschichten an einem Tag auch nicht. Häufungen wie diese sind zu erwarten und kommen einfach durch Zufall zustande. Es wäre absurd, davon auszugehen, dass sich Morde mit schöner Regelmäßigkeit über das Jahr verteilen. Das Innenministerium verwendet seither dieselbe Analyse, um Schwankungen in der Mordrate zu erkennen,

* Genauer gesagt die Poisson-Verteilung, benannt nach ihrem Erfinder Siméon Poisson.

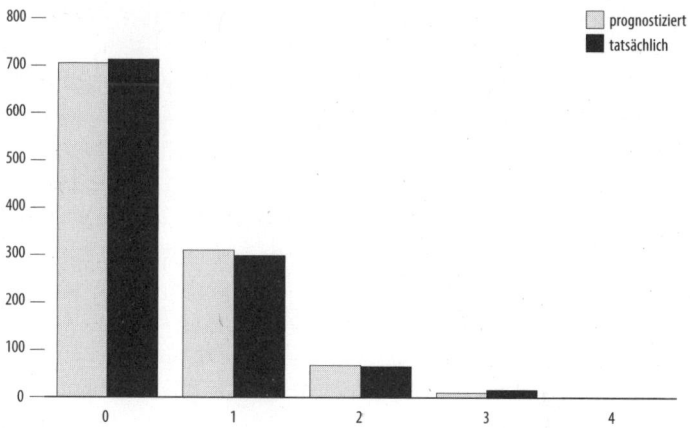

Grafik 25: **Zahl der Tage mit 0, 1, 2, 3 und 4 Morden pro Tag in London, 2004–2007**

und kommt zu dem Schluss: »Diese scheinbaren Häufungen sind keineswegs so erstaunlich, wie sie erscheinen mögen.«

Auf der Heimfahrt von einer Sitzung im Innenministerium, in der David Spiegelhalter gesagt hatte, seiner Schätzung nach hätten im laufenden Jahr in London 92 Menschen ermordet werden müssen, nahm er am Bahnhof eine Zeitung mit. Die Überschrift lautet: »Zahl der Morde in London erreicht 90«.

Einzelne Morde können wir zwar nicht vorhersehen, wohl aber ihre Häufigkeit und ihre Verteilung. Und wenn wir wissen, welches Muster zu erwarten ist, dann können wir auch erkennen, wenn etwas Unvorhergesehenes passiert und die Ausschläge nach oben oder unten größer sind als erwartet. Wann folgt das Muster der Einbrüche in einem Stadtteil dem Zufallsprinzip, und wann sieht es so aus, als sei eine Bande am Werk? Vier Morde an einem Tag waren also nichts Außergewöhnliches, auch wenn es ein bisschen verwunderlich war, dass alle mit einem Messer ausgeführt wurden. Auch das Muster hinter Shipmans Morden verrät wenig darüber, mit welcher Wahrscheinlichkeit der Rest der gesamten Bevölkerung einem Mord zum Opfer fällt; aber wenn es damals bessere Daten gegeben hätte, dann wäre vermutlich ein Muster erkennbar geworden, das Shipman als sehr wahrscheinlichen Serienmörder identifiziert hätte.

Grafik 26 ist die vielleicht schaurigste Kurve aller Zeiten. Sie zeigt, zu welcher Uhrzeit Menschen sterben, und vergleicht Shipmans Patienten mit denen anderer Hausärzte. Shipmans alte Damen hatten die ungewöhnliche Angewohnheit, während seiner nachmittäglichen Visiten zu sterben. Muster verraten viel, wenn wir wissen, was wir zu erwarten haben.

Grafik 26: **Verteilung der Todesfälle über den Tag; Shipman und andere Ärzte**

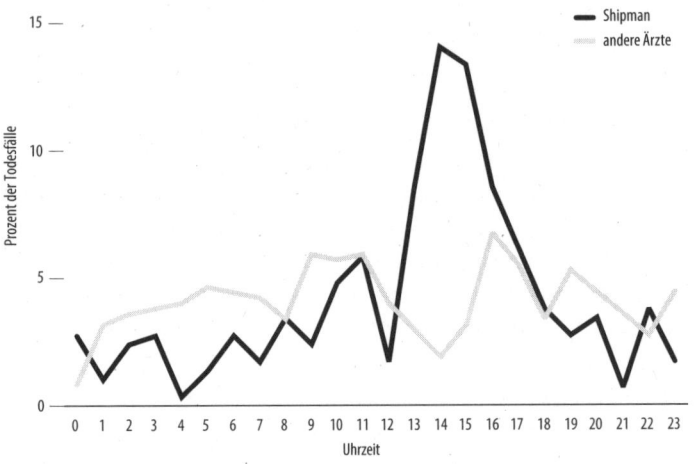

Während Polizeibeamte einen Fall nach dem anderen untersuchten, um herauszufinden, ob die betreffende Patientin eines natürlichen Todes gestorben war oder nicht, konnten Statistiker mithilfe der Daten das ganze Ausmaß der Morde aufzeigen und Hinweise auf mögliche weitere Opfer geben. Ihren Ermittlungserfolg verdankten sie einer ganz einfachen Frage, die wiederkehrende Muster (und merkwürdige Abweichungen) unter den Patientinnen aufzeigte: »Um wie viel Uhr ist diese Frau gestorben?« Das »So-und-nicht-anders« des Todeszeitpunkts in der Geschichte einer einzelnen Patientin würde uns nicht weiterhelfen. Doch in der Summe sind die Todeszeitpunkte aufschlussreich. Mit dem »So-und-nicht-anders« von Shipmans Verhalten, den typischen Einzelheiten seiner Vorgehensweise – den nachmittäglichen Besuchen bei meist gesunden älteren Damen – und den sich daraus ergebenden Zahlen konnten Statistiker weit mehr herausfinden als die Ermittler der Polizei. Grafik 26 ist beeindruckend. Die Daten zeigen eine Wahrheit, die im Einzelfall verborgen bleibt, denn diese Wahrheit zeigt sich erst in der Wiederholung und im Muster aus vielen Geschichten.

Nun wissen wir also, dass wir uns besser vor schockierenden, aber einzigartigen Geschichten über Verbrechen hüten und dass wir uns die Muster ansehen müssen, die sich aus dem Zufall ergeben, um mögliche Abweichungen zu erkennen. Damit können wir einen Schritt weiter gehen und uns die Zahlen insgesamt ansehen. Wenn die steigen, dann muss das etwas bedeuten.

Und das tut es auch, vorausgesetzt, sie steigen lang und stark genug. Sonst könnte sich dasselbe Problem ergeben wie bei den Häufungen. Die Zahl der Verbrechen schwankt nämlich ständig, vor allem in den Umfragen, die nur einen kleinen Teil der Bevölkerung erfassen und daher die tatsächlichen Verhältnisse nur sehr grob abbilden. Um ein gewisses Maß am Auf und Ab zu erklären, muss man keine Verbrechenswelle, keinen moralischen Verfall und keine Rückkehr der Tugend bemühen. Jedes »Auf« könnte ein Ausreißer sein, jedes »Ab« eine Abweichung.

Medien und Politiker verschwenden eine Menge Zeit und Energie auf kurzfristige Veränderungen der Verbrechensstatistiken. Wenn Sie dort nach Trends suchen, vergeuden Sie nur Ihre Zeit. Einbruchdiebstähle um 5 Prozent gestiegen, Gewaltverbrechen um 3 Prozent gesunken … Zahlen wie diese lassen sich meist mit zufälligen

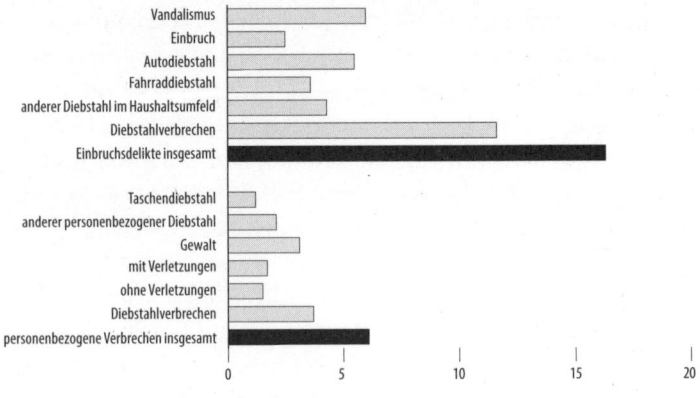

Grafik 27: **Durchschnittliche Zahl der Opfer eines Deliktes, pro 100 (entspricht der Wahrscheinlichkeit, Opfer eines der folgenden Delikte zu werden). England und Wales**

Quelle: British Crime Survey, Quartalszahlen bis September 2011

Schwankungen oder einer neuen Form der Erhebung erklären. Seit 2005 ist die Zahl der Einbruchdiebstähle jedes Jahr minimal gesunken oder gestiegen, aber im Großen und Ganzen konstant geblieben. Autodiebstähle sind dagegen jedes Jahr weniger geworden, was auf einen eindeutigen Rückgang schließen lässt. Aber echte Veränderungen in der Verbrechensstatistik lassen sich nur langfristig erkennen.

Die kleinen Schwankungen verraten uns auch wenig über das Risiko, selbst zum Opfer eines Verbrechens zu werden. Psychologische Untersuchungen zeigen, dass wir auf Veränderungen sensibler reagieren als auf das Sockelrisiko. 50 Stundenkilometer können schnell oder langsam sein, je nachdem, wie schnell Sie vor ein paar Sekunden gefahren sind. Die Veränderung wird uns stärker bewusst als das absolute Niveau. Beim Verbrechen waren die absoluten Zahlen des Jahres 2011 so niedrig wie seit dreißig Jahren nicht, seit Mitte der 1990er Jahre sind die Trends bei Anzeigen und Umfragen konstant oder zeigen nach unten.

Doch das sind Vergleichszahlen, die uns nichts über die realen

Zahlen verraten. Wie groß ist also die Wahrscheinlichkeit, selbst Opfer eines Verbrechens zu werden?

Wenn wir große Datenmengen zur Verfügung haben, können wir das Risiko ermitteln, indem wir einfach die Zahl der Opfer durch die Gesamtbevölkerung teilen. Daraus ergibt sich, dass 2011 in 3 Prozent aller Häuser und Wohnungen in Großbritannien eingebrochen wurde. Rund 3 Prozent der Bevölkerung wurden Opfer von Gewalt, wobei der Begriff »Gewalt« eine ganze Reihe von Vergehen beinhalten kann, angefangen von kleineren Stößen, die ohne Folgen bleiben, bis hin zu schweren Körperverletzungen und Morden. Etwa die Hälfte der registrierten Fälle ging ohne Verletzungen ab.

Manche Menschen werden Opfer von mehreren Delikten, manchmal auch mehr als einmal. Insgesamt wurde 2010/11 ein durchschnittlicher Bürger mit einer Wahrscheinlichkeit von 20 Prozent Opfer eines Delikts.[11*] Wenn wir uns vor Verbrechen fürchten, dann hat das schon seinen Grund.

Trotzdem sind diese Zahlen nur bedingt hilfreich. An ihnen konnte sich vielleicht Norm orientieren, solange er noch der Durchschnittsmensch war, aber Ihnen helfen sie nicht weiter. Und seit Norm älter geworden ist, kann er auch nicht mehr viel damit anfangen. Männer Anfang 20 werden mehr als zehnmal so oft Opfer von Gewaltverbrechen wie 65-jährige Männer.[†] Das Risiko hängt also auch davon ab, wer Sie sind und welches Verbrechen Sie fürchten. Frauen werden beispielsweise nur halb so oft Opfer von Gewaltverbrechen wie Männer. Aber wenn Sie einmal ein Opfer eines Verbrechens waren, ist bei vielen Delikten die Wahrscheinlichkeit groß, dass es Sie ein weiteres Mal trifft. Auch Ihre ethnische Herkunft spielt eine Rolle.

[*] Laut Polizeilicher Kriminalstatistik des BKA wurden im Jahr 2012 976 089 Menschen in Deutschland Opfer einer Straftat, das entspricht rund 1,2 Prozent der Bevölkerung (www.bka.de) (Anm. d. Red.).

[†] In Deutschland sind ebenfalls besonders Männer im Alter zwischen 18 und 21 die typischen Opfer von Gewaltverbrechen – in erster Linie von (versuchtem) Mord und Totschlag sowie von Körperverletzung (Polizeiliche Kriminalstatistik 2012, Jahrbuch; www.bka.de) (Anm. d. Red.).

Der Ort, an dem Sie sich aufhalten, könnte ebenfalls nicht ganz unwichtig sein. Für die Einwohner der nordenglischen Grafschaft Cumbria war 2010/11 die Wahrscheinlichkeit, ermordet zu werden, 16 Mal so hoch wie für die Menschen im Polizeibezirk Südwales oder der südenglischen Grafschaft Wiltshire. In Cumbria explodierte die Zahl in diesem Jahr regelrecht, weil ein Mann namens Derrick Bird zwölf Menschen erschoss. Die Gefahr eines Ausreißers besteht immer, doch diese Ausreißer sagen nichts über das Risiko, Opfer eines Verbrechens zu werden.

Aussagekräftiger ist da schon die Erkenntnis, dass die Bürger von London etwa doppelt so häufig Opfer von Gewaltverbrechen werden wie die Bewohner von Südwales oder Wiltshire. Fast die Hälfte aller Diebstähle in England werden aus London gemeldet.[12]* Ein weiteres geografisches Risiko geht mit der Tatsache einher, dass einige Delikte in armen Regionen verbreiteter sind. Insgesamt ist ein junger Kerl wie K2, der nachts durch die Straßen streunt, ein typisches Verbrechensopfer als die verwitwete Prudence in ihrem gutbürgerlichen Vorort der Mittelstadt Basingstoke. K2s Angewohnheit, durch die Pubs zu ziehen, ist dabei ein erstaunlich wichtiger Faktor, aber entscheidender ist das Risiko, das mit seinem Alter einhergeht. Er ist eine wandelnde Zielscheibe.

Wenn man die 172 Morde ausnimmt, die für Shipman 2002/03 zu Buche schlagen, dann erreichte die Mordrate 2001/02 einen Höhepunkt bei 15 Morden pro einer Million Einwohner. Bis 2010/11 war diese Zahl auf 12 gesunken.

Männer werden mit 16 Morden pro Million etwa doppelt so häufig Opfer als Frauen mit 7 pro Million. Das sind 7 MikroMorts pro Jahr. Verglichen mit anderen Risiken kann man das getrost vernachlässigen – es ist ein winziger Bruchteil unseres durchschnitt-

* Die gefährlichste Stadt Deutschlands war im Jahr 2012 Frankfurt am Main: Hier wurden über 16 000 Straftaten pro 100 000 Einwohner verübt. Es folgt Düsseldorf mit fast 15 000 Straftaten pro 100 000 Einwohner vor Köln mit 14 590 Straftaten pro 100 000 Einwohner (Polizeiliche Kriminalstatistik 2012, Jahrbuch; www.bka.de) (Anm. d. Red.).

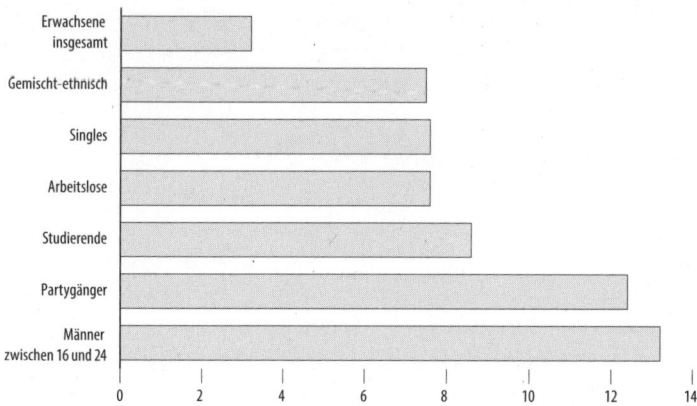

Grafik 28: **Risiko, Opfer eines Gewaltverbrechens zu werden, nach Gruppen. Zahl der Opfer pro 100 Bürger und Jahr**[13]

lichen Risikos von 1 MikroMort *pro Tag*, durch äußere Einwirkung ums Leben zu kommen. Der MikroMort ist ein handlicher Maßstab, doch auf der Ebene des Einzelnen wird das Risiko, ermordet zu werden, so winzig, dass man kaum noch von Risiko sprechen kann. Ob Prudence besser schlafen könnte, wenn sie das wüsste?

Kapitel 23

Operationen

DER PATIENT SAH NICHT GUT AUS. Männlich, 85 Kilogramm, frühere Herzerkrankung, klagte über Schmerzen in der Brust und Atemnot.

»Blutdruck 85 zu 60, fallend«, sagte die Schwester. »Atem unregelmäßig.«

Puls? Wo war der verdammte Puls?

Sie hatten keine Zeit zu verlieren. Mit Untersuchungen schon gar nicht. Der brillante oder unorthodoxe Operationsarzt Kieran Kevlin, silbergrauer Zwillingsbruder des berühmten früheren Sorbonne-Professors, der mit seinen 50 Jahren auf dem Zenit seines Könnens stand, wusste, dass er operieren musste. Blutungen? Eine Klappe? Seine Gedanken rasten.

»Können wir ihn retten, Doktor?«, hauchte OP-Schwester Lara, als sie mit geschickten Händen den Patienten für die Operation vorbereitete. Eine blonde Locke fiel über die sorgenvollen, doch wie immer wunderschönen Züge hinter der grünen OP-Maske.

»Es steht auf Messers Schneide«, erwiderte Kieran, blickte tief in ihre mitfühlenden blauen Augen und reckte sein markantes Kinn mit der eisernen Entschlossenheit vor, für die sie ihn insgeheim so liebte. »Doch für ihn, für seine Familie, für den Stolz dieses Krankenhauses und für unsere gemeinsamen Werte werden wir unser Bestes geben.«

Die umstehenden Ärzte und Schwestern murmelten zustimmend.

Kieran war als Rebell bekannt, doch er war ein Meister seines Fachs, ein Mann, der auf nüchternen Magen die ganze Bandbreite seines technischen Könnens ausspielen und danach einen 15-Kilometer-Lauf absolvieren konnte.

»Danke, Doktor«, seufzte Lara, legte ihre Hand auf seinen Kittel und spürte durch den Stoff seinen muskulösen Unterarm. »Sie wissen gar nicht, wie sehr wir Sie bewundern, für Ihr, für Ihr …«

»Nein, Lara, ich danke *Ihnen*. Ich bewundere Sie für die wunderbaren Worte, die Sie auch in den schwierigsten Situationen finden. Aber dafür ist jetzt keine Zeit. Wir müssen ein Leben retten.«

Er wusste, wie schwer die Krise war, doch er lebte für Momente wie diese: die Momente der Entscheidung und der Tat, diese Prüfung des Glaubens an sich selbst. Mit dem Skalpell einen menschlichen Körper zu öffnen, wohl wissend um die eigene Fehlbarkeit und die Fehler, die er durch Schicksal und Irrtum verschulden konnte, doch geleitet von seiner exzellenten Ausbildung und Erfahrung, zu denen, das wusste er, in seinem Fall ein gerüttelt Maß an Genie trat. Er war dazu geboren, todgeweihte Körper ins Leben zurückzuholen, er war wie ein Künstler, ein begnadeter Musiker, der sich ganz seiner Kunst hingab, ein Mann, der es gewohnt war, dieses zarte Fleisch mit seinem rasiermesserscharfen Instrument zu öffnen, diesen ersten Schnitt zu führen und die köstlichen roten Tropfen herabperlen zu sehen, dann weiter zu öffnen, zu verschieben, zu schneiden, zu durchtrennen, zu zerhacken, zu zerreißen, hineinzustoßen, in Scheiben zu schneiden wie eine reife Frucht, ha!, und dann wieder herzustellen, zuzunähen, zu heilen und diesen von Gott geschaffenen Körper neu zu schaffen – das war Leben und Sinn.

Er führte den Schnitt, rasch und tief, und blickte dann hinüber zu Lara, deren weiche und hingebungsvolle blaue Augen unverwandt auf ihm ruhten. Er spürte ihren Glauben an ihn. Er durfte sie nicht enttäuschen. Und doch wusste er, dass es eine Gratwanderung werden würde. Er stand wie auf einem Hochseil und verließ sich nun ganz auf seinen Instinkt. Doch selbst in diesem Augenblick noch lächelte er sein jungenhaftes Lächeln und zwinkerte ihr zu.

Lara spürte eine verzweifelte Freude in ihrem Herzen aufwallen. Wenn er doch nur nicht ein so treuer Ehemann und Vater wäre. Doch kaum hatte sie diesen Gedanken zu Ende gedacht, da durchzuckte sie ein Gefühl der Scham, und sie verfluchte sich für diesen selbstsüchtigen, verletzenden Wunsch. Es sollte nicht sein. Es durfte nicht sein. Nie würde sie mit ihm glücklich werden, außer in Momenten wie diesem, in denen sie ihn in seinem Element sah und er Leben rettete.

Als Kieran schließlich die letzten Arbeiten einem Kollegen überließ, war er sich sicher, dass der Patient rasch genesen würde. Als Kieran und Lara ihre Kittel auszogen, berührten sich ihre Hände. Die beiden schienen zu erstarren, für eine gefühlte Ewigkeit standen sie einfach da und blickten einander tief in die Seelen. Wenig später sanken sie auf die Rückbank seines Autos in einer Ecke der Tiefgarage, wo er sie mit einer Intensität liebte, die sie an seine Operationen erinnerte, an das Geschick seiner starken Hände, und das Gefühl der Schuld, das kurz in ihr aufflackerte, schien ihr wie ein Akt der Undankbarkeit für diesen kurzen – extrem kurzen – Moment der Vollkommenheit. Aber als er dann am nächsten Tag beurlaubt und wenig später (kurz nach ihrem positiven Schwangerschaftstest) entlassen wurde, schließlich seine Zulassung verlor, weil seine kriminelle Fahrlässigkeit den Patienten das Leben gekostet hatte und seine Operation im Nachhinein als »geradezu absurd leichtsinnig« verurteilt wurde, und als ihm die Richter im anschließenden Prozess »eine arrogante Missachtung aller medizinischen Grundregeln und des gesunden Menschenverstands« bescheinigten und fragten, ob er »vom Teufel geritten worden« sei, da, ja da schien es ihr, als sei irgendetwas in ihr zerbrochen.

*

DER ARZT UND PHILOSOPH Raymond Tallis sagte einmal, dank der modernen Medizin komme er in den Genuss von Privilegien, von denen seine Vorfahren nicht einmal zu träumen gewagt hätten.

Das ist eine so kühne wie berechtigte Behauptung und Tallis ein begnadeter Fürsprecher für die Segnungen des modernen Gesundheitswesens.[1]

Fernsehserien gehen gern noch einen kleinen Schritt weiter. Hier werden die Mediziner zu engelsgleichen Rettern, Kranke werden durch technische Wunder oder die überirdische Genialität der Ärzte gerettet. Wenn Patienten sterben, dann nach heroischen Anstrengungen und nur, weil rein gar nichts mehr zu machen war. Im Film stirbt niemand auf dem OP-Tisch, weil der Arzt das falsche Organ herausgeschnippelt hat.

Das wirkliche Leben ist weniger glanzvoll. Als der sechsjährige Bailey Ratcliffe einen epileptischen Anfall hatte und nicht auf andere Mittel anzusprechen schien, verschrieb ihm eine Ärztin das Epilepsiemittel Phenytoin. Leider gab sie ihm das Sechsfache der erlaubten Dosis, und der Junge starb. »Es tut mir leid«, sagte sie bei einer Anhörung im Dezember 2012. »Ich habe einen Fehler gemacht.«

Sie ist beileibe nicht die Einzige. Medizin mag manchmal heroisch sein und oft außergewöhnliche Leistungen vollbringen, doch die Selbstsicherheit, wie sie Kiernan verspürt, ist nicht immer so berechtigt, wie Ärzte oder ihre Patienten glauben.

Natürlich ist Kieran die Karikatur des Halbgotts in Weiß, der seine Patienten durch Inkompetenz und Arroganz tötet. Wir behaupten nicht, dass er der Normalfall ist, aber wir behaupten auch nicht, dass er nichts mit der Wirklichkeit zu tun hat.

Die Medizin von heute sieht allmählich ein, dass sie Fehler macht und nicht alles weiß, und sie ist eher bereit einzugestehen, dass Behandlungsfehler möglich sind und dass nicht immer klar ist, was uns hilft und was nicht. Nur aus diesem Grund kann sie die Fortschritte machen, die Raymond Tallis beschreibt.

Doch es gibt noch immer die sieben Alternativen zur Wissenschaftlichkeit der evidenzbasierten Medizin, wie sie das *British Medical Journal* einmal in einer Satire beschrieb. Eine ist zum Beispiel die »eminenzbasierte Medizin«, in der Mediziner ihre Behandlungsmethoden umso weniger wissenschaftlich begründen müssen, je höher ihr Rang ist. Oder die »vehemenzbasierte Medizin«, die mangelnde Wissenschaftlichkeit durch Lautstärke wettmacht. Oder die »eloquenzbasierte Medizin«, die Beweise durch »Ganzjahresbräune, Nelke im Knopfloch, Seidenkrawatte, Armani-Anzug und eine lockere Zunge« ersetzt.[2]

Erst seit erstaunlich kurzer Zeit arbeiten Krankenhäuser mit Statistiken, um festzustellen, wer die meisten Fehler macht oder ob Behandlungen anschlagen oder nicht. Erst 1992 verkündete die Zeitschrift der Amerikanischen Ärzteschaft das neue Zeitalter der beweisgestützten Medizin und den allmählichen Abschied von der Intuition und der subjektiven Erfahrung.[3] Ein namhafter Kritiker behauptet allerdings nach wie vor, die meisten der veröffentlichten Forschungsergebnisse seien falsch[4], weil Untersuchungen falsch liefen und weil die Fachzeitschriften immer nur die spektakulärsten Geschichten abdruckten. Nichts, was einen beruhigen würde, wenn man unters Messer muss.

In einigen Fernsehserien ist die neue Bescheidenheit schon angekommen. Zum Beispiel in der amerikanischen Comedy-Serie *Scrubs – Die Anfänger*, die junge Ärzte bei ihren ersten Abenteuern im Krankenhaus zeigt.[*] Ein Anstoß zu der Serie waren die dramatischen Beschreibungen von Kunstfehlern in Atul Gawandes Buch *Die Schere im Bauch*.[5]

Gawande ist besessen von der Fehlbarkeit der Ärzteschaft. Sein Buch platzt vor Geschichten von Operationsfehlern regelrecht aus den Nähten. Dabei ist Gawande gern bereit, auch seine eigenen Fehler einzugestehen, und schildert zum Beispiel, wie er einmal bei einer Herzoperation einen Zentralvenenkatheter falsch einführte. In Gawandes Schilderungen ist es völlig normal, dass Ärzte Mist bauen – das sei sogar wichtig für die Ausbildung als Mediziner, behauptet er.

»Es steht eine Menge auf dem Spiel, und wir nehmen uns eine Menge heraus«, schreibt er. »Wenn Sie jedoch näher herantreten,

---

[*] In einer Folge wird einer der Helden von einem Gespenst verfolgt – dem Geist eines Patienten, dessen Tod er durch einen Operationsfehler verschuldet hat.

nahe genug, um gerunzelte Augenbrauen, Zweifel und Fehlgriffe, das Versagen neben den Erfolgen ausmachen zu können, dann sehen Sie, wie chaotisch, unsicher und auch überraschend Medizin sein kann.«

Er beschreibt die Medizin als »unvollkommene Wissenschaft, ein Unterfangen von sich permanent veränderndem Wissen, unsicheren Informationen, fehlbaren Menschen, bei der gleichzeitig Leben auf dem Spiel steht«.

Aber nimmt das die Öffentlichkeit genauso wahr? Oder halten wir Ärzte immer noch für Halbgötter in Weiß? Wenn ja, dann unterschätzen wir möglicherweise die Gefahren. Daher wollten wir die herkömmliche Sicht auf den Kopf stellen und unseren Arzt als fachlich nicht unfehlbaren und moralisch nicht unanfechtbaren Menschen betrachten.

Aber hat sich nach der Lektüre von Kierans Geschichte Ihre Ansicht zu den Risiken der Medizin geändert? Wohl kaum. Es ist eben nur eine Geschichte. Und um glaubwürdig zu sein, müssen Geschichten auf dem Boden der Tatsachen stehen. Das heißt, sie müssen beweisbar sein. Daher auch hier wieder einige Daten und Fakten.

Chirurgie ist einfach. Ein menschlicher Körper ist weich, es reicht ein scharfes Messer, um Innereien herauszuschneiden, und eine Säge, um Stücke abzutrennen. Schwieriger ist es zu verhindern, dass der Patienten anschließend an Blutverlust, Schmerz, Infektionen und so weiter stirbt. Von der Warte unseres heutigen Kenntnisstands aus lesen wir Berichte über frühere Operationen mit Schaudern – das Werkzeug war grob, Hygiene und Betäubungsmittel unbekannt, der Ehrgeiz groß.

Ein hübsches Beispiel ist die Schädelöffnung, die oft bei Verletzungen oder Kopfschmerzen eingesetzt wurde. Der Kopf war bevorzugtes Ziel von Angriffen mit Knüppeln, Keulen und anderen primitiven Gerätschaften. Durch die Schädelöffnung sollte vermeintlicher Druck im Schädelinnern verringert, Blut und »böse Luft« abgelassen und das Gehirn ordentlich durchlüftet werden.[6]

Schon in der Steinzeit war dieser Eingriff beliebt, in manchen Ausgrabungsstätten ist fast jeder dritte Schädel angebohrt. Das Interessanteste ist jedoch, dass die meisten Besitzer dieser Schädel – zwischen 50 und 90 Prozent – die Operation überlebten. Das erkennt man daran, dass die Ränder des Lochs verheilt sind. In Europa war die Schädelöffnung bis ins 18. Jahrhundert eine beliebte Operation bei Epilepsie und Geisteskrankheiten, später kam sie bei Kopfverletzungen zum Einsatz. Bei Bergarbeitern aus Cornwall war es offenbar Mode, sich selbst nach kleineren Kopfverletzungen vorsorglich ein Loch in den Schädel bohren zu lassen.

Erst als Krankenhäuser die Operation übernahmen, wurde sie richtig gefährlich. Wie auf den Entbindungsstationen, die wir in Kapitel 11 kennengelernt haben, war das Problem der Operationssäle die Hygiene: In den Krankenhäusern war das Infektionsrisiko so groß, dass der ohnehin schon riskante Eingriff mit an Sicherheit grenzender Wahrscheinlichkeit tödlich verlief. Die Sterblichkeit schoss hoch auf 90 Prozent. Wieder war das eigentlich Gefährliche nicht die Operation selbst, sondern die Institution, an der sie durchgeführt wurde: Die Ärzte waren für schätzungsweise 80 Prozent der Todesfälle verantwortlich. Umso mehr staunten die Archäologen des 19. Jahrhunderts, dass in der Vergangenheit so viele Menschen die Schädelöffnung überlebten. Wie konnte es sein, dass die Inkas in den Bergen von Peru diese Operation erfolgreich durchführten? Wie beim Kinderkriegen war es im 19. Jahrhundert sicherer, sich zu Hause eigenhändig ein Loch in den Schädel zu bohren, als dazu ins Krankenhaus zu gehen.

Die vermeintlich primitiven Menschen führten ihre Operationen mit Steinmessern durch und betäubten sich mit Alkohol, Koka, Cannabis oder Opium. Das blieben die gängigen Betäubungsmittel, bis der Mediziner Humphry Davy in Selbstversuchen mit Distickstoffmonoxid, im Volksmund auch »Lachgas« genannt, experimentierte. Im Jahr 1800 schrieb Davy: »Da Distickstoffmonoxid in seiner weiteren Anwendung in der Lage zu sein scheint, die physische Schmerzempfindung zu unterbinden, könnte es mit Gewinn bei chirurgischen Eingriffen Verwendung finden, die nicht mit großem Blutverlust einhergehen.« Natürlich nahm in der Medizin fünfzig Jahre lang niemand Notiz von dieser Erkenntnis, weshalb Lachgas lange ein Partygag blieb. In den Vereinigten Staaten waren »Ätherpartys« ein Hit. Irgendwann beobachteten Medizinstudenten, dass die Feiernden unempfindlich gegen Schmerzen zu sein schienen, und fragten sich, ob man das nicht auch irgendwie in der Praxis nutzen könnte.

Am 16. Oktober 1846 führte William Morton am Krankenhaus von Boston die erste öffentliche Operation mit Äther durch. Die Idee verbreitete sich schnell, vor allem nachdem die englische Königin Victoria ihren Sohn Leopold im Jahr 1853 unter Chloroform-Narkose zur Welt gebracht hatte. Chloroform kam allerdings später wieder aus der Mode, da viele Patienten an Herzrhythmusstörungen starben (eine Erscheinung, die unter jugendlichen Drogensüchtigen als »plötzlicher Schnüfflertod« bekannt ist).

Heute gehören örtliche Betäubungen und Vollnarkosen zum Alltag: Die Weltgesundheitsorganisation berichtet, dass jedes Jahr 230 Millionen Operationen unter Vollnarkose durchgeführt werden. Dabei hängen die Zahlen stark vom Gesundheitsbudget des jeweiligen Landes ab.[7] Narkosen sind heute relativ sicher, in Großbritannien hat nur jeder zehntausendste Patient eine lebensbedrohliche allergische Reaktion, und die meisten überleben.[8] Aber nicht alle. Bei etwa jedem hunderttausendsten Patienten verläuft die Narkose tödlich. Das ist immerhin ein Risiko von 10 MikroMorts pro Operation und entspricht der Gefahr eines Fallschirmsprungs. Vielleicht beruhigt es Sie zu erfahren, dass die Hälfte dieses Risikos, also etwa 5 MikroMorts, auf die Kappe der Narkoseärzte geht. Bei Patienten, die das Krankenhaus am nächsten Tag wieder verlassen, ist das Risiko geringer, bei älteren Patienten oder Notfalloperationen größer.

Narkoseärzte behaupten ja gern, die Anfahrt zum Krankenhaus sei gefährlicher als die Operation. Aber das stimmt nur, wenn Sie mindestens 115 Kilometer mit dem Motorrad zurücklegen müssen oder einen besonders draufgängerischen Fahrstil pflegen. Wenn man die britischen Zahlen auf die jährlich 230 Millionen Vollnarkosen in aller Welt hochrechnen würde, dann könnte man davon ausgehen, dass weltweit pro Jahr 2300 Menschen an den Folgen der Narkose sterben – das wäre sicher viel zu niedrig angesetzt.

Aber wenn Sie heil im Krankenhaus ankommen, werden Sie nicht nur von der Narkose bedroht. Sie können sich auch eine Infektion einfangen oder in einer unappetitlichen Pfütze ausrutschen. Der Risiko eines tödlichen Unfalls während eines Krankenhausaufenthalts lässt sich recht einfach ermitteln. In den Krankenhäusern Englands liegen pro Tag durchschnittlich 135 000 Patienten. Einige sterben an den Folgen ihrer Krankheit, doch ein Teil dieser Todesfälle ist vermeidbar. Zwischen Juli 2008 und Juni 2009 erhielt die National Patient Safety Agency Hinweise auf 3735 Todesfälle, die auf Sicherheitsmängel zurückzuführen waren, doch in Wirklichkeit waren es vermutlich deutlich mehr. Doch selbst wenn wir von dieser Zahl ausgehen, sind das rund zehn Fälle pro Tag, also etwa jeder 14 000. Patient. Ein 24-stündiger Aufenthalt in einem Krankenhaus entspricht also einem Risiko von 75 MikroMorts von vermeidbaren Todesfällen – so viel wie eine Entbindung oder 550 Kilometer auf dem Motorrad.

Kierans Geschichte bestätigt also eine verbreitete Befürchtung: Krankenhäuser sind ein ungesunder Ort, auch wenn sie uns Privilegien bescheren, von denen unsere Vorfahren nicht einmal träumen konnten.

Die Medizin ist und bleibt riskant, und durch Behandlungsfehler und Pech wird sie noch riskanter.[*] Es ist also nicht verwunderlich, dass das Risiko einer Operation auch vom Krankenhaus und den Ärzten abhängt. Die Messung von Behandlungserfolgen begann übrigens mit der berühmten Krankenschwester Florence Nightingale: Nachdem sie während des Krim-Kriegs die Missstände in

---

[*] Laut einer Studie der AOK sterben nach Schätzungen in deutschen Krankenhäusern jährlich rund 19 000 Patienten aufgrund von Behandlungsfehlern. In rund 190 000 Fällen sollen solche Fehler gesundheitliche Schäden bei Patienten verursachen. Die meisten Fehler entstünden bei operativen Eingriffen (http://www.aok-bv.de/presse/pressemitteilungen/2014/index_11342.html) (Anm. d. Red.).

Feldlazaretten bekämpft hatte, wollte sie nun dasselbe zu Hause tun. Für die Statistikfanatikerin und begeisterte Anhängerin von Quetelet waren die Muster in den Daten ein Fingerabdruck Gottes und die Beschäftigung mit ihnen eine Form der Frömmigkeit.

Nightingale schlug die Einführung von einheitlichen Krankenhausstatistiken vor, »um die Sterblichkeit in verschiedenen Hospitälern vergleichen zu können«.[9] Ihr war allerdings klar, dass die Kliniken ihre Zahlen schönten, indem sie die hoffnungslosen Fälle einfach abschoben: »In einigen Fällen wurden unheilbar Kranke aus einem Spital entlassen, dem ihr Tod hätte zugerechnet werden müssen, und von einem anderen aufgenommen, wo sie ein oder zwei Tage später starben. Damit senkte das erste Spital seine Sterblichkeitsrate auf Kosten des zweiten.« Heute würden wir sagen, dass die Statistiken frisiert wurden. Die Krankenhäuser des 19. Jahrhunderts beherrschten dieses Handwerk genauso gut wie die Skandalkliniken von heute, weshalb Nightingales Plan scheiterte.

Vier Jahrzehnte nach dem »Engel der Verlassenen« unternahm der Bostoner Arzt Ernest Codman einen weiteren Anlauf, um die Qualität der medizinischen Versorgung in Krankenhäusern zu messen. Die Krankenhäuser sollten keine Statistiken mehr veröffentlichen, sondern nur noch für jeden einzelnen Patienten einen Fragebogen ausfüllen, aus dem hervorging, ob die Behandlung erfolgreich verlaufen war und welche Fehler gemacht worden waren. Er selbst begann im Jahr 1900 mit diesem Verfahren und setzte es in seiner Privatklinik um, die er 1911 eröffnete. Er meinte, »in ein paar Jahren wird dieser Gedanke nicht mehr abwegig erscheinen«[10], und wie Florence Nightingale war er mehr als umstritten. Bei einer öffentlichen Veranstaltung zeigte er eine riesige Karikatur der Bostoner Ärzteschaft, die teure und wissenschaftlich unsinnige Operationen durchführte, um die leichtgläubige Öffentlichkeit auszunehmen wie eine Gans. Sein Vortrag löste zwar Tumulte aus, doch seine Idee setzte sich nicht durch. Die Universität Harvard entließ ihn, seine Klinik wurde 1918 geschlossen.

Seither wurden immer wieder Versuche unternommen, die Qualität von Krankenhäusern zu messen, vor allem auf dem Gebiet der Herzchirurgie, doch die Daten sind noch immer nicht so gut, wie die Öffentlichkeit meint. Wir wollen uns eines der wenigen Gebiete ansehen, auf dem die Zahlen einigermaßen verlässlich sind, aber selbst hier werden wir feststellen, wie wenig wir im Grunde über Risiken in der Medizin wissen können. Es handelt sich um die Koronararterien-Bypass-Operation. Beim Bypass, wie er oft einfach genannt wird, wird ein verengtes Herzgefäß mit einer Arterie oder Vene überbrückt, die zum Beispiel aus dem Bein entnommen wurde. Die ersten Operationen dieser Art wurden in den 1960er Jahren durchgeführt; in den Vereinigten Staaten lag die Sterblichkeit 1990 bei 3,9 Prozent und 1999 bei 3 Prozent.[11] In Großbritannien lag die Überlebensquote im Jahr 2008 bei 98,4 Prozent bei 21 248 Operationen.[12]

Man beachte den feinen Unterschied: In den Vereinigten Staaten sterben die Patienten an den Folgen der Operation, in Großbritannien überleben sie. Dank dieses Perspektivwechsels erscheint die Leistung in einem besseren Licht, und die Unterschiede verschwimmen: Wenn ein Krankenhaus eine Erfolgsquote von 98 Prozent aufweist und ein anderes von 96 Prozent, dann scheint der Unterschied kaum ins Gewicht zu fallen. Wenn dagegen in einem Krankenhaus 2 Prozent sterben und in einem anderen 4 Prozent, dann bedeutet das gleich den doppelten Ärger.

In einigen amerikanischen Bundesstaaten müssen Todesfälle an eine zentrale Stelle gemeldet werden. Die Krankenhäuser des Bundesstaats New York müssen beispielsweise über jede Herzoperation einen detaillierten Bericht an das Gesundheitsministerium schicken.[13] Im Jahr 2008 wurden in 40 Krankenhäusern 10 707 Bypass-Operationen durchgeführt. Dabei starben 194 Patienten innerhalb eines Monats, was einer Sterblichkeit von 1,8 Prozent entspricht. In Großbritannien hätte man eine Überlebensquote von 98,2 Prozent gefeiert.

Eingriffe an den Herzklappen sind gefährlicher: Bei 21 445 Operationen, die zwischen 2006 und 2008 durchgeführt wurden, starben

1120 Patienten, was einer Sterblichkeit von 5,2 Prozent entspricht. Das wiederum ergibt 52 000 MikroMorts pro Operation: 5000 Fallschirmsprünge oder zwei Bombereinsätze während des Zweiten Weltkriegs. Das ist ein gewaltiges Risiko, doch ohne Operation wäre das Risiko vermutlich noch größer.

Dies ist also ein Fall, bei dem wir auf Daten zugreifen, Risiken definieren und Vergleiche zwischen Krankenhäusern anstellen können. Aber wie nützlich sind sie? Das mag jetzt wie eine dumme Frage klingen. Wenn es sich um echte Daten handelt, müssen sie doch auch vergleichbar sein, oder?

Es folgt ein Lehrbeispiel dafür, wie schwierig die Risiken eines Krankenhauses zu ermitteln sind, selbst wenn die Daten relativ verlässlich sind. Halten Sie durch. Der Fall veranschaulicht, wie kompliziert die Einschätzung von Risiken sein kann, und erinnert uns einmal mehr daran, dass die Medizin oft selbst nicht weiß, wie gut oder schlecht sie wirklich ist.

Wenn man den Zahlen Glauben schenkt, würde man sich natürlich dem Krankenhaus mit der niedrigsten Sterblichkeit anvertrauen, in diesem Fall dem Vassar Brothers Medical Center, das bei 470 Operationen nur 8 Todesfälle und damit eine Sterblichkeit von 1,7 Prozent aufzuweisen hat. Am anderen Ende steht die Universitätsklinik Stony Brook, in dem bei 512 Operationen 43 Patienten starben (8,4 Prozent). Aber wäre das tatsächlich die richtige Wahl?

Vielleicht werden in Stony Brook schwierigere Fälle behandelt. Aus diesem Grund kam Florence Nightingale schon vor 150 Jahren zu dem Schluss, dass die bloße Sterblichkeitsziffer als Vergleichsmaßstab nicht ausreiche, da jedes Krankenhaus seine eigene Mischung von Patienten hat. Seither wurden immer wieder Versuche unternommen, die Daten um das Risiko zu bereinigen, um feststellen zu können, ob die Unterschiede bei der Sterblichkeit mit der Art der Patienten zusammenhängen könnten.

In New York werden Daten wie das Alter und die Schwere der Krankheit in eine statistische Berechnung einbezogen, aus der hervorgehen soll, mit welcher Wahrscheinlichkeit jeder Patient in einem »durchschnittlichen Krankenhaus« stirbt. Bei den Patienten, die in Stony Brook behandelt wurden, hätte man 35 Todesfälle erwarten können, während es bei durchschnittlichen Patienten nur 27 gewesen wären, das heißt, in Stony Brook werden tatsächlich tendenziell eher ältere oder ernsthafter erkrankte Patienten eingeliefert.

Aber wie wir eben gesehen haben, hatte Stony Brooks 43 Todesfälle zu verzeichnen, also acht mehr als erwartet. Das heißt, die Zusammensetzung der Patienten kann nur zum Teil für die vielen Todesfälle verantwortlich sein. Bei 43 statt der erwarteten 35 Todesfälle kommen wir auf 43/35 = 123 Prozent der erwarteten Sterblichkeit. Das Gesundheitsministerium von New York nimmt dieses Risiko von 123 Prozent, multipliziert es mit der durchschnittlichen Sterblichkeit von 5,2 Prozent für den gesamten Bundesstaat und ermittelt so eine risikobereinigte Sterblichkeit von 6,4 Prozent für durchschnittliche Patienten in diesem Krankenhaus.

Aber selbst ein erfahrener Herzchirurg kann eine Serie von unerwartet schwierigen Fällen haben. Kierans Patient stirbt, aber war das einfach nur Pech? Hatte er womöglich einfach einen schlechten Tag und wurde von der hübschen Lara abgelenkt? Hatte Stony Brook einfach Pech, auf eine risikobereinigte Sterblichkeit von 6,4 Prozent zu kommen? Die Frage wird immer komplizierter: Wie misst man Pech?

Glücklicherweise hat die Statistik Methoden entwickelt, um den Versuch zu wagen. Sie geht von einer Unterscheidung aus, die wir im ersten Kapitel erwähnt haben: zwischen der beobachteten Sterblichkeit (also dem Anteil, der in der Vergangenheit nicht überlebt hat) und dem zugrundeliegenden Sterblichkeitsrisiko (also der Wahrscheinlichkeit, dass ein ähnlicher Patient in Zukunft stirbt). Die beiden sind nicht unbedingt identisch, genau wie man bei hundert Münzwürfen selten exakt fünfzigmal Kopf und fünfzigmal Zahl erhält. Es kommt immer ein Element des Zufalls oder des Glücks, oder wie immer man es nennen will, ins Spiel.

Die Rolle der zufälligen Ausschläge nach oben und nach unten lässt sich mithilfe einer Trichtergrafik erkennen. In Grafik 29 sind die 40 New Yorker Krankenhäuser eingebunden – nach rechts die Zahl der Operationen und nach oben die risikobereinigte Sterblichkeit. Kleinere Krankenhäuser befinden sich also links, größere rechts. Wenn die Risiken in allen Krankenhäusern dem Durchschnitt entsprächen und die Unterschiede nur zufallsbedingt wären, dann würden alle Kliniken innerhalb der beiden Trichter liegen. Dabei wird der Spielraum umso größer, je kleiner das Krankenhaus ist, da bei wenigen Operationen ein bisschen Glück oder Pech die Zahlen erheblich drücken oder anheben kann. Wenn wirklich alle Krankenhäuser durchschnittlich und alle Unterschiede dem Zufall geschuldet wären, dann müssten 95 Prozent (38 von 40) in den inneren und 99,8 Prozent (40 von 40) in den äußeren Trichter fallen.

Grafik 29: **Herzklappenoperationen im Bundesstaat New York, 2006–2008**

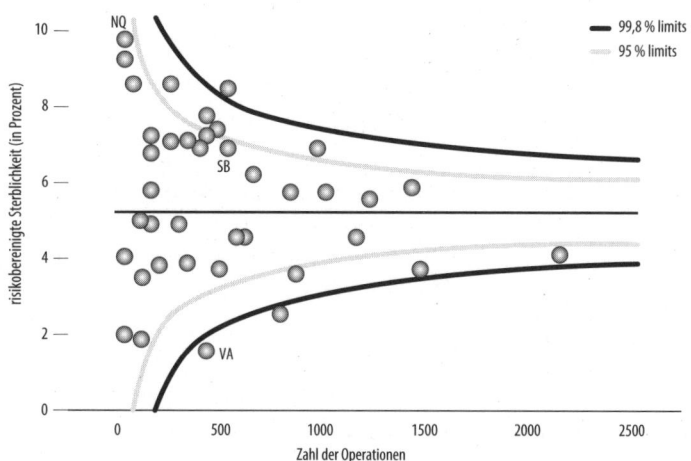

Die Trichtergrafik ermöglicht den Vergleich der risikobereinigten Sterblichkeit in New Yorker Herzkliniken. Je mehr Operationen ein Krankenhaus durchführt, umso weiter rechts auf der Achse befindet es sich. Liegt ein Krankenhaus außerhalb des Trichters, gibt es Grund zu der Annahme, dass die Sterblichkeit tatsächlich vom Durchschnitt abweicht. In der Grafik sind die Krankenhäuser Vassar, Stony Brooks und Queens hervorgehoben.

Wenn die Unterschiede ein reines Zufallsprodukt wären, dürften nur zwei Kliniken außerhalb des 95-Prozent-Trichters liegen. In

Wirklichkeit sind es zehn, fünf darüber und fünf darunter. Zwei liegen sogar unterhalb des 98-Prozent-Trichters, was auf außerordentlich gute Ergebnisse hindeutet. Stony Brook (SB) liegt innerhalb des Trichters, was vermuten lässt, dass die scheinbar hohe Sterblichkeit in diesem Zeitraum einfach Pechsache gewesen sein könnte; man könnte also nicht behaupten, dass die Klinik besonders gefährlich wäre. Vassar (VA) hat dagegen eine außergewöhnlich niedrige Sterblichkeit, auch wenn man die günstige Zusammensetzung der Patienten herausrechnet. Die Klinik steht wirklich ausgezeichnet da.

Die schlechteste Herzabteilung hat offenbar das Krankenhaus von Queens (NQ) mit einer risikobereinigten Sterblichkeit von 9,5 Prozent – fast doppelt so viel wie der Durchschnitt des Bundesstaates. Doch dieser Wert ergibt sich aus gerade einmal sechs Todesfällen in 93 Operationen, weshalb wir nicht sicher sein können, ob es sich nicht einfach um Pech handelte. Daher bleibt auch diese Klinik innerhalb des Trichters.

In Großbritannien werden inzwischen ähnliche risikobereinigte Statistiken erstellt, um Krankenhäuser besser vergleichen zu können.[14] Das Vorgehen ist allerdings umstritten. Was ist zum Beispiel mit schwerstkranken Patienten, die nur zur Schmerztherapie eingewiesen werden, weil ihre Krankheit nicht mehr behandelbar ist? Wenn diese nicht gesondert berücksichtigt werden, könnten Krankenhäuser wie zu Florence Nightingales Zeiten dazu übergehen, Sterbenden die Aufnahme zu verweigern oder sie abzuschieben.

Um das zu vermeiden, ließ man Krankenhäuser ankreuzen, ob es sich um Sterbepatienten handelte. Doch die Versuchung ist groß, so viele Patienten wie möglich in diese Kategorie zu stecken, um die Zahl der »erwarteten Todesfälle« zu steigern und die Zahlen der Klinik zu frisieren. In einigen Fällen haben Krankenhäuser bis zu 30 Prozent ihrer Patienten als Sterbepatienten deklariert.[15] Danach wurde dieses Kästchen wieder abgeschafft.

Die Messung von Krankenhausrisiken ist ein faszinierendes Beispiel für die Genialität und die Grenzen der Statistik. Man sollte das Risiko jeder Einrichtung beziffern können, und ein Stück weit kann man das auch. Aber obwohl wir Unterschiede feststellen, den Zufall herausrechnen und die Daten mithilfe von Trichtergrafiken und anderen Techniken anschaulich darstellen und vergleichbar machen können, wissen wir genauso wenig wie Florence Nightingale, ob nicht irgendwer irgendwie die Daten aufhübscht. Der Faktor Mensch lässt sich nicht herausrechnen. Wenn Sie wissen wollen, welches Krankenhaus für Ihre Operation das sicherste ist, dann schauen Sie sich die Statistiken an – aber erwarten Sie keine einfachen Antworten.

Kapitel 24

Vorsorge

SOLLTE SIE? SOLLTE SIE NICHT? Prudence war siebzig. Auf dem Tisch lag die Einladung zur Brustkrebs-Vorsorgeuntersuchung. Das Begleitschreiben forderte sie ziemlich direkt dazu auf: Es könnte ihr Leben retten. Aber da waren noch diese Gerüchte. Mein Gott, die wussten wirklich, wie man eine alte Frau quält.

»Es steht drei zu eins«, sagte Norm.

»Wer gegen wen?«, fragte Prudence.

»Das Verhältnis«, antwortete Norm.

»Ach so«, sagte Prudence. »Das Verhältnis.«

»Von vier Frauen werden drei grundlos operiert, weil das Geschwulst gutartig war, und einer rettet die Operation das Leben.«

»Und wenn der Test positiv ausfällt, bin ich dann die eine oder eine von den dreien?«

»Keine Ahnung. Wenn man das wüsste, wäre es einfach.«

»Und wann weiß man das?«

»Nie.«

»Nie? Auch nicht, wenn sie sie abgenommen haben?«

»Auch dann nicht.« Norm wich Prudence' Blick aus. »Deswegen musst du entscheiden, was für dich schwerer wiegt: die Chance, dein Leben zu retten, oder die Gefahr, eine falsche Diagnose zu bekommen, mit, nun ja, meine Liebe, dem entsprechenden Kollateralschaden.«

»Ja, Norm. Aber ich habe Angst. Sogar in meinem Alter.«

»Hm«, erwiderte Norm. »Vielleicht musst du lernen, mit der Ungewissheit zu leben? Und dich locker zu machen?«

»Locker machen?«

»Locker machen.«

»Ich mag kein Glücksspiel, Norm. Dafür ist es zu spät. Ich will einfach keine Angst haben müssen. Geht das?«

»Tja, äh …«

∗

Fühlen Sie sich krank?

»Danke, alles bestens«, sagen Sie.

Sie haben keine Angst, dass das Ziehen in Ihrer Brust vielleicht …

»Danke, mir geht's so gut wie nie.«

Und was, wenn hinter diesem Wohlbefinden ein Risiko lauert, ein unerkannter Killer in Ihren Genen oder Ihrem Blut? Wollen Sie sich nicht doch lieber Gewissheit verschaffen?

»Na ja, jetzt wo Sie es sagen …«

Gewissheit, Sicherheit, Seelenfrieden – das ist die Verheißung der Gesundheitsbranche. Danach sehnt sich auch Prudence. Eine Vorsorgeuntersuchung verspricht genau das. Hinter ihrem überwältigenden Wunsch, »zu wissen« und »Sicherheit zu haben«, steckt die Sehnsucht nach dem Tag, an dem endlich alle Zweifel ausgeräumt sind. Heute stolpern wir an jeder Ecke über Kliniken, die uns auf eine erschreckende Vielzahl von Krankheiten untersuchen wollen, die wir unerkannt mit uns herumschleppen könnten. Menschen, die durch diese Untersuchungen »gerettet« wurden, legen bewegendes Zeugnis ab. Was kann so ein Test schon schaden? Vielleicht eine ganze Menge.

Die Geschichte der Vorsorgeuntersuchung ist eine Fortsetzung der Heldengeschichte der Medizin aus dem vorigen Kapitel. Sie geht ungefähr so: Frau (Prudence) ist besorgt. Frau geht zur Vorsorgeuntersuchung. Untersuchung stellt Krebs fest. Krebs wird behandelt. Frau ist gerettet. Vorsorgeuntersuchung rettet Leben.

Eine einfache Folge von Ursache und Wirkung. Aber stimmt das so? Lässt sich die Geschichte auch noch anders erzählen? Prudence ist sich nicht mehr so sicher, und es trifft sie hart, diese Gewissheit verloren zu haben. Sie ist besorgt, weil neueste Berichte etwas ganz anderes über Vorsorgeuntersuchungen erzählen und behaupten, dass sie manchmal auch Schaden anrichten können. Leider wissen wir nicht, wem sie schaden und wen sie retten. Das heißt, die Vorsorgeuntersuchung schafft nur neue Unsicherheit und neue Bedrohungen.

Wie das? Und wie groß ist der Schaden im Vergleich zum Nutzen?

Nehmen wir als Beispiel ein anderes System der Auslese: die nationale Sicherheit. Darüber können Sie mal nachdenken, wenn Sie das nächste Mal bei der Einreise in ein anderes Land vor dem Metalldetektor Schlange stehen. Stellen Sie sich vor, Sie haben 1000 der üblichen Terrorverdächtigen verhaftet, die alle ihre Unschuld beteuern. Irgendjemand schleppt einen Lügendetektor an, von dem er behauptet, er habe eine Treffergenauigkeit von 90 Prozent. Sie schließen die Verhafteten an, und die Maschine identifiziert 108 davon als Lügner. Sie werden in einen orangefarbenen Anzug gesteckt und verschwinden auf einer Gefängnisinsel. Es kann schon sein, dass ein paar davon unschuldig sind, aber es geschieht ihnen ganz recht – was halten sie sich auch zur falschen Zeit am falschen Ort auf.

Aber im Laufe der Jahre häufen sich die Prozesse gegen Fehlurteile, und Sie fragen sich allmählich, was es mit diesen 90 Prozent Treffergenauigkeit auf sich hatte. Sie nehmen die Betriebsanleitung des Lügendetektors zur Hand und lesen im Kleingedruckten, dass die Maschine mit einer Exaktheit von 90 Prozent eine Aussage – ob Wahrheit oder Lüge – richtig erkennt.

Ob Sie es glauben oder nicht, das heißt, dass unter den tausend Verdächtigen vermutlich nur zehn echte Terroristen waren – obwohl der Detektor eine Genauigkeit von 90 Prozent verspricht. Die Rechnung ist ganz einfach. Der Test erkennt 9 von 10 echten Terroristen und lässt einen laufen. Aber von den 990 Unschuldigen werden ebenfalls 10 Prozent, also 99, falsch eingeordnet, und zwar als »Terroristen«. Das heißt, von den 9 + 99 = 108 Menschen, die auf eine Gefängnisinsel geschickt werden, sind 99 unschuldig. Oder noch anders ausgedrückt: Eine Maschine, die 90-prozentige Treffergenauigkeit verspricht, verurteilt 91 Prozent der Angeklagten zu Unrecht.

Vielleicht halten Sie diese Geschichte für übertrieben, aber genau das passiert bei Brustkrebs-Vorsorgeuntersuchungen mit Mammografien: Nur 9 Prozent aller positiven Befunde sind tatsächlich Krebs, und 91 Prozent der scheinbar positiven Befunde – die Frauen in Angst und Schrecken versetzen und zu weiteren Untersuchungen wie Biopsien veranlassen – sind sogenannte »falsch positive« Diagnosen.[1] Die Fehlerquote von 10 Prozent bedeutet sehr viel Leid für sehr viele gesunde Frauen.

Die Mammografie ist ein ordentliches Diagnoseinstrument, da sie 90 Prozent aller tatsächlichen Brustkrebsfälle korrekt identifiziert. Da aber von 1000 untersuchten Frauen nur etwa 10 Brustkrebs haben, sind die positiven Diagnosen überwiegend falscher Alarm. Das erklärt auch, warum die allermeisten Flugreisenden, bei denen der Metalldetektor piepst, völlig unschuldig sind.

Man könnte behaupten, wenn einige Fluggäste aufgehalten, einige Frauen erschreckt und einige Unschuldige eingesperrt werden, dann sei das ein Preis, den man eben zahlen müsse. Das ist allerdings nicht das einzige Problem mit den Vorsorgeuntersuchungen.[2]

Dazu kommen nämlich die möglichen Schäden durch den Test selbst. Wenn wir von dem in Kapitel 19 erwähnten linearen Verhältnis von Dosis und Wirkung ausgehen, dann können wir etwa abschätzen, welche Schädigungen eine Mammografie für eine gesunde Frau bedeuten kann. Wie wir gesehen haben, vermutet man, dass Computertomografien für Tausende von Krebserkrankungen verantwortlich sind, doch diese dienen immerhin einem diagnostischen Zweck. Die Metalldetektoren im Flughafen sind da schon umstrittener, und jeder Nacktscan soll angeblich auf 1 Mikro-Sievert (eine Banane) beschränkt sein. Das wäre nicht mehr als einige Minuten Hintergrundstrahlung und etwa 1 Prozent dessen, was wir auf einem fünfstündigen Flug abbekommen. Damit bekäme eine Vielfliegerin bei 4000 Scans etwa dieselbe Strahlendosis ab wie bei einer einzigen Mammografie. Wenn wir an einen linearen Zusammenhang zwischen Ursache und Wirkung glauben, dann würden von 100 Millionen Vielfliegern sechs zusätzlich an Krebs erkranken – zu den 40 Millionen, die ihn ohnehin bekämen.[3]

Das Strahlenrisiko einer Mammografie wurde ebenfalls geschätzt. Der Britische Gesundheitsdienst geht davon aus, dass von 14 000 Frauen, die über einen Zeitraum von zehn Jahren insgesamt drei Mammografien erhalten, eine zusätzlich an Krebs stirbt.[4] Wenn wir annehmen, dass die Betroffene dadurch zwanzig Jahre ihres Lebens verliert, beträgt das Risiko 8 MikroLeben pro Mammografie – das entspricht 16 Zigaretten und genau dem Wert, den wir in Kapitel 19 ermittelt haben.

Eine Studie aus den Vereinigten Staaten setzt das Risiko etwas niedriger an und geht davon aus, dass von 100 000 Frauen, die zwischen dem Alter von 50 und 59 Jahren getestet werden, 14 zusätzlich an Krebs erkranken und zwei davon an Krebs sterben. Die in den Vereinigten Staaten empfohlene jährliche Untersuchung hätte allerdings 86 Krebserkrankungen und 11 Todesfälle zur Folge.[5]

Doch das eigentliche Problem an den Vorsorgeuntersuchungen ist die sogenannte Überdiagnose oder der Schaden, der durch die medizinische Behandlung selbst verursacht wird.[6] Oder einfacher gesagt: Es werden Dinge behandelt, die nie Schwierigkeiten gemacht hätten.

Genau das beschäftigt Prudence. Ein unabhängiger Bericht schätzte unlängst, dass für jede Frau, die dank der Vorsorgeuntersuchung gerettet wird, drei Frauen auf Brustkrebs behandelt werden, obwohl sie nie etwas gespürt hätten, wenn sie nicht zur Untersuchung gegangen wären.[7]

In der wunderschönen Geschichte über die Nützlichkeit der Untersuchung ging es nur um Ereignisse, also um die möglichen Krankheiten und wie uns die Medizin vor ihnen bewahrt (siehe

Kapitel 4 über die Nicht-Ereignisse). Die Geschichte kann aber auch ganz anders verlaufen: Manchmal bleiben Krankheiten unentdeckt, manchmal wird falscher Alarm ausgelöst, und manchmal verursacht die Untersuchung selbst eine Krankheit. Die Frauen, die das System durchlaufen, haben viele verschiedene Geschichten, die Sie Grafik 30 entnehmen können.

Grafik 30: **Was mit 200 Frauen passiert, die zwischen dem 50. und 70. Lebensjahr alle drei Jahre an einer Vorsorgeuntersuchung und bis zum 80. Lebensjahr an Nachfolgeuntersuchungen teilnehmen – oder auch nicht**

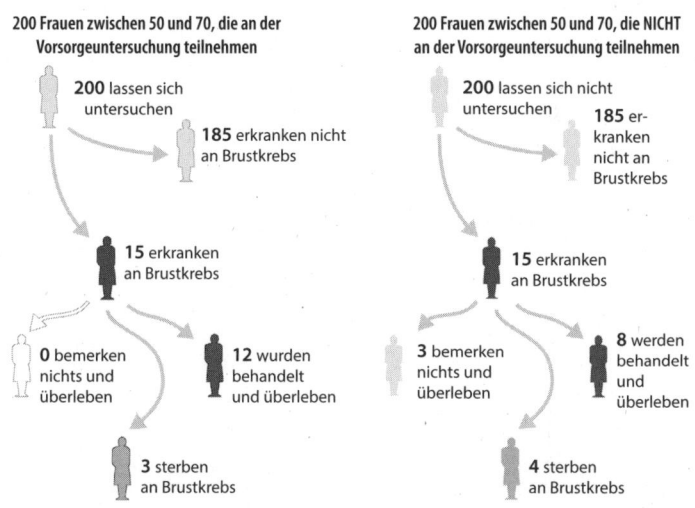

200 Frauen zwischen 50 und 70, die an der Vorsorgeuntersuchung teilnehmen

200 lassen sich untersuchen

185 erkranken nicht an Brustkrebs

15 erkranken an Brustkrebs

0 bemerken nichts und überleben

12 wurden behandelt und überleben

3 sterben an Brustkrebs

200 Frauen zwischen 50 und 70, die NICHT an der Vorsorgeuntersuchung teilnehmen

200 lassen sich nicht untersuchen

185 erkranken nicht an Brustkrebs

15 erkranken an Brustkrebs

3 bemerken nichts und überleben

8 werden behandelt und überleben

4 sterben an Brustkrebs

Fünfzehn Frauen erkranken an Brustkrebs. Haben sie an der Vorsorgeuntersuchung teilgenommen, werden alle fünfzehn behandelt, und drei erliegen dem Krebs trotzdem. Eine der Überlebenden verdankt ihr Überleben der Vorsorge. Drei weitere Überlebende hätten nie etwas von dem Geschwür gemerkt, wenn sie nicht an der Vorsorge teilgenommen hätten. In diesen Fällen spricht man von Überbehandlung.[8]

Prudence wünscht sich Gewissheit, und obwohl die Vorsorgeuntersuchung genau das verheißt, sind wir in vielerlei Hinsicht wieder bei den Wurzeln des Risikos angekommen: Es versucht, mithilfe von Wahrscheinlichkeiten Aussagen über Individuen zu treffen, aber es ist keineswegs sicher, dass diese tatsächlich auf Sie zutreffen. Sie werden nie wissen, ob Sie zu denen gehören, denen die Vorsorge nutzt oder schadet. Die Vorsorge kann die Wahrscheinlichkeiten in die eine oder andere Richtung verschieben, doch selbst relativ exakte Untersuchungen können das Risiko nie ausschließen. Norm hat leider recht: Uns bleibt nichts anderes übrig, als mit der Ungewissheit zu leben, auch wenn sie uns Angst macht.

Prostatakrebs ist ein weiteres klassisches Beispiel. Der Test auf das Prostataspezische Antigen (PSA), der in den 1970er Jahren auf Grundlage von Forschungsarbeiten des Mediziners Richard Albin entwickelt wurde, wird in den Vereinigten Staaten heute massenhaft zur Untersuchung von Männern verwendet, die keinerlei Symptome zeigen. Albin selbst bezeichnet die PSA-Tests inzwischen als »rein kommerzielle Angelegenheit und eine Katastrophe für das öffentliche Gesundheitswesen«.[9] Das hinderte den Komponisten Sir Andrew Lloyd Webber nicht daran, im Britischen Oberhaus zu fordern, »alle Männer über 50 sollten an einem PSA-Test teilnehmen und von ihren Hausärzten dazu angehalten werden«.[10] Woher kommen diese diametral entgegengesetzten Meinungen?

Das Problem ist nur: Selbst wenn Sie keine Symptome zeigen und es auch sonst keine Hinweise auf ein erhöhtes Risiko gibt, können Sie nach diesem einfachen Test in eine Behandlung einsteigen, die mit Impotenz und Inkontinenz endet, wie Lloyd Webber ehrlicherweise einräumte.[11]

Man hört immer wieder Geschichten von Menschen, die behaupten, die Vorsorgeuntersuchung habe ihnen das Leben gerettet. Aber es ist schwer zu sagen, was passiert wäre, wenn sie nicht an der Untersuchung teilgenommen hätten. Vielleicht hätte ihnen das, was da gefunden wurde, nie geschadet. Es ist erstaunlich, wie viele Krankheiten unbemerkt im Körper leben und nie auch nur die geringsten Schwierigkeiten machen. Als sich 2000 Versuchspersonen im Alter von durchschnittlich 63 Jahren im Rahmen eines Forschungsprogramms einem Gehirnscan unterzogen, fand man bei 145 (7 Prozent) Hinweise auf Schlaganfälle, von denen sie nie etwas mitbekommen hatten; 31 (1,6 Prozent) hatten gutartige Hirntumore. In einer anderen Untersuchung wurden Menschen über 40 einer Ultraschalluntersuchung unterzogen; 14 Prozent der Männer und 11 Prozent der Frauen hatten Gallensteine, aber keinerlei Symptome.[12]

Bei Obduktionen nach Autounfällen und anderen Todesfällen, die nicht durch Krankheiten herbeigeführt wurden, werden erstaunlich häufig Tumore entdeckt, die bis dato nicht erkannt worden waren. Die Wahrscheinlichkeit, dass David Spiegelhalter in diesem Moment Prostatakrebs hat und Michael Blastland ihn demnächst bekommt, liegt bei 50 Prozent, denn »nach der Auswertung von Autopsien kann man davon ausgehen, dass die Hälfte aller Männer zwischen 50 und 60 histologische Hinweise auf Prostatakrebs zeigen; bis zum 80. Lebensjahr erreicht dieser Anteil 80 Prozent«, so das Britische Krebsforschungszentrum. Die Wissenschaftler weisen jedoch auch darauf hin, »dass nur etwas jeder 26. Mann (also 3,8 Prozent) an dieser Krankheit stirbt«.[13]

Leider kann die Vorsorgeuntersuchung nicht unterscheiden, welcher Tumor sich zu einer tödlichen Gefahr auswächst und welcher nur herumsitzt und Däumchen dreht. In den vergangenen dreißig Jahren ist die Zahl der Prostatakrebs-Diagnosen in den Vereinigten Staaten sprunghaft angestiegen, während die Zahl der Todesfälle mehr oder weniger konstant geblieben ist – und das trotz der verbesserten Behandlungsmethoden. Das lässt vermuten, dass die Vorsorgeuntersuchungen nicht wesentlich zur Verringerung der Todesfälle beigetragen haben.[14] Doch diese Umtriebigkeit lässt die Überlebensstatistik besser aussehen, denn da das Überleben von der Erstdiagnose an gemessen wird, sieht es so aus, als würden Männer nach der Diagnose inzwischen länger überleben, selbst wenn sie gar nicht länger leben. Und da nun viele Männer dazukommen, deren »Krebs« ohne die Vorsorgeuntersuchung nie erkannt worden wäre, steigt die Zahl der Überlebenden.

Die Kosten-Nutzen-Rechnung der Vorsorgeuntersuchung ist eine haarige Angelegenheit. Am besten eignen sich dazu großangelegte Experimente mit Tausenden Versuchspersonen, die nach dem

Zufallsprinzip zu Vorsorgeuntersuchungen geschickt werden oder nicht. In einem Feldversuch in den Vereinigten Staaten wurden 80 000 Männer in zwei Gruppen eingeteilt; nach dreizehn Jahren waren in der Gruppe, die an der Vorsorgeuntersuchung teilnahm, 12 Prozent mehr Krebsfälle entdeckt worden, doch die Zahl der Todesfälle war in beiden Gruppe dieselbe.[15] Eine europäische Studie, an der 182 000 Männern teilnahmen, stellte fest, dass Prostatakrebs über einen Zeitraum von elf Jahren unter den Untersuchten 21 Prozent weniger Opfer forderte; das entsprach einem Rückgang von einem Todesfall pro 1000 Männer, das heißt, um einen einzigen Tod durch Prostatakrebs zu verhindern, müssten 1055 Männer untersucht und 37 zusätzliche Fälle behandelt werden. Auf die Sterberate insgesamt hatte die Vorsorgeuntersuchung interessanterweise keine Auswirkungen.[16]

Es ist nur natürlich, dass Menschen, die eine Krebsbehandlung durchlitten haben, ihr Überleben auf die Untersuchung zurückführen, in der die Krankheit erkannt wurde. Deshalb ist es vielleicht schockierend zu hören, dass von den Männern, deren Krebs in der Vorsorgeuntersuchung entdeckt und erfolgreich behandelt wurde, 90 Prozent auch dann noch am Leben wären, wenn sie nicht zu dieser Untersuchung gegangen wären.[17] Wir erzählen uns nun mal gern Geschichten, und dazu gehört, dass wir in A den Grund für B sehen, nur weil A und B aufeinander folgen: Erst die Untersuchung, dann die Behandlung, und sie lebten glücklich bis ans Ende ihrer Tage. Nicht unbedingt.

Aber wenn die Vorsorgeuntersuchung uns keine Gewissheit verschafft, vielleicht liegt die Antwort ja in den Genen? Um das herauszufinden, spuckte David Spiegelhalter in ein Plastikröhrchen und schickte es in die Vereinigten Staaten, wo ein Unternehmen namens *23andMe* einige Marker in seiner DNA überprüfte, um ihm zu sagen, ob er seine Vorfahren für sein Schicksal verantwortlich machen konnte.[18]

Aber das Unternehmen klärte ihn nur über all die schrecklichen Dinge auf, die eintreten *könnten*. Unter anderem informierte es ihn, er habe ein erhöhtes Risiko, an Diabetes vom Typ 2 zu erkranken, und legte ihm zur Verdeutlichung die Abbildung in Grafik 31 bei. Wird David Spiegelhalter eines der schwarzen Männchen? Er ist inzwischen 59 und hat immer noch keinen Diabetes, er hat also gute Chancen, am Ende zu den weißen Männchen zu gehören. Es handelt sich lediglich um ein paar Risikoeinschätzungen auf Grundlage einiger DNA-Schnipsel, die man hätte entnehmen können, als David Spiegelhalter ein Baby war. Inzwischen hat sich vieles geändert, darunter auch die Überlebenschancen.

Grafik 31: **Die Wahrscheinlichkeit, mit der David Spiegelhalter Diabetes vom Typ 2 entwickelt, basierend auf einer Genanalyse**

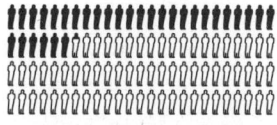

David Spiegelhalter
31,3 von 100
Männern europäischer Herkunft mit David Spiegelhalters Genotyp entwickeln zwischen dem 20. und 79. Lebensjahr Diabetes Typ 2.

Durchschnitt
25,7 von 100
Männern europäischer Herkunft entwickeln zwischen dem 20. und 79. Lebensjahr Diabetes Typ 2.

Um herauszufinden, ob ein genetisches Risiko für die Alzheimer-Krankheit besteht, musste David Spiegelhalter ankreuzen, dass er diese Information ganz sicher, aber auch wirklich ganz sicher erhalten wollte, damit die entsprechende Untersuchung vorgenommen wurde. Also kreuzte er es an. Und die Antwort? Das verrät er Ihnen nicht.

Ist das also die Zukunft? Wie viele unnötige Sorgen, Untersuchungen und Behandlungen wird sie uns bescheren? Wenn wir auch in Zukunft der Gewissheit nachjagen, dann werden wir immer wieder und vielleicht auf sehr schmerzliche Weise erfahren müssen, wie viel es gibt, das wir niemals wissen werden.

Kapitel 25

Geld

I<small>N SEINEM</small> T<small>RAUM</small> sah sich Norm, wie er mit seinem kleinen Bruder im Sand Löcher buddelte, wie in ihrer Kindheit am endlosen Strand von Skegness. Er war gern draußen, er liebte das Meer und die Seeluft. Damals hatte ihnen ihr Vater kleine rote Metallspaten mit Holzgriffen geschenkt. Die Spaten waren spitze, sagten sie, echt spitze. Er drückte ihnen auch Geld in die Hand, damit sie sich ein Eis kauften. Norm fühlte die Münzen in der Hosentasche. Er liebte ihre verheißungsvolle Rundung.

Der Sand war fest und gerade feucht genug, um nicht einzubrechen, während sie ihr Loch gruben, einen tiefen, eckigen Schacht. Es gefiel ihnen, wie der Sand unter dem Spaten nachgab und sich in Schollen wegheben ließ. Dann fing Norms Bruder ein eigenes Loch an. Jetzt hatten sie zwei Löcher, getrennt durch eine meterbreite Sandwand. Sie gruben Stufen in die Wände, um aus ihren Löchern herauszusteigen.

»Ein Tunnel!«, schlug der kleine Bruder vor.

»Ja, ein Tunnel!«, antwortete Norm.

Also verbanden sie die beiden Löcher durch einen Tunnel. Immer breiter machten sie die Öffnung, Scholle für Scholle schnitten sie mit ihren roten Spaten aus dem Sand und hielten Ausschau nach Rissen, damit er nicht einstürzte. Als er fertig war, jubelten sie. Jetzt hatten sie zwei Löcher, die so tief waren, dass nur noch die Köpfe der Jungen herausragten. Und sie hatten eine solide Brücke über einem Tunnel, der einen knappen halben Meter hoch sein musste.

»Super!«, rief ihr Vater, der mit hochgerollten Hosen von oben hereinschaute. »Kann man da auch durchkriechen?«

Norms Bruder sprang hinunter und ging auf die Knie. Er war klein. Er robbte durch den Tunnel und kam auf der anderen Seite wieder heraus.

»Ein Klacks!«, sagte er.

»Jetzt du«, sagte der Vater zu Norm. »Ich schau zu.«

Norm sprang hinein. Unten war der Sand grau, und auf dem Boden hatte sich eine Pfütze gebildet. Das war ihm beim Graben gar nicht aufgefallen. Er schaute durch das Loch und sah, dass der Sand auf der anderen Seite auch grau und nass war. Er kniete sich auf den Boden. Die Röhre war dunkel und eng. Er wollte so schnell sein wie sein Brüderchen, schob Kopf und Schultern in die Öffnung und kroch auf allen vieren weiter. Doch sein Hintern blieb an der Brücke hängen. Einen Moment lang steckte er fest, dann kroch er schnell rückwärts nach draußen.

»Geht nicht.«

»Duck dich weiter runter!«

Ducken hieß nicht, auf dem Bauch robben, aber auch nicht, schnell auf allen vieren krabbeln. Es war irgendwas dazwischen, und das war unangenehm. Sein Gesicht und sein Bauch schleiften knapp über den Boden, und über ihm war so viel Sand. Er duckte sich tiefer und kroch, blieb hängen, duckte sich noch tiefer in den nassen Sand, ins Dunkel, auf den Ellenbogen, die Hüfte fast am Boden, die Lippen zusammengepresst, das Gesicht dicht über dem Sand.

Dann streckte er den Kopf auf der anderen Seite heraus. Sein Körper steckte noch in der Röhre, über ihm ein riesiger Sandklotz, direkt vor ihm eine Wand aus Sand. Er konnte sich nicht aufrichten, stieß mit dem Kopf an die Wand, mit dem Rücken an die Decke, steckte fest, musste sich drehen, schieben, es war so eng, er wand sich, herum, und dann war er halb heraus, schob sich weiter, richtete sich auf, spürte, wie etwas in ihm nachgab, und weinte. Während er noch im Loch stand, sprangen sein Vater und sein Bruder auf die Brücke, bis sie einstürzte. Und als er in der Tasche nachfühlte, waren die Münzen verschwunden.

Norm wachte auf. Er zog seinen Bademantel an und ging nach unten, um seinen Kontostand zu überprüfen und seinen Rentenbescheid herauszusuchen. Lächerlich. Er wusste es doch. Wirklich kindisch, Norm, dass du dich so verunsichert fühlst, so verwundbar, immer wieder, immer noch.

*

OHNE EINEN PFENNIG in einem Loch zu stecken, das ist wirklich kein besonders schwer zu interpretierendes Bild. Damit passt es zu der irrationalen Panik, die uns bei der Gurgel packt, und zu unseren Assoziationen. Albträume und Ängste verschwinden nicht einfach, nur weil wir von uns verlangen, uns nicht lächerlich zu machen.

Norm ist alt geworden. Er hat ein bisschen vom Leben gesehen und ein paar Erfahrungen gesammelt. Doch seine Angst reicht weit zurück, und egal wie weise er sein mag und wie sehr er auch rechnet, sie lässt sich nicht beschwichtigen. Erinnerungen brennen sich ein, jedes Urteil bleibt wie eine tiefe Narbe. Wenn er die Panik noch wie Sand im Mund schmeckt, was kann er dann schon mit objektiven Risikoeinschätzungen ausrichten?

Für Norm, der auf die Logik vertraut, ist das eine schmerzhafte Erkenntnis. Einmal mehr verweigert sich sein Gefühl seinen eigenen Befehlen, und das alles nur wegen eines tyrannischen Moments, der ein ganzes Leben zurückliegt. Ist das unverhältnismäßig? Völlig. Jahrzehntelang hat er sich aufgefordert, endlich erwachsen zu werden und vernünftig zu sein, doch ganz allmählich musste auch Norm lernen, was es bedeutet, ein Mensch zu sein.

Phobien sind ein Extremfall des Verfügbarkeitsfehlers, den wir in Kapitel 4 kennengelernt haben. Damit ist gemeint, dass wir automatisch nach dem greifen, was uns als Erstes in den Sinn kommt. Jeder ist davon betroffen, doch der arme Norm vielleicht ein bisschen mehr, weil wir ihm eine Phobie mitgegeben haben: Die bleibt haften und schießt ihm dauernd in den Sinn, ohne dass er etwas dagegen tun kann. Tut uns leid, Norm.

Daniel Kahneman meint, wir könnten etwas gegen den Verfügbarkeitsfehler tun, wenn wir lernten, »wie ein Statistiker zu denken«, und wenn wir versuchten herauszufinden, was hinter unseren Meinungen steckt. Dazu sollten wir uns Fragen stellen wie: »Hängt meine Überzeugung, dass Überfälle durch Jugendliche ein gravierendes Problem sind, mit einigen Vorfällen aus jüngerer Zeit in meiner Nachbarschaft zusammen?« Oder: »Will ich mich vielleicht deshalb nicht gegen Grippe impfen lassen, weil letztes Jahr in meinem Bekanntenkreis niemand krank geworden ist?«

Die Phobie verfolgt Norm jetzt, weil er Angst hat, dass er in den letzten Jahren seines Lebens besonders verwundbar sein wird – vor allem arm und hilflos. Das klingt nicht nach einem hübschen Sonnenuntergang, aber hat er recht mit seiner Furcht? Oder könnte es sein, dass Norm wie so viele das Erbe seiner Kinder auf Kreuzfahrten verprassen wird, die Taschen voller Münzen aus der Zusatzrente und der Hypothek auf sein Häuschen?

Sicher ist jedenfalls, dass wir heute länger leben (siehe Kapitel 26). Das sollte eigentlich Anlass zur Freude sein, doch viele Menschen haben Angst, dass sie im Alter nicht zurechtkommen und in Armut und Elend leben müssen. Für andere scheint die Generation, die heute das Rentenalter erreicht, alles zu haben und es darauf anzulegen, es bis auf den letzten Pfennig zu verprassen. Was immer davon stimmt, uns geht es hier nicht um den Segen, sondern um die Sorgen und Bürden des langen Lebens – die Bürde für die, die es ertragen müssen, oder für die, die dafür zahlen, dass sich die Alten in der Sonne räkeln.

Welches Bild stimmt also: das der gramgebeugten Alten oder das der prassenden Rentner?

Beide enthalten ein Körnchen Wahrheit. Einigen Rentnern geht es gut, vielen anderen weniger. In diesem Kapitel beschäftigten wir uns mit dem finanziellen Risiko des Ruhestands und des Alters, und wir werden den Blick vor allem auf diejenigen richten, die es weniger gut getroffen haben.

Früher war das Alter keine Zeit des Überflusses. Im Jahr 1900 lebten in Großbritannien geschätzte 5 Prozent der älteren Menschen und 30 Prozent der über 70-Jährigen in den Armenhäusern, die nach der Armengesetzgebung des Jahres 1834 eingerichtet worden waren.[1] Dort sollte das Leben gar nicht angenehm sein, um die Arbeitsfähigen abzuschrecken. Immerhin boten die Armenhäuser medizinische Versorgung.

Für die sozial Schwachen waren die Armenhäuser alles andere als ein Ruhekissen, und heute wissen nur noch wenige, dass auch die Alten hier ihren Lebensabend fristeten. Ein größerer Teil der älteren Menschen lebte allerdings von der Armenfürsorge, von der sie ein wenig Geld, Essen, Kleidung erhielten und mit etwas Glück den Armenhäusern entkamen.

Die meisten alten Menschen waren mehr oder weniger auf andere angewiesen. Einige wurden gut versorgt, aber für die große Mehrheit war dies nicht der Fall, und die Sozialreformer Charles Booth und Seebohm Rowntree beschrieben »eine extreme Knappheit ihrer Mittel«.[2] Erst nachdem das Parlament 1905 eine Kommission einrichtete, wurde darüber diskutiert, die furchtbaren Armenhäuser für »Unbelehrbare wie Trunkenbolde, Faulenzer und Herumtreiber« zu reservieren.[3] George Orwell beschrieb, wie er vor einem Londoner Armenhaus um eine Schlafgelegenheit Schlange stand, neben ihm ein Landstreicher, »eine gebeugte, zahnlose Mumie von 75 Jahren«.[4]

Mit dem Aufbau der Rentenversicherung im 20. Jahrhundert verbesserte sich das Rentnerdasein stetig. Frauen blieben allerdings lange benachteiligt und erhielten ihre Rentenzahlungen oft nur als Ehefrauen oder Witwen von Männern mit Rentenanspruch. Trotzdem sind sich die meisten Beobachter einig, dass alte Menschen heute unvergleichlich weicher gebettet sind als früher, zumal dank Altersteilzeit, vorgezogenem Ruhestand und Zusatzrenten. Allerdings warnen neuerdings Stimmen, dass sich das bald wieder ändert und dass die nächste Rentnergeneration einer weniger rosigen Zukunft entgegensieht.

Grafik 32: **Anteil der Rentnerhaushalte, die nach Abzug der Miete mit weniger als 60 Prozent des mittleren Haushaltseinkommens leben müssen (wie die Armut definiert wird)[5]**

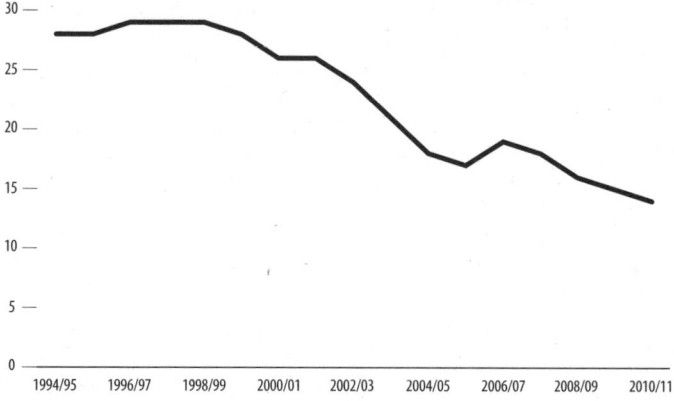

Es gehen zwei große Ängste um: erstens, nicht genug zu haben, um über die Runden zu kommen, solange man noch nicht auf andere angewiesen ist, und zweitens, von den Kranken- und Pflegekosten aufgefressen zu werden.

Damit kommen wir zu den Zahlen. Etwa jeder sechste Rentnerhaushalt in Großbritannien lebt nach der gängigen Definition in Armut und hat weniger als 60 Prozent des mittleren Haushaltseinkommens zu Verfügung. Dieser Anteil ist jedoch deutlich gesunken und hat sich seit 1999 fast halbiert. Für fast 2 Millionen Briten bleibt die relative Armut im Alter jedoch eine Tatsache, auch wenn diese Zahl weiter sinkt.[*]

[*] In Deutschland waren im Jahr 2012 15,1 Prozent Rentner und Rentnerinnen von Armut bedroht – das war ein wenig mehr als 2008 (15 Prozent). Bis 2010 war der Anteil auf 13,4 Prozent abgesunken, danach aber wieder gestiegen. Insgesamt waren 2012 fast 20 Prozent der Bevölkerung von Armut bedroht, vor allem Alleinerziehende (www.destatis.de) (Anm. d. Red.).

Anderen Bevölkerungsgruppen geht es deutlich schlechter. Erstaunlicherweise müssen sich die Rentner von heute im Durchschnitt weit weniger vor der Armut fürchten als die meisten anderen gesellschaftlichen Gruppen, mit Ausnahme von Vollzeitbeschäftigen.*

Grafik 33: **Anteil der verschiedenen Haushalte, die in relativer Armut leben**[6]

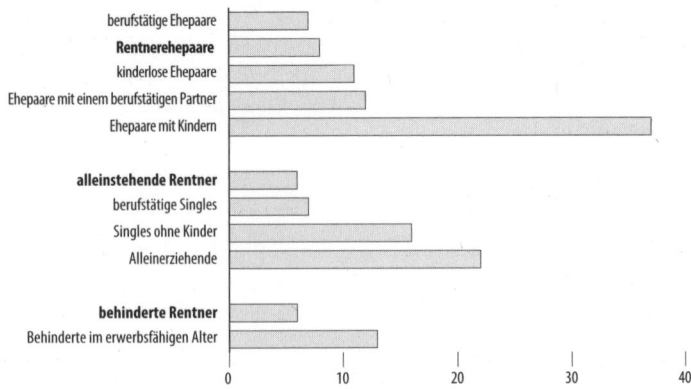

Tatsächlich ist es so, dass es gerade den ärmsten Arbeitnehmern nach der Pensionierung besser geht als vorher. Eine britische Altersstudie verfolgt Tausende Menschen über ihr Leben hinweg. Im jüngsten Bericht heißt es: »Menschen, die vor ihrer Pensionierung ein geringfügiges Einkommen (weniger als 150 Pfund pro Woche)† verdienten, erhalten nach der Pensionierung tendenziell ein höheres Einkommen, möglicherweise aufgrund der staatlichen Unterstützung für Rentner mit niedrigen Einkommen.«[7]

---

* Wir gehen hier von Haushaltseinkommen aus. Da in einem Haushalt unterschiedlich viele Angehörige leben, werden die Zahlen entsprechend angepasst. Dabei geht man davon aus, dass Singles etwa zwei Drittel des Einkommens eines Paares benötigen, um denselben Lebensstandard zu erreichen. Familien mit Kindern benötigen wiederum mehr als kinderlose Paare. Auf diese Weise lassen sich verschiedene Haushalte ungefähr miteinander vergleichen.

† Das entspricht ungefähr 750 Euro pro Monat (Anm. d. Übers.).

Das Bild der verarmten Alten ist also falsch. Nicht, weil es allen rosig ginge, sondern weil wir alte Menschen grundsätzlich besser behandeln als früher. Wenn Menschen im Alter arm sind, dann nicht, weil sie alt sind, sondern weil sie auch schon in jüngeren Jahren arm waren. Der Eintritt ins Rentenalter ist in den seltensten Fällen die Ursache für die Armut.

Für die Angehörigen der Mittelschicht ist der Ruhestand nicht gleichbedeutend mit Armut, doch er kann oft einen deutlicheren Einschnitt bedeuten. Das Einkommen sinkt, und zwar in der Regel um etwa ein Viertel. Im Jahr 2009 sank das durchschnittliche Nettoeinkommen nach allen Abzügen von knapp 2000 Euro pro Monat vor der Rente auf knapp 1500 Euro danach.

Der Wohlstand eines Menschen lässt sich nicht nur an seinen Einnahmen, sondern auch seinen Ausgaben bemessen. Hier hat der gewaltige Preisanstieg bei Heizöl, Gas und Benzin in den letzten Jahren einen großen Teil der Einkommenszuwächse wieder aufgefressen, genau wie die Inflation bei anderen Altersgruppen. Aber da Rentner tendenziell mehr Geld für Grundbedürfnisse ausgeben und diese sich schneller verteuert haben als alles andere, leiden sie mehr unter den gestiegenen Preisen als andere, weshalb der relative Anstieg ihrer Einkommen niedriger ausfällt, als dies auf dem Papier erscheint.

Trotzdem hat sich das Rentnerdasein insgesamt und auf lange Sicht dramatisch verbessert, vor allem für die Ärmsten. Die Altersarmut ist in Großbritannien auf dem Rückzug. Für die Mittelschicht kann der Ruhestand einen Einkommensverlust bedeuten, doch der ist in der Regel zu verkraften.

Aber ein einziger Kostenfaktor kann alles auf den Kopf stellen. Denn Sie können sich zwar gegen Arbeitslosigkeit und Krankheit versichern, Sie können sich gegen Brände, Haushaltsunfälle, Unfälle im Straßenverkehr oder im Ausland versichern, Sie können Ihre Haustiere versichern, und auf dem Aktienmarkt können Sie sich sogar gegen das Ende der Welt versichern, aber eines können Sie in Großbritannien nicht: Sie können sich nicht gegen die potenziellen Pflegekosten im Alter versichern.

Im Jahr 2012 war dies mit das einzige finanzielle Risiko, das Briten in den Ruin stürzen konnte, ohne dass sie etwas dagegen tun können. Es gab lediglich ein verwirrendes und ungerechtes Pflegesystem, das die Betroffenen mit dem Verlust ihres gesamten Vermögens bestrafte, das Haus eingeschlossen. Selbst zu diesem Preis gab es erhebliche Qualitätsunterschiede bei der Pflege.

Wenn man sich nicht gegen ein Risiko versichern kann, bleibt einem nichts anderes übrig, als es mit Fassung zu tragen, wenn es so weit ist. Das kann allen das Leben vermiesen, selbst denen, die keine Pflege benötigen, aber Sie wissen eben nicht, ob es Sie treffen wird oder nicht.

Nach Schätzungen wird ein Viertel der heute 65-Jährigen im Alter kaum einen Cent für Pflege ausgeben müssen. Die Hälfte kann mit Kosten von bis zu 25 000 Euro rechnen, doch ein Zehntel wird mehr als 125 000 Euro aufbringen müssen. Einige könnten Hunderttausende benötigen, aber niemand weiß, wer das sein wird, und niemand kann vorhersagen, welche Kosten auf ihn oder sie zukommen werden.[8] Wer wenig oder nichts hat, wird vom Staat versorgt. Die Übrigen zittern vor dem unkalkulierbaren Risiko, das auch die privaten Versicherer aus dem britischen Markt vertrieben hat.

Diese Ungewissheit darüber, wem das dicke Ende blüht, könnte ein rätselhaftes Verhalten von älteren Menschen erklären: In einem Lebensabschnitt, in dem viele Menschen Einkommensverluste hinnehmen müssen und Wirtschaftswissenschaftler annehmen, sie würden nun auf ihre Ersparnisse zurückgreifen, um ihren Lebensstandard zu halten, sparen viele weiter. Vermutlich befürchten sie, zu den unglücklichen 50 Prozent zu gehören. Wenn auch das noch zu optimistisch war und sie zu den noch unglücklicheren 10 Prozent mit noch teureren Bedürfnissen gehören, dann hilft vermutlich auch alles Sparen nicht mehr. Deshalb hat Norm Recht: Das Leben im Ruhestand bleibt ein finanzielles Vabanquespiel, bei dem einige alles verlieren können.

Kapitel 26

Ende

Der Asteroid hatte die Erde noch einmal verschont. Die Wahrscheinlichkeit einer Kollision war immer weiter gesunken, wie es oft ist, wenn nach der Entdeckung die Flugbahn immer genauer berechnet werden kann. Schon Jahre im Voraus war klar, dass die Apokalypse noch einmal vertagt worden war.

Sterngucker beobachteten den Vorbeiflug, fasziniert und mit einem leisen Schauer bei dem Gedanken, dass dies der große Knall hätte sein können. »Was wäre wenn …«, sagten sie.

Norm ging nicht nach draußen. SO34 flog schweigend zwischen Erde und Mond hindurch und segelte in die Vergessenheit. Es war ein falsch positiver Befund gewesen. Ein Nicht-Ereignis. Die Immobilienpreise waren leicht gestiegen.

An diesem Abend stand er stolz im Schlafanzug am Fenster, die Zahnbürste mit der Zahncreme in der rechten Hand. Im dunklen Fenster sah er das Spiegelbild eines gebeugten Norm, und es schien ihm, als sähe er diesen Körper zum ersten Mal. Aber das war ihm jetzt auch alles egal.

Eine Minute verging. Die Zahnpaste rutschte von der Bürste. Die Rohre der Zentralheizung knackten.

»Kein Hecht da draußen?«, fragte Norm schließlich laut.

Keine Antwort. Er hatte die Frage schon einmal gestellt, aber er war sich nicht mehr so sicher, ob er eine Antwort wollte. War es denn so wichtig? Was, wenn ihm jemand geantwortet und ihm gesagt hätte, was er tun sollte? Ihm alle Antworten gegeben hätte? Norm seufzte. Man muss sich nicht entscheiden, wenn alle Antworten auf dem Tisch liegen.

Er lächelte. Dann sah er Norm aus halb geschlossenen Augen an. »Ich durchschaue dich«, sagte er.

Damit hatte er sogar fast recht, denn er wurde von Tag zu Tag immer blasser. Mit dem Alter bekam seine Haut etwas Durchsichtiges, es war kein Weiß, kein Grau, kein Blau, kein Rot, kein Braun. Tupper-Haut nannte es seine Frau. Und Tupper-Haar. Die Menschen übersahen ihn. Sie behaupteten, sie verstünden ihn nicht mehr.

»Alles in Ordnung?«, fragte sie aus dem Nebenzimmer.

»Ja«, antwortete er.

Norm hielt seinen eigenen Blick aus, der starr war wie ein Rembrandt. Sein ganzes Leben lang hatte er versucht, die Angst auf Wahrscheinlichkeiten zu reduzieren. Komischerweise hatte er jetzt keine Angst mehr.

»Wahrscheinlichkeit? Das gibt es doch alles gar nicht«, sagte er, um den Mann im Fenster zu ärgern. Der ärgerte ihn ja auch, sogar mit demselben dünnen Stimmchen. Er starrte genauer hin. Seine Augen waren in letzter Zeit so schwach geworden, dass er ihn kaum erkannte.

»Durchschnitt wovon?«, murmelte er. Im Dämmerlicht fühlte er sich fast schwerelos. Dann fiel die Zahnbürste zu Boden.

Also kein Hecht. Nicht für ihn. Er bückte sich langsam und streckte die Hand nach der Zahnbürste. Wie der Junge, der da stand – ja, wo stand er eigentlich? An einem Ufer? Oder war das ein Traum? –, mit seinen dünnen Ärmchen. Und während er sich nach der Zahnbürste streckte oder dachte, dass er sich streckte, wurde er durchsichtiger und immer durchsichtiger, und mit einem Mal spürte er nichts mehr. Norm war verschwunden.

Am nächsten Morgen wachte Norms Frau auf und drehte sich um. Während sie den Tee kochte, rief Kelvin an und fragte, ob sie ihn mitnehmen könnten.

»Hast du Norm gesehen?«, fragte sie.

»Wen?«, fragte Kelvin. Auch er war alt geworden. Aber vielleicht hatte er ja recht.

»Ach nichts.«

Später fand sie den Schlafanzug auf dem Fußboden im Badezimmer, und daneben eine Zahnbürste.

Als Kelvin am Nachmittag mit seinem Rollstuhl aus dem Wettbüro rollte, hatte er einen Herzinfarkt – wahrscheinlich die vielen Kippen und Hamburger – und verabschiedete sich ganz plötzlich. Kein ungewöhnlicher Tod für einen Mann seines Alters und mit seinen Gewohnheiten, auch wenn er sich noch so sehr über diese Auskunft geärgert hätte. Selbst für unkonventionelle Menschen gibt es Durchschnitte, und ohne dass Kelvin es wusste, war er typisch unkonventionell.

Jahre später, während sie in ihren Haferschleim sabberte, dachte Prudence ein letztes Mal an Norm und hoffte, dass er in Sicherheit war, wo auch immer er sein mochte. Doch es fühlte sich alles so komisch und verwirrend an, und wenig später hatte sie ihn schon wieder vergessen. Nachdem sie sich so lange so fürsorglich um sich gekümmert hatte, hatte ihr Körper ihren Geist überlebt. Sie schwebte noch für fünf Jahre dahin, endlich sorglos und bis zum Schluss liebevoll umsorgt von ihrer Familie.

Wenn man davon ausgeht, dass jedem im Leben durchschnittlich mindestens einmal etwas Ungewöhnliches zustößt, dann erscheint Norms rätselhaftes Verschwinden vielleicht nicht mehr gar so verwunderlich. Auch wenn für viele Menschen das Ungewöhnliche darin besteht, dass ihnen so gar nichts Ungewöhnliches passiert.

✳

Mußte Norm verschwinden? Die Frage beantworten wir im nächsten und letzten Kapitel. Obwohl wir natürlich alle irgendwann den Hut nehmen müssen. In dieser Hinsicht ist der Tod kein Risiko. Er holt uns mit einer Wahrscheinlichkeit von 100 Prozent.

Das einzige Risiko besteht darin, dass der Sensenmann früher klopfen könnte, als wir denken. Für so manchen wird der richtige Moment nie kommen. Für Kelvin war der Tod nichts als eine weitere Regel, gegen die er sich auflehnen wollte. Und als der Tod Prudence die Hand auf die Schulter legte, war es ihr zum ersten Mal im Leben egal. Doch das Timing war für alle normal.

Aber was bedeutet schon normal?

»Unser Leben währt siebzig Jahre«, heißt es in Psalm 90 des Alten Testaments, auch wenn bis vor Kurzem kaum jemand dieses Alter erreichte. König George III. war der erste englische Monarch überhaupt, der 70 wurde, und das war im Jahr 1820. Seine Vorfahren litten unter ihren zugigen Burgen, miserablen Sanitäranlagen und finsteren Kriegen. Wenige historische Gestalten erreichten dieses Alter: Kaiser August wurde 76, Michelangelo bildhauerte bis zum erstaunlichen Alter von 88.

Dass die Bibelschreiber auf die Zahl 70 kamen, hatte vielleicht einen anderen Grund: In der Antike ging der Aberglaube um, dass die Vielfachen von sieben besonders gefährliche Lebensjahre waren. Die »kritischen Jahre« 49 und 63 galten als besonders gefährlich.

Um diesem Aberglauben entgegenzuwirken, begann im Jahr 1689 ein Priester namens Caspar Neumann aus Breslau damit, das Sterbealter von Menschen festzuhalten. Im Jahr 1693 gelangten Neumanns Tabellen in die Hände des englischen Sternguckers Edmond Halley, der sein Fernrohr beiseitelegte, um die ersten ernstzunehmenden Sterbetafeln anzulegen und zu ermitteln, mit welcher Wahrscheinlichkeit jemand welches Alter erreicht.

Halley fand keinen Hinweis darauf, dass das 49. oder das 63. Lebensjahr besonders gefährlich waren, und legte damit den Aberglauben der »kritischen Jahre« zu den Akten. Auch sein Komet erschien pünktlich wie von ihm vorhergesagt im Jahr 1758 am Himmel. In diesem Jahr wäre Halley 101 Jahre alt geworden, hätte ihn nicht vorher seine Sterblichkeit ereilt. Halleys Tabellen enden mit dem 84. Lebensjahr. Er errechnete, dass man dieses Alter mit einer

Grafik 34: **Edmond Halleys Sterbetabelle, aus der hervorgeht, wie viele von ursprünglich 1000 Personen welches Alter erreichen**[1]

Age. Curt.	Per- fons.	Age. Curt.	Per- fons.	Age. Curt.	Per- fons.	Age. Curt.	Per- fons.	Age. Curt.	Per- fons.	Age. Curt.	Per- fons.
1	1000	8	680	15	628	22	586	29	539	36	481
2	855	9	670	16	622	23	579	30	531	37	472
3	798	10	651	17	616	24	573	31	523	38	463
4	760	11	653	18	610	25	567	32	515	39	454
5	732	12	646	19	604	26	560	33	507	40	445
6	710	13	640	20	598	27	553	34	499	41	436
7	692	14	634	21	592	28	546	35	490	42	427

Age. Curt.	Per- fons.	Age. Curt.	Per- fons.	Age. Curt.	Per- fons.	Age. Curt.	Per- fons.	Age. Curt.	Per- fons.	Age. Curt.	Per- fons.
43	417	50	346	57	272	64	202	71	131	78	58
44	407	51	335	58	262	65	192	72	120	79	49
45	397	52	324	59	252	66	182	73	109	80	41
46	387	53	313	60	242	67	172	74	98	81	34
47	377	54	302	61	232	68	162	75	88	82	28
48	367	55	292	62	222	69	152	76	78	83	23
49	357	56	282	63	212	70	142	77	68	84	20

Age.	Perfons.
7	5547
14	4584
21	4270
28	3964
35	3604
42	3178
49	2709
55	2194
63	1694
70	1204
77	692
84	253
100	107
34	
28	
23	
20	34000 Sum Total.

Bis zum 15. Lebensjahr waren von den ursprünglich 1000 Personen nur noch 628 am Leben. Ein Jahr später waren es bereits 6 weniger, was einer Sterblichkeit von 6/628 = 1 Prozent entspricht. Das 75. Lebensjahr erreichen nur noch 88, wovon 10 vor dem 76. Geburtstag sterben, was einer Sterblichkeit von 10/88 = 11 Prozent entspricht.

Wahrscheinlichkeit von 2 Prozent erreicht, und als wolle er sich etwas beweisen, starb er mit 85.

»Sterblichkeit« ist ein technischer Begriff für die altersspezifische Sterbewahrscheinlichkeit. Die Form der Sterblichkeitskurve, die Sie in Grafik 35 sehen, scheint durch die gesamte Menschheitsgeschichte hinweg konstant zu bleiben: Kurz nach der Geburt ist das Risiko groß, um dann auf den tiefsten Punkt zu sinken und allmählich wieder anzusteigen. Der genaue Verlauf der Kurve in Kindheit und Jugend hängt allerdings mit den Infektionskrankheiten und Kriegen der jeweiligen Zeit zusammen, und heutzutage natürlich auch mit leichtsinnigen Verhaltensweisen wie Autofahren unter Alkohol- oder Drogeneinfluss.

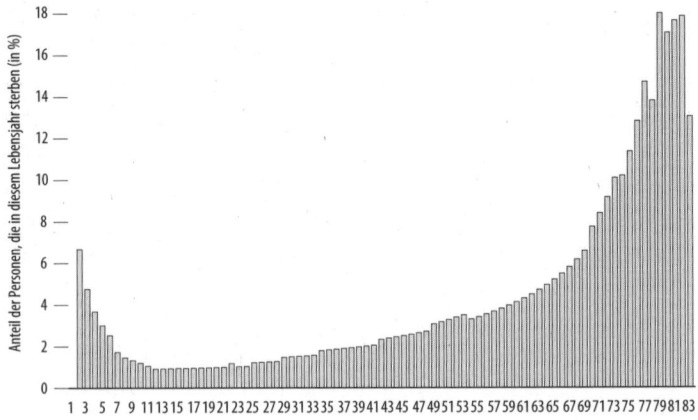

Grafik 35: **Die altersspezifische Sterbewahrscheinlichkeit, basierend auf Halleys Daten aus den 1680er Jahren**

Zu Halleys Zeiten starben pro Jahr etwa 1 Prozent aller 15-Jährigen und 11 Prozent aller 75-Jährigen. Heute liegt dieser Anteil bei etwa 0,02 beziehungsweise 3,5 Prozent.

Im Jahr 1825 stellte Benjamin Gompertz, der als Jude nicht an einer Universität studieren durfte, das »Sterblichkeitsgesetz« auf, das besagt, dass ab etwa dem 25. Lebensjahr die Sterbewahrscheinlichkeit konstant zunimmt. Das ist erstaunlich korrekt: Zwischen dem 25. und dem 80. Lebensjahr nimmt das Sterberisiko jährlich im Vergleich zum Vorjahr um 9 Prozent zu, wie wir schon in Kapitel 17 gesehen haben. Gompertz mühte sich redlich, seinem eigenen Gesetz von der Schippe zu springen, doch im Alter von 86 Jahren gab auch er auf.

Die Lebensdauer wird in der Regel als Lebenserwartung ausgedrückt – das durchschnittliche Lebensalter –, doch wie wir schon so oft gesehen haben, sind Durchschnittswerte trügerisch. Die durchschnittliche Lebenserwartung wird zum Beispiel stark durch die Kindersterblichkeit beeinflusst; wer die Kindheit übersteht, kommt oft auf ein ansehnliches Alter, auch wenn der Durchschnitt nicht sonderlich hoch ist.

354

Im Jahr 1958, als Paul McCartney »When I'm 64« schrieb, war er gerade 16 geworden, ein Alter, in dem 64-Jährige alte Knacker sind, zumal in einer Zeit, in der man sich Rentner als verhutzelte Opas vorstellte, die mit Pantoffeln im Ohrensessel sitzen und auf den Tod warten. Doch selbst die Chance, die Kindheit zu überleben und 16 Jahre alt zu werden, hat sich seither dramatisch verbessert. Ein Blick in die Sterbetafeln verrät uns, dass im Jahr 1841 in England und Wales erschreckende 31 Prozent aller Kinder das 16. Lebensjahr nicht erlebten.[2] Aber wer überlebte, hatte eine fast 50-prozentige Chance, 64 Jahre alt zu werden. Als die Beatles schließlich im Jahr 1966 »When I'm 64« für ihr legendäres Album *Sgt. Pepper's Lonely Hearts Club Band* aufnahmen, starben nur 2,5 Prozent aller Kinder vor dem 16. Lebensjahr; Mädchen, die so alt wurden, feierten mit einer Wahrscheinlichkeit von 85 Prozent ihren 64. Geburtstag, Jungen mit einer Wahrscheinlichkeit von 74 Prozent – der Unterschied hängt zumindest zum Teil mit der ungesünderen Lebensweise so vieler Männer zusammen.

Im Jahr 2009 erreichten 99 Prozent aller Kinder das 16. Lebensjahr, und die Wahrscheinlichkeit, 64 zu werden, war bei Frauen auf 92 und bei Männern auf 87 Prozent gestiegen. Damit hatten Frauen eine durchschnittliche Lebenserwartung von 82 und Männer von 78 Jahren. Das hängt natürlich davon ab, wo Sie leben, und das wiederum hängt davon ab, wo Sie es sich *leisten* können zu leben. Wenn Sie das Glück haben, in den Londoner Reichenvierteln Kensington oder Chelsea zu residieren, dann dürfen Sie damit rechnen, bei Tee und Minzplätzchen (oder heute vielleicht eher bei Caffè Latte und Crème brûlée) als Frau 90 und als Mann 85 Jahre alt zu werden. Wenn Sie dagegen in Glasgow mit seinen etwas anderen Ess- und Lebensgewohnheiten wohnen, dann kostet Sie das im Vergleich 12 beziehungsweise 13 Jahre.[3] Doch die Lebenserwartung ist den letzten Jahren so schnell gestiegen, dass die benachteiligten

Einwohner von Glasgow heute immerhin so alt werden wie der englische Durchschnitt im Jahr 1983.[*]

In Großbritannien steigt die Lebenserwartung bereits seit Jahrzehnten um drei Monate pro Jahr. Das heißt, nachdem Sie 48 Mikro-Leben verbraucht haben, nur weil Sie sich durch den Tag geschleppt haben, bekommen Sie 12 wieder zurück: von den netten Menschen, die Kanalisationen bauen, uns Medikamente spritzen, uns vom Rauchen abhalten, uns fettarme Milch verkaufen und uns im Krankenhaus pflegen.

Aber das ist noch gar nichts im Vergleich zu den enormen Veränderungen in anderen Ländern. Im Jahr 1970 hatten Vietnamesen eine Lebenserwartung von 48 Jahren, heute liegt sie bei 75. Für diesen Sprung brauchten die Briten doppelt so lang, von 1894 bis 1986.

Hinter den kalten Zahlenreihen der historischen Sterbetafeln stecken gewaltige Umwälzungen. Napoleons Russlandfeldzug (der mindestens 400 000 Menschenleben kostete) senkte die Lebenserwartung kurzzeitig auf 23 Jahre, die Grippeepidemie von 1918/19 kostete die französischen Frauen durchschnittlich zehn Jahre ihres Lebens[4], und Aids drückte die Lebenserwartung in Südafrika von 63 im Jahr 1990 auf 54 im Jahr 2010.[5] Im Jahr 1901 betrug die Lebenserwartung männlicher Afroamerikaner in den Vereinigten Staaten 32 Jahre, und 43 Prozent starben vor dem 20. Lebensjahr, während ihre weißen Mitbürger durchschnittlich 48 Jahre alt wurden und nur 24 Prozent den 20. Geburtstag nicht erlebten. Hundert Jahre später ist der Unterschied noch immer nicht ganz geschwunden, auch wenn er von 16 auf 5 Jahre geschrumpft ist.

Die genannten »Lebenserwartungen« basieren auf den aktuellen Sterbetafeln und können künftige Entwicklungen natürlich nicht mit einbeziehen. Wenn wir etwas über die Lebenserwartung der heute geborenen oder künftiger Generationen aussagen wollten,

[*] In Deutschland werden die Menschen in Baden-Württemberg am ältesten: Die Lebenserwartung für Frauen lag dort 2011 bei über 83 Jahren, die für Männer bei rund 79 Jahren; die geringste Lebenserwartung hatten Frauen im Saarland, sie lag bei rund 81 Jahren, und bei nicht mal 76 Jahren für Männer in Mecklenburg-Vorpommern (www.destatis.de) (Anm. d. Red.).

müssten wir Prognosen darüber anstellen, wie sich Gesundheit und Lebenserwartung in den kommenden Jahren entwickeln. Nach den aktuellen Prognosen können Jungen, die heute zur Welt kommen, damit rechnen, 90 Jahre alt zu werden, und Mädchen sogar 94.[7] Aus dieser Kohorte feiern geschätzte 32 Prozent aller Männer und 39 Prozent aller Frauen ihren 100. Geburtstag und bekommen ein Brieflein von der Queen oder wer auch immer diese Aufgabe Anfang des 22. Jahrhunderts übernehmen wird.[8] Männer, die im Jahr 2050 zur Welt kommen, werden durchschnittlich 97 und Frauen 99 Jahre alt, das heißt, sie sterben um das Jahr 2150. Jede Generation reicht mit einem längeren Arm in die Zukunft.[*]

Diese Prognosen sind verständlicherweise sehr umstritten. Gibt es so etwas wie einen eingebauten Alterungsprozess? Wenn ja, lässt er sich immer weiter hinausschieben oder gar aufhalten? Oder gibt es eine gläserne Decke, an die wir mit unseren runzligen Glatzen stoßen? Die Diskussion wird leidenschaftlich geführt. Wenn Sie eine Gruppe von Altersexperten in einen Raum stecken, können Sie froh sein, wenn es Überlebende gibt. Seit Jahren hört man immer wieder, jetzt sei die Grenze erreicht, doch die Lebenserwartung steigt trotzdem ständig weiter. Einzelfälle erregen unsere Aufmerksamkeit. Jeanne Calmet kam 1875, kurz nach dem Deutsch-Französischen Krieg, zur Welt, schlug sich bis 1997 durch und starb im Alter von 122 Jahren. Heute gibt es mehr 115-Jährige, als Sie Kerben in Ihren Gehstock machen können.

Eines lässt sich mit Sicherheit über die in Zukunft geborenen Kinder sagen: Es wird eine Menge alte Menschen geben, um die sie sich kümmern dürfen, denn diejenigen, die heute um die Lebensmitte herumkrebsen, werden so schnell nicht verschwinden. Die Vereinten Nationen gehen davon aus, dass der Anteil der über 60-Jährigen an der Weltbevölkerung sich zwischen 2007 und 2050 verdoppeln wird, da die Menschen immer älter werden und bei

---

[*] Mädchen, die 2060 in Deutschland geboren werden, haben vermutlich eine Lebenserwartung von 89 Jahren, Jungen eine von 85 Jahren (www.destatis.de) (Anm. d. Red.).

sinkenden Geburtenraten immer weniger junge Menschen nach-
kommen.[9] Im Jahr 2050 werden 2 Milliarden über 60-Jährige und
400 Millionen über 80-Jährige die Erde bevölkern.

Aber in welchem Zustand befinden sich diese vielen alten Menschen? Nachdem der Dichter von Psalm 90 verkündet, »unser Leben
währt siebzig Jahre«, schreibt er weiter »und wenn es hoch kommt,
sind es achtzig. Das Beste daran ist nur Mühsal und Beschwer,
rasch geht es vorbei, wir fliegen dahin.« Das macht einem das Alter
nicht gerade schmackhaft. Unternehmen wir diese ganzen Anstrengungen nur, um länger irgendwo in einer Ecke zu hocken, während
der Fernseher plärrt und wir mühsam zu verstehen versuchen, was
unsere widerwilligen Besucher uns zubrüllen?

Neue Untersuchungen zeichnen ein optimistischeres Bild von
unserer Gesundheit: 78 Prozent von tausend willkürlich ausgewählten 85-Jährigen aus Newcastle meinten, es ginge ihnen im Vergleich
mit ihren Altersgenossen mindestens »gut«[10], und nur 16 Prozent
litten unter Depression.

Aber 61 Prozent der Befragten lebten allein, und Einsamkeit steht
oft mit schwindenden geistigen Fähigkeiten in Zusammenhang,
und davor fürchten sich vermutlich mehr Menschen als vor körperlichen Gebrechen. Dies ist schon heute ein großes Thema, und
es wird sicher nicht kleiner werden. 30 Prozent der über 90-Jährigen
leiden unter Demenz, und diese Altersgruppe soll von 1,2 Millionen
im Jahr 2010 auf 1,8 Millionen im Jahr 2051 wachsen.[11] Im Jahr 2003
lebten geschätzte 700 000 Demenzkranke in Großbritannien, und
diese Zahl wird bis 2051 vermutlich auf 1,7 Millionen steigen. Diese
Menschen sind heute alle am Leben, und vielleicht sind Sie einer
davon.[12]

Im Jahr 1958 symbolisierte »64« für Paul McCartney den Lebensabend. Doch die Generation der kurz nach dem Zweiten Weltkrieg Geborenen, die dieses Alter heute erreicht hat, genießt ein
angenehmes Leben; sie sieht sich »im besten Alter« und hat noch
mehr vor sich als den raschen Niedergang. Im Jahr 2008 durften
64-jährige britische Männer noch damit rechnen, durchschnittlich

weitere 17 Jahre zu leben, 10 davon bei guter Gesundheit, und Frauen blieben sogar noch 20 Jahre und 11 bei guter Gesundheit[13] – wobei es sich bei der »guten Gesundheit« um eine subjektive Einschätzung handelt, die auf einer 5-Punkte-Skala bewertet wird.

Was fangen diese Menschen mit ihrer Zeit an? Seltsamerweise lässt die relative Nähe des Todes das Risiko weniger riskant erscheinen, zumindest zahlenmäßig. Wenn man sich die relativen Risikowahrscheinlichkeiten ansieht, dann wundert man sich, warum nicht mehr Alte mit dem Feuer spielen. Vielleicht wundern Sie sich über diese Rechnung, aber sehen Sie sie sich einmal an.

Unlängst wurde David Spiegelhalter gebeten, für eine Fernsehsendung im Tandem aus einem Flugzeug zu springen. Natürlich sah er sich vorher die Statistiken an. Ein Fallschirmsprung entspricht etwa 10 MikroMorts (siehe Grafik 36), doch er ging davon aus, dass ein Tandemsprung etwas sicherer war (nach Angaben der Britischen Fallschirmspringervereinigung kommt auf 340 000 Tandemsprünge ein Todesfall[14]). Damit würde ein Sprung ein Risiko von 7 MikroMorts bedeuten.

Für einen jungen Hüpfer von 18 Jahren (jährliches Sterberisiko 530 MikroMorts) entsprechen diese 7 MikroMorts einem Risiko von fünf Tagen, während es für einen Mann in David Spiegelhalters Alter (jährliches Risiko 7000 MikroMorts) gerade einmal neun Stunden sind. So gesehen ist es vernünftiger, wenn sich ein alter Knacker aus einem Flugzeug stürzt und mit einer Harley durch die Serpentinen rast, als wenn dies ein junger Aufschneider tut, der sein Leben noch vor sich hat. Aber versuchen Sie mal, das dem Bürschchen zu erklären.

Kapitel 27

Das Jüngste Gericht

W IR – DIE AUTOREN – haben ein Problem: Wir mögen Zahlen und glauben, dass sie eine wichtige Rolle spielen können. Aber wir mögen auch unsere neuen Freunde. Verzeihen Sie die Eitelkeit, aber wir finden Norm, Prudence und die Kevlins eigentlich ganz in Ordnung (wir haben sie schließlich erfunden). Und nur weil wir persönlich gern nach Daten und Mustern suchen, würden wir nicht behaupten, dass der eine oder die andere von ihnen unvernünftig ist, nur weil er oder sie das nicht tut.

Es ist in Mode gekommen, anderen ihre kognitiven Verzerrungen und ihr unvernünftiges Verhalten vorzuhalten. Wir sind jedoch der Ansicht, dass viele Risikoeinschätzungen, die wir gern als irrational abtun, in Wirklichkeit nur eine Frage der Perspektive sind oder mit der schieren Komplexität der Entscheidung zusammenhängen. Im Grunde denken und handeln unserer Freunde nämlich sehr wohl vernünftig, eben jeder auf seine Weise.

Wenn wir diese Denkweise selbst nicht teilen, sollten wir sie deshalb nicht einfach vom Tisch fegen. Sie können Norm gern einen Erbsenzähler nennen, Kelvin einen Halodri oder Prudence eine Nervensäge, aber das wäre zu einfach. Wenn wir uns ansehen, was jeder der drei vom Leben erwartet, könnten wir nicht einmal behaupten, dass sie mit den potenziellen Gefahren falsch umgehen. Wir können ihnen nicht mit Statistiken vorschreiben, wie sie ihr Leben zu leben haben. Flugzeuge mögen sicherer sein als Autos, aber wer Flugangst hat, dem ist mit dieser Information nicht geholfen. Was wir unter Gefahr verstehen, ist selten eine einfache Sterblichkeitsziffer. Wie wir gesehen haben, geht es oft nicht einmal um Gefahr.

Unsere Freunde mögen sonderbar sein, aber dumm sind sie nicht, denn sie wissen, worauf es ihnen ankommt. Sie leben in einer unsicheren Welt, in denen sich Risiken ständig verändern und bei allen Wahrscheinlichkeiten niemand vorhersagen kann, wie sich die Zukunft entwickelt. Ihre Ängste sind keine irrationalen Monster unter dem Bett, sondern echte Sorgen in realen und unübersichtlichen Situationen.

Was nicht heißen soll, dass Risiken grundsätzlich eine Frage der Perspektive sind. Flugzeuge sind im Durchschnitt tatsächlich sicherer als Autos. Wir sind jedoch der Ansicht, dass unsere persönlichen Risikoeinschätzung immer auch von unseren Werten und Sichtweisen abhängt. Die objektiven Zahlen lassen sich nicht von den subjektiven Wahrnehmungen trennen. Wenn ein Risiko 1 zu 400 beträgt, dann richtet sich der Blick automatisch auf die Eins. Und wenn wir meinen, umgekehrt könne man doch einfach sagen, dass mit einer Wahrscheinlichkeit von 399 zu 400 nichts passiert, dann mag das mathematisch korrekt sein; aber wenn wir auf diese beiden Sichtweisen ganz unterschiedlich reagieren, dann ist das keineswegs irrational. Es zeigt lediglich, dass die Perspektive genauso wichtig ist wie die Zahlen. Stellen Sie sich zum Vergleich vor, Sie sehen das Land aus der Sicht der Stadt oder die Stadt aus der Sicht des Landes. Stadt und Land existieren unabhängig von dem Standpunkt, von dem aus wir sie betrachten, doch das heißt nicht, dass der Standpunkt unwichtig wäre. Die Sichtweise ist genauso wichtig wie die Proportionen. Risiko existiert nicht unabhängig von unserer Wahrnehmung. Aber die Wahrnehmung sollte auch nicht frei im Raum schweben, sondern mit Zahlen am Boden verankert sein.

Wir könnten noch weiter gehen. Wir haben uns bei der Arbeit an diesem Buch eine Menge Statistiken angesehen und geben gern zu, dass wir selbst kleine Erbsenzähler sind. (Wie, das haben Sie nicht bemerkt?) Vielleicht meinen Sie deshalb, dass wir in unserem persönlichen Alltag ganz rational unser Risiko kalkulieren. Im Großen und Ganzen tun wir das auch. Aber obwohl uns Statistiken wichtig scheinen, sind wir noch lange keine Klaviertasten, und wir wissen, dass Zahlen, Statistiken und Beweise immer ein Stück weit unsicher bleiben. Egal ob Sie glauben, dass es so etwas wie den freien Willen gibt, dass Ihr Leben schon seit dem Urknall vorherbestimmt ist oder dass der Faden Ihres Schicksals von drei Göttinnen gesponnen wird – Sie müssen irgendwie damit umgehen, dass Sie nicht wissen, was genau passieren wird. Und die Unsicherheit ist viel größer, als man glauben würde, wenn man vielen Zahlenjongleuren zuhört.

Das liegt daran, dass Wahrscheinlichkeiten nur schwer zu packen sind. Es ist kaum zu sagen, was sie für den Einzelnen bedeuten. Und mit dem Durchschnitt ist das nicht besser.

Natürlich sind manche Dinge wahrscheinlicher als andere: Die Wahrscheinlichkeit, im Regen nass zu werden, ist zum Beispiel größer als die Wahrscheinlichkeit, als einziger von sieben Milliarden Menschen von einem Asteroiden getroffen zu werden. Wenn Sie diesen Unterschied nicht erkennen, sollten Sie sich ernste Sorgen machen. Es ist eigentlich erstaunlich, dass die Menschheit bis in die 1650er Jahre brauchte, als sich Blaise Pascal und Pierre de Fermat Briefe über Würfel schrieben, um einem Ereignis eine rechnerische Wahrscheinlichkeit zuzuweisen. Doch so einfach dieser Gedanke im Grunde genommen ist, so viel Kopfzerbrechen bereitet er uns seither.

Am 14. April 2012 sah David Spiegelhalter beispielsweise einen Tipp in einer Zeitung und setzte daraufhin im Pferderennen Grand National 2 Pfund auf Cappa Bleu. Die Quote stand bei 16 zu 1, das heißt, bei einem Sieg würde er 32 Pfund einstreichen. Es konnte aber auch bedeuten, dass die Buchmacher Cappa Bleu eine Siegchance von 6 Prozent einräumten.

Kurz zuvor war David bei seinem Hausarzt gewesen, der Blutdruck und Cholesterin maß, in seinen Computer schaute und verkündete, der Patient werde mit einer 12-prozentigen Wahrscheinlichkeit in den kommenden zehn Jahren einen Herzinfarkt oder

Schlaganfall bekommen. Schock. Bis der Arzt hinzufügte, das sei überdurchschnittlich gut für einen Mann seines Alters. Nach diesem Perspektivwechsel verspürte David eine irrationale Erleichterung. Nach einem starken Schlussspurt ging Cappa Bleu als Vierter über die Ziellinie.

Aber was bedeuten all diese Wahrscheinlichkeiten? Darüber streiten sich Statistiker und Philosophen seit Jahrhunderten, ohne einer Antwort näher zu kommen. Was bleibt uns angesichts der Unsicherheit anderes übrig, als mit unseren Vorurteilen gewappnet voranzustürmen? Deshalb kommen wir jetzt zu unseren Vorurteilen, an denen Sie ablesen können, was wir von Norm, Kelvin und Prudence halten.

Früher ermittelte man Wahrscheinlichkeiten aufgrund von bekannten physischen Eigenschaften und der Gesetze der Logik. Eine Münze hat zwei Seiten, und wenn wir sie in die Luft werfen, landet sie mit einer Wahrscheinlichkeit von 1 zu 2 mit der Zahl nach oben. Wenn wir einen Würfel werfen, würfeln wir mit einer Wahrscheinlichkeit von 1 zu 6 eine Sechs. Wenn wir aus einem gut gemischten Kartenstapel eine Karte auswählen, ziehen wir mit einer Wahrscheinlichkeit von 1 zu 52 das Pik-Ass. Aber das funktioniert nur, wenn wir von der Vorstellung »gleich wahrscheinlicher Ereignisse« ausgehen, das heißt, wenn alle Karten mit derselben Wahrscheinlichkeit gezogen werden können. Aber dazu müssen wir erklären, was »wahrscheinlich« bedeutet, und damit stehen wir wieder am Anfang. (Dazu kommt, dass die Menschen im wirklichen Leben schummeln.)

Wahrscheinlichkeit lässt sich auch ermitteln, wenn man sich ansieht, wie oft ein bestimmtes Ereignis eintritt, wenn sich eine ähnliche Situation mit großer Häufigkeit wiederholt. Man kann zum Beispiel zählen, welcher Anteil der Bevölkerung 100 Jahre alt wird. Aber wenn es sich nicht gerade um ganz besondere Situationen wie den Wurf einer Münze handelt, sind Situationen niemals völlig identisch. Im Gegenteil, jede Situation ist einmalig. Es gibt nur einen Michael Blastland, der entweder 100 Jahre alt wird oder nicht, nur einen David Spiegelhalter, der einen Herzinfarkt bekommt oder nicht, und nur einen Grand National 2012. Wenn wir uns alle nach Sterbewahrscheinlichkeiten richten würden, nähme das dem Leben alles Lebendige. Was war, ist keine gute Richtschnur für das, was sein könnte, ganz zu schweigen von dem, was sein wird.

Um mit unserer Einmaligkeit umzugehen, auf die wir so große Stücke halten (ja, wir sind alle Individuen), sprechen einige Philosophen von einer »intrinsischen Tendenz«, mit der ein Ereignis eintritt. Das heißt, aus den hochkomplexen und individuellen Facetten von David Spiegelhalters momentaner und künftiger Existenz ergibt sich eine bestimmte »Neigung«, mit der er in den kommenden zehn Jahren einen Herzinfarkt bekommt, und die 12 Prozent der Hausarztes sind eine Schätzung dieser Neigung. Die Vorstellung, dass Cappa Bleu eine Art Gewinntendenz mit sich herumschleppt, ist zwar verlockend, aber weder nützlich noch beweisbar.

Da diese Erklärungen in die Sackgasse führen, entscheiden wir uns für einen pragmatischen Weg. Diese 12 Prozent Herzinfarktwahrscheinlichkeit sind nicht Davids Risiko und auch keine Schätzung einer wie immer gearteten inneren Neigung. Die Zahl basiert lediglich auf einigen, sehr begrenzten Informationen und sollte so behandelt werden wie die Gewinnchancen von Cappa Bleu – eine ganz ordentliche Grundlage für eine Wette. Nicht mehr und nicht weniger.

Vielleicht halten Sie es für eine billige Ausflucht, wenn wir Wahrscheinlichkeiten als Wettquoten ansehen. Doch es hat weitreichende Konsequenzen. Es bedeutet zum Beispiel, dass jede Wahrscheinlichkeit immer nur auf unserem momentanen Wissensstand basiert. Es ist keine objektive Größe in der wirklichen Welt, sondern ein Urteil. Das heißt, das Risiko ist nicht nur ein Maß dessen, was wir wissen, sondern auch dessen, was wir nicht wissen und nicht wissen können.

Das führt zu einer erstaunlichen Schlussfolgerung, zu der schließlich auch Norm kommt: dass es nämlich eine unabhängige und objektive Wahrscheinlichkeit gar nicht gibt.[*]

---

[*] Wir geben zu, dass es in der Welt der subatomaren Teilchen durchaus einen nicht weiter reduzierbaren und unvermeidlichen Zufall geben könnte; Stephen Haw-

Auch den Durchschnittsmenschen, auf den diese durchschnittlichen Wahrscheinlichkeiten zutreffen, gibt es nicht. Der Durchschnitt ist eine Abstraktion. Die Wirklichkeit ist die Vielfalt. Armer Norm: Ein Leben lang hat er nach Zahlen gesucht, doch vielleicht waren es in Wirklichkeit die Zahlen, die ihn gesucht haben. Hat er wirklich jemals gelebt? Vielleicht musste er ja in dem Moment verschwinden, in dem er nicht mehr an Normen glaubte.

In gewisser Weise sagt uns die Wahrscheinlichkeit nur, dass es Menschen gibt, aber sie sagt uns nicht, wen genau. Mit anderen Worten verrät sie uns sehr wenig über uns selbst. Die Wahrscheinlichkeit, dass es mindestens einen Menschen mit dem Namen Norm gibt (sehr groß), ist nur ein winziger Teil der Geschichte dieses einmaligen (und unendlich unwahrscheinlichen) Menschen namens Norm.

Wenn wir also sagen, dass eine bestimmte Tätigkeit gefährlich ist und ein Risiko von soundso vielen MikroMorts bedeutet, dann sind diese Zahlen in der Praxis lediglich eine vernünftige Wettquote, die auf dem basiert, was wir in diesem Moment wissen. Sobald wir mehr wissen – zum Beispiel wie alt der Mensch ist, der zum Basejumping auf den Felsen klettert, und wie viel Alkohol er im Blut hat; oder wie viele Hechte im Stausee schwimmen, wo sie sich befinden, wie schnell sie schwimmen, wann sie zuletzt gefressen haben und ob einer ganz besonders hungrig ist, schnell genug schwimmt, das Potenzial von Menschenfleisch entdeckt, auch wenn es in einer Badehose verpackt ist, und obendrein noch abgebrüht, fies und mutig genug ist, um den Köder des Jungen zu schlucken –, verändert sich das Risiko. Die Berechnung lässt sich oft grenzenlos verfeinern. Das lässt sich auch auf Dinge übertragen, die bereits passiert sind, über die wir aber noch nichts wissen, beispielsweise die Frage, ob Jack the Ripper in Wirklichkeit der Duke of Clarence war. Oder vielleicht doch Queen Victoria.

Eine Zahl ist niemals in der Lage, unsere komplexen Gefühle und

king spricht von »determinierten Wahrscheinlichkeiten«. Aber das scheint wenig Auswirkungen darauf zu haben, auf wen wir beim Grand National setzen.

Urteile auf einen Nenner zu bringen, egal ob es um die Natur, die Wirtschaft oder (um ganz dick aufzutragen) den Sinn des Lebens geht. Deshalb lassen sich die Risiken der Natur, der Wirtschaft, unserer Lebensweise und alle anderen Risiken immer nur im Zusammenhang mit einer gewaltigen Wolke von Werten erklären. Unsere psychischen Reaktionen können positiv sein (Kelvin und Sex) oder negativ (Norm und der Hecht) – aber wer weiß schon, wie Sie in welchem Moment reagieren? Und keine Wahrscheinlichkeitsrechnung kann Ihnen verraten, wie Sie die Vielfalt der möglichen Konsequenzen einer Entscheidung gewichten sollen – wenn Sie denn überhaupt alle Möglichkeiten absehen können. Diese Gewichtung müssen Sie selbst vornehmen. Und wenn die Hälfte Ihrer Risikoeinschätzung unendlich variabel ist, was ist dann die objektive Antwort der Berechnung?

Wahrscheinlichkeit klingt vernünftig, doch sobald Sie nach einer festen und sinnvollen Definition suchen, löst sie sich in Luft auf. Es ist zwar eine Zahl, aber die lässt sich weder mit einem Maßband noch einer Waage messen. Ägypter, Griechen und Babylonier vollbrachten erstaunliche Leistungen mit Algebra, Geometrie und Zahlentheorie, aber sie kamen nie auf den Gedanken, Wahrscheinlichkeiten zu berechnen – ein sehr aufschlussreiches Versäumnis. David Spiegelhalter versucht seit Jahren zu verstehen, warum genau wir Wahrscheinlichkeiten spontan als verwirrend und unverständlich empfinden, und kam zu dem Schluss, dass sie vermutlich einfach spontan verwirrend und unverständlich sind. Und Michael Blastland hat beobachtet, dass viele Menschen über Risiken sprechen, ohne zu wissen, was sie damit eigentlich meinen. Genau wie besorgte Menschen, die Gewissheit suchen, oft noch mehr Ungewissheit finden. Das hat schon seinen Grund. Das Leben *ist* ungewiss. Norm hat das leider nie verstanden.

Die Ansicht, dass es so etwas wie Wahrscheinlichkeiten nicht gibt, ist ungewöhnlich, aber nicht unredlich.[1] Sie kann auch befreiend wirken, denn sie erlaubt uns, bei Diskussionen um Risiko oder Zufall verschiedene Metaphern und Vergleiche heranzuziehen, verschiedene Sichtweisen einzunehmen und anzuerkennen, dass die Perspektive entscheidend ist.

Ein 12-prozentiges Herzinfarktrisiko wird beispielsweise oft so ausgedrückt: »Von 100 Männern, wie Sie einer sind, werden in zehn Jahren 12 Prozent einen Herzinfarkt oder Schlaganfall bekommen.« Aber es gibt keine 100 Männer, die so sind wie Sie, und die Wahrscheinlichkeit ist nicht Ihre. Mit einem anderen Bild könnte man vielleicht sagen: »Von 100 möglichen Wegen, die Ihr Leben in den kommenden zehn Jahren nehmen könnte, führen 12 zu einem Herzinfarkt oder Schlaganfall.«[*]

Welcher dieser 100 sind Sie denn heute? Hat Prudence recht, wenn sie fragt, ob sie die eine von 100 ist und sich das schlimmste Szenario ausmalt? Hat Norm Recht, wenn er ihr vorwirft, dass sie übertreibt? Oder Kelvin, wenn er nur mit den Achseln zuckt?

Vielleicht haben Sie Ihren Frieden mit der Ungewissheit von Risiko, Zufall und Wahrscheinlichkeit gemacht und können damit leben, dass sie nicht zu packen sind. Aber wenn Norm, Prudence und Kelvin aus ihrer Sicht alle recht haben, jeder nach seinem eigenen Risikoverständnis, wie sollen Sie dann jeden Einzelnen von den dreien gewichten? Andererseits, wenn Sie jetzt zufällig nach oben blicken und ein herabfallendes Klavier sehen …

---

[*] Die Bank von England verwendet ähnliche Metaphern, wenn sie ihre Prognosen in Baumdiagrammen darstellt. Ausgehend von unterschiedlichen Wachstums- und Inflationszahlen fächern sich immer mehr Szenarien auf. Auch Computersimulationen spielen die Zukunft immer wieder durch; diese Technik ist als »Monte-Carlo-Simulation« bekannt und kam erstmals in den Vereinigten Staaten während der Entwicklung der Wasserstoffbombe zum Einsatz. Auch bei der Wettervorhersage entwickeln Computer verschiedene Szenarien, indem sie die kommende Entwicklung mit leicht veränderten Ausgangsbedingungen durchspielen; aufgrund des Chaos schaukeln sich diese winzigen Unterschiede im Laufe von wenigen Tagen zu sehr unterschiedlichen Vorhersagen auf. Leider sprechen Meteorologen in der Öffentlichkeit nur ungern über die Wahrscheinlichkeiten von unterschiedlichen Wetterszenarien, doch im amerikanischen Fernsehen werden heute immerhin schon »mögliche Verläufe« von Wirbelstürmen erörtert.

Grafik 36: **MikroMorts pro Ereignis²**

Todesursache	Kontext	MikroMorts	Bezogen auf	Quelle
äußere Einwirkungen	England und Wales (E. u. W.), 2010	1	pro Tag	a
Unfall bei Geburt	E. u. W., 2010	279	pro Geburt	b
Säuglingssterblichkeit (1. Lebensjahr)	E. u. W., 2010	4300	pro Geburt	b
Säuglingssterblichkeit	Welt, 2010	40 000	pro Geburt	c
Säuglingssterblichkeit	Sierra Leone, 2010	119 000	pro Geburt	c
Unfälle (unter 14 Jahren)	E. u. W., 2010	18	pro Jahr	a
Unfall durch Strangulation (unter 14)	E. u. W., 2010	3	pro Jahr	a
Verkehrsunfall mit Fußgänger (unter 14)	E. u. W., 2010	2	pro Jahr	a
Mord/Totschlag	E. u. W., 2010	14	pro Jahr	d
Mord/Totschlag (unter 1)	E. u. W., 2010	27	pro Jahr	d
Mord/Totschlag (10–14 Jahre)	E. u. W., 2010	2	pro Jahr	d
Mord/Totschlag (männliche Schwarze)	E. u. W., 2010	76	pro Jahr	d
Masern	GB, 1960	200	pro Krankheit	e
Narkose in Nicht-Notfall-OP	GB	10	pro Operation	f
Entbindung	GB, 2010	120	pro Geburt	g
Entbindung	Welt, 2010	2100	pro Geburt	g
Kaiserschnitt	GB	170	pro Geburt	f
Tod im Krankenhaus durch menschliches Versagen	GB, 2010	76 (Minimum)	pro Krankenhaustag	h
Bypass-Operation	GB, 2008	16 000	pro Operation	j
Einsatz in Afghanistan (gefährlichste Zeit)	Britische Streitkräfte, Mai–Okt 2009	47	pro Tag	k
Bombereinsatz im Zweiten Weltkrieg	Royal Air Force, 1939–45	25 000	pro Einsatz	l
Gehen	GB, 2010	1	pro 43 Kilometer	m
Fahrrad fahren	GB, 2010	1	pro 45 Kilometer	m
Motorrad fahren	GB, 2010	1	pro 11 Kilometer	m
Auto fahren	GB, 2010	1	pro 540 Kilometer	m
Zugfahrten	GB, 2010	1	pro 12 000 Kilometer	n
Linienflugzeug	USA, 1992–2011	1	pro 12 000 Kilometer	p
Kleinflugzeug	USA, 1992–2011	1	pro 24 Kilometer	p
Tauchen	GB, 1998–2009	5	pro Tauchgang	q
Gleitschirmfliegen	GB	8	pro Sprung	r

Bergsteigen	GB	3	pro Tour	r
Fallschirmspringen	GB	10	pro Sprung	s
Marathonlauf	USA, 1975–2004	7	pro Lauf	t
Ecstasy (offizielle Todesursache)	E. u. W., 2003–07	1,7	pro Woche	u
Heroin (offizielle Todesursache)	E. u. W., 2003–07	377 (unter-schätzt)	pro Woche	u
Asteroid	Welt	1	pro Leben	v
Bergarbeiter	GB, 1911	1190	pro Jahr	
Fischer	GB, 1996–2005	1020	pro Jahr	
Bergarbeiter	GB, 2006–10	430	pro Jahr	
sämtliche Berufe	GB, 2010	6	pro Jahr	
sämtliche Berufe	Welt	160	pro Jahr	

Grafik 37: **Durchschnittliche MikroLeben (eine halbe Stunde Lebenserwartung), die pro Tag durch bestimmte Risiken verloren beziehungsweise durch bestimmte Handlungen gewonnen werden[3]**

Faktor	Definition der täglichen Handlung	Männer über 35		Frauen über 35		Quelle
		geschätzte Veränderung der Lebenserwartung in Jahren	MikroLeben pro Tag	geschätzte Veränderung der Lebenserwartung in Jahren	Mikro-Leben pro Tag	
Rauchen	15–24 Zigaretten	−7,7	−10	−7,3	−9	a
Alkohol	erstes Getränk (10 g Alkohol)	1,1	1	0,9	1	b
	jedes weitere Getränk (bis 6)	−0,7	−1/2	−0,6	−1/2	b
Übergewicht	BMI: pro 5 kg/m² über 22,5 kg/m²	−2,5	−3	−2,4	−3	c
	pro 5 kg über Idealgewicht (abh. v. Körpergröße)	−0,8	−1	−0,9	−1	c
sitzende Tätigkeiten	zwei Stunden Fernsehen	−0,7	−1	−0,8	−1	d
rotes Fleisch	1 Portion (85 g)	−1,2	−1	−1,2	−1	e
Verzehr von Gemüse und Obst	5 oder mehr Portionen (Blut-Vitamin C > 50 nmol/l)	4,3	4	3,8	4	f
Kaffee	2–3 Tassen	1,1	1	0,9	1	g

Sport	erste 20 Minuten, mittelschwer	2,2	2	1,9	2	h
	weitere 40 Minuten, mittelschwer	0,7	1	0,5	1/2	h
Statine	1 Dosis	1	1	0,8	1	j
Luftverschmutzung	Leben in Mexiko-Stadt vs London	−0,6	−1/2	−0,6	−1/2	k
Geschlecht	Mann gegenüber Frau	−3,7	−4	–	–	l
Wohnort	Leben in Schweden vs Russland	−14,1	−21	−7,6	−9	m
Zeit	Leben im Jahr 2010 vs 1910	13,5	15	15,2	15	m
	Leben im Jahr 2010 vs 1980	7,5	8	5,2	5	m
Dosis radioaktiver Strahlung	0,07 mSv (zum Beispiel ein Transatlantikflug)	30 min	−1 pro Leben	30 min	−1 pro Leben	

Anmerkungen

EINLEITUNG

[1] Gilbert, M., Busund, R., Skagseth, A., Nilsen, P. Å, Solbø, J. P. »Resuscitation from accidental hypothermia of 13,7°C with circulatory arrest«. *The Lancet.* Januar 2000, 355 (9.201), S. 375–376.

[2] Gawande A. *Better: A Surgeon's Notes on Performance* (London: Profile Books, 2008). Deutsche Ausgabe: *Über Leben und Tod: Für eine bessere Medizin* (Berlin: btb, 2010).

[3] Office for National Statistics. Mortality Statistics: Deaths Registered in England and Wales (Series DR). http://www.ons.gov.uk/ons/rel/vsob1/mortality-statistics--deaths-registered-in-england-and-wales--series-dr-/2010/index.html.

KAPITEL 1

[1] NASA. Asteroid 2008 TC3 Strikes Earth: Predictions and Observations Agree. http://neo.jpl.nasa.gov/news/2008tc3.html.

[2] NHS Maternity Statistics – England, 2011–2012. Table 30: Median Birth Weight (Grams) of Live Born Singleton and Multiple Deliveries. http://www.hscic.gov.uk/catalogue/PUB09202. Robert Koch-Institut, Statistisches Bundesamt: *Schwerpunktbericht Gesundheitsberichterstattung des Bundes. Gesundheit von Kindern und Jugendlichen*, Berlin 2004.

[3] Howard, R. A. »Microrisks for Medical Decision Analysis«. *International Journal of Technology Assessment in Health Care*. 1989, 5 (03), S. 357–370.

[4] Office for National Statistics. Mortality Statistics: Deaths Registered in England and Wales (Series DR). http://www.ons.gov.uk/ons/rel/vsob1/mortality-statistics--deaths-registered-in-england-and-wales--series-dr-/2010/index.html.

[5] Royal College of Anaesthetists. Death or Brain Damage. 2009. http://www.rcoa.ac.uk/document-store/death-or-brain-damage.

[6] Bird, S., Fairweather, C. »Recent Military Fatalities in Afghanistan (and Iraq) by Cause and Nationality«. 2010. http://www.mrc-bsu.cam.ac.uk/Publications/PDFs/PERIOD_9_10_fatalities_in_Afghanistan_and_Iraq.pdf.

[7] Department for Transport GMH. Transport Analysis Guidance – WebTAG. 2009. http://www.dft.gov.uk/webtag/documents/expert/unit3.4.1.php.

KAPITEL 2

[1] Didion, J. *Blue Nights* (New York: Knopf Doubleday, 2011). Deutsche Ausgabe: *Blaue Stunden* (Berlin: Ullstein, 2012).

[2] Office for National Statistics. UK Interim Life Tables, 1980–82 to 2008–10. 2011. http://www.ons.gov.uk/ons/rel/lifetables/interim-lifetables/2008-2010/index.html.

[3] Schellekens, J. »Economic Change and Infant Mortality in England, 1580–1837«. *Journal of Interdisciplinary History*. 2001, 32 (1), S. 1–13.

[4] http://www.sueddeutsche.de/wissen/weltweite-studie-totgeburten-jeden-tag-1.1085368.

[5] Office for National Statistics. Child Mortality Statistics: Childhood, Infant and Perinatal. 2012. http://www.ons.gov.uk/ons/rel/vsob1/child-mortality-statistics--childhood--infant-and-perinatal/2010/index.html.

[6] Ebenda.

[7] National Perinatal Mortality Unit. The Birthplace Cohort Study: Key Findings. 2012. https://www.npeu.ox.ac.uk/birthplace/results.

[8] Office for National Statistics. Unexplained Deaths in Infancy: England and Wales, 2009. http://www.ons.gov.uk/ons/rel/child-health/unexplained-deaths-in-infancy--england-and-wales/2009/new-component.html.

[9] UN Inter-Agency Group for Child Mortality Estimation. Child Mortality Estimates. 2012. http://www.childmortality.org.

[10] UNICEF. Childinfo.org: Statistics by Area – Child Mortality – Infant Mortality [Internet]. 2012. http://www.childinfo.org/mortality_imrcountrydata.php.

[11] Siehe Anmerkung 4 dieses Kapitels.

[12] United Nations Development Programme. MDG MONITOR :: Goal :: Reduce Child Mortality. http://www.mdgmonitor.org/goal4.cfm.

[13] Rudski, J. M., Osei, W., Jacobson, A. R., Lynch, C. R. »Would You Rather Be Injured by Lightning or a Downed Power Line? Preference for Natural Hazards«. *Judgment and Decision Making*. 2011, 6 (4), S. 314–322.

KAPITEL 3

[1] Best, J. *Threatened Children: Rhetoric and Concern about Child-Victims* (Chicago: University of Chicago Press, 1993).

[2] Home Office. Homicides, Firearm Offences and Intimate Violence 2010/11: Supplementary Volume 2 to Crime in England and Wales. 2012. https://www.gov.uk/government/publications/homicides-firearmoffences-and-intimate-violence-2010-to-2011-supplementary-volume-2-to-crime-in-england-and-wales-2010-to-2011.

[3] BBC News. »Child killing rate ›drops by 40%‹ in England and Wales«. 2010. http://news.bbc.co.uk/1/hi/uk/8497277.stm.

[4] Rooney, C., Devis, T. »Recent Trends in Deaths from Homicide in England and Wales«. *Health Statistics Quarterly* Autumn 2009. 1999. http://www.ons.gov.uk/ons/rel/hsq/health-statistics-quar-

terly/no--3--autumn-1999/index.html; NSPCC; Child Killings in England and Wales: Explaining the Statistics. 2012. http://www.nspcc.org.uk/Inform/research/briefings/child_killings_in_england_and_wales_wda67213.html#Homicide_statistics.
5 Newiss, G. »Child Abduction: Understanding Police Recorded Crime Statistics«. 2008. http://www.chimat.org.uk/resource/item.aspx?RID=62767.
6 CEOP. Scoping Report on Missing and Abducted Children. 2011. http://ceop.police.uk/Documents/ceopdocs/Missing_scopingreport_2011.pdf.
7 Ministry of Justice. MAPPA Reports. 2012. http://www.justice.gov.uk/statistics/mappa-reports.
8 Cohen, S. *Folk Devils and Moral Panics* (London: Routledge, 2002).

KAPITEL 4

1 *Daily Express.* »Daily Fry-Up Boosts Cancer Risk by 20 Per Cent«. http://www.express.co.uk/posts/view/295296/Daily-fry-up-boosts-cancer-risk-by-20-per-cent.
2 *Daily Telegraph.* »Nine in 10 People Carry Gene Which Increases Chance of High Blood Pressure«. http://www.telegraph.co.uk/health/healthnews/4630664/Nine-in-10-people-carry-gene-which-increases-chance-of-high-blood-pressure.html.
3 Woolf, V. *The Common Reader* (Orlando, FL: Houghton Mifflin Harcourt, 2002). Deutsche Ausgabe: *Der gewöhnliche Leser* (Frankfurt/Main: Fischer, 1997).
4 Kahneman, D. *Thinking, Fast and Slow* (New York: Farrar, Straus and Giroux, 2011). Deutsche Ausgabe: *Schnelles Denken, langsames Denken* (München: Siedler, 2012).
5 Harrabin, R., Coote, A., Allen, J. *Health in the News: Risk, Reporting and Media Influence* (London: King's Fund, 2003).

[1] Office for National Statistics. Mortality Statistics: Deaths Registered in England and Wales (Series DR). 2011. http://www.ons.gov.uk/ons/rel/vsob1/mortality-statistics--deaths-registered-in-england-and-wales--series-dr-/2010/index.html.

[2] *Daily Telegraph.* »Girl Cannot Walk To Bus Stop Alone«. 2010. http://www.telegraph.co.uk/news/uknews/8001444/Girl-cannot-walk-to-bus-stop-alone.html.

[3] Department for Transport. Reported Road Casualties Great Britain: Main Results 2010. 2011. http://www.dft.gov.uk/statistics/releases/reported-road-casualties-gb-main-results-2010.

[4] Savage, L. J. »The Theory of Statistical Decision«. *Journal of the American Statistical Association.* 1. März 1951, 46 (253), S. 55–67.

[5] Office for National Statistics. Avoidable Mortality in England and Wales. 2012. http://www.ons.gov.uk/ons/rel/subnational-health4/avoidable-mortality-in-england-and-wales/2010/index.html.

[6] Central Statistical Office. Annual Statistical Abstract 1951.

[7] Moran, J. »Crossing the Road in Britain, 1931–1976«. *The Historical Journal.* 2006, 49 (02), S. 477–496.

[8] Siehe Anmerkung 3 dieses Kapitels.

[9] Siehe Anmerkung 1 dieses Kapitels.

[10] *The Guardian.* »Ikea Recalls Over 3 Million Window Blinds, Shades«. 2010. http://www.guardian.co.uk/world/feedarticle/9121407.

[11] Gill, T. *No Fear* (London: Calouste Gulbenkian Foundation, 2007). http://www.gulbenkian.org.uk/publications/publications/42-NO-FEAR.html.

[12] Health and Safety Executive. Children's Play and Leisure – Promoting a Balanced Response. 2012. http://www.hse.gov.uk/entertainment/childrens-play-july-2012.pdf.

[13] Countryside Alliance. Outdoor Education – the Countryside as a Classroom. http://www.countryside-alliance.org/ca/campaigns-

education/give-children-the-opportunity-to-learn-outside-of-the-classroom.

[14] Health and Safety Executive. HSE – School Trips – Glenridding Beck – 10 Vital Questions. 2005. http://www.hse.gov.uk/services/education/school-trips.htm#statistics.

[15] Rainey, S. »Kellogg's Adds Vitamin D to Cereal to Fight Rickets«. *Daily Telegraph.* http://www.telegraph.co.uk/health/healthnews/8854634/Kelloggs-adds-vitamin-D-to-cereal-to-fight-rickets.html.

KAPITEL 6

[1] Vaccine Liberation Army. Armed with Knowledge. 2012. http://vaccineliberationarmy.com.

[2] Department of Health. A Guide to Immunisations up to 13 Months of Age. 2007. http://www.nhs.uk/Planners/vaccinations/Documents/A%20guide%20to%20immunisations%20up%20to%2013%20months%20of%20age.pdf.

[3] Carrington, Tammy. »A Vaccination Horror Story«. http://www.drlwilson.com/articles/VACCINE%20HORROR.htm.

[4] BBC News. Measles Outbreak Prompts Plea To Vaccinate Children. 2011. http://www.bbc.co.uk/news/health-13561766.

[5] Centers for Disease Control and Prevention. School and Childcare Vaccination Surveys. 2012. http://www2a.cdc.gov/nip/schoolsurv/schImmRqmt.asp.

[6] Health Protection Agency. Measles Notifications and Deaths in England and Wales, 1940–2008. 2012. http://www.hpa.org.uk/web/HPAweb&HPAwebStandard/HPAweb_C/1195733835814.

[7] Centers for Disease Control and Prevention. Pinkbook: Measles Chapter – Epidemiology of Vaccine-Preventable Diseases. 2012. http://www.cdc.gov/vaccines/pubs/pinkbook/meas.html#complications.

[8] De Martel, C., Ferlay, J., Franceschi, S., Vignat, J., Bray, F., Forman, D., u. a. »Global Burden of Cancers Attributable to Infec-

tions in 2008: A Review and Synthetic Analysis«. *The Lancet Oncology.* Mai 2012. http://www.thelancet.com/journals/lanonc/article/PIIS1470-2045(12)70137-7/abstract.

9 NHS Information Centre. NHS Immunisation Statistics, England 2009–10. 2012. http://www.ic.nhs.uk/Article/1685.

10 Medicines and Healthcare Products Regulatory Agency (MHRA). Human Papillomavirus (HPV) Vaccine. 2012. http://www.mhra. gov.uk/PrintPreview/DefaultSplashPP/CON023340?Result Count=10&DynamicListQuery=&DynamicListSortBy=xCreati- onDate&DynamicListSortOrder=Desc&DynamicListTitle=&Pa- geNumber=1&Title=Human%20papillomavirus%20(HPV)%20 vaccine.

11 Centers for Disease Control and Prevention. Vaccination Side Ef- fects: HPV Cervarix. 2012. http://www.cdc.gov/vaccines/vac-gen/ sideeffects.htm#hpvcervarix.

12 *Daily Mail.* »Schoolgirl, 14, Dies After Being Given Cervical Can- cer Jab«. 2012. http://www.dailymail.co.uk/news/article-1216714/ Schoolgirl-14-dies-given-cervical-cancer-jab.html.

13 *GPonline.* »Malignant Tumour Caused HPV Jab Girl's Death«. 2012. http://www.gponline.com/News/article/942531/Malig- nant-tumour-caused-HPV-jab-girls-death/.

14 Goldman, A. S., Schmalstieg, E. J., Freeman, D. H. Jr., Goldman, D. A., Schmalstieg, F. C. Jr. »What Was the Cause of Franklin De- lano Roosevelt's Paralytic Illness?« *Journal of Medical Biography,* November 2003, 11 (4), S. 232–240.

15 Centers for Disease Control and Prevention. Seasonal Influenza (Flu) – Questions and Answers – Guillain-Barré Syndrome (GBS). http://www.cdc.gov/flu/protect/vaccine/guillainbarre.htm.

16 Sencer, D. J., Millar, J. D. »Reflections on the 1976 Swine Flu Vac- cination Program«. *Emerging Infectious Diseases.* Januar 2006, 12 (1), S. 23–28.

17 Andrews, N., Stowe, J., Al-Shahi Salman, R., Miller, E. »Guil- lain-Barré Syndrome and H1N1 (2009) Pandemic Influenza Vac- cination Using an AS03 Adjuvanted Vaccine in the United King-

dom: Self-Controlled Case Series«. *Vaccine*. 19. Oktober 2011, 29 (45), S. 7.878–7.882.

[18] Centers for Disease Control and Prevention. Mercury and Thimerosal – Vaccine Safety. 2012. http://www.cdc.gov/vaccine-safety/Concerns/thimerosal.

[19] World Health Organisation. Measles. 2012. http://www.who.int/mediacentre/factsheets/fs286/en/index.html.

KAPITEL 7

[1] Understanding Uncertainty. Wasted Stamp. 2012. http://understandinguncertainty.org/user-submitted-coincidences/wasted-stamp.

[2] Lodge, D. *The Art of Fiction* (London: Random House, 2011). Deutsche Ausgabe: *Die Kunst des Erzählens* (München: Heyne, 1998).

[3] Understanding Uncertainty. Cambridge Coincidences Collection. 2012. http://understandinguncertainty.org/coincidences.

[4] Diaconis, P., Mosteller, F. »Methods for Studying Coincidences«. *Journal of the American Statistical Association*. 1989, 84 (408), S. 853–861.

[5] Biological daughter. 2012. http://understandinguncertainty.org/user-submitted-coincidences/biological-daughter.

[6] Born in the same bed. 2012. http:/understandinguncertainty.org/user-submitted-coincidences/born-same-bed.

[7] Junk Shop Find. 2012. http://understandinguncertainty.org/user-submitted-coincidences/junk-shop-find-0.

[8] Army Coat Hanger. 2012. http://understandinguncertainty.org/user-submitted-coincidences/army-coat-hanger.

[9] Koestler, A. *The Case of the Midwife Toad, Illustrated Edition* (London: Hutchinson, 1971). Deutsche Ausgabe: *Der Krötenküsser. Der Fall des Biologen Paul Kammerer* (Reinbek: Rowohlt, 1972).

[10] Siehe Anmerkung 4 dieses Kapitels.

[11] *Daily Mail*. »Couple Gives Birth to Three Children on the Same Day … 14 Years Apart«. Mail Online. 2008. http://www.dailymail.

co.uk/news/article-518525/Couple-gives-birth-children-day--14-years-apart.html.

¹² BBC. »Three Children, Same Birthday«. 2010; http://news.bbc.co.uk/1/hi/wales/8511586.stm.

¹³ *Daily Mail.* »Happy Birthday to You: Couple Have Three Children All Born on Same Date«. Mail Online. 2010. http://www.dailymail.co.uk/news/article-1320113/Happy-birthday-Couple-3-children-born-date.html.

¹⁴ Public phone box. 2012. http://understandinguncertainty.org/user-submitted-coincidences/public-phone-box.

¹⁵ Siehe Anmerkung 4 dieses Kapitels.

KAPITEL 8

¹ The National Archives. Public Information Films, 1979 to 2006, Film index, AIDS Monolith. 2012. http://www.nationalarchives.gov.uk/films/1979to2006/filmpage_AIDS.htm; National Archives. Public Information Films, 1964 to 1979, Film index, Peach And Hammer. 2012. http://www.nationalarchives.gov.uk/films/1964to1979/filmpage_hammer.htm; National Archives. Public Information Films, 1979 to 2006, Film index, Crime Prevention – Hyenas. 2102. http://www.nationalarchives.gov.uk/films/1979to2006/filmpage_crime.htm.

² Colombo, B., Masarotto, G. »Daily Fecundability«. *Demographic Research* (6. September 2000), 3. http://www.demographic-research.org/Volumes/Vol3/5/default.htm.

³ Leridon, H. »Can Assisted Reproduction Technology Compensate for the Natural Decline in Fertility with Age? A Model Assessment«. *Human Reproduction.* 1. Juli 2004, 19 (7), S. 1.548–1.553.

⁴ NHS Clinical Knowledge Summaries. Effectiveness of Contraceptives. 2012. http://www.cks.nhs.uk/clinical_topics/by_alphabet/c.

⁵ Ebenda.

⁶ Rosling, H. Children Per Woman Updated. 2012. http://www.gapminder.org/data-blog/children-per-woman-updated/.

7 Department for Education. Under-18 and under-16 Conception Statistics. http://www.education.gov.uk/childrenandyoungpeople/healthandwellbeing/teenagepregnancy/a0064898/under-18-and-under-16-conception-statistics.

8 UNICEF. A League Table of Teenage Births in Rich Nations. 2001. http://www.unicef-irc.org/publications/328.

9 Varghese, B., Maher, J. E., Peterman, T. A., Branson, B. M., Steketee, R. W. »Reducing the Risk of Sexual HIV Transmission: Quantifying the Per-Act Risk for HIV on the Basis of Choice of Partner, Sex Act, and Condom Use«. *Sexually Transmitted Diseases*. 29. Januar 2002, 29 (1), S. 38–43.

10 Platt, R., Rice, P. A., McCormack, W. M. »Risk of Acquiring Gonorrhea and Prevalence of Abnormal Adnexal Findings among Women Recently Exposed to Gonorrhea«. *JAMA*. 16. Dezember 1983, 250 (23), S. 3.205–3.209; Holmes, K. K., Johnson, D. W., Trostle, H. J. »An Estimate of the Risk of Men Acquiring Gonorrhea by Sexual Contact with Infected Females«. *American Journal of Epidemiology*. 1. Februar 1970, 91 (2), S. 170–174.

11 Nawrot, T. S., Perez, L., Künzli, N., Munters, E., Nemery, B. »Public Health Importance of Triggers of Myocardial Infarction: A Comparative Risk Assessment«. *The Lancet*. Februar 2011, 377 (9.767), S. 732–740.

12 Blanchard, R., Hucker, S. J. »Age, Transvestism, Bondage, and Concurrent Paraphilic Activities in 117 Fatal Cases of Autoerotic Asphyxia«. *BJP*. 1. September 1991, 159 (3), S. 371–377.

13 HM Treasury e-CT. Optimism Bias. http://www.hm-treasury.gov.uk/green_book_guidance_optimism_bias.htm.

14 Sharot, T. *The Optimism Bias: A Tour of the Irrationally Positive Brain* (New York: Random House, 2011). Deutsche Ausgabe: *Das optimistische Gehirn* (Berlin: Springer, 2014).

[1] Nutt, D. *Drugs Without the Hot Air: Minimising the Harms of Legal and Illegal Drugs* (Cambridge: Uit Cambridge Ltd, 2012).

[2] Parssinen, T. M. *Secret Passions, Secret Remedies: Narcotic Drugs in British Society, 1820–1930* (Manchester: Manchester University Press, 1983).

[3] Doyle, A. C. *The Sign of Four* (London: Spencer Blackett, 1890). Deutsche Ausgaben: *Das Zeichen der Vier* (Frankfurt/Main, Leipzig: Insel, 2007).

[4] Thompson, H. S., Torrey, B., Simonson, K. *Conversations with Hunter S. Thompson* (Jackson, MI: University Press of Mississippi, 2008).

[5] Kemp, C. *Painkiller Addict: From Wreckage to Redemption – My True Story.* (London, Hachette, 2012).

[6] Fielding, L. »Why I've Come to Consider Again the Potential Problems of Cannabis«. *The Guardian.* 2012. http://www.guardian.co.uk/commentisfree/2012/aug/28/why-changed-mind-about-cannabis.

[7] Home Office. Drug Misuse Declared: Findings from the 2010/11 British Crime Survey England and Wales. Home Office. 2011. https://www.gov.uk/government/publications/drug-misuse-declaredfindings-from-the-2010-11-british-crime-survey-england-and-wales--12.

[8] Office for National Statistics. Deaths Related to Drug Poisoning in England and Wales. 2011. http://www.ons.gov.uk/ons/rel/subnational-health3/deaths-related-to-drug-poisoning/2010/index.html.

[9] King, L. A., Corkery, J. M. »An Index of Fatal Toxicity for Drugs of Misuse«. Human Psychopharmacology, März 2010, 25 (2), S. 162–166.

[10] Ebenda.

[11] Advisory Council on the Misuse of Drugs. Cannabis: Classification and Public Health. 2008. https://www.gov.uk/government/

publications/acmd-cannabis-classification-and-public-health-2008.

[12] Nutt, D. J., King, L. A., Phillips, L. D. »Drug Harms in the UK: A Multicriteria Decision Analysis«. *The Lancet.* November 2010, 376 (9.752), S. 1.558–1.565.

[13] Nutt, D. J. »Equasy – An Overlooked Addiction with Implications for the Current Debate on Drug Harms«. *Journal of Psychopharmacology* (Oxford). Januar 2009, 23 (1), S. 3–5.

[14] Ebenda. Auch unter: http://www.encod.org/info/equasy-a-harmful-addiction.html.

KAPITEL 10

[1] *The Guardian.* »Sharp Decline in Public's Belief in Climate Threat, British Poll Reveals«. 2010. http://www.guardian.co.uk/environment/2010/feb/23/british-public-belief-climate-poll.

[2] Kahan, D. M., Jenkins-Smith, H., Braman, D. »Cultural Cognition of Scientific Consensus«. SSRN eLibrary. 7. Februar 2010. http://papers.ssrn.com/sol3/papers.cfm?abstract_id=1549444.

[3] Kahan, D. M. u. a. »Affect, Values, and Nanotechnology Risk Perceptions: An Experimental Investigation«. Yale Law School, Public Law Working Paper No. 155. http://papers.ssrn.com/sol3/papers.cfm?abstract_id=968652##.

[4] Ebenda.

[5] Douglas, M., Wildavsky, A. *Risk and Culture: An Essay on the Selection of Technological and Environmental Dangers* (Berkeley and Los Angeles, University of California Press, 1983).

[6] Haidt, J. *The Righteous Mind: Why Good People Are Divided by Politics and Religion* (New York: Pantheon Books, 2012).

[7] Cabinet Office. National Risk Register. 2012. https://www.gov.uk/government/publications/national-risk-register-of-civil-emergencies.

[8] Centers for Disease Control and Prevention. Crisis & Emergency Risk Communication. 2012. http://www.bt.cdc.gov/cerc.

[9] Wikipedia encyclopedia. 2011 Germany E. coli O104:H4 outbreak. 2012. http://en.wikipedia.org/wiki/2011_Germany_E._coli_O104:H4_outbreak.

[10] Hall, S. S. »Scientists on Trial: At Fault?« *Nature*. 14. September 2011, 477 (7.364), S. 264–269.

KAPITEL 11

[1] Rappaport, H. *Queen Victoria: A Biographical Companion* (Santa Barbara, CA: ABC-CLIO, 2003).

[2] Byatt, A. S. *Still Life* (New York: Scribner's, 1997). Deutsche Ausgabe: *Stilleben* (Frankfurt/Main: Insel, 2000).

[3] World Health Organisation. Trends in Maternal Mortality: 1990 to 2010. 2012. http://www.who.int/reproductivehealth/publications/monitoring/9789241503631/en/index.html.

[4] Bird, S., Fairweather, C. Recent Military Fatalities in Afghanistan by Cause and Nationality: Period 15, 5 September 2011 to 22 January 2012. http://www.mrc-su.cam.ac.uk/Publications/PDFs/PERIOD_15_fatalities_in_Afghanistan_by_cause_and_nationality.pdf.

[5] Wikipedia encyclopedia. Historical Mortality Rates of Puerperal Fever. 2012. http://en.wikipedia.org/w/index.php?title=Historical_mortality_rates_of_puerperal_fever&oldid=516214953.

[6] Office for National Statistics. Mortality Statistics: Deaths Registered in England and Wales (Series DR). 2011. http://www.ons.gov.uk/ons/rel/vsob1/mortality-statistics--deaths-registered-in-england-and-wales--series-dr-/2010/index.html.

[7] Centre for Maternal and Child Enquiries. »Saving Mothers' Lives: Reviewing Maternal Deaths to Make Motherhood Safer: 2006–2008«. *BJOG: An International Journal of Obstetrics & Gynaecology*. 2011, 118, S. 1–203.

[8] Patient.co.uk. Maternal Mortality. 2012. http://www.patient.co.uk/doctor/Maternal-Mortality.htm.

[9] Siehe Anmerkung 3 dieses Kapitels.

[10] Royal College of Anaesthetists. Death or Brain Damage. 2009. http://www.rcoa.ac.uk/document-store/death-or-brain-damage.

KAPITEL 12

[1] Bibel, Einheitsübersetzung. http://www.die-bibel.de

[2] Stone, P. *The Luck of the Draw: The Role of Lotteries in Decision Making* (Oxford: Oxford University Press, 2011).

[3] Fienberg, S. E. »Randomization and Social Affairs: The 1970 Draft Lottery«. *Science.* 22. Januar 1971, 171 (3.968), S. 255–261.

[4] David, F. N. *Games, Gods, and Gambling: A History of Probability and Statistical Ideas* (New York: Dover Publications, 1998).

[5] British History Online. Elizabeth – July 1588, 1–5. Calendar of State Papers Foreign, Elizabeth, Vol. 22. 2003. http://www.british-history.ac.uk/report.aspx?compid=74849.

[6] Hacking, I. *The Emergence of Probability* (New York: Cambridge University Press, 2006).

[7] Cardano, G. *Liber de ludo aleae* (Rom: FrancoAngeli, 2006).

[8] Siehe Anmerkung 4 dieses Kapitels.

[9] Reith, G. *The Age of Chance: Gambling in Western Culture* (London: Routledge, 2002).

[10] Atherton, M. *Gambling* (London: Hachette, 2007).

[11] *The Guardian.* »Pakistan Embroiled in No-Ball Betting Scandal against England«. 29. August 2010. http://www.guardian.co.uk/sport/2010/aug/29/pakistan-cricket-betting-allegations.

[12] Gamble Aware :: Gambling Facts and Figures. 2012. http://www.gambleaware.co.uk/gambling-facts-and-figures.

[13] Dubins, L. E., Savage, L. J. *How To Gamble If You Must: Inequalities for Stochastic Processes* (New York: McGraw-Hill, 1965).

[14] The WLA Security Control Standard (certification documents). 2012. https://www.world-lotteries.org/cms/index.php?option=com_content&view=article&id=4374%3Athe-wla-securitycontrol-standard-2012-wla-scs2012&catid=106%3Asecurity-control-standard-scs&Itemid=100177&lang=en.

[15] *Daily Mirror.* »Gambler Wins £585k for 86p Stake on 19-Match Accumulator«. 2011. http://www.mirrorfootball.co.uk/news/Gambler-wins-585k-for-86p-stake-on-19-match-accumulator-thanks-to-Glen-Johnson-87thminute-Liverpool-winner-v-Chelsea-article 833317.html.

[16] DSM-IV: Spielsucht. 1999. http://www.spielfrei.info/Hilfe-fuer-Betroffen.7.0.html. Mit dem DSM-V hat sich die Definition geringfügig verändert; siehe http://www.careplay.ch/spielsucht/diagnostische-kriterien-der-spielsucht.html.

[17] Central and North West London NHS Foundation Trust :: Gambling Treatment Centre London. 2012. http://www.cnwl.nhs.uk/gambling.html.

KAPITEL 13

[1] BBC. »Figures show ›Mr and Mrs Average‹«. 13. Oktober 2010. http://www.bbc.co.uk/news/uk-11534042.

[2] Office for National Statistics. 2011 Annual Survey of Hours and Earnings (SOC 2000). 2011. http://www.ons.gov.uk/ons/rel/ashe/annual-survey-of-hours-and-earnings/ashe-results-2011/ashe-statisticalbulletin-2011.html.

[3] Gould, S. J. »Median Is Not the Message«. http://people.umass.edu/biep540w/pdf/Stephen%20Jay%20Gould.pdf.

[4] Dilnot, A., Blastland, M. *The Tiger That Isn't: Seeing Through a World of Numbers* (London: Profile Books, 2010).

[5] Savage, S. L. *The Flaw of Averages: Why We Underestimate Risk in the Face of Uncertainty* (Chichester: John Wiley, 2009).

KAPITEL 14

[1] Dostojewski, Fjodor. *Anmerkungen aus dem Kellerloch.* Übersetzt von S. Geier (Stuttgart: Reclam, 1986), S. 38.

[2] The Information Philosopher. Chrysippus. 2012. http://www.informationphilosopher.com/solutions/philosophers/chrysippus/.

³ Oppenheimer, J. R. *Science and the Common Understanding* (New York: Simon and Schuster, 1954). Deutsche Ausgabe: Wissenschaft und allgemeines Denken (Hamburg: Rowohlt, 1955).

⁴ Adams, D. *The Hitchhiker's Guide to the Galaxy* (New York: Random House, 1997). Deutsche Ausgabe: *Per Anhalter durch die Galaxis* (München: Heyne, 2007).

⁵ Rich, M. D. *A Million Random Digits with 100,000 Normal Deviates* (Santa Monica, Rand Corporation, 2001).

⁶ »Extreme Fire Behavior«, *Atlantic Magazine* (September 2012).

KAPITEL 15

¹ *The Guardian.* »Life Sentence for Train Murder of Student«. 10. November 2006. http://www.guardian.co.uk/uk/2006/nov/10/ukcrime.

² Currie, G., Delbosc, A., Mahmoud, S. »Perceptions and Realities of Personal Safety on Public Transport for Young People in Melbourne«. Vortrag vor dem Australasian Transport Research Forum in Canberra, Australien 2010.

³ Rail Safety and Standards Board. Annual Safety Performance Report 2010/11. 2011. http://www.rssb.co.uk/SPR/REPORTS/Documents/ASPR%202010-11%20Final.pdf.

⁴ Evans, A. »Fatal Train Accidents on Britain's Main Line Railways: End of 2010 Analysis«. Centre for Transport Studies, Imperial College London. http://www.cts.cv.ic.ac.uk/documents/publications/iccts01391.pdf.

⁵ BBC News. »Guard Jailed over Rail Death Fall«. 15. November 2012. http://www.bbc.co.uk/news/uk-england-merseyside-20339630.

⁶ Siehe Anmerkung 3 dieses Kapitels.

⁷ Wolff, J. »Risk, Fear, Blame, Shame and the Regulation of Public Safety«. *Economics and Philosophy.* 2006, 22 (03), S. 409–427.

⁸ Gigerenzer, G. »Out of the Frying Pan into the Fire: Behavioral Reactions to Terrorist Attacks«. *Risk Analysis.* 1, April 2006, 26 (2), S. 347–351.

[9] Hoorens, V. »Self-Enhancement and Superiority Biases in Social Comparison«. *European Review of Social Psychology*. 1993, 4 (1), S. 113–139; McCormick, I. A., Walkey, F. H., Green, D. E. »Comparative Perceptions of Driver Ability – A Confirmation and Expansion«. *Accid Anal Prev.* Juni 1986, 18 (3), S. 205–208.

[10] International Traffic Safety Data and Analysis Group. IRTAD Road Safety Annual Report. 2011. http://internationaltransport-forum.org/irtadpublic/index.html.

[11] World Health Organisation. Global Status Report on Road Safety. 2009. http://www.who.int/violence_injury_prevention/road_safety_status/2009/en/.

[12] FIA Foundation. The Missing Link: Road Traffic Injuries and the Millennium Development Goals. 2010. http://www.fiafoundation.org/publications/Pages/PublicationHome.aspx.

[13] Siehe Anmerkung 11 dieses Kapitels.

[14] Smeed, R. J. »Some Statistical Aspects of Road Safety Research«. *Journal of the Royal Statistical Society*, Series A (General). 1949, 112 (1), S. 1.

[15] Oakes, M., Bor, R. »The Psychology of Fear of Flying (Part I), S. A Critical Evaluation of Current Perspectives on the Nature, Prevalence and Etiology of Fear of Flying«. *Travel Med Infect Dis.* November 2010, 8 (6), S. 327–338.

[16] British Airways. Flying with Confidence – Fear of Flying Course from British Airways [Internet]. http://flyingwithconfidence.com.

[17] Plane Crash Info. http://planecrashinfo.com/index.html.

[18] Ebenda.

[19] Ebenda.

[20] NTSB National Transportation Safety Board. NTSB – Aviation Statistical Reports. http://www.ntsb.gov/data/aviation_stats.html.

[21] Department for Transport. Aviation – Statistics. https://www.gov.uk/government/organisations/department-for-transport/series/aviation-statistics.

[22] NTSB National Transportation Safety Board. Preliminary

Monthly Summary. 2012. http://www.ntsb.gov/data/monthly/curr_mo.TXT.

KAPITEL 16

1. *Daily Mail.* »Last One on the Ground Is a Rotten Egg! Spectacular Photos of Daredevils Diving in Base-Jumping Race«. http://www.dailymail.co.uk/news/article-2164332/World-Base-Race-2012-Spectacularphotos-daredevils-diving-base-jumping-race.html.
2. Clark, R. W. *The Victorian Mountaineers* (London: Batsford, 1953).
3. Windsor, J. S., Firth, P. G., Grocott, M. P., Rodway, G. W., Montgomery, H. E. »Mountain Mortality: A Review of Deaths that Occur during Recreational Activities in the Mountains«. *Postgraduate Medical Journal.* 1. Juni 2009, 85 (1.004), S. 316–321.
4. Pollard, A., Clarke, C. »Deaths during Mountaineering at Extreme Altitude«. *The Lancet.* Juni 1988, 331 (8.597), S. 1.277.
5. Wikipedia. Franz Reichelt. http://de.wikipedia.org/wiki/Franz_Reichelt. Das Video von Franz Reichelts Sprung können Sie auf YouTube unter http://www.youtube.com/watch?v=BepyTSzueno sehen.
6. United States Parachute Association. Skydiving Safety. http://www.uspa.org/AboutSkydiving/SkydivingSafety/tabid/526/Default.aspx.
7. Soreide, K., Ellingsen, C. L., Knutson, V. »How Dangerous Is BASE Jumping? An Analysis of Adverse Events in 20,850 Jumps From the Kjerag Massif, Norway«. *The Journal of Trauma: Injury, Infection, and Critical Care.* Mai 2007, 62 (5), S. 1.113–1.117.
8. British Sub-Aqua Club. UK Diving Fatalities Review. http://www.bsac.com/page.asp?section=3780&sectionTitle=UK+Diving+Fatalities+Review.
9. Redelmeier, D. A., Greenwald, J. A. »Competing Risks of Mortality with Marathons: Retrospective Analysis«. *British Journal of Medicine.* 22. Dezember 2007, 335 (7.633), S. 1.275–1.277.
10. Kipps, C., Sharma, S., Pedoe, D. T. »The Incidence of Exercise-As-

sociated Hyponatraemia in the London Marathon«. *British Journal of Sports Medicine*. 1. Januar 2011, 45 (1), S. 14–19.

[11] Royal Society for the Prevention of Accidents. Home and Leisure Accident Statistics: RoSPA : HASS and LASS. http://www.hass-andlass.org.uk/query/index.htm.

[12] Siehe Anmerkung 10 dieses Kapitels.

[13] Bennett, P., Calman, K., Curtis, S., Fischbacher-Smith, D. *Risk Communication and Public Health* (Oxford: Oxford University Press, 2009).

KAPITEL 17

[1] *Daily Express*. »Less Meat, More Veg is the Secret for Longer Life«. 2012. http://www.express.co.uk/posts/view/307781; Pan, A., Sun, Q., Bernstein, A. M., Schulze, M. B., Manson, J. E., Stampfer, M. J. u. a. »Red Meat Consumption and Mortality: Results From 2 Prospective Cohort Studies«. *Archives of Internal Medicine*, 9. April 2012, 172 (7), S. 555–563.

[2] Partington, A. *The Oxford Dictionary of Quotations* (Oxford: Oxford University Press, 1996).

[3] Shaw, M., Mitchell, R., Dorling, D. »Time for a Smoke? One Cigarette Reduces Your Life by 11 Minutes«. *British Journal of Medicine*. 1. Januar 2000, 320 (7.226), S. 53.

[4] Doll R. »Mortality in Relation to Smoking: 50 Years' Observations on Male British Doctors«. *British Journal of Medicine*. 26. Juni 2004, 328, S. 1.519–1.520.

[5] Spiegelhalter, D. »Using Speed of Ageing and ›Microlives‹ to Communicate the Effects of Lifetime Habits and Environment«. *British Journal of Medicine*. 17. Dezember 2012, 345 (dec14 14), S. e8.223–e8.223.

[6] Prospective Studies Collaboration. Body-Mass Index and Cause-Specific Mortality in 900,000 Adults: Collaborative Analyses of 57 Prospective Studies. *The Lancet*. März 2009, 373, S. 1.083–1.096.

[7] Khaw, K.-T., Wareham, N., Bingham, S., Welch, A., Luben, R.,

Day, N. »Combined Impact of Health Behaviours and Mortality in Men and Women: The EPIC-Norfolk Prospective Population Study«. *PLoS Med.* 2008, 5 (1), S. e12.

8 NHS Information Centre. Statistics on Obesity, Physical Activity and Diet: England. 2012. http://www.hscic.gov.uk/searchcatalogue?productid=4787&topics=2%2fPublic+health%2fLifestyle%2fPhysical+activity&sort=Relevance&size=10&page=1.

9 Woodcock, J., Franco, O. H., Orsini, N., Roberts, I. »Non-Vigorous Physical Activity and All-Cause Mortality: Systematic Review and Meta-Analysis of Cohort Studies«. *International Journal of Epidemiology*, Februar 2011, 40 (1), S. 121–138.

10 Byberg, L., Melhus, H., Gedeborg, R., Sundstrøm, J., Ahlbom, A., Zethelius, B. u. a. »Total Mortality after Changes in Leisure Time Physical Activity in 50 Year Old Men: 35 Year Follow-Up of Population Based Cohort«. *British Journal of Medicine.* 2009, 338, S. b688.

11 Ben Goldacre. »Vitamin Pills Can Lead You To Take Health Risks«. *The Guardian.* 2011. http://www.guardian.co.uk/commentisfree/2011/aug/26/bad-science-vitamin-pills-lead-you-to-take-risks.

12 Shaw, K. A., Gennat, H. C., O'Rourke, P., Del Mar, C. »Exercise for Overweight or Obesity. Cochrane Database of Systematic Reviews«. John Wiley & Sons, Ltd. 1996. http://onlinelibrary.wiley.com/doi/10.1002/14651858.CD003817.pub3/abstract.

KAPITEL 18

1 Health and Safety Executive. Myth: You Can't Throw Out Sweets at Pantos. 2009. http://www.hse.gov.uk/myth/dec09.htm.

2 *Daily Telegraph.* »Health and Safety Fears Are ›Taking the Joy out of Playtime‹«. Telegraph.co.uk. 1. Juli 2011. http://www.telegraph.co.uk/education/educationnews/8612145/Health-and-safety-fears-are-taking-the-joy-out-of-playtime.html.

3 Adams, J. »Risk in a Hypermobile World«. 2012. http://www.john-adams.co.uk.

4 »Hazards«. *Hazards* 117, Januar–März 2012. http://www.hazards. org/haz117/index.htm.

5 Health and Safety Executive. HSE Statistics: Historical Picture. 2000. http://www.hse.gov.uk/statistics/history/index.htm.

6 Health and Safety Executive. Self-Reported Work-Related Illness and Workplace Injuries. 2008. http://www.hse.gov.uk/statistics/ lfs/index.htm.

7 Health and Safety Executive. Workplace Fatalities and Injuries Statistics in the EU [Internet]. 2008. http://www.hse.gov.uk/stat- istics/european/index.htm.

8 Bureau of Labor Statistics. Census of Fatal Occupational Injuries (CFOI) – Current and Revised Data. http://www.bls.gov/iif/osh- cfoi1.htm.

9 International Labour Organisation. Global Workplace Deaths Vastly Under-Reported, Says ILO [Internet]. http://www.ilo.org/ global/about-the-ilo/press-and-media-centre/news/WCMS_ 005176/lang--en/index.htm.

10 International Labour Organisation. XIX World Congress on Safety and Health at Work – ILO Introductory Report: Global Trends and Challenges on Occupational Safety and Health. http:// www.ilo.org/safework/info/publications/WCMS_162662/lang-- en/index.htm.

11 Asian Development Bank. People's Republic of China: Coal Mine Safety Study. Part II : Review and Analysis of International Ex- perience. 2007. http://www.adb.org/Documents/Reports/Consul- tant/39657-PRC/39657-02-PRC-TACR.pdf.

12 Department of Energy and Climate Change. Coal Mining Techno- logies and Production Statistics – The Coal Authority. 2012. http:// coal.decc.gov.uk/en/coal/cms/publications/mining/mining.aspx.

13 »Safety in the Pits«. *Hazards* 116, Oktober–Dezember 2011. http:// www.hazards.org/deadlybusiness/deadlymines.htm.

14 Ebenda.

15 Tu, J. »Coal Mining Safety: China's Achilles' Heel.« *China Secur- ity*. 2007, 3, S. 36–53.

[16] Siehe Anmerkung 11 dieses Kapitels.

[17] Siehe Anmerkung 13 dieses Kapitels.

[18] Roberts, S. E. »Britain's Most Hazardous Occupation: Commercial Fishing«. *Accident Analysis & Prevention*. Januar 2010, 42 (1), S. 44–49.

[19] h2g2. The London Beer Flood of 1814. 2012. http://h2g2.com/dna/h2g2/A42129876.

[20] Wikipedia. Boston Molasses Disaster. 2012. http://en.wikipedia.org/wiki/Boston_Molasses_Disaster. Siehe auch: Wikipedia. Melassekatastrophe von Boston. http://de.wikipedia.org/wiki/Melassekatastrophe_von_Boston.

[21] Wikipedia. Bhopal Disaster. 2012. http://en.wikipedia.org/wiki/Bhopal_disaster. Siehe auch: Wikipedia. Katastrophe von Bhopal. http://de.wikipedia.org/wiki/Katastrophe_von_Bhopal.

[22] Siehe Anmerkung 5 dieses Kapitels.

[23] Albin, M., Horstmann, V., Jakobsson, K., Welinder, H. »Survival in Cohorts of Asbestos Cement Workers and Controls«. *Occup Environ Med*. 1. Februar 1996, 53 (2), S. 87–93.

[24] Miller, B. G., Jacobsen, M. »Dust Exposure, Pneumoconiosis, and Mortality of Coalminers«. *Br. J. Ind. Med*. 1. November 1985, 42 (11), S. 723–733.

[25] Health Safety Executive R. Reducing Risks, Protecting People. HSE's Decision-Making Process. 2001. http://www.hse.gov.uk/risk/theory/r2p2.htm.

[26] Bird, S., Fairweather, C. »Recent Military Fatalities in Afghanistan by Cause and Nationality: Period 15, 5 September 2011 to 22 January 2012«. http://www.mrc-bsu.cam.ac.uk/Publications/PDFs/PERIOD_15_fatalities_in_Afghanistan_by_cause_and_nationality.pdf.

KAPITEL 19

[1] Adams, J. »Risk in a Hypermobile World«. 2012. http://www.johnadams.co.uk/.

² Slovic, P. »Perception of Risk«. *Science*. 17. April 1987, 236 (4.799), S. 280–285.

³ Mehta, P., Smith-Bindman, R. »Airport Full-Body Screening: What Is the Risk?« *Archives of Internal Medicine*. 27. Juni 2011, 171 (12), S. 1.112–1.115.

⁴ Health Protection Agency. »Dose Comparisons for Ionising Radiation«. http://www.hpa.org.uk/Topics/Radiation/Understanding Radiation/UnderstandingRadiationTopics/DoseComparisons-ForIonisingRadiation/. World Health Organisation (2012). »Preliminary Dose Estimation from the nuclear accident after the 2011 Great East Japan Earthquake and Tsunami«. http://www.who.int/ionizing_radiation/pub_meet/fukushima_dose_assessment/en/index.html.

⁵ National Academy of Sciences. Health Effects of Radiation: Findings of the Radiation Effects Research Foundation. 2003. http://delsold.nas.edu/dels/rpt_briefs/rerf_final.pdf.

⁶ United Nations Scientific Committee on the Effects of Atomic Radiation. UNSCEAR Assessments of the Chernobyl Accident. 2012. http://www.unscear.org/unscear/en/chernobyl.html.

⁷ Little, M. P., Hoel, D. G., Molitor, J., Boice, J. D., Wakeford, R., Muirhead, C. R. »New Models for Evaluation of Radiation-Induced Lifetime Cancer Risk and its Uncertainty Employed in the UNSCEAR« 2006 Report. *Radiat*. Res. Juni 2008, 169 (6), S. 660–676.

⁸ Berrington de Gonzalez, A., Mahesh, M., Kim, K.-P., Bhargavan, M., Lewis, R., Mettler, F. u. a. »Projected Cancer Risks from Computed Tomographic Scans Performed in the United States in 2007«. *Archives of Internal Medicine*. 14. Dezember 2009, 169 (22), S. 2.071–2.077.

⁹ EU *Business News*. »After Japan ›Apocalypse‹, EU Agrees Nuclear ›Stress Tests‹«. http://www.eubusiness.com/news-eu/japan-quake-nuclear.93d.

[1] BBC News. »How Often Do Plane Stowaways Fall from the Sky?« 13. September 2012. http://www.bbc.co.uk/news/magazine-19562101.

[2] Sagan C. *Pale Blue Dot: A Vision of the Human Future in Space* (New York: Random House, 1994). Deutsche Ausgabe: *Blauer Punkt im All. Unsere Zukunft im Kosmos* (München: Droemer-Knaur, 1996).

[3] *The Guardian.* »Comette Family Home Damaged by Egg-Sized Meteorite«. 2011. http://www.guardian.co.uk/world/2011/oct/10/comette-family-home-damaged-meteorite.

[4] Woo G. *Calculating Catastrophe* (London: Imperial College Press, 2011).

[5] Risk Management Solutions. Comet and Asteroid Risk: An Analysis of the 1908 Tunguska Event. 2009. www.rms.com/publications/1908_tunguska_event.pdf.

[6] National Research Council. *Defending Planet Earth: Near-Earth Object Surveys and Hazard Mitigation Strategies* (Washington, D. C.: The National Academies Press, 2010).

[7] Boslough, M. B. E., Crawford, D. A. »Low-Altitude Airbursts and the Impact Threat«. *International Journal of Impact Engineering.* Dezember 2008, 35 (12), S. 1.441–1.448.

[8] Ward, S. N., Asphaug, E. »Asteroid Impact Tsunami: A Probabilistic Hazard Assessment«. *Icarus.* Mai 2000, 145 (1), S. 64–78.

[9] Siehe Anmerkung 4 dieses Kapitels.

[10] NASA. Near-Earth Object Program. http://neo.jpl.nasa.gov/index.html.

[11] NASA NEO Program. The Torino Impact Hazard Scale. http://neo.jpl.nasa.gov/torino_scale.html.

[12] NASA NEO Program. Predicting Apophis' Earth Encounters in 2029 and 2036. http://neo.jpl.nasa.gov/apophis.

[13] Discovery News. Hayabusa Asteroid Probe Awarded World Record: Discovery News. http://news.discovery.com/space/hayabusa-asteroid-probe-gets-guinness-world-record-110620.html.

[1] Taleb, N. *The Black Swan: The Impact of the Highly Improbable* (New York: Random House, 2007). Deutsche Ausgabe: *Der schwarze Schwan. Konsequenzen aus der Krise* (München: Hanser, 2010), S. 10.

[2] Slovic, P. *The Perception of Risk* (London: Routledge, 2000).

[3] Office for National Statistics. Labour Market Flows, November 2011 (Experimental Statistics). 2011. http://www.ons.gov.uk/ons/rel/lms/labour-market-statistics/november-2011/art-labour-market-flows--july-to-september-2011.html.

[4] Thomas, K. *The Oxford Book of Work* (Oxford: Oxford University Press, 1999).

[5] Trades Union Congress. The Costs of Unemployment. 2010. http://www.tuc.org.uk/extras/costsofunemployment.pdf.

[6] Ruhm, C. J. »Are Recessions Good for Your Health?« *The Quarterly Journal of Economics*. 1. Mai 2000, 115 (2), S. 617–650.

[7] National Institute for Health and Clinical Excellence. Worklessness and Health: What Do We Know about the Causal Relationship? 2005. http://www.nice.org.uk/niceMedia/documents/worklessness_health.pdf.

[8] Roelfs, D. J., Shor, E., Davidson, K. W., Schwartz, J. E. »Losing Life and Livelihood: A Systematic Review and Meta-Analysis of Unemployment and All-Cause Mortality«. *Soc. Sci. Med.* März 2011, 72 (6), S. 840–854.

[9] Clemens, T., Boyle, P., Popham, F. »Unemployment, Mortality and the Problem of Health-Related Selection: Evidence from the Scottish and England & Wales (ONS) Longitudinal Studies«. *Health Stat. Q.* 2009 (43), S. 7–13.

[10] Gregg, P., Tominey, E. »The Wage Scar from Youth Unemployment«. Department of Economics, University of Bristol; 2004. Report No.: 04/097. http://ideas.repec.org/p/bri/cmpowp/04-097.html.

[11] Bell, D. N. F., Blanchflower, D. G. »Youth Unemployment: De-

javu?« Institute for the Study of Labor (IZA); 2010. Report No.: 4.705. http://ideas.repec.org/p/iza/izadps/dp4705.html.

KAPITEL 22

[1] *The Guardian.* »Assaulted Pensioner Emma Winnall Dies of Her Injuries«. 2012. http://www.guardian.co.uk/uk/2012/may/29/assaulted-pensioner-emma-winnall-dies.

[2] Home Office. Crime in England and Wales: Quarterly Update to September 2011. https://www.gov.uk/government/publications/crime-in-england-and-wales-quarterly-update-to-september-2011.

[3] BBC News. »Whispering Game«. 16. Februar 2006. http://news.bbc.co.uk/1/hi/magazine/4719364.stm.

[4] Kahneman, D. *Thinking, Fast and Slow* (New York: Farrar, Straus and Giroux, 2011). Deutsche Ausgabe: *Schnelles Denken, langsames Denken* (München: Siedler, 2012).

[5] Slovic P. »If I Look at the Mass I Will Never Act: Psychic Numbing and Genocide«. In: Roeser, S. (Hg.). *Emotions and Risky Technologies* (Dordrect: Springer, 2010), S. 37–59. http://link.springer.com/chapter/10.1007/978-90-481-8647-1_3.

[6] Fagerlin, A., Wang, C., Ubel, P. A. »Reducing the Influence of Anecdotal Reasoning on People's Health Care Decisions: Is a Picture Worth a Thousand Statistics?« *Med. Decis. Making.* August 2005, 25 (4), S. 398–405.

[7] Wood, James. *How Fiction Works* (London: Cape, 2008). Deutsche Ausgabe: *Die Kunst des Erzählens* (Reinbek: Rowohlt, 2008).

[8] Home Office. Homicides, Firearm Offences and Intimate Violence 2010/11: Supplementary Vol. 2 to Crime in England and Wales. 2012. https://www.gov.uk/government/publications/homicides-fire-arm-offencesand-intimate-violence-2010-to-2011-supplementary-volume-2-to-crime-in-england-and-wales-2010-to-2011.

[9] BBC News. »Brown Pledge to Tackle Stabbings«. 11. Juli 2008. http://news.bbc.co.uk/1/hi/uk/7502569.stm.

[10] Spiegelhalter, D., Barnett, A. »London Murders: A Predictable Pattern?« *Significance.* 2009, 6 (1), S. 5–8.

[11] Siehe Anmerkung 2 dieses Kapitels.

[12] Ebenda.

[13] Home Office. Crime in England and Wales 2006/2007. http://webarchive.nationalarchives.gov.uk/20110220105210/http:/rds.homeoffice.gov.uk/rds/crimeew0607.html.

KAPITEL 23

[1] Longer, Healthier, Happier? Human Needs, Human Values and Science. Sense about Science annual lecture. 2007 http://www.senseaboutscience.org/pages/annual-lecture-2007.html.

[2] Isaacs, D., Fitzgerald, D. »Seven Alternatives to Evidence Based Medicine«. *British Journal of Medicine.* 18. Dezember 1999, 319 (7.225), S. 1.618.

[3] Guyatt, G. C. J. »Evidence-Based Medicine: A New Approach to Teaching the Practice of Medicine«. *JAMA.* 4. November 1992, 268 (17), S. 2.420–2.425.

[4] Ioannidis, J. P. A. »Why Most Published Research Findings Are False«. *PloS Med.* 2005, 2 (8), S. e124.

[5] Gawande, A. *Complications: A Surgeon's Notes on an Imperfect Science* (New York: Henry Holt, 2002). Deutsche Ausgabe: *Die Schere im Bauch. Aufzeichnungen eines Chirurgen.* (München: Goldmann, 2003). Zitate S. 12/13, 16.

[6] Gross, C. G. *A Hole in the Head: More Tales in the History of Neuroscience* (Cambridge, MA: MIT Press, 2009).

[7] Weiser, T. G., Regenbogen, S. E., Thompson, K. D., Haynes, A. B., Lipsitz, S. R., Berry, W. R. u. a. »An Estimation of the Global Volume of Surgery: A Modelling Strategy Based on Available Data«. *The Lancet.* 12. Juli 2008, 372 (9.633), S. 139–144.

[8] Royal College of Anaesthetists. Risks Associated with your Anaesthetic Section 14: Death or Brain Damage. 2009. http://www.rcoa.ac.uk/node/2066.

⁹ Nightingale, F. *Notes on Hospitals* (London: Longman, Green, Longman, Roberts and Green, 1863). Deutsche Ausgabe: Bemerkungen zur Krankenpflege (Frankfurt/Main: Mabuse, 2005).

¹⁰ Codman, E. A. *A Study in Hospital Efficiency: As Demonstrated by the Case Report of the First Five Years of a Private Hospital* (Boston: T. Todd, 1918).

¹¹ Ferguson, T. B. Jr., Hammill, B. G ., Peterson, E. D., DeLong, E. R., Grover, F. L. »A Decade of Change – Risk Profiles and Outcomes for Isolated Coronary Artery Bypass Grafting Procedures, 1990–1999: A Report from the STS National Database Committee and the Duke Clinical Research Institute«. Society of Thoracic Surgeons. *Ann. Thorac. Surg.* Februar 2002, 73 (2), S. 480–489 (Diskussion S. 489–90).

¹² Care Quality Commission. Survival Rates – Heart Surgery in United Kingdom 2008–9. http://heartsurgery.cqc.org.uk/survival.aspx.

¹³ New York State Department of Health. Cardiovascular Disease Data and Statistics. 2012. http://www.health.ny.gov/statistics/diseases/cardiovascular.

¹⁴ Campbell, M. J., Jacques, R. M., Fotheringham, J., Maheswaran, R., Nicholl, J. »Developing a Summary Hospital Mortality Index: Retrospective Analysis in English Hospitals over Five Years«. *BMJ*. 1. März 2012, 344 (mar01 1), S. e1.001–e1.001.

¹⁵ Hawkes N. »Patient Coding and the Ratings Game«. *BMJ*. 25. April 2010, 340 (apr23 2), S. c2.153–c2.153.

KAPITEL 24

¹ Cancer Research UK. Breast Screening: Accuracy of Mammography. 2012. http://www.cancerresearchuk.org/cancer-info/cancerstats/types/breast/screening/Other-Issues/#Accuracy.

² McCartney, M. *The Patient Paradox* (London: Pinter & Martin, 2012).

³ Mehta, P., Smith-Bindman, R. »Airport Full-Body Screening:

What Is the Risk?« *Archives of Internal Medicine* 27. Juni 2011, 171 (12), S. 1.112–1.115.

[4] NHS Breast Screening Programme. Screening for Breast Cancer in England: Past and Future. 2012. http://www.cancerscreening. nhs.uk/breastscreen/publications/nhsbsp61.html.

[5] Yaffe, M. J., Mainprize, J. G. »Risk of Radiation-Induced Breast Cancer from Mammographic Screening«. *Radiology*. Januar 2011, 258 (1), S. 98–105.

[6] Welch, H. G., Schwartz, L. M., Woloshin, S. *Overdiagnosed: Making People Sick in the Pursuit of Health* (Boston, MA: Beacon Press, 2011). Deutsche Ausgabe: *Die Diagnosefalle: Wie Gesunde zu Kranken erklärt werden* (München: Riva, 2013).

[7] Cancer Research UK. Breast Screening Review. 2012. http://www. cancerresearchuk.org/cancer-info/publicpolicy/ourpolicyposi-tions/symptom_Awareness/cancer_screening/breast-screening-review/breast-screening-review.

[8] Ebenda.

[9] Ablin, R. J. »The Great Prostate Mistake«. *The New York Times* (10. März 2010). http://www.nytimes.com/2010/03/10/opinion/10Ablin. html.

[10] House of Lords. Lord Andrew Lloyd-Webber Has Called for All Men over the Age of 50 to Have a Test for Prostate Cancer. BBC. 19. Juli 2010. http://news.bbc.co.uk/democracylive/hi/house_of_lords/newsid_8822000/8822506.stm.

[11] *Daily Mail*. »Andrew Lloyd Webber Reveals Prostate Cancer Battle Has Left Him Impotent«. 2011. http://www.dailymail.co.uk/tvshowbiz/article-1371379/Andrew-Lloyd-Webber-reveals-pros-tate-cancerbattle-left-impotent.html.

[12] Vernooij, M. W., Ikram, M. A., Tanghe, H. L., Vincent, A. J. P. E., Hofman, A., Krestin, G. P. u. a. »Incidental Findings on Brain MRI in the General Population«. *New England Journal of Medicine*. 1. November 2007, 357 (18), S. 1.821–1.828.

[13] Cancer Research UK. Prostate Cancer – UK Incidence Statistics.

2011. http://info.cancerresearchuk.org/cancerstats/types/prostate/ incidence/.

[14] Siehe Anmerkung 6 dieses Kapitels.

[15] Andriole, G. L., Crawford, E. D., Grubb, R. L., Buys, S. S., Chia, D., Church, T. R. u. a. »Prostate Cancer Screening in the Randomized Prostate, Lung, Colorectal, and Ovarian Cancer Screening Trial: Mortality Results after 13 Years of Follow-Up«. *Journal of the National Cancer Institute*, 18. Januar 2012, 104 (2), S. 125–132.

[16] Schröder, F. H., Hugosson, J., Roobol, M. J., Tammela, T. L. J., Ciatto, S., Nelen, V. u. a. »Prostate-Cancer Mortality at 11 Years of Follow-Up«. *New England Journal of Medicine*. 15. März 2012, 366 (11), S. 981–990.

[17] Welch, H. G., Frankel, B. A. »Likelihood That a Woman With Screen-Detected Breast Cancer Has Had Her ›Life Saved‹ by That Screening«. *Archives of Internal Medicine* 12. Dezember 2011, 171 (22), S. 2.043–2.046.

[18] 23andMe. Genetic Testing for Health, Disease & Ancestry; DNA Test. https://www.23andme.com.

KAPITEL 25

[1] Fowler, S. *Workhouse: The People, the Places, the Life behind Doors*. National Archives; 2007.

[2] Booth, Charles. *The Aged Poor in England and Wales* (London, 1894). http://archive.org/stream/agedpoorinengla00bootgoog/ agedpoorinengla00bootgoog_djvu.txt.

[3] Crowther, M. A. *The Workhouse System, 1834–1929: The History of an English Social Institution* (London: Routledge, 1983).

[4] Orwell, G. *Down and Out in Paris and London: A Novel* (Harcourt, Brace & World, 1961). Deutsche Ausgabe: *Erledigt in Paris und London* (Zürich: Diogenes, 1984).

[5] Households Below Average Income. Department of Work and Pensions, Juni 2012. http://research.dwp.gov.uk/asd/index.php? page=hbai.

[6] Ebenda.

[7] English Longitudinal Study of Ageing. Financial Circumstances, Health and Well-Being of the Older Population in England. 2010. http://www.ifs.org.uk/elsa/report10/elsa_w4-1.pdf.

[8] Department of Health. Fairer Care Funding. The Report of the Commission on Funding of Care and Support. 2011. http://www.dilnotcommission.dh.gov.uk/our-report/.

KAPITEL 26

[1] Halley, E. »An Estimate of the Degrees of the Mortality of Mankind, Drawn from Curious Tables of the Births and Funerals at the City of Breslaw; With an Attempt to Ascertain the Price of Annuities upon Lives«. *Royal Society of London*; 1753. http://archive.org/details/philtrans05474358.

[2] Human Mortality Database. http://www.mortality.org/.

[3] Office for National Statistics. Life Expectancy at Birth and at Age 65 by Local Areas in the United Kingdom. 2011. http://www.ons.gov.uk/ons/rel/subnational-health4/life-expec-at-birth-age-65/2004-06-to-2008-10/index.html.

[4] Understanding Uncertainty. Survival Worldwide. 2012. http://understandinguncertainty.org/node/272.

[5] World Health Organisation. World Health Statistics 2011. http://www.who.int/gho/publications/world_health_statistics/2011/en/index.htm.

[6] Human Life-Table Database. 2012. http://www.lifetable.de.

[7] Office for National Statistics. Period and Cohort Life Expectancy Tables. 2011. http://www.ons.gov.uk/ons/rel/lifetables/period-and-cohort-life-expectancy-tables/2010-based/index.html.

[8] Office for National Statistics. What Are the Chances of Surviving to Age 100? 2012. http://www.ons.gov.uk/ons/rel/lifetables/historic-and-projected-mortality-data-from-the-uk-life-tables/2010-based/rpt-surviving-to-100.html.

⁹ United Nations. Global Issues at the United Nations. http://www.un.org/en/globalissues/ageing.

¹⁰ Collerton, J., Davies, K., Jagger, C., Kingston, A., Bond, J., Eccles, M. P. u. a. »Health and Disease in 85 Year Olds: Baseline Findings from the Newcastle 85+ Cohort Study«. *BMJ* [Internet]. 2009, 339. http://www.ncbi.nlm.nih.gov/pmc/articles/PMC2797051.

¹¹ Office for National Statistics. Pension Trends, Chapter 2: Population Change. 2012. http://www.ons.gov.uk/ons/rel/pensions/pension-trends/chapter-2--population-change--2012-edition-/index.html.

¹² Knapp, M., Prince, M. Dementia UK 2007. http://alzheimers.org.uk/site/scripts/download_info.php?fileID=2.

¹³ Office for National Statistics. Pension Trends, Chapter 3: Life Expectancy and Healthy Ageing. 2012. http://www.ons.gov.uk/ons/rel/pensions/pension-trends/chapter-3--life-expectancy-and-healthy-ageing--2012-edition-/index.html.

¹⁴ British Parachute Association. How Safe? 2012. http://www.bpa.org.uk/staysafe/how-safe/.

KAPITEL 27

¹ De Finetti, B. *Theory of Probability* (London: John Wiley, 1974). Deutsche Ausgabe: *Wahrscheinlichkeitstheorie* (Wien/München: Oldenbourg, 1981).

² Quellen: (a) Office for National Statistics. Mortality Statistics: Deaths registered in England and Wales (Series DR). 2011. http://www.ons.gov.uk/ons/rel/vsob1/mortality-statistics--deaths-registered-in-england-and-wales--series-dr-/2010/index.html [Stand vom 28. November 2011]. (b) Office for National Statistics. Child mortality statistics: Childhood, infant and perinatal. 2012. http://www.ons.gov.uk/ons/rel/vsob1/child-mortality-statistics--childhood--infant-and-perinatal/2010/index.html [Stand vom 9. Mai 2012]. (c) UN Inter-Agency Group for Child Mortality Estimation. Child Mortality Estimates. 2012. http://www.childmortality.org/

[Stand vom 9. Mai 2012]. (d) Home Office. Homicides, Firearm Offences and Intimate Violence 2010/11: Supplementary Volume 2 to Crime in England and Wales. 2012. http://www.homeoffice. gov.uk/publications/science-research-statistics/research-statistics/ crime-research/hosb0212/ [Stand vom 4. November 2012].
(e) Health Protection Agency. Measles notifications and deaths in England and Wales, 1940–2008. 2012. http://www.hpa.org.uk/web/ HPAweb&HPAwebStandard/HPAweb_C/1195733835814 [Stand vom 13. Mai 2012]. (f) Royal College of Anaesthetists. Death or brain damage. 2009. http://www.rcoa.ac.uk/document-store/ death-or-brain-damage [Stand vom 30. Oktober 2012]. (g) World Health Organisation. Trends in maternal mortality: 1990–2010. WHO. 2012. http://www.who.int/reproductivehealth/publications/ monitoring/9789241503631/en/index.html [Stand vom 14. November 2012]. (h) National Patient Safety Agency. Quarterly Data Summaries. http://www.nrls.npsa.nhs.uk/resources/collections/ quarterly-data-summaries/?entryid45=133687 [Stand vom 29. Januar 2013]. (j) Care Quality Commission. Survival Rates – Heart Surgery in United Kingdom, 2008–9. 2009. http://heartsurgery. cqc.org.uk/survival.aspx [Stand vom 25. November 2012].
(k) Bird, S., Fairweather, C. Recent military fatalities in Afghanistan by cause and nationality: Period 15, 5 September 2011 to 22 January 2012. http://www.mrc-bsu.cam.ac.uk/Publications/ PDFs/PERIOD_15_fatalities_in_Afghanistan_by_cause_and_ nationality.pdf [Stand vom 16. November 2012]. (l) Wikipedia. RAF Bomber Command. Wikipedia, the free encyclopedia. 2013. http://en.wikipedia.org/w/index.php?title=RAF_Bomber_Command&oldid=531643454 [Stand vom 29. Januar 2013]. (m) Department for Transport. Reported road casualties Great Britain: main results 2010. 2011. http://www.dft.gov.uk/statistics/releases/ reported-road-casualties-gb-main-results-2010 [Stand vom 28. November 2011]. (n) Rail Safety and Standards Board. Annual Safety Performance Report 2010/11. 2011. http://www.rssb.co.uk/ SPR/REPORTS/Documents/ASPR%202010-11%20Final.pdf.

(p) NTSB National Transportation Safety Board. NTSB – Aviation Statistical Reports. http://www.ntsb.gov/data/aviation_stats. html [Stand vom 29. Oktober 2012]. (q) British Sub-Aqua Club. UK Diving Fatalities Review. http://www.bsac.com/page.asp?section=3780&sectionTitle=UK+Diving+Fatalities+Review [Stand vom 20. Jan. 2012]. (r) Health Safety Executive. Risk education – Statistics. 2003. http://www.hse.gov.uk/education/statistics.htm [Stand vom 26. November 2012]. (s) British Parachute Association. How Safe. 2012. http://www.bpa.org.uk/staysafe/how-safe/ [Stand vom 26. Nov. 2012]. (t) Redelmeier, D. A., Greenwald, J. A. »Competing Risks of Mortality with marathons: retrospective analysis«. *BMJ*. 22. Dezember 2007, 335 (7.633), S. 1.275–1.277. (u) King, L. A., Corkery, J. M. »An Index of Fatal Toxicity for Drugs of Misuse«. *Human Psychopharmacology*. 25. März 2010; 25 (2), S. 162–166; Home Office. Drug Misuse Declared: Findings from the 2010/11 British Crime Survey England and Wales. 2011. http://www.homeoffice.gov.uk/publications/science-research-statistics/research-statistics/crime-research/hosb1211/ [Stand vom 14. Nov. 2012]. (v) National Research Council. *Defending Planet Earth: Near-Earth Object Surveys and Hazard Mitigation Strategies* (Washington, D. C.: The National Academies Press, 2010).

[3] Quellen: (a) Doll, R. »Mortality in Relation to Smoking: 50 Years' Observations on Male British Doctors«. *BMJ*. 26. Juni 2004, 328, S. 1.519–1.520. (b) Di Castelnuovo, A., Costanzo, S., Bagnardi, V., Donati, M. B., Iacoviello, L., De Gaetano, G. »Alcohol Dosing and Total Mortality in Men and Women: An Updated Meta-Analysis of 34 Prospective Studies«. *Archives of International Medicine* 11. Dezember 2006, 166 (22), S. 2.437–2.445. (c) Prospective Studies Collaboration. »Body-Mass Index and Cause-Specific Mortality in 900,000 Adults: Collaborative Analyses of 57 Prospective Studies«. *The Lancet*. März 2009, 373, S. 1.083–1.096. (d) Wijndaele, K., Brage, S., Besson, H., Khaw, K.-T., Sharp, S. J., Luben, R. u. a. »Television Viewing Time Independently Predicts All-Cause and Cardiovascular Mortality: The EPIC Norfolk Study«. *Inter-*

national Journal of Epidemiology. 1. Februar 2011, 40 (1), S. 150–159. (e) Pan, A., Sun, Q., Bernstein, A. M., Schulze, M. B., Manson, J. E., Stampfer, M. J. u. a. »Red Meat Consumption and Mortality: Results from 2 Prospective Cohort Studies«. *Arch Intern Med.* 9. April 2012, 172 (7), S. 555–563. (f) Khaw, K.-T., Wareham, N., Bingham, S., Welch, A., Luben, R., Day, N. »Combined Impact of Health Behaviours and Mortality in Men and Women: The EPIC-Norfolk Prospective Population Study«. *PLoS Med.* 8. Januar 2008, 5 (1), S. e12. (g) Freedman, N. D., Park, Y., Abnet, C. C., Hollenbeck, A. R., Sinha, R. »Association of Coffee Drinking with Total and Cause-Specific Mortality. *New England Journal of Medicine* 17. Mai 2012, 366 (20), S. 1.891–1.904. (h) Woodcock, J., Franco, O. H., Orsini, N., Roberts, I. »Non-Vigorous Physical Activity and All-Cause Mortality: Systematic Review and Meta-Analysis of Cohort Studies«. *International Journal of Epidemiology* Februar 2011, 40 (1), S. 121–138. (j) Ray, K. K., Seshasai, S. R. K., Erqou, S., Sever, P., Jukema, J. W., Ford, I. u. a. »Statins and All-Cause Mortality in High-Risk Primary Prevention: A Meta-Analysis of 11 Randomized Controlled Trials Involving 65,229 Participants«. *Archive of International Medicine* 28. Juni 2010, 170 (12), S. 1.024–1.031. (k) Pope, C. A., Ezzati, M., Dockery, D. W. »Fine-Particulate Air Pollution and Life Expectancy in the United States«. *New England Journal of Medicine.* 2009, 360 (4), S. 376–386. (l) Office for National Statistics. Interim Life Tables, 2008–10. http://www.ons.gov.uk/ons/rel/lifetables/interim-life-tables/2008-2010/index.html [Stand vom 13. Februar 2012]. (m) Human Mortality Database. 2012. http://www.mortality.org [Stand vom 8. August 2012].

Dank

ANDREW FRANKLIN VON PROFILE BOOKS schlug vor, wir sollten doch ein Buch zusammen schreiben, ein Vorschlag, für den wir ihm dankbar waren, auch wenn wir noch nicht wussten, worüber wir schreiben sollten. Das Thema ergab sich aus zwei langen Laufbahnen mit ihren Einflüssen und Möglichkeiten sowie den vielen Freunden und Kollegen, die uns auf dem Weg unterstützt haben. Die Zusammenarbeit mit dem Team von Profile war wie immer ein Vergnügen. Jonny Pegg ist alles, was man sich von einem Agenten (oder Doppelagenten) nur wünschen kann, ein hilfreicher Kritiker und ein ermutigender Freund. Andrew Dilnot hat uns in der Planungsphase wertvolle Hinweise gegeben. Rich Knight und Chris Vince haben erste Texte gelesen und hielten die Idee nicht für völlig abwegig, was uns sehr geholfen hat. Katey Adderley und Caitlin Harris unterstützen Michael Blastland und waren bei den psychologischen Fragen des Risikos eine Goldgrube, und Joe Harris vermittelte ihm die wichtige Lektion, wie man damit leben kann. Edgar und Kieran waren die Quelle für die Pinguin-Geschichte, die aus dem wirklichen Leben stammt. Fiona klärte ihn darüber auf, was man mit einer Dose Steak-and-Kindey-Pie alles anstellen kann, und wir bedienten uns schamlos bei allen Freunden, die so leichtsinnig waren, mit uns über Gefahr zu sprechen. Kate Bull war mit Rat und Tat zur Stelle, und wichtiger noch, es gefiel ihr sogar. Mike Pearson war eine unerschöpfliche Quelle der Inspiration und Unterstützung. David Hardings Großzügigkeit gab David Spiegelhalter die Möglichkeit, dieses Buch zu schreiben. Ihnen allen herzlichen Dank.

Register

A

Abschreibung   146, 147
absolutes Risiko   24, 59
Abtreibung   115
Abweichung vom Durchschnitt   209
Adams, John   211, 248, 249, 264
Affektheuristik   162
Afghanistan   25, 28, 157, 202, 257
Aids   66, 67
– Fernsehspot   108, 109, 110
– Auswirkung auf Lebens-
   erwartung   356
Aktivität/sportliche Betätigung   240
aleatorische Ungewissheit   191
Alkohol   239
– als Droge   128
– in den Nachrichten   66
Alpenverein   224
Alter   344
– Beispiel   352
– Lebensqualität   358
– Pflegekosten   348
Altersruhestand   344
Alzheimer-Krankheit   339
Amis, Kingsley   238
Anekdoten, Immunität gegen 303, 304
Angst   46, 48
– Faktoren   262
– Flugangst   215, 216
– vor Gewalt   301
Anschläge des 11. September   202, 208
Arbeitslosigkeit   286-297
Arbeitsministerium
   der Vereinigten Staaten   251
Armut
– Altersarmut   345
– verschiedene Haushalte   346
Asbest, Todesfälle durch   255, 256
Asteroid
– 2037TP   139
– Almahata Sitta   23
– Apophis   279
– Abwehr   280, 281
– Gefährlichkeit   274, 275
Astragalus   167
Asymmetrie der Reue   72
Aufklärungsfilme   110
Augustinus, Heiliger   190

B

Bagenholm, Anna   9
Banane, Strahleneinheit   265
Basejumping   222, 223, 226
Benzodiazepin   127
Bhopal   255
Bibel   161, 352

Body Mass Index (BMI)   183, 240
Bostoner Sirup-Desaster   254
British Crime Survey   131, 310

C _____

Cannabis
– Psychose   133
– Verwendung   131
Cardano, Girolamo   168
Cäsar, Julius   162
Chaostheorie   197
Chevalier de Méré   168
Cicero, zum Zufall   191
Codein   127, 128
Codman, Ernest   323
Como, Perry   277
Computertomografien   263, 265, 333
Countryside Alliance   80
Cricket, Manipulation   169, 170

D _____

Determinismus   189
Dickens, Charles   99, 103, 124
Dinosaurier, Aussterben   277
Dolch, auf Lenkrad   211
Dostojewski, Fjodor   187, 222
Douglas, Mary   129, 130, 145, 249
Drogen   121-136
Duckworth-Lewis-Methode   169
Durchschnitt   176-183
– im Gegensatz zu Extremfällen   120
– Gesetz des Durchschnitts   194
– irreführend   205
– absurd   273

E _____

E. Coli   149
Ecstasy (MDMA)   131, 132, 134
Einbruch   298, 307, 309, 310
eminenzbasierte Medizin   317
Entbindung   153-163
Entführung   46, 50, 51
Entscheidungstheorie   73
epistemische Ungewissheit   191
Erdbeben   150, 151, 152
erdnahes Objekt   275
Erdrosselung,
    Risiko für Kinder   77, 78
Ertrinken   71, 77
evidenzbasierte Medizin   317
Extremsport   221-230

F _____

Fahrzeuge, Zahl der   212
Fallschirmspringen   222, 223, 225
– Risiko   27, 28, 182, 183
Fekundabilität   112
Fermat, Pierre de   169, 362
Fischer   253, 254
Fish, Michael   152
Fleisch
– rotes   236
– Risiken   58, 59
Fliegen   215-220
Flughafensicherheit,
    Metalldetektoren   333, 334
Flugzeugabstürze, Ursachen   216, 217
freier Wille   188, 192
Fruchtbarkeitsquote   112, 114
Fukushima   266, 268

G _____

Galton, Francis   192
Gamble Aware   170
Geschlechtskrankheiten   110, 111, 116
Gase, kinetische Theorie   193, 194
Geburt
– Entbindung   153-163
– Geburtsort   38
– Geburtsgewicht   23, 37
Geburtstage,
    übereinstimmende   103-105
Gedächtnis   95, 96, 342
Gefahr
– Kurve   221, 222
– der Arbeitslosigkeit   289, 290
Geld   340-348
genetischer Fingerabdruck   46
Gentest   338, 339
Geschichte, siehe auch
    Anekdote   10, 247, 338
– Definition   14
– Details   104, 303, 304
– im Gegensatz zu
    Nicht-Ereignissen   64, 65
– und Medizin   318, 319
– in Planungsszenarien   289
– Verbrechen in den Medien 300, 301
– und Wahrheit   304
– und Zufälle   105
gesellschaftliche Bedenken   257
gesellschaftliche Kontrolle   129
gesellschaftliche Normen   128
Gewalt   43-53
– in öffentlichen Verkehrsmitteln 204
– Verbrechen   310, 311
Gewissheit, siehe auch
    Ungewissheit   18, 151, 331
Gigerenzer, Gerd   208

Gill, Tim   78, 79, 81
Glücksfall   94-105
Gompertz, Benjamin   354
Gould, Stephen Jay   181, 182
Grand National   362, 364, 365
Grenzaktivität   228, 229
Gummer, John   152

H _____

Halley, Edmond   352-354
Handy   264
Heisenbergsche
    Unschärferelation   196
Helikopterabstürze   219
Herzerkrankung, Todesfälle   18
Herzklappenoperation   324, 327
Hiroshima   266, 267, 275, 276
HIV, Infektionsgefahr   117
Hochseefischerei   253
Holmes, Sherlock   125, 135
homme moyen   179, 180, 181, 193
HPV-Impfung   88
– Nebenwirkungen   90, 91
Hurrikan   152

I _____

Impfung   82-93
– HPV   88
– Masern   84-89
– Pocken   86-88
Internationale
    Arbeitsorganisation   251, 255
ionisierende Strahlung   262

J _____

Jung, Carl   100

K _____

Kahan, Dan   143-146
Kahneman, Daniel   65, 66, 302, 343
Kaiserschnitt   162
Katastrophen   48, 57, 147-150, 252, 258
Keynes, John Maynard   203
Kindbettfieber   157
Kindersterblichkeit   34
– weltweit   39, 40
kleine Wahrscheinlichkeit,
    große Wirkung   287
Klimawandel
– Einstellungen zu   140, 141
– abschreiben von   146, 147
Kohlebergbau   252
Kontrollillusion   209
Krankenhäuser
– Qualitätskontrolle   323, 324
– Risiko   322
Krebs
– Bauchspeicheldrüse   58-60
– Prostata   336-338
– Brust   330, 331, 333-335
– Risiko   58

L _____

L'Aquila   150-152
Lake-Wobegon-Effekt   209
Laplace, Pierre   191
Laudanum   124
Lebensdauer   354
Lebenserwartung   354, 355
– Geschichte   355
Lebensmittelvergiftung   149
Leitern, Sturz von   16, 17
Lifestyle   231-245

Londoner Bierflut   254
Lotterie
– alle Zahlen tippen   165
– als Glücksspiel   170
– Jackpot   101, 171
– zur Entscheidungsfindung   167
– Nationale Lottogesellschaft   164
– Verteilung der Zahlen   194
– Zufall   100, 101
Lügendetektor   332

M _____

Mammografie   333, 334
Marathon   227, 228
Maserati   166, 174, 175
Masern
– Zahl der Fälle   88, 89
– Risiken   85
McCartney, Paul   355, 358
Meinung ändern   203
Mesotheliom   181, 182, 255
Messerstecher in London   305
Meteorit, im Dach
    der Familie Comette   273
Micro-Sievert   265
MikroLeben
– Alkohol   239
– Mammografie   334
– Obst und Gemüse   240
– Sport   240
– Strahlung   268
– Tabelle   369, 370
– Übergewicht   240
– Wert von   243
– Zigaretten   239
MikroLeben, Definition   232, 233
MikroMort
– Afghanistan   28

– Alter und 49
– Arbeitslosigkeit 295
– Arbeitnehmer 250
– Asteroid 280
– Basejumping 225, 226
– Bergsteigen 224, 235
– Definition 25
– Drogen 132
– Entbindung 156, 161
– Fallschirmspringen 226
– Hochseefischerei 253, 254
– Kinder, Unfälle 72
– Kindersterblichkeit 34, 39
– Kleinflugzeuge 219
– Kohlebergwerke 252
– Krankenhausaufenthalte 322
– Luftfahrt 219
– Marathonlauf 227
– Morde 312
– Narkose 321
– Straßenverkehr 209, 214
– Tabelle 368, 369
– tägliche 25
– Tauchen 226
– Unfälle 75
MikroNichts 62
Millenniumsziele 40
Milli-Sievert 265
Milne, A. A. 240
Minimax-Regel 73, 74
Mitchell and Webb 56
MMR-Impfung 89
mögliche Zukunft,
   Metaphern 366, 367
moralische Panik 53
Morphium 125

N _____

Nanotechnologie 142-145
Narkose
– Geschichte 320, 321
– bei Entbindung 161
– Risiko 27
NASA 274
natürliche Gefahren 146, 147
natürliches Risiko 41
unnatürliches Risiko 42
Nennerblindheit 64
Nicht-Ereignis 54-67
Nightingale, Florence 322, 323
Nullrisiko 249
Nutt, David 134, 135

O _____

Obst und Gemüse 240, 242
Oettinger, Günther 268
One Million Random Digits 195
Operation 314-329
Opfer von Gewaltverbrechen,
   Zahlen 310
Opium 125

P _____

Pascal, Blaise 169, 362
Per Anhalter durch die
   Galaxis 193, 194
Pferdewetten 172
Pflegekosten 345, 347
Phobie 342
Pinguine 138
Plane Crash Info 216, 217
Planungsfehler 119
Plath, Sylvia 154

plötzlicher Kindstod 38
Poisson-Verteilung 306
problematisches
   Spielverhalten 172-174
Prostatakrebs 336-338
Prostate Specific Antigen-Test
   (PSA) 336

Q ————————————

Quantenphysik 196
Quecksilber 83
Quetelet, Adolphe 179-181, 183,
193, 194, 207

R ————————————

Radithor 263
Radon 261, 263
Reichelt, Franz 225, 226
Reitsport
– Unfälle 227
– Sucht 134
relatives Risiko 24, 59
Reproduktionsziffer 88
Risiko
– absolutes 24
– akut vs. chronisch 232
– Angst vor 80
– Bilder für 107, 216
– -Homöostase 211
– Kommunikation von 150
– Kompensation des 79
– und Nutzen 162
– relatives 24
– -scheu 80
– unfreiwilliges 229
– unzumutbares 256
– Wahrnehmung von 65, 67

– Wahrnehmung im Sport 229
– Werte und 142
Röteln 86, 89
Roulette 172, 175
Royal Air Force 368
Russisch Roulette 29, 222

S ————————————

Satellitenabstürze 282
Schädeloperation 319
Skifahren 8
Schulausflüge 84
Schuld 35
Schwangerschaft
– Jugendliche 114, 115
– trotz Verhütung 114
– Wahrscheinlichkeit 111, 112
schwarze Schwäne 288, 296
Schweinegrippe 88, 91, 92
Selbsterstickung 77
Semmelweis, Ignaz 158-160
Sex 106-120
Shipman, Harold 131, 304, 307-309
Sicherheit
– Flughafen 332, 333
– Lügendetektor 332
Sievert 265,
Slovic, Paul 66, 162, 264, 302
Spaß 108, 167, 174
Spielen 164-175
Spielplatzsicherheit 78, 79
Spielsucht 173
Sport 221-230, 240
Sportunfälle 227
Statine 63
Sterblichkeit
– Arbeit 250, 251
– Asbest 255, 256

– Bergsteigen 224
– Drogen 132, 133
– Entbindung 157
– Ertrinken 71
– Fremdeinwirkung 25
– Herzkrankheit 18
– Kinder- 34
– Leitern 17
– Morde 49
– Mütter- 157, 159, 160
– Risiko 326
– Straßenverkehr 212, 213
– Statistiken 10, 11
Strahlung 259-269
Straßen 209-215
Straßenverkehr,
    Unfälle mit Kindern 73
Surfers Against Sewage 229
Synchronizität 100
Syphilis, Erkrankungsquote 107, 116

T _____

Tauchen 226
Tee, als Droge 123
Terrorismus 8
– und Lügendetektor 332
Thimerosal 92
Thompson, Hunter S. 126, 130
Totgeburten 37
Trichtergrafik 326, 329
Trier, Lars von 274, 284
Tripper 115
Tschechow, Anton 57
Tschernobyl 265-268
Tunguska 274, 276, 277
Turiner Skala 279
Tversky, Amos 65

U _____

Überdiagnose 334
Übergewicht 240
Überlegenheit, eingebildete 209
Unfälle
– Flugzeug 28, 216, 217
– Zug 207
– Auto 211
Unfallschutz 246-258
unfreiwilliges Risiko 229, 265
Ungewissheit
– aleatorische 191
– epistemische 191

V _____

Verbrechen 298-313
Verfügbarkeitsfehler 65
Verhütungsmittel 111-114
Verkehr 199-220
– Unfälle 71
Verstopfung 133
Vertrauen 211
Victoria, Königin 161, 321, 365
Vietnam, Lotterie 167
Vulkan, Island 149

W _____

Wahrscheinlichkeit
– als Erster zu sterben 238
– Bedeutung 18, 363
– gibt es nicht 12, 364
– und Folgen 71, 108, 146, 294, 365
– und persönliche Erfahrung 110, 342
– und Zufall 196
Weltgesundheits-
    organisation 89, 214, 321

Weltraum   270-285
Weltraumschrott   282
Wert eines Menschenlebens   29, 208
Wetten   105, 166-170, 172, 175
Wettquoten
  als Wahrscheinlichkeit   364, 365
Widerstandsfähigkeit   81
Wilde, Oscar   124
Willensfreiheit   189, 192
Willis, Bruce   278
Wingsuit   11, 221, 226
Woolf, Virginia   64
Würstchen, Risiken   10, 23

Z

Zähigkeit   79, 81
Zigaretten
– Vergleich mit radioaktiver
  Strahlung   334
– Risiken von   239, 241
Zufall   184-198
Züge   203-209
Zugfahrten   206
Zusammentreffen
– Definition   99
– Geburtstage   103
– Geschichten   98
Zweiter Weltkrieg   28, 36